Manfred Rost, Sandro Wefel
Sensorik
De Gruyter Studium

Weitere empfehlenswerte Titel

Elektronik für Informatiker
Von den Grundlagen bis zur Mikrocontroller-Applikation
Sandro Wefel, Manfred Rost, 2021
ISBN 978-3-11-060882-3, e-ISBN 978-3-11-060906-6

Elektronik in der Elektrochemie
Entwicklung und Beziehung zweier Wissensgebiete
Manfred Rost, 2023
ISBN 978-3-11-076723-0, e-ISBN 978-3-11-076725-4

Vakuumelektronik
Zwischen Elektronenröhre und Ionentriebwerk
Manfred Rost, 2019
ISBN 978-3-11-054579-1, e-ISBN 978-3-11-054797-9

Sensor-Technologien
Marcus Wolff
Band 1: Position, Entfernung, Verschiebung, Schichtdicke, 2016
ISBN 978-3-11-046092-6, e-ISBN 978-3-11-046095-7
Band 2: Geschwindigkeit, Durchfluss, Strömungsfeld, 2018
ISBN 978-3-11-047782-5, e-ISBN 978-3-11-047784-9
Band 3: Stoffmenge, Konzentration, Analytik, 2021
ISBN 978-3-11-066827-8, e-ISBN 978-3-11-070204-0

Diskrete Mathematik kompakt
Von Logik und Mengenlehre bis Zahlen, Algebra, Graphen und Wahrscheinlichkeit
Bernd Baumgarten, 2024
ISBN 978-3-11-133572-8, e-ISBN 978-3-11-133610-7

Algorithmische Graphentheorie
Deterministische und randomisierte Algorithmen
Volker Turau, Christoph Weyer, 2024
ISBN 978-3-11-135270-1, e-ISBN 978-3-11-135295-4

Manfred Rost, Sandro Wefel

Sensorik

———

Erfassung und rechnergestützte Verarbeitung
nichtelektrischer Messgrößen

2., erweiterte Auflage

DE GRUYTER
OLDENBOURG

Autoren
Dr. Manfred Rost
Am Fischerhaus 1
04159 Leipzig
labortechnik.rost@t-online.de

Dr. Sandro Wefel
Martin-Luther-Universität
Halle-Wittenberg
Institut für Informatik
Von-Seckendorff-Platz 1
06120 Halle (Saale)
sandro.wefel@informatik.uni-halle.de

ISBN 978-3-11-077267-8
e-ISBN (PDF) 978-3-11-077273-9
e-ISBN (EPUB) 978-3-11-077281-4

Library of Congress Control Number: 2024945723

Bibliografische Information der Deutschen Nationalbibliothek
Die Deutsche Nationalbibliothek verzeichnet diese Publikation in der Deutschen Nationalbibliografie;
detaillierte bibliografische Daten sind im Internet über http://dnb.dnb.de abrufbar.

© 2025 Walter de Gruyter GmbH, Berlin/München/Boston
Einbandabbildung: chinginging / iStock / Getty Images Plus

www.degruyter.com

Vorwort

Die Sensorik ist ein Gebiet der modernen Messtechnik mit hoher wirtschaftlicher Bedeutung. Sensoren finden Anwendung in der Fertigungstechnik, in der Sicherheitstechnik, in der Medizintechnik, in Kraftfahrzeugen und in vielen anderen Bereichen. Mit einem Smartphone tragen wir etliche Sensoren bei uns und in medizinischen Messgeräten zur Eigenanwendung helfen sie bei der Gesundheitsvorsorge.

Im vorliegenden Buch behandeln wir grundlegende Sachverhalte der Messtechnik und stellen, ausgehend von physikalischen Effekten, wesentliche Funktionsprinzipien verschiedenartiger Sensoren vor. Danach erläutern wir die elektronische Ankopplung und Abfrage der Sensoren sowie deren Einbindung in Systeme und Netze. Technologische Fragen und Fragen der Sensorherstellung werden nicht betrachtet.

Unserem Buch liegen langjährige Lehrerfahrungen an der Martin-Luther-Universität Halle-Wittenberg sowie Entwicklungserfahrungen mit bzw. in der Industrie zugrunde.
M. Rost hielt über 20 Jahre regelmäßig Vorlesungen zur Sensorik am Institut für Physik und leitet seit 2009 ein Elektronik-Entwicklerteam. Er zeichnet für die Kapitel 2 bis 6 und 8 sowie Teile von Kapitel 7 verantwortlich.
S. Wefel arbeitet am Institut für Informatik und bietet seit mehreren Jahren Lehrveranstaltungen auf dem Gebiet eingebetteter Systeme an. Er bearbeitet u.a. biometrische Zutrittskontrollsysteme sowie Smartcard-Applikationen und verfasste Kapitel 9, Teile von Kapitel 7 und Teile des Anhangs.

Das Buch wendet sich an Studierende der Informatik und Elektronik. Natürlich werden auch Studierende technischer Wissenschaften mit Elektronik als Nebenfach und in der Praxis tätige Ingenieure einen Nutzen aus diesem Buch ziehen.

Wir danken allen Kollegen und Studenten, die mit hilfreichen und kritischen Diskussionen, mit dem Korrekturlesen oder auf andere Weise zum Gelingen des Buches beigetragen haben. Wir bedanken uns beim Verlag, der vielen unserer Wünsche entgegen gekommen ist.
Ganz besonders danken wir unseren Ehe- bzw. Lebenspartnern, die viel Verständnis aufgebracht und uns nach Kräften unterstützt haben.

M. Rost und S. Wefel
Leipzig und Halle, im Sommer 2016

https://doi.org/10.1515/9783110772739-202

Vorwort zur 2. Auflage

Die erste Auflage unseres 2016 erschienenen Lehrbuches [RW16] wurde insgesamt freundlich und wohlwollend aufgenommen. Die nun vorliegende Neuauflage erlaubte es, einige kleine Fehler zu eliminieren, notwendige Aktualisierungen vorzunehmen sowie bestimmte Sensorkonzepte und Sachverhalte zu ergänzen.

Neu aufgenommen haben wir Kapitel 4.5, welches der Messung ionisierender Strahlung gewidmmet ist, sowie Kapitel 10, in dem wir ausgewählte Anwendungsfelder von Sensoren vorstellen, beispielsweise auch die Nutzung von Sensoren in bzw. mit Smartphones (Kapitel 10.2).

Wir danken allen Kollegen und Studenten, die mit hilfreichen und kritischen Diskussionen zum Gelingen des Buches beigetragen haben. Das Korrekturlesen übernahm Herr H.-T. Schmidt (München), wofür wir herzlich danken. Für die freundliche Bereitstellung von Bildmaterial oder Sensormustern danken wir folgenden Institutionen

- Innovative Sensor Technology IST AG, Ebnat-Kappel (Schweiz)
- Mobile Healthcare Solutions GmbH, Hamburg
- SensLab GmbH, Leipzig
- Shift GmbH, Falkenberg

Wir bedanken uns beim Verlag, der vielen unserer Wünsche entgegen gekommen ist.
Ganz besonders danken wir unseren Familien, die viel Verständnis aufgebracht und uns nach Kräften unterstützt haben.

M. Rost und S. Wefel
Leipzig und Halle, im Sommer 2024

https://doi.org/10.1515/9783110772739-203

Inhaltsverzeichnis

1. Einführung und Überblick

1.1. Elektrisches Messen nichtelektrischer Größen

Schon zu Beginn der Untersuchung elektrischer Erscheinungen beobachtete man, dass elektrische Phänomene von nichtelektrischen Größen, wie Temperatur, Druck, Feuchte, Magnetfeldstärke u.a. abhängen können bzw. sich von diesen beeinflussen lassen. Ein bekanntes Beispiel ist die Abhängigkeit des Widerstandes eines Leiters von der Temperatur. Schon frühzeitig wurde erkannt, dass der reproduzierbare Zusammenhang zwischen dem Widerstand eines gegebenen Leiters und der Temperatur zur elektrischen Temperaturmessung verwendet werden kann. In anderen Anordnungen nutzte man die Stellung eines Schleifers, der auf einem homogenen, stromdurchflossenen Leiter den Spannungsabfall abgreift, zur elektrischen Messung eines Weges oder Winkels. Die auf der Basis solcher Erkenntnisse entwickelten Gerätschaften nannte man **Messwertaufnehmer** und die entsprechenden Messprozesse das „**Elektrische Messen nichtelektrischer Größen**" (siehe [Gra65], [Mer80]).

Im Laufe der Zeit wurden vielfältige Möglichkeiten gefunden, die Veränderung elektrischer Größen durch definierte Einwirkung nichtelektrischer Größen für Messzwecke zu nutzen. Insbesondere die Fortschritte der Halbleitertechnik und die Möglichkeit, elektrische Eigenschaften eines Halbleiters durch nichtelektrische Größen definiert zu beeinflussen, beförderten die Entwicklungen auf dem Gebiet des „Elektrischen Messens nichtelektrischer Größen". In den 1980er Jahren bürgerte sich dafür der neue Name „**Sensorik**" ein. Die dank moderner Technologien wie Mikroelektronik und Mikromechanik immer kleiner werdenden Messwertaufnehmer erreichten bald die Größe elektronischer Bauelemente und werden, wie im Englischen, „**Sensor**" genannt.

1.2. Rezeptor versus Sensor

Der Begriff Sensorik wird schon viel länger in der Physiologie genutzt. Er steht dort für die Informationsaufnahme von Lebewesen mittels spezialisierter Sinneszellen, die man **Rezeptoren** nennt. Rezeptoren wandeln einen nichtelektrischen Reiz [1] in eine elektrische Erregung der Nerven. Rezeptoren können in Sinnesorganen konzentriert oder in der Haut über die Körperoberfläche verteilt sein; sie bilden dann quasi ein Netz. Unter dem Gesichtspunkt der Informationsaufnahme aus der Umwelt gibt es zwischen höheren Lebewesen (biologischen Systemen) und technischen Systemen gewisse Entsprechungen, die wir in Tabelle 1.1 gegenüber gestellt haben. Den letzten Zeilen in Tabelle 1.1 entnehmen wir, dass

---

[1] Ein nichtelektrischer Reiz kann z.B. eine Temperaturänderung, eine Druckänderung, einfallendes Licht oder bei Geruch und Geschmack ein chemischer Reiz sein.

https://doi.org/10.1515/9783110772739-001

- Lebewesen Sinnesempfindungen, wie den Schmerz, haben können, für die es in der Technik (noch) keinen Sensor gibt, und dass
- wir mit Sensoren physikalische Größen, wie magnetische Feldgrößen oder ionisierende Strahlung, messen können, für die der Mensch keine Rezeptoren und damit keine Sinnesempfindung hat.

Tabelle 1.1.: Sinnesempfindung vs. technische Entsprechung

Sinnesorgan	Sinn	Rezeptor	technische Entsprechung
Auge	Gesichtssinn	Photorezeptoren	optische Sensoren
Ohr Vestibularapp.	Gehörsinn Gleichgewichtssinn	akustische Rezeptoren Mechanorezeptoren	akustische Sensoren mechanische Sensoren
Haut	Tastsinn Temperatursinn	Mechanorezeptoren thermische Rezeptoren	mechanische Sensoren thermische Sensoren
Nase Zunge	Geruchssinn Geschmackssinn	Chemorezeptoren Chemorezeptoren	Gassensoren Chemosensoren
Haut	Schmerzsinn	Nozizeptoren	–
–	–	–	Sensoren für magnetische Feldgrößen,
–	–	–	ionisierende Strahlung

In vielen Fällen können wir mit moderner Sensormesstechnik in Bereiche vordringen, in denen unsere Sinnesorgane nicht mehr reagieren (z.B. Ultraschall, UV-Licht).

1.3. Sensorik als interdisziplinäres Fachgebiet

Ein Sensor bildet das erste Glied in einer Messkette für nichtelektrische physikalische oder chemische Größen. Er tritt während der Messung mit seiner Umwelt in Wechselwirkung und nutzt verschiedenste physikalische bzw. chemische Effekte zur Umsetzung der nichtelektrischen Messgröße in ein elektrisches Signal. Zur Aufbereitung und Weiterverarbeitung des Sensorsignals sowie zur Präsentation der Messdaten werden entsprechende elektronische Schaltungen, Mikrocontroller und geeignete Algorithmen eingesetzt.

Die „**Sensorik**" stellt so ein interdisziplinäres Gebiet dar, welches von der Aufbereitung bestimmter physikalischer oder chemischer Effekte für Messzwecke, über die Herstellung eines messtechnisch nutzbaren Elementes, dem Sensor, bis zur Anwendung der Sensoren für verschiedenste Aufgaben reicht. Das Querschnittsgebiet Sensorik erfordert, dass naturwissenschaftliche Fachrichtungen (Physik, Chemie, Biologie) und technische Fachrichtungen (Materialwissenschaft, Technologie, Elektronik, Informatik) kooperieren. Die Entwicklung neuer Sensorkonzepte, neuer Sensoren und Sensortechnologien fallen in der Regel in das Arbeitsgebiet von Physikern, Chemikern, Materialwissenschaftlern und Technologen. Aufgaben, wie

- die Ansteuerung bzw. Abfrage von Sensoren,
- das Aufbereiten von Sensorsignalen,
- die Extraktion gewünschter Informationen aus den Messdaten oder
- die Präsentation der Messdaten bzw. der extrahierten Information,

werden meist von Elektronikern und Informatikern bearbeitet.

Sensoren haben inzwischen eine große Verbreitung gefunden und sind heute in technischen und medizinischen Geräten, in Fahrzeugen, in der Haustechnik, in Smartphones, in Automaten usw. in wachsender Zahl zu finden. Neue Forderungen von Seiten der Anwender, die Möglichkeiten der Mikroelektronik und Mikromechanik, der Rechentechnik sowie der Informatik waren und sind die Triebkräfte, die eine rasante Entwicklung des Gebietes der Sensorik bewirkten und bewirken. Mit Hilfe der Mikroelektronik ist es gelungen, die zum Teil recht komplexen Schaltungen zum Betrieb eines Sensors hinreichend klein und energieeffizient zu gestalten. In zunehmendem Maße werden Sensorelemente zusammen mit der Primärelektronik und genormten, digitalen Schnittstellen, wie sie in der Rechentechnik üblich sind, integriert.

Bei der Bearbeitung sensortechnischer Fragestellungen fallen die Entwicklung von Algorithmen zur Abfrage der Sensoren und zur Aufbereitung von Sensorsignalen, Verfahren zur Datenfusion in Sensornetzen oder Verfahren der künstlichen Intelligenz zur Informationsextraktion aus den Messdaten in den Bereich der Informatik. Zur Entwicklung solcher Algorithmen ist ein Grundverständnis des jeweiligen Gesamtsystems, der Elektronik und der Eigenschaften eingesetzter Sensoren sowie der speziellen Anwendung notwendig; jedoch sind dafür spezielle materialwissenschaftliche Kenntnisse oder Kenntnisse der Sensortechnologien nur in beschränktem Umfang erforderlich. Diesem Ansatz folgend, legen wir in diesem Buch unser Hauptaugenmerk auf ein Grundverständnis von Sensor und Sensorelektronik und betrachten ausgewählte informatiknahe Aspekte genauer.

Kurzübersicht zum Stoff des Buches

In **Kapitel 2** geben wir eine erste Übersicht zu Sensoren und Sensorsystemen sowie zu deren Einbindung in die Signalverarbeitungskette.

Die Charakterisierung von Sensoren mit Kennwerten, Kennlinien oder Wertetabellen und die Beschreibung des dynamischen Verhaltens ist Gegenstand von **Kapitel 3**.

Aus der Vielfalt der Sensorkonzepte und Sensorrealisierungen stellen wir in den **Kapiteln 4** und **5** eine Auswahl für gängige Messgrößen vor. Dabei ist die Auswahl so getroffen, dass auch verschiedene Konzepte der Messsignalverarbeitung Berücksichtigung finden können.

Kapitel 6 ist Sensorsystemen und Besonderheiten der Signalauswertung für Sensorsysteme gewidmet.

In **Kapitel 7** wird die Ansteuerung und Abfrage von Sensoren behandelt. Hier beschreiben wir wichtige analoge elektronische Konzepte, aber auch die Nutzung von Mikrocontrollern sowie integrierte Schaltungs- und Sensorkonzepte.

Die Gewinnung der Information aus dem Sensorsignal ist Gegenstand von **Kapitel 8**. Wir skizzieren in diesem Kapitel ausgewählte analoge und digitale Verfahren und berühren auch Methoden der künstlichen Intelligenz, wie die Anwendung künstlicher neuronaler Netze.

Sensornetzwerke, ihre Systemstruktur und Besonderheiten, sind Gegenstand von **Kapitel 9**. Dabei spielen die effiziente Abfrage der Sensorknoten, deren Energieversorgung und Fragen, wie die Erkennung von Ereignissen und deren Gleichzeitigkeit oder die Datenfusion, eine Rolle.

In **Kapitel 10** zeigen wir an einigen Beispielen, wie verschiedene Sensoren für ausgewählte Aufgaben in der Praxis eingesetzt werden.

Die Autoren setzen neben physikalischen und mathematischen Grundlagen, wie sie an Gymnasien gelehrt werden, Grundlagen der analogen und digitalen Elektronik, der Halbleiterschaltungstechnik sowie der Informatik voraus. Um den Text flüssig lesbar zu gestalten, wurden einige Tabellen zu technischen und physikalischen Fragen sowie Informationen aus DIN-Normen in den **Anhang A** verlagert.

2. Sensoren – Begriffe und grundlegende Betrachtungen

Sensoren sind Teile einer Messeinrichtung. Für Sensoren und deren Einsatz gelten daher alle wesentlichen Aspekte sinngemäß, die für das Messen allgemein und für Messeinrichtungen im Besonderen anzuwenden sind. Zu diesen Aspekten zählen[1]

- die Definition der Messaufgabe, des Messobjektes und der zu bestimmenden physikalischen oder chemischen Messgröße[2],
- die Feststellung oder Vorgabe von Umweltbedingungen, unter denen die Messungen stattfinden,
- die Auswahl eines Messprinzips, einer Messmethode und eines Messverfahrens,
- die Auswahl eines geeigneten Sensors und weiterer notwendiger gerätetechnischer Komponenten für den Betrieb des Sensors,
- Kalibrierung oder Abgleich der Sensormesseinrichtung,
- die Festlegung des Messablaufs,
- die Durchführung der Messung,
- die Berücksichtigung von Einflussgrößen während der Messung und deren Auswirkungen,
- die Auswertung der Messung und die Ermittlung des vollständigen Messergebnisses, bestehend aus Zahlenwert, Maßeinheit und Messunsicherheit.

Je nach Einsatzfall können die vorgenannten Aspekte unterschiedliche Ausprägung haben. Ein Sensor kann z.B. Teil einer Regeleinrichtung sein und kontinuierlich messen, oder er kann in einem visuell ablesbaren Handmessgerät eingebaut sein, wo er nur von Zeit zu Zeit für Einzelmessungen benutzt wird.

2.1. Sensor – Definition und Signalwandlung

Das elektrische Messen nichtelektrischer Größen ist die Domäne der **Sensorik**; die Messwertaufnehmer heißen **Sensoren**.

Von Sensoren sind **Kontakte** und **Elektroden** abzugrenzen. Kontakte und Elektroden erlauben das Einkoppeln eines externen elektrischen Stromes oder einer externen elektrischen Spannung in einen Messkreis. Beide ermöglichen den Übergang von Ladungsträgern. Von einem Kontakt spricht man, wenn der Strom von einem Metall zu einem anderen Metall oder zu einem Halbleiter übergeht. Elektroden realisieren den Übergang des Stromes zwischen zwei Medien, z.B. von einem Metall in eine Elektrolytlösung. Kontakte sind immer und Elektroden sind oft Bestandteile von Sensoren.

---

[1] Begriffe der Messtechnik sind in DIN1319 Teil 1 bis 4 definiert und erläutert; siehe auch Anhang A.6.
[2] Messgröße nennt man nach DIN1319 die physikalische Größe, die mit der Messung ermittelt wird.

https://doi.org/10.1515/9783110772739-002

Definition 2.1 (Sensordefinition)

Sensoren sind Messwertaufnehmer für nichtelektrische Größen; sie bilden eine nichtelektrische Messgröße, die an ihrem Eingang anliegt, auf eine elektrische Größe an ihrem Ausgang ab. Messungen mit Sensoren sind damit indirekte Messungen der Messgröße.

Der Abbildung nichtelektrischer Größen X auf elektrische Größen Y liegen ganz unterschiedliche physikalisch oder chemische Effekte zugrunde. Nichtelektrische Messgrößen, die am Sensoreingang anliegen können, können beispielsweise sein

- ein Druck p,
- eine magnetische Induktion B,
- eine Temperatur ϑ oder
- eine chemische Konzentration c.

Je nach Wandlungseffekt kann die nichtelektrische Messgröße am Sensoreingang auf eine der folgenden elektrischen Größen am Sensorausgang abgebildet werden

- eine elektrische Spannung U,
- einen elektrische Strom I,
- eine elektrische Ladung Q,
- einen ohmschen Widerstand R,
- eine Kapazität C oder
- eine Induktivität L.

Die Abb. 2.1 zeigt ein allgemeines Wandlersymbol, wie wir es verwenden werden. In dieser allgemeinen Art der Darstellung bleiben Eigenschaften des Sensors oder gar der Sensortyp unberücksichtigt. Die Pfeile geben die Signalflussrichtung an.

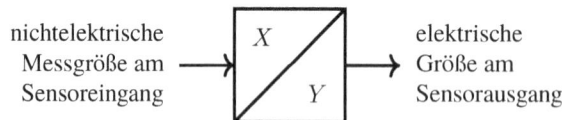

nichtelektrische Messgröße am Sensoreingang $\longrightarrow$ X / Y $\longrightarrow$ elektrische Größe am Sensorausgang

Abb. 2.1.: Sensor: Wandler-Symbol, allgemein

Die Abbildungsfunktion der nichtelektrischen Eingangsgröße X auf die elektrische Ausgangsgröße Y durch ein Sensorelement kann als Graph (Kennlinie), als Tabelle oder analytisch als Funktion

$$Y = f(X). \tag{2.1}$$

angegeben werden. Die Gleichung 2.1 stellt allgemein ein Sensormodell dar; wenn die Gleichung explizit bekannt ist, kann die gesuchte Messgröße X aus der Ausgabe des Sensors Y errechnet oder als Kennlinie dargestellt werden.

Im Einsatz unterliegt ein Sensor neben der Messgröße weiteren Einflussgrößen. Solche Einflussgrößen können wechselnde Umgebungstemperaturen, Luftfeuchte, elektrische Felder und vieles mehr sein. Die Einflussgrößen können neben dem gewünschten Wandlungseffekt Nebeneffekte bewirken und sich als Störgröße bzw. Querempfindlichkeit bemerkbar machen. Bekanntermaßen ist die Leitfähigkeit im Halbleiter temperaturabhängig. Wenn mit einem Sensor auf Halbleiterbasis beispielsweise ein Druck bei verschiedenen Umgebungstemperaturen gemessen wird, so wird die Temperatur den Messeffekt beeinflussen. Der Sensor hat dann eine Querempfindlichkeit Q_i bezüglich der Temperatur. Solche Querempfindlichkeiten kann man oft kompensieren oder man muss den Messwert bezüglich der Störgrößen X_{q_i} korrigieren. In Abb. 2.2 sind solche Einflussgrößen schematisch berücksichtigt.

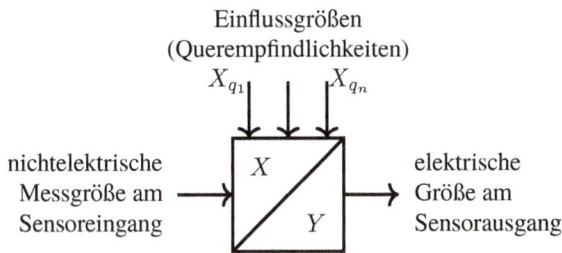

Abb. 2.2.: Sensor: Wandler-Symbol mit Querempfindlichkeiten

Um die Einflussgrößen entsprechend Abb. 2.2 im Sensormodell zu berücksichtigen, muss man Gleichung 2.1 entsprechend erweitern:

$$Y = f(X, X_{q_1}, X_{q_2}, ...).$$ (2.2)

Zu einem Sensor gehören oftmals vorgelagerte Anpassungskomponenten im nichtelektrischen Raum, sogenannte **Primärwandler**. Solche Primärwandler können je nach Messgröße ganz verschieden gestaltet sein. Bei der Messung mechanischer Größen können sie z.B. durch eine Membran oder einen Biegebalken realisiert sein; zur Messung optischer Größen können optisch abbildende Systeme oder optische Filter die Funktion eines Primärwandlers haben; bei der Messung chemischer Größen können Farbindikatoren als Primärwandler verwendet werden. Zur Abgrenzung bezeichnet man die Komponente, die den Übergang zwischen nichtelektrischem und elektrischem Raum realisiert, als **Sensorelement**. Dem Sensorelement nachgeschaltet ist die signalverarbeitende Elektronik, deren erste Stufen auch **Primärelektronik** genannt werden. In der Abb. 2.3 sind diese Funktionsgruppen schematisch dargestellt.

Sensorsignale Die von einem Sensor erfasste Messgröße ist zeitlich veränderlich; wir nennen eine zeitlich veränderliche physikalische Größe, die messtechnisch relevante Informationen enthält, ein Signal.

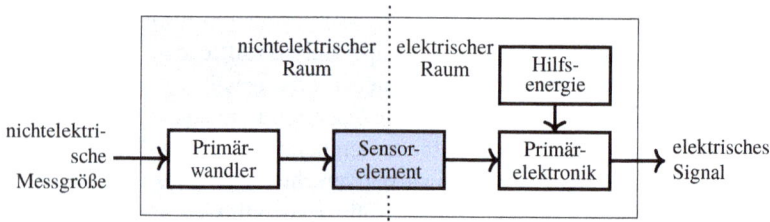

Abb. 2.3.: Das Sensorelement als Schnittstelle zwischen nichtelektrischem und elektrischem Raum

Im Zusammenhang mit der Signalverarbeitung müssen wir die Begriffe Signal und Information[3] exakt abgrenzen und benutzen für ein Signal folgende Definition:

> **Definition 2.2 (Signal)**
>
> Ein Signal ist eine von einem ersten (physikalischen) System sich ausbreitende Wirkung, die geeignet ist, einem zweiten (physikalischen) System Informationen über Veränderungen im ersten System zu übermitteln.

In diesem Sinne sind zum Beispiel der Amplituden-Zeit-Verlauf oder in Bildern der Amplituden-Orts-Verlauf einer physikalischen (oder chemischen) Größe ein Signal.

Aktive und passive Sensoren   Die Art der Ausgangsgröße von Sensoren wird für eine Einteilung in zwei Gruppen, nämlich in aktive und passive Sensoren, genutzt.

Sensoren, die auf eine der elektrischen Größen U, I oder Q abbilden, nennt man **aktive Sensoren**. Der Sensor hat hier eine Generatorfunktion; er erzeugt direkt ein elektrisches Signal, welches weiter verarbeitet werden kann.

Dagegen nennt man Sensoren, bei denen die Messgröße einen Parameter einer passiven Größe verändert, also den Wert von R, C oder L, **passive Sensoren**. Diese Sensoren erfordern immer eine Hilfsenergie, um die durch die Messgröße verursachte Parameteränderung in ein elektrisches Signal umzusetzen.

Energieformwandlung und Energiebilanz   Sensoren treten im Messprozess mit ihrer Umgebung energetisch in Wechselwirkung. Sie können der Umgebung Energie entziehen oder auch Energie an die Umgebung abgeben. Man kann sich das an einem Thermometer klar machen. Das Thermometer wird bei ansteigender Temperatur mit erwärmt und benötigt dafür Energie, während es beim Abkühlen diese Energie an die Umgebung zurück gibt. Diese Wechselwirkung stört natürlich den Messprozess und sollte so gering wie möglich sein.

---

[3] Zu Information siehe Kapitel 8 auf Seite 179

Historische Anmerkung Oft wurden die zur Abbildung genutzten Effekte (Messeffekt) um Jahre oder Jahrzehnte früher entdeckt und untersucht, bevor ein Bedarf der Anwendung bestand bzw. die Technologie reif war, um den Effekt als Sensoreffekt zu nutzen. Als Beispiel nennen wir den Halleffekt[4], der schon 1879 entdeckt wurde und zunächst keine technische Bedeutung hatte. Der Halleffekt wurde erst in breitem Umfang für die Messtechnik interessant und technisch nutzbar, nachdem die Halbleitertechnik die Herstellung von Hallsensoren erlaubte.

Satellitennavigationssysteme – eine Abgrenzung Zuweilen werden die Navigationsempfänger von Satellitennavigationssystemen als Sensoren bezeichnet. Solche Empfänger sind im Sinne unserer Definition 2.1 auf Seite 6 kein Sensor, denn sie wandeln keine nichtelektrischen Größen in elektrische Größen. Die über eine Antenne empfangenen Signale im GHz-Bereich, sind schon elektrischer Art.

2.2. Sensor – Sensorsystem – Sensornetzwerk

In diesem Abschnitt erläutern wir Begriffe, die auf dem Sensorbegriff aufbauen und die wir öfter nutzen werden. Wir möchten darauf hinweisen, dass die Verwendung mancher sensortechnischer Begriffe in der Literatur nicht ganz einheitlich ist.

Sensoren Wie mit der Definition 2.1 eingeführt, verstehen wir unter einem Sensor das erste Glied in einer Messkette, die eine nichtelektrische Messgröße erfasst und in eine elektrische Größe umsetzt. Der Sensor besteht mindestens aus dem Sensorelement, kann aber zusätzlich einen Primärwandler und elektronische Komponenten umfassen. Wenn Sensorelemente die Siliziumtechnologie nutzen, wird oft die Primärelektronik mit dem Sensorelement zusammen auf dem Siliziumchip integriert.

Sensorsystem Der Begriff Sensorsystem wird in der Literatur in verschiedenen Zusammenhängen gebraucht (siehe Kapitel 6). Wir verwenden den Begriff für zwei Fälle, nämlich

- für Messeinrichtungen, die eine nichtelektrische Messgröße gewinnen, indem sie die Veränderung eines bekannten Anregungs- bzw. Testsignals in einem Übertragungskanal auswerten; solche Systeme umfassen neben dem Sensor eine eigene Testsignalquelle (Beispiel: Ultraschallsensoren);
- für Gruppen von Sensoren, deren Ausgangssignale zusammen verrechnet werden und dann eine neue Aussage ermöglichen, die der Einzelsensor nicht liefern kann (Beispiel: elektronische Nase).

---

[4] Nach Edwin Herbert Hall, US-amerikanischer Physiker, 1855–1938. Hall entdeckte 1879 den später nach ihm benannten Effekt.

Sensornetze   Der Grundgedanke von Sensornetzwerken besteht darin, eine Vielzahl von Messstellen, die über ein bestimmtes Areal verteilt und mit lokalen, autarken Sensoren oder Sensorsystemen bestückt sind, abzufragen und die Messdaten zur Auswertung zentral bereit zu stellen.
Solche Sensornetzwerke können verdrahtet (wired) sein oder drahtlos arbeiten (wireless) und,
wie andere Netzwerke auch, verschiedene Topologien besitzen. Die einzelne Messstelle nennt
man einen **Sensorknoten**. Die Sensorknoten können ortsfest sein oder sich bewegen. Da zwischen den Sensorknoten erhebliche Entfernungen liegen können, ist die Energieversorgung der
einzelnen Knoten ein spezielles Problem.

Mit der Datenerfassung in Sensornetzwerken werden verschiedene Ziele verfolgt, wie beispielsweise

- die Bereitstellung von Daten zur Steuerung oder Regelung bestimmter Prozesse (z.B.
  Heizung und Lüftung in Gebäuden, Gebäudeautomatisierung),

- Überwachung von Prozessen oder Zuständen, um Personen vor kritischen Zuständen oder
  Gefahren zu warnen (Brandmeldeanlagen),

- (Langzeit-) Datenerfassung, um zu einem besseren Verständnis komplexer Sachverhalte
  zu gelangen oder ein schon vorhandenes Modell zu verbessern (Umwelt- und Klimamo-
  delle).

Sensornetzwerke besprechen wir ausführlich in Kapitel 9.

2.3. Sensorsignale und Signalverarbeitung

2.3.1. Art der Sensorausgangssignale

Physikalische Größen, wie Geschwindigkeit, Druck oder Temperatur und chemische Größen,
wie die Konzentration, können ihren Wert mit der Zeit innerhalb gewisser Grenzwerte kontinuierlich verändern und dabei jeden beliebigen Wert zwischen den Grenzwerten annehmen. Die
veränderlichen nichtelektrischen Messgrößen sind kontinuierliche Funktionen der Zeit

$$x = f(t),\qquad\qquad(2.3)$$

die man als x(t)-Diagramm darstellen und mit technischen Mitteln erfassen kann.

Wenn solche, sich kontinuierlich ändernde Größen am Sensoreingang anliegen, erhält man bei
aktiven Sensoren innerhalb gewisser Grenzen am Ausgang des Sensorelements im Allgemeinen
ebenfalls ein kontinuierliches elektrisches Abbildsignal in Form einer zeitlich veränderlichen
elektrischen Größe als Spannung $U(t)$, Strom $I(t)$ oder Ladung $Q(t)$. Bei passiven Sensoren entsteht zunächst eine kontinuierliche Parameteränderung, die mittels einer geeigneten Primärelektronik in ein entsprechendes kontinuierliches elektrisches Signal, meist ein Spannungssignal $U(t)$, umgesetzt wird. Solch ein kontinuierliches elektrisches Signal kann man mit einem
Oszilloskop visualisieren oder mit einem geeigneten Ausgabegerät (x-t-Schreiber) registrieren.

Definition 2.3 (Analogsignal)
Kontinuierliche Signale, die zwischen einem Minimal- und einem Maximalwert jeden beliebigen Wert annehmen können, nennt man in der Signaltheorie **analoge Signale**. Der Wertebereich eines Analogsignals heißt **Dynamikumfang**. Sensorelemente liefern in der Regel analoge Signale.

In der Praxis beobachtet man sowohl sehr langsam veränderliche, quasi-stationäre Analogsignale, wie sie z.B. der Tagesverlauf der Außentemperatur liefert, als auch schnell veränderliche oder impulsartige Signale, wie sie z.B. durch die Bremsverzögerung bei einem Auffahrunfall entstehen. Die dem Sensor folgende Signalverarbeitung muss der Art und dem Charakter der Sensorausgangssignale Rechnung tragen.

2.3.2. Analoge und digitale Verarbeitung der Sensorsignale

Analoge Sensorsignalverarbeitung Im einfachsten Fall kann ein analoges Sensorausgangssignal analog aufbereitet und direkt für eine analoge Regelung verwendet oder angezeigt werden. Eine analoge Anzeige ist natürlich nur für langsam veränderliche Größen oder als Mittelwert sinnvoll.

Sofern aktive Sensoren die Messgröße auf einen Strom oder eine Ladung abbilden, wird dieses Signal in ein Spannungssignal umgesetzt. Bei passiven Sensoren werden die Parameteränderungen ebenfalls in ein Spannungssignal oder auf Frequenzänderungen umgesetzt. Für die weitere Aufbereitung analoger Sensorsignale stehen alle aus der Analogtechnik bekannten Formen der Signalverarbeitung zur Verfügung.

Heute werden Sensorsignale in der Regel digital verarbeitet, denn die digitale Verarbeitung eröffnet eine Vielzahl von Möglichkeiten, die die analoge Signalverarbeitung nicht bietet. Insbesondere lassen sich Digitalwerte leicht weiterleiten, verrechnen, speichern oder anzeigen. Um die Vorteile der digitalen Signalverarbeitung und die Möglichkeiten der weiteren Verarbeitung mit Mitteln der Rechentechnik nutzen zu können, werden analoge Sensorausgangssignale nach einer analogen Vorverarbeitung (Verstärkung, Filterung usw.) digitalisiert und als Digitalsignal weiter verarbeitet.

Digitale Sensorsignalverarbeitung Durch Abtastung des Analogsignals und anschließende Quantisierung der zeitdiskreten Abtastwerte entsteht ein Digitalsignal; das kontinuierliche Originalsignal $y(t)$ wird bei der Digitalisierung auf eine Folge Y von diskreten Werten y_i abgebildet

$$y(t) \longrightarrow Y = (y_0, y_1, y_2, ...). \tag{2.4}$$

Definition 2.4 (Digitalsignal)

Ein **Digitalsignal** hat einen begrenzten, aber gestuften Wertevorrat, wobei sich ein Wert nur zu bestimmten Zeitpunkten ändern kann.

Nur wenige Sensorentypen liefern direkt ein digitales Signal. Für die meisten Sensoren erfolgt die Wandlung des analogen Sensorausgangssignals in ein Digitalsignal mit Hilfe eines **Analog-Digital-Wandlers** (ADC). Bei Beachtung des Abtasttheorems wird das Originalsignal um so genauer wiedergegeben, je höher Abtastrate und Auflösung des ADC sind (siehe z.B. [RW13]). Für Analog-Digital-Wandler verwenden wir das in Abb. 2.4a dargestellte Symbol.

Für die Verfahren der digitalen Signalverarbeitung ist es vorteilhaft, wenn die Abtastung des Originalsignals in äquidistanten Zeitschritten erfolgt.

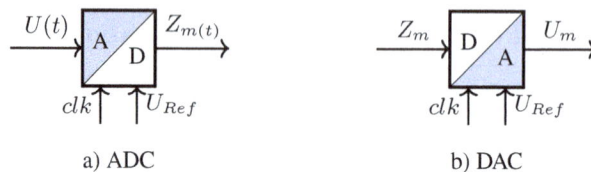

a) ADC   b) DAC

Abb. 2.4.: Symbole für Analog-Digital-Wandler (ADC) und Digital-Analog-Wandler (DAC) mit Eingangs-, Ausgangs- und Hilfsgrößen (clk: clock, Taktsignal; U_{Ref}: Referenzspannung)

Eine Signalverarbeitungskette umfasst in der Regel eine analoge Aufbereitung oder Vorverarbeitung der Sensorsignale, eine Analog-Digital-Wandlung und schließlich eine digitale Signalverarbeitung, für die meist Mikroprozessoren und entsprechende Algorithmen eingesetzt werden.

2.3.3. Komplexe Verarbeitungsfunktionen

In den oben skizzierten Sensorsystemen und Sensornetzen fallen entsprechend der Größe des Systems bzw. Netzes unterschiedliche Messdaten in größerer Zahl gleichzeitig an. Um eine gewünschte Gesamtinformation zu erlangen, müssen diese Messdaten unter Berücksichtigung ihrer Zusammengehörigkeit und zeitlichen Abfolge einander zugeordnet und miteinander verknüpft werden. Die Komplexität solch einer Aufgabe erfordert geeignete rechentechnische Mittel und problemangepasste Software. Zur Charakterisierung dieser komplexen Art der Signal- bzw. Datenauswertung führen wir nachfolgend zwei weitere Begriffe ein:

- **Sensordatenfusion:** Dieser Begriff steht für das Zusammenführen und Verrechnen zusammengehöriger Daten verschiedener Sensoren, um zu einer komplexeren oder genaueren Aussage zu gelangen. Im einfachsten Fall kann man hierzu schon die Bestimmung einer vektoriellen Größe zählen, wenn die Komponenten einzeln gemessen werden.

- **Datenauswertung und Informationsextraktion:** Komplexe Fragestellungen, wie z.B. die Erkennung einer Person an Hand biometrischer Daten oder die Identifizierung eines Geruchs (einer Gaszusammensetzung), erfordern neben den Messdaten der angewendeten Sensoren zusätzlich eine Datenbasis (Wissensbasis) mit bekannten Datenmustern und Zuordnungen. Aus den Messdaten gewinnt man dann das Ergebnis, indem die aktuell gemessenen und mit Messfehlern behafteten Messdatenmuster mit den in der Datenbasis gespeicherten Mustern verglichen werden. Für solche Informationsextraktionsprozeduren nutzt man Mittel der künstlichen Intelligenz, wie z.B. künstliche neuronale Netze.

2.4. Sensoren und Aktoren in einem System

Bei der Anwendung von Sensoren im Bereich der Automatisierung technischer Prozesse begegnet man oft sog. **Aktoren**. Aktoren sind das Gegenstück zu Sensoren; sie setzen eine elektrische Eingangsgröße in eine nichtelektrische Ausgangsgröße um und dienen so als Stellglied oder Signalwandler. Oft muss ein digitales Signal wieder in den Analogbereich umgesetzt werden, um einen Aktor anzusteuern. Die Digital-Analog-Umsetzung erledigen Digital-Analog-Wandler, für die wir das in Abb. 2.4b auf Seite 12 dargestellte Symbol sowie die Abkürzung DAC[5] verwenden.

> **Definition 2.5 (Aktordefinition)**
> **Aktoren** besitzen einen elektrischen Eingang und einen nichtelektrischen Ausgang; es sind Energiewandler, die elektrische Energie in eine nichtelektrische Energieform wandeln.

Aktoren verwendet man zur elektrischen Steuerung nichtelektrischer Energie-, Masse- oder Volumenströme; entsprechende elektrisch gesteuerte Stellglieder sind Stellmotoren oder Ventile. Weiterhin dienen Aktoren der Bereitstellung nichtelektrischer Ausgangssignale. Man nutzt sie beispielsweise zur Erzeugung mechanischer Schwingungen auf elektrischem Wege; hierzu zählen akustische Geber wie Buzzer oder Lautsprecher. Ein weiteres typisches Beispiel ist die Erzeugung von Ultraschall mittels eines Ultraschallwandlers, wie sie in Ultraschallmesssystemen verwendet werden.

Abb. 2.5 zeigt das Zusammenwirken von Sensoren und Aktoren in einem Regelkreis zur Regelung eines nichtelektrischen Prozesses schematisch. Eingangsseitig erfassen Sensoren den Systemzustand und führen die Eingangswerte einem informationsverarbeitenden System zu. Nach Verrechnung der Messdaten (Istwerte) und Berücksichtigung der Vorgaben (Sollwerte) erhalten die ausgangsseitig angeordneten Aktoren Steuersignale und beeinflussen das Gesamtsystem durch Ausgabe entsprechender Steuergrößen in der gewünschten Weise.

Für weiterführende Informationen zu Art und Funktion von Aktoren verweisen wir auf die umfangreiche Literatur zu diesem Gebiet [Jan92], [Jan13] .

---

[5] Englisch: **D**igital **A**nalog **C**onverter

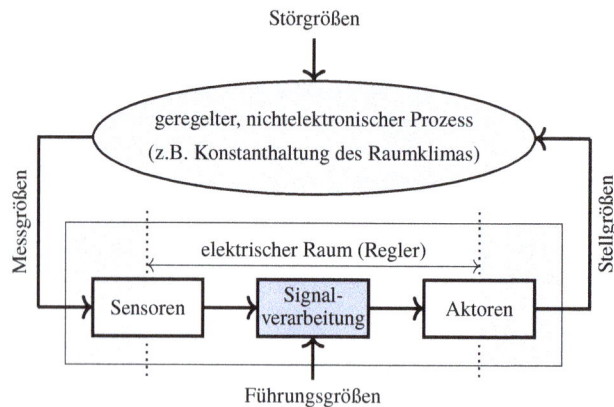

Abb. 2.5.: Zusammenwirken von Sensoren und Aktoren im Regelkreis

2.5. Spezifische Anforderungsaspekte

Die Einsatzszenarien von Sensoren sind vielfältig, dementsprechend vielgestaltig sind die Anforderungen und die technischen Lösungen. Kriterien für die Auswahl eines speziellen Sensors können sein die Messgenauigkeit, die Lebensdauer, die Leistungsaufnahme, der Einsatztemperaturbereich, das Gewicht, das Volumen, die Nutzungsdauer, die Kosten und andere mehr. Vorab verweisen wir auf drei Anwendungsszenarien mit ganz unterschiedlichen Anforderungen und Nutzererwartungen:

- Sensoren im Kraftfahrzeug:
  Von Sensoren im KFZ, die der Fahrsicherheit dienen (Airbag, ESP), erwarten wir eine zuverlässige und kontinuierliche Funktion über die gesamte Lebensdauer des Fahrzeugs, also über ca. 15 bis 20 Jahre.

- Einweg-Sensoren im medizinischen Bereich:
  Bestimmte Sensoren im medizinischen Bereich, wie die Blutzucker-Teststreifen, werden aus funktionellen Gründen nur einmal benutzt. Trotzdem muss die erforderliche Messsicherheit und Genauigkeit gewährleistet sein.

- Sensoren im Smartphone:
  Im Smartphone dienen Sensoren der Erlangung zusätzlicher Informationen und der Erhöhung des Komforts; diese Funktionen sind nicht sicherheitsrelevant, der Nutzer erwartet dennoch eine einwandfreie Funktion über die Nutzungsdauer.

Wenn wir die einzelnen Sensorkonzepte und Messverfahren dargestellt haben, betrachten wir noch einmal den Einsatz von Sensoren in ausgewählten Anwendungsfeldern in Kapitel 10.

3. Kennwerte, Grenzwerte und Auswertung von Messungen

In diesem Kapitel wollen wir Fragen, die die Anwendung ganz unterschiedlicher Sensortypen und die Messtechnik allgemein betreffen, besprechen. Alle Sensoren zählen zu den Messmitteln, deshalb spielen viele Begriffe aus der Messtechnik, die in der DIN-Norm DIN1319 Teil 1 bis 4 ([DIN95], [DIN05], [DIN96], [DIN99]) definiert sind, eine Rolle (siehe dazu Anhang A.6). Sensorhersteller beschreiben die Eigenschaften ihrer Sensoren in Datenblättern. Diesen kann ein Entwickler bzw. Anwender alle notwendigen Daten, wie Grenzbedingungen für Lagerung und Verarbeitung sowie Richt- und Grenzwerte für Anwendung und Betrieb der Sensoren entnehmen. Vielfach geben Sensorhersteller Datenblätter für ganze Sensorfamilien heraus oder versorgen die Anwender mit Applikationsschriften. Auf solche Unterlagen kann der Entwickler meist über das Internet zugreifen. Nur bei Einhaltung aller Vorgaben garantieren die Hersteller die einwandfreie Funktion der betreffenden Sensoren.

3.1. Vorgaben für Lagerung und Verarbeitung

Für die **Lagerung** und den **Transport** werden generell eine zulässige höchste und niedrigste Lagertemperatur, Grenzwerte für die Luftfeuchte sowie eventuell weitere Parameter angegeben. Bei speziellen Sensoren, wie z.B. Biosensoren, darf auch eine maximale Lagerdauer nicht überschritten werden.

Für die **Verarbeitung** wird, sofern ein Lötprozess eingeschlossen ist, für diesen eine Maximaltemperatur und -dauer oder ein Temperatur-Zeit-Profil angegeben.

Zur **Anwendung** von Sensoren können zum Beispiel Montagehinweise, elektrische Anschlusswerte und Grenzwerte für Umgebungsbedingungen, wie Temperatur, Feuchte, Druck und andere Parameter vorgegeben sein. Für bestimmte Sensoren, wie z.B. Platin-Widerstandsthermometer, existieren neben den herkömmlichen Datenblättern auch Normen ([PT109]).

3.2. Messprozess und Kennwerte

Jeder Sensor bildet eine Schnittstelle zwischen einem nichtelektrischen und einem elektrischen Raum. Deshalb müssen zu seiner Charakterisierung eingangsseitig nichtelektrische Größen und ausgangsseitig elektrische Größen herangezogen werden. Um Sensoren beschreiben und vergleichen zu können, bedient man sich verschiedener Kennwerte. Man unterscheidet zwischen statischen und dynamischen Kennwerten. Die Kennwerte sind den Datenblättern der Sensorhersteller zu entnehmen.

https://doi.org/10.1515/9783110772739-003

3.2.1. Statische Kennwerte und Kennlinien

Eine graphische Darstellung der Ausgangsgröße eines Sensors über seiner Eingangsgröße heißt Kennlinie (Abb. 3.1). Die Kennlinie ermöglicht es, das statische Übertragungsverhalten des Sensors schnell zu erfassen.

Messbereich und Messbereichsgrenzen Der Messbereich gibt den Wertebereich an, in welchem die Messgröße mit vorgegebener Genauigkeit gemessen werden kann. Er wird durch einen Anfangs- und einen Endwert begrenzt (MB_{Anfang} und MB_{Ende} in Abb. 3.1a). Der Messbereich ist für die Auswahl eines Sensors für eine bestimmte Anwendung von entscheidender Bedeutung, wie man an Hand allgemein bekannter Thermometer leicht nachvollziehen kann: Während Fieberthermometer einen Messbereich von nur 35 °C bis 42 °C und eine Auflösung von 0,1 °C haben müssen, reicht der Messbereich bei Außenthermometern z.B. von −50 °C bis 50 °C, während die Auflösung geringer sein kann, z.B. 0,5 °C. Die Messbereiche der Thermometer sind so an ihren jeweiligen Anwendungszweck angepasst.

Übertragungsverhalten im stationären Zustand – Kennlinien Der Zusammenhang zwischen der nichtelektrischen Eingangsgröße als unabhängiger Variable und der elektrischen Ausgangsgröße als abhängiger Variable wird durch die Übertragungsfunktion hergestellt. Im eingeschwungenen oder stationären Zustand sind bestimmte Eingangswerte entsprechenden Ausgangswerten zugeordnet. Das stationäre Übertragungsverhalten kann man punktweise als Wertetabelle, als analytischen Ausdruck $y = f(x)$ oder grafisch als Kennlinie darstellen. Beispielsweise können Kennlinien insgesamt oder abschnittsweise durch folgende Funktionen darstellbar sein:

- eine lineare Funktion $y = a \cdot x + b$,
- durch ein Polynom $y = a_0 + a_1 \cdot x + a_2 \cdot x^2 + a_3 \cdot x^3 + \ldots$,
- durch eine Exponentialfunktion $y = a \cdot \exp(k \cdot x)$ oder
- durch eine Logarithmusfunktion $y = a \cdot \ln(k \cdot x)$.

Für die Anwendung besonders vorteilhaft ist ein linearer Zusammenhang zwischen Eingangs- und Ausgangsgröße entsprechend Abb. 3.1a.

Übersteuerung – Empfindlichkeit – Auflösung Die Abb. 3.1a zeigt eine Kennlinie mit einem linearen Aussteuerbereich, der von $MB_{Anfang} \leq x \leq MB_{Ende}$ reicht. Bei Messgrößen $> MB_{Ende}$ wird die Übertragungsfunktion zunächst nichtlinear und schließlich tritt Sättigung ein. Im Sättigungsbereich ist eine Messung nicht mehr möglich; man spricht von **Übersteuerung**.

Wir betrachten nun die Aussteuerung im **Arbeitspunkt**[1] A in Abb. 3.1. Die Änderung des Wertes der Ausgangsgröße Δy bezogen auf die Änderung des Wertes der Eingangsgröße Δx

---

[1] Arbeitspunkt heißt ein Punkt auf der Kennlinie, der als Ruhelage eingestellt oder durch äußere Parameter bestimmt wird. Der Arbeitspunkt sollte in der Mitte eines linearen Kennlinienabschnitts liegen.

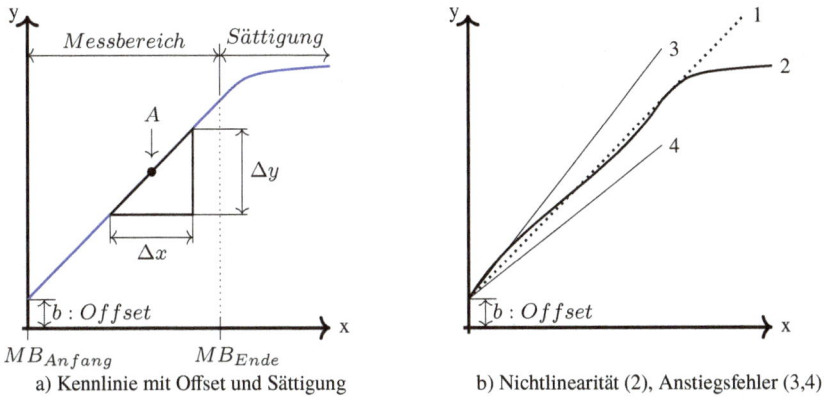

a) Kennlinie mit Offset und Sättigung
b) Nichtlinearität (2), Anstiegsfehler (3,4)

Abb. 3.1.: Lineare Kennlinien mit Anstiegsdreieck und verschiedenen Fehlern

im Punkt A heißt **Empfindlichkeit** oder Sensitivität des Sensors. Die Empfindlichkeit $\frac{\Delta y}{\Delta x}$ ist der Anstieg der Tangente an der Kennlinie im Punkt A.

Unter der **Auflösung** versteht man eine Angabe zur eindeutigen quantitativen Unterscheidung zwischen nahe beieinander liegenden Messwerten.

Offset, Nichtlinearität und Anstiegsfehler   Häufig ist die Ausgangsgröße eines Sensors ungleich Null, obwohl die Eingangsgröße Null ist (Abb. 3.1a). Dieser Versatz des Nullpunktes heißt **Offset** und muss korrigiert werden.

Abb. 3.1b stellt eine lineare Kennlinie 1 (punktiert) und eine nichtlineare Kennlinie 2 gegenüber. Die Kennlinien 3 und 4 haben, bezogen auf die punktierte Kennlinie 1, einen Anstiegsfehler. Alle Kennlinien haben den gleichen Offset.

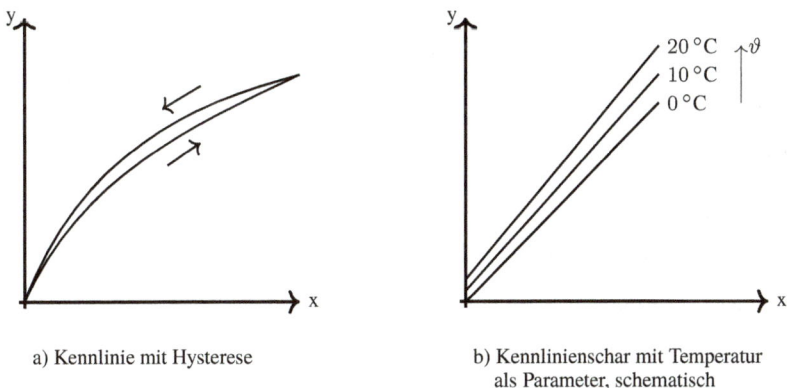

a) Kennlinie mit Hysterese
b) Kennlinienschar mit Temperatur als Parameter, schematisch

Abb. 3.2.: Kennlinien mit Hysterese a) und Querempfindlichkeit b)

Hysterese   Von Hysterese spricht man, wenn sich für ein und denselben Wert der Eingangsgröße verschiedene Werte der Ausgangsgröße ergeben, je nachdem, ob zuvor größere oder kleinere Werte am Eingang anlagen; der Wert der Ausgangsgröße hängt also von der voraus gegangenen Aufeinanderfolge der Werte der Eingangsgröße ab (Abb.3.2a). Hysterese kann auftreten, wenn ein Sensormaterial einen Speichereffekt aufweist.

Einflussgrößen und Querempfindlichkeiten – Selektivität   Neben der Messgröße können weitere Größen, sogenannte Einflussgrößen, den Ausgangswert eines Sensors beeinflussen. Eine allgegenwärtige Einflussgröße ist die Temperatur. Häufig ändern sich Offset und Steilheit einer Kennlinie mit der Temperatur (Abb. 3.2 b). Solche Änderungen müssen durch schaltungs- oder rechentechnische Maßnahmen kompensiert werden. Bei chemischen Sensoren, die bestimmte Stoffkomponenten in einem Gas oder einer Flüssigkeit nachweisen, können andere Substanzen im Messmedium den Messeffekt erheblich beeinflussen. In diesem Zusammenhang dient der Begriff **Selektivität** zur Beschreibung des Vermögens, die einzelnen Substanzen getrennt nachzuweisen.

3.2.2. Dynamische Kennwerte

Zur Beschreibung des Zeitverhaltens bei Änderungen der Messgröße am Eingang des Sensors werden neben den eben behandelten statischen Kennwerten dynamische Kennwerte benötigt. Dazu ist in Gleichung 2.1 zusätzlich die Zeit zu berücksichtigen

$$y(t) = f(x(t)). \tag{3.1}$$

Das Ausgangssignal $y(t)$ eines Sensors kann schnellen Änderungen des Eingangssignals $x(t)$ in der Regel nicht unverzögert und fehlerfrei folgen. Gründe dafür können bewegte Massen, Energiespeicher, Reibung u.a. sein. Zur Darstellung des Übertragungsverhaltens im Zeitbereich ist die Ermittlung der Sprungantwort eine geeignete Methode. Dazu wird am Sensoreingang eine sprunghafte Änderung der Messgröße definierter Höhe erzeugt und der Zeitablauf des Ausgangssignals bewertet. Je nach Funktionsprinzip und Sensortyp findet man unterschiedliche Verläufe der Ausgangsgröße als Sprungantwort.

In Abb. 3.3 sind einige Sprungantworten schematisch dargestellt:

- ideale, trägheitslose Sprungantwort (1)

- Sprungantwort mit Totzeit und Überschwingen (2) (siehe auch Abb. 3.4)

- tiefpassartige Sprungantwort (3)

- hochpassartige Sprungantwort (4)

- gedämpfte Schwingungen als Sprungantwort (5).

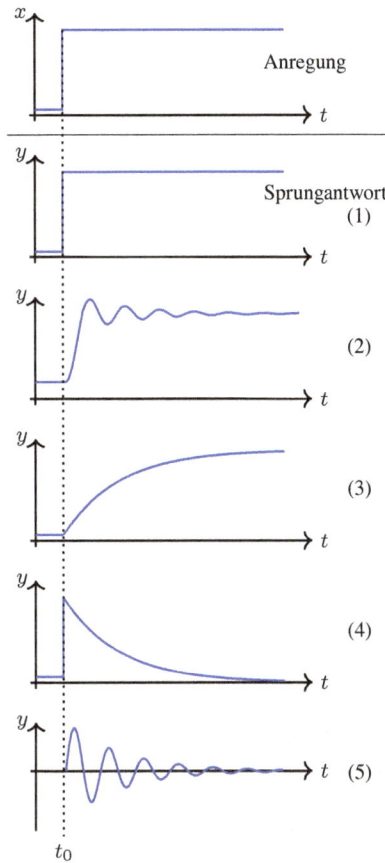

Abb. 3.3.: Sprungantwort, Beispiele

Die Abb. 3.4 gibt eine Sprungantwort mit zugehörigen Kennwerten wieder. Zur Zeit t_0 wird der Sensor mit einer Sprungfunktion beaufschlagt. Erst nach einer **Totzeit** t_T reagiert der Sensorausgang bei t_1. Der Sensorausgangswert schwingt zunächst um den Endwert und liegt nach einer **Einstellzeit** t_S innerhalb des erlaubten Fehlerbandes. Bedingt durch Totzeit und Einstellzeit folgt das Sensorausgangssignal einer Änderung der Messgröße mit einer gewissen Trägheit; der Sensor hat damit auch zeitlich eine begrenzte Auflösung. Für manche Messgrößen ist die Bereitstellung einer sprunghaften Änderung des Wertes am Eingang des Sensors schwierig oder sogar unmöglich. Das gilt z.B. dann, wenn Transport- und Ausgleichsvorgänge eine Rolle spielen, wie bei der Temperaturmessung oder der Konzentrationsmessung mit chemischen Sensoren.

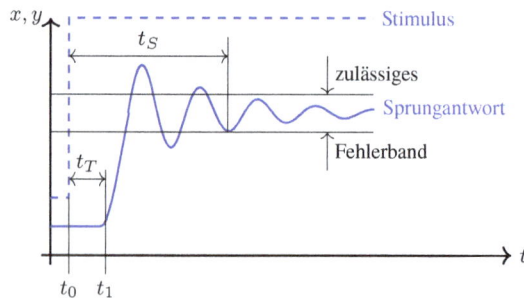

Abb. 3.4.: Sprungantwort mit Kennwerten

3.2.3. Kalibrierung

Unter Kalibrierung versteht man nach [DIN99] das Ermitteln des Zusammenhanges zwischen Messwert oder Erwartungswert der Ausgangsgröße und dem zugehörigen wahren oder richtigem Wert der als Eingangsgröße vorliegenden Messgröße für eine betrachtete Messeinrichtung bei vorgegebenen Bedingungen. Dieser Zusammenhang bildet die Basis für die Auswertung der Messungen. Erst die Kalibrierung stellt die Genauigkeit eines Sensors bzw. Messsystems sicher.

Für kommerzielle Sensoren und Messgeräte erfolgt die Kalibrierung in der Regel beim Hersteller. Der Hersteller geht dabei folgendermaßen vor:
Verschiedene, genau bekannte Eingangsgrößen, je nach Art des Sensors also eine Temperatur, ein Druck usw., werden an den Eingang des Sensors gelegt und nach einer Einstellzeit wird das jeweils dazugehörige Ausgangssignal gemessen. Man wählt die Eingangsgrößen so, dass sie den Anfang, das Ende und Zwischenwerte des Messbereichs abdecken. Je nach Zielstellung muss diese Prozedur aus Gründen der statistischen Sicherheit oder der Qualitätssicherung oder während eines Abgleichprozesses mehrfach wiederholt werden.

Zur Kalibrierung werden für jede Messgröße genaue Standards und zum Teil kostenintensive Ausrüstungen benötigt. Über solche Ausrüstungen verfügen neben den Sensorherstellern auch zertifizierte Kalibrierlaboratorien, die die Kalibrierung als Dienstleistung anbieten.

Das **Eichen** entspricht dem Kalibrieren; es ist ein gleichartiger Prozess. Eine Eichung darf allerdings nur von Eichämtern vorgenommen werden und hat deshalb eine andere Wertigkeit.

3.3. Auswertung von Messungen

Die Ausführungen in diesem Kapitel betreffen die numerische Angabe von Messwerten. Wenn ein Sensor in eine Steuerung oder in einen Regelkreis eingebunden ist, müssen die numerischen Werte im Routinebetrieb meist nicht abgelesen werden. Man benötigt sie trotzdem beispielsweise bei der Inbetriebnahme, bei Service- oder Wartungsarbeiten und zur Dokumentation der exakten Funktion des Systems. Die Werte können gespeichert und z.B. zum Zwecke der Qualitätssicherung abgefragt werden. Numerische Angaben benötigt man insbesondere auch bei der Entwicklung von Sensoren bzw. Messsystemen, um das Entwicklungsobjekt bewerten und mit Referenzmessgeräten, Referenzmessverfahren oder Referenzwerten vergleichen zu können.

Ziel jeder Messung einer physikalischen oder chemischen Größe ist die Bestimmung des **wahren Wertes**[2] der Messgröße. Da wir die nichtelektrischen Größen auf eine der elektrischen Größen abbilden und letztere dann elektrisch messen, handelt es sich bei Messungen mit Sensoren immer um eine **indirekte Messung**. Zur Ermittlung der Werte x einer nichtelektrischen Messgröße X aus den Ausgabewerten y des Sensors benötigt man ein **Modell**. Solch ein Modell beschreibt den gesuchten Zusammenhang zwischen allen beteiligten Größen in Form einer Gleichung

$$y = f(x, x_{q_1}, \ldots x_{q_m}), \tag{3.2}$$

wobei x die Werte der Messgröße und x_{q_i} die Werte der Einflussgrößen (Querempfindlichkeiten) sind.

Solch ein Modell umfasst auch die Grenzen des Gültigkeitsbereiches der Gleichung und kann in verschiedenen Wertebereichen der Messgröße verschiedene Formen annehmen. Wir verweisen dazu beispielsweise auf die Ausführungen zu Widerstandsthermometern in Kapitel 4.1.1. Manchmal wird der Zusammenhang auch in Form einer Tabelle gegeben; Beispiele dafür sind die tabellierten Zusammenhänge der Thermospannung von Thermoelementen mit der Temperatur (siehe ebenfalls Kapitel 4.1.1).

3.3.1. Fremdeinflüsse und Messabweichungen

Messungen unterliegen verschiedenen Einflüssen, die nicht immer exakt quantifiziert werden können. Als Folge solcher Einflüsse treten **Messabweichungen**[3] auf, die man in zufällige und systematische Messabweichungen gliedert.

Trotz unvermeidbarer Messabweichungen ist zu fordern, dass die Messwerte bei wiederholten Messungen unter gleichen Bedingungen möglichst nahe beim wahren Wert liegen, also nahe am Zentrum der Zielscheibe, wie in Abb. 3.5a dargestellt.

---

[2] Der Begriff „wahrer Wert" ist in der Literatur im Hinblick auf den philosophischen Wahrheitsbegriff und quantenmechanische Effekte vielfach diskutiert worden; es werden andere Begriffe, wie „tatsächlicher Wert" oder „wirklicher Wert" vorgeschlagen und verwendet [HLW97]. Siehe auch Kapitel 3.3.3.

[3] Der früher verwendete Begriff „Messfehler" wurde mit DIN 1319, Ausgabe 1995, durch den Begriff „Messabweichung" ersetzt.

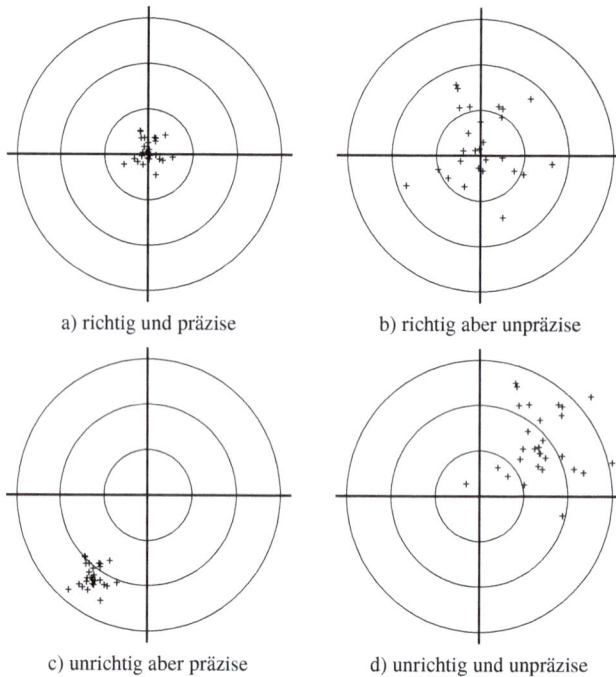

a) richtig und präzise   b) richtig aber unpräzise

c) unrichtig aber präzise   d) unrichtig und unpräzise

Abb. 3.5.: Richtigkeit und Präzision gleichartiger, wiederholter Messungen

Zufällige Messabweichungen Zufällige Messabweichungen schwanken in Vorzeichen und Betrag; sie machen ein Messergebnis immer **unsicher**. In Abbildung 3.5b und d erkennt man das an der breiteren Streuung der Messwerte.

Ihre Ursachen liegen in zufälligen Schwankungen, die verursacht sein können durch

- das jeweilige Messobjekt selbst (z.B. schwankender Durchmesser eines zu vermessenden Drahtes),

- den verwendeten Sensor, die Messelektronik sowie das Messverfahren (z.B. Fertigungstoleranzen, ungenauer Abgleich, Rauschen, Drift),

- Einflussgrößen der Messumgebung (Temperatur, Luftdruck, Luftfeuchte, elektromagnetische Felder usw.),

- die Qualität der Ausführung der Messung (Übung und Aufmerksamkeit des Ausführenden, Genauigkeit von Skalenablesungen u.a.).

Systematische Messabweichungen Systematische Messabweichungen haben bei Wiederholungsmessungen unter gleichen Bedingungen stets das gleiche Vorzeichen und den gleichen Betrag; sie machen ein Messergebnis immer **unrichtig**. In der Abbildung 3.5c und d erkennt man das am Abstand der Messwerte vom wahren Wert im Ursprung.

Bei elektrischen Messungen können Ursachen von systematischen Messabweichungen beispielsweise sein

- der endliche Eingangswiderstand einer Schaltung, eines Anzeigeinstruments, eines Analog-Digital-Wandlers usw. (Rückwirkung auf das Messobjekt),
- der endliche Innenwiderstand einer Strom- oder Spannungsquelle,
- die Signallaufzeit (Phasenverschiebung) in einer Schaltung,
- die begrenzte Auflösung und Abtastfrequenz eines Analog-Digital-Wandlers.

Systematische Messabweichungen können minimiert werden, wenn man sie erkannt hat und das Messverfahren entsprechend verbessert oder, wenn möglich, das Ergebnis rechnerisch korrigiert.

Erfassung der Einflussgrößen – Ishikawa-Diagramm Eine Möglichkeit zur Erfassung und Visualisierung aller denkbaren Einflüsse auf den Messprozess bietet das Ishikawa-Diagramm[4] nach Abb. 3.6. Solch ein Diagramm, man nennt es auch Ursache-Wirkungs-Diagramm oder Fischgräten-Diagramm, kann den jeweiligen Anforderungen und Bedingungen entsprechend ausgestaltet und angepasst werden und erleichtert die Übersicht.

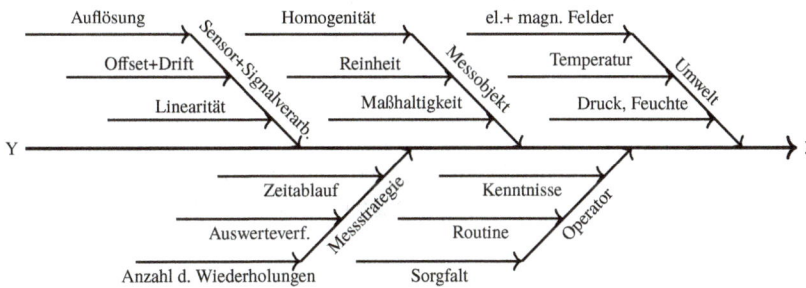

Abb. 3.6.: Darstellung von Einflussfaktoren im Ishikawa-Diagramm

3.3.2. Angaben von Messabweichungen und Toleranzen in Datenblättern

Jeder Hersteller kommerzieller Sensoren, elektronischer Bauelemente oder kompletter Messgeräte gibt in den jeweils zugehörigen Datenblättern bzw. Bedienungsanleitungen maximal zulässige Messabweichungen bzw. Toleranzen als **Grenzabweichungen** an. Grenzabweichungen sind jeweils Höchstwerte für eine positive oder negative Abweichung vom Sollwert, deren Einhaltung der Hersteller garantiert.

---

[4] Ishikawa Kaoru, japanischer Chemiker, 1915–1989

Solche Angaben sind an die jeweilige Produktgruppe angepasst; sie können sehr verschieden aussehen, wie wir nachfolgend an einigen Beispielen zeigen. Ergänzend zu numerischen Grenzabweichungen enthalten Datenblätter auch Diagramme, die Abweichungen als Funktion verschiedener relevanter Einflussgrößen dokumentieren.

Passive Bauelemente   Als Beispiel für passive Bauelemente betrachten wir ohmsche Widerstände. Ohmsche Widerstände haben einen Nennwert, von dem der wahre Wert infolge von Fertigungstoleranzen und Abweichungen von der Nenntemperatur abweichen kann. Weitere Einflüsse, wie den Skin-Effekt bei hoher Frequenz, betrachten wir hier nicht. Die Fertigungstoleranz $\delta_P = \frac{\Delta R}{R}$ beschreibt, wie weit der wirkliche Widerstandswert bei der Nenntemperatur vom angegebenen Nennwert herstellungsbedingt maximal abweichen kann; sie wird in Prozent angegeben und man schreibt bei 1% Toleranz $R = 10\,\mathrm{k}\Omega \pm 1\%$. Ein $10\,\mathrm{k}\Omega$ Widerstand erfüllt diese Toleranzgrenzen, wenn bei der Nenntemperatur der Widerstandswert zwischen $9900\,\Omega$ und $10\,100\,\Omega$ liegt. Zur Beschreibung der Temperaturabhängigkeit wird ein Temperaturkoeffizient TK_R angegeben, aus dem sich die maximale temperaturbedingte Abweichung errechnen lässt und der z.B. $50\,\mathrm{ppm/°C}$ betragen kann; er leistet einen maximalen Beitrag zur Abweichung von

$$\delta_T = \frac{TK_R * \Delta\vartheta_{max}}{R},$$

wobei $\Delta\vartheta_{max}$ die maximale Abweichung von der Nenntemperatur ist. Die maximale Gesamtabweichung errechnet sich aus der Addition der Beträge, man erhält

$$|\delta_{Gesamt}^{max}| = |\delta_P| + |\delta_T|.$$

Das Eintreten der maximalen Abweichung ist nicht sehr wahrscheinlich, deshalb wird auch mit der mittleren Abweichung gearbeitet, die man folgendermaßen ermittelt

$$|\bar{\delta}_{Gesamt}| = \sqrt{\delta_P^2 + \delta_T^2}.$$

Bei NTC-Widerständen (Thermistoren, siehe Kapitel 4.1.1.4), die der Temperaturmessung dienen, und bei denen der Zusammenhang zwischen Temperatur und Widerstandswert tabellarisch angegeben ist, wird zu einem gegebenen Widerstandswert bei einer bestimmten Temperatur die Grenzabweichung der Temperatur angegeben, also z.B. $10\,\mathrm{k}\Omega$ bei $(25 \pm 0.5)\,°C$.

Aktive Bauelemente   Als Beispiel wählen wir hier einen Analog-Digital-Wandler (ADC, siehe Kapitel 7.1.4). Bei ADC machen die Hersteller Angaben zur Linearität, zum Offset und zu Verstärkungsabweichungen; diese Werte werden in LSB[5] angegeben und können beispielsweise folgendermaßen lauten:

- Linearitätsfehler $\pm 1LSB$,
- Offsetfehler $\pm 1LSB$,

---

[5] LSB: least significant bit, das niederwertigste Bit, bei ADC die Quantisierungseinheit

- Verstärkungsfehler $\pm 2 LSB$.

Wenn der ADC über eine interne Referenzspannungsquelle verfügt, ist auch dafür eine Maximalabweichung und ein Temperaturgang angegeben, z.B.

- $U_{Ref} = (2{,}50 \pm 0{,}02)\,\text{V}$,
- Temperaturkoeffizient von U_{Ref} : $\pm 30\,\text{ppm}/^\circ\text{C}$.

Zur Bestimmung der Maximalabweichung sind die Beträge der drei LSB-Werte zu addieren und die Abweichungen der Referenzspannungsquelle sind beim Wert von U_{LSB} zu berücksichtigen.

Sensoren   Wir wählen hier einen Drucksensor mit Analogausgang als Beispiel. Dafür sind folgende Angaben möglich:

- Vollausschlag (Full Scale Output, FSO): $(5{,}00 \pm 0{,}05)\,\text{V}$,
- Offset beim niedrigsten spezifizierten Druck: $\pm 0{,}05\,\text{V}$,
- Nichtlinearität und Hysterese: $0{,}1\,\%$ FSO,
- Langzeitstabilität: $0{,}1\,\%$ FSO und
- Temperaturkoeffizient: $\pm 0{,}03\,\%\,\text{FSO}/^\circ\text{C}$.

Wie oben beschrieben, sind die einzelnen Abweichungsanteile zu einer Gesamtabweichung zusammenzufassen, wobei Einsatzspezifika, wie der Bereich der Einsatztemperatur, berücksichtigt werden müssen.

Messgeräte   Bei elektrischen Messgeräten werden Messabweichungen auf verschiedene Art angegeben, je nachdem, ob es sich um analog oder digital anzeigende Geräte handelt.

Für analoge Strom- und Spannungsmessgeräte sind in DIN EN 60051-2 [DIN91] die folgenden Genauigkeitsklassen (class of accuracy) festgelegt:

$$0{,}05; \quad 0{,}1; \quad 0{,}2; \quad 0{,}3; \quad 0{,}5; \quad 1; \quad 1{,}5; \quad 2; \quad 2{,}5; \quad 3 \quad \text{und} \quad 5.$$

Die Genauigkeitsklassen geben an, welche maximale Messabweichung bei Vollausschlag noch zugelassen ist. So bedeutet:

- Klasse 0.5: Anzeigeabweichung $\leq \pm 0.5\%$ vom Messbereichsendwert,
- Klasse 2,5: Anzeigeabweichung $\leq \pm 2{,}5\%$ vom Messbereichsendwert usw.

Bei Multimetern können für unterschiedliche Messbereiche verschiedene Genauigkeitsklassen gelten, z.B. für Gleichspannungs- und für Wechselspannungsbereiche.

Für digitale Messgeräte und Digitalmultimeter erfolgt die Angabe, bezogen auf den aktuellen Messwert und den Bereichsendwert unter Berücksichtigung der Quantisierungsabweichung, in der folgenden Form [DIN87]:

- $\pm 0.001\%$ v. M. $\pm 0.002\%$ v.E. oder alternativ,
- $\pm 0.05\%$ v. M. ± 5 Digit bei Nullabgleich.

Dabei bedeuten:

- v.M. = „vom Messwert",
  das ist ein multiplikativer Anteil (Anstiegsabweichung) und abhängig vom aktuellen Ausgabewert,
- v.E. = „vom Endwert" alternativ $\pm n$ Digit,
  dies ist ein additiver Anteil (Offset), der Nullpunktabweichung, Nichtlinearität und Quantisierungsabweichung der Analog-Digital-Wandlung beinhaltet.

Bei Messbereichsumschaltung ergibt sich somit für jeden Messbereich eine andere Messabweichung. Darüber hinaus klassifizieren Hersteller ihre Messgeräte auch nach wachsender Genauigkeit in Betriebsmessgeräte, Feinmessgeräte und Präzisionsmessgeräte.

3.3.3. Ermittlung und Darstellung von Messergebnissen

Aus den Ausgabewerten y_i des Sensors bzw. der nachgeschalteten Signalverarbeitung und anderen zu berücksichtigenden Daten werden nach dem zugrundeliegenden Modell die entsprechenden Messwerte x_i berechnet.

Auf Grund der Messabweichungen liefern Messungen nicht den **wahren Wert** x_{wahr} der Messgröße, sondern einen Näherungswert, den man den **Schätzwert** $x_{schätz}$ nennt. Die Differenz aus Schätzwert und wahrem Wert $x_{schätz} - x_{wahr}$ heißt **Messabweichung**. Die Messabweichung ist nicht bekannt, sie kann Null sein.

Zur Bewertung einer Messung dient die **Messunsicherheit** $u(x)$. Die Messunsicherheit ist ein quantitativer, berechenbarer Kennwert von Messungen und immer größer als Null. Sie gibt an, in welchem Wertebereich man den Werten einer Messung vertrauen kann und ist damit ein Maß für die Qualität und Genauigkeit eines Messergebnisses.

Häufigkeit der Messungen Messungen können einmalig als Einzelmessung oder wiederholt als Wiederholungsmessung durchgeführt werden. Die Bestimmung der Messunsicherheit erfolgt jeweils auf verschiedene Weise. Die entsprechenden Verfahrensweisen sind u.a. in [DIN96], [DIN99], [Kel98] ausführlich dargestellt.

Einzelmessungen In jede Einzelmessung fließen die oben skizzierten Messabweichungen ein. Jedoch ist für eine Einzelmessung eine zufällige Messunsicherheit nicht angebbar. Vielmehr kann man nur eine Obergrenze der Messabweichung angeben, indem man bekannte maximale Messabweichungen der verwendeten Gerätschaften berücksichtigt und unbekannte Messabweichungen abschätzt. Die Angabe kann absolut

$$x = x_{gemessen} \pm \Delta x_{max}$$

oder relativ

$$x = x_{gemessen} \pm \frac{\Delta x_{max}}{x_{gemessen}}$$

erfolgen, wobei sich Δx_{max} aus den Messabweichungen der verwendeten Messeinrichtung sowie aus Toleranzen von Maßstäben, Referenzelementen oder Referenzsubstanzen ergibt. Man beachte, dass zu Absolutwerten immer die Einheit der Messgröße angegeben werden muss.

Wiederholte Messungen Wenn Messungen unter gleichen Bedingungen wiederholt werden, streuen die Ausgabewerte infolge zufälliger Messabweichungen um einen Mittelwert $\overline{x}$; die Differenz zwischen größtem und kleinstem Wert einer Messreihe heißt die Spanne der Messreihe

$$R = x_{max} - x_{min}.$$

Zur Auswertung wiederholter Messungen und zur Bewertung statistischer Messabweichungen stehen statistische Verfahren zur Verfügung.

Vor Anwendung eines statistischen Verfahrens muss die Art der Verteilung der Messwerte bekannt sein bzw. ermittelt werden. Dazu teilt man zunächst die gemessenen Ausgabewerte x_n nach ihrer Größe in Klassen ein und stellt diese als Histogramm dar (Abb. 3.7a). Mit zunehmender Anzahl n der Ausgabewerte x_n tritt die Art der Verteilung deutlicher hervor (Abb. 3.7b). Das Erscheinungsbild der Verteilung hängt u.a. von der willkürlich gewählten Klassenbreite ab. Man kann deshalb aus der Grafik nicht ohne Weiteres auf eine bestimmte Verteilung schließen.

Häufig entsprechen die Ausgabewerte näherungsweise einer Gauß-[6] oder **Normalverteilung** (Abb. 3.7c). Die Normalverteilung wird durch folgende Gleichung beschrieben

$$f(x) = \frac{1}{\sigma\sqrt{2\pi}} \exp -\frac{1}{2}\left(\frac{x-\mu}{\sigma}\right)^2, \quad -\infty < x < \infty, \quad \sigma > 0, \tag{3.3}$$

wobei μ der **Erwartungswert** und σ die **Standardabweichung** sind.

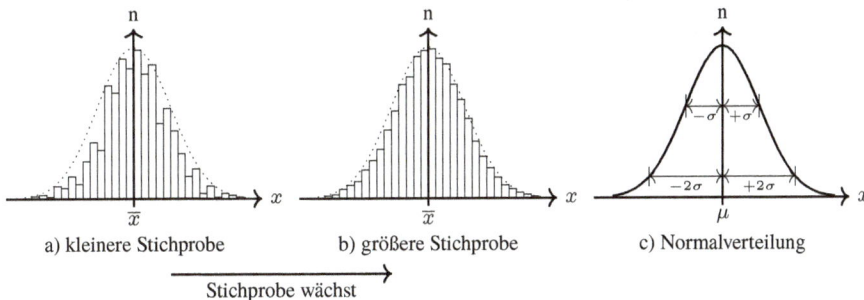

a) kleinere Stichprobe   b) größere Stichprobe   c) Normalverteilung

Stichprobe wächst

Abb. 3.7.: Häufigkeitsverteilung von Messwerten und Normalverteilung

[6] Johann Carl Friedrich Gauß, deutscher Mathematiker und Physiker, 1777–1855

Wenn beim wiederholten Messen kontinuierlicher Größen die Messabweichungen reine Zu-
fallswerte sind, also nur von statistischen, nicht korrelierten Einflüssen abhängen, keinen zeitlichen Trend aufweisen, beliebige reelle Werte annehmen können und die Stichprobe hinreichend
groß ist, ergeben die Messwerte näherungsweise eine Normalverteilung. Für eine solche, experimentell ermittelte Verteilung sind der Erwartungswert μ und die Standardabweichung σ
nicht bekannt. Deshalb verwendet man Näherungs- oder Schätzwerte. Anstelle von μ dient das
arithmetische Mittel

$$\overline{x} = \frac{1}{n} \sum_{i=1}^{n} x_i \tag{3.4}$$

als Schätzwert und beste Annäherung an den wahren Wert der Messungen und damit als Messwert. An die Stelle der Standardabweichung σ tritt als Schätzwert die **empirische Standardabweichung** oder **Stichproben-Standardabweichung** s

$$s = \sqrt{\frac{1}{n-1} \sum_{i=1}^{n} (x_i - \overline{x})^2}. \tag{3.5}$$

Als Messunsicherheit $u(x_i)$ wird die empirische Standardabweichung des Mittelwertes genutzt;
für diese gilt

$$u(x_i) = \frac{s}{\sqrt{n}}. \tag{3.6}$$

Die empirische Standardabweichung hat dieselbe Dimension wie die Messgröße. Oft wird zusätzlich der **Variationskoeffizient**, das ist die relative empirische Standardabweichung s^*, angegeben

$$s^* = \frac{s}{\overline{x}} \cdot 100. \tag{3.7}$$

Der Variationskoeffizient wird in Prozent angegeben und erlaubt eine von der Messgröße und
deren Einheit unabhängige Bewertung des Ergebnisses.

In der Statistik wird gezeigt, dass für die Normalverteilung im Intervall

- $\pm\sigma$ näherungsweise $68,27\%$ der Werte,

- $\pm 2\sigma$ näherungsweise $95,45\%$ der Werte,

- $\pm 3\sigma$ näherungsweise $99,73\%$ der Werte

liegen. Dementsprechend befinden sich im durch die Messunsicherheit vorgegebenen Intervall $\pm s$ nur ca. 68% der Werte. Um mit der angegebenen Unsicherheit eine größere Anzahl gemessener Werte einschließen zu können, wird die sog. erweiterte Messunsicherheit

$$U = k \cdot u(x)$$

eingeführt. Nach den oben angegebenen Werten erhält man für $k = 2$ eine Überdeckung von $> 95\%$ und mit $k = 3$ von $> 99\%$.

Signifikante Ergebnisstellen   Die Berechnung eines Messwertes kann zu vielstelligen Dezimalzahlen oder irrationalen Zahlen führen. Man denke z.B. an Wurzeloperationen oder Multiplikation mit bzw. Division durch Werte wie $\sqrt{2}$, π usw.

Damit das Ergebnis keine falsche Genauigkeit vortäuscht, muss angesichts der vorhandenen Messabweichungen das Rechenergebnis physikalisch sinnvoll gerundet werden ([DIN92]). Dazu kann man sich folgender Regeln bedienen:

- es wird nur eine signifikante Stelle der Messabweichung verwendet und

- die letzte Ergebnisstelle ist von der gleichen Größenordnung, wie die signifikante Stelle der Messabweichung.

Vollständiges Messergebnis   Wegen der diskutierten Messabweichungen kann jede Messung einer physikalischen oder chemischen Größe nur mit einer endlichen Genauigkeit angegeben werden. Die Kenntnis der mit einem Messergebnis verbundenen Unsicherheit ist für die Interpretation des Ergebnisses unerlässlich. Ohne Angabe der Unsicherheit besteht ein Risiko zur Fehlinterpretation der Ergebnisse. Es ist dann unmöglich zu entscheiden, ob beobachtete Unterschiede zwischen verschiedenen Ergebnissen mehr als die Versuchsstreuung wiedergeben, ob vorgegebene Spezifikationen erfüllt sind oder ob gar Rechtsvorschriften, die auf Grenzwerte Bezug nehmen, verletzt worden sind.

Ein Messwert setzt sich zusammen aus dem wahren Wert und den zufälligen und systematischen Messabweichungen. Nachdem Messwert und Messabweichung ermittelt und entsprechend den oben angegebenen Regeln gerundet wurden, kann das vollständige Messergebnis in folgender Form angegeben werden

$$x_{Ergebnis} = \overline{x} \pm s. \tag{3.8}$$

Das Messergebnis besteht immer aus der **Maßzahl** mit **Maßeinheit** und der absolut oder prozentual angegebenen **Messabweichung**. Als Maßeinheiten sind, soweit möglich, Einheiten des **Internationalen Einheitensystems** (**SI**) zu verwenden (zu SI-Einheiten siehe Anhang A.3, Seite 253).

4. Messeffekte und Sensoren für physikalische Messgrößen

In diesem Kapitel stellen wir ausgewählte Messeffekte und daraus abgeleitete Sensorkonzepte für eine Auswahl von Messgrößen[1] vor. Wir betrachten in diesem Kapitel Sensoren für:

- thermische Größen,
- mechanische Größen,
- optische Größen,
- magnetische Größen sowie
- ionisierende Strahlung.

Sensoren für chemische Messgrößen behandeln wir in Kapitel 5.

Für die Abbildung der nichtelektrischen Messgröße in den elektrischen Kreis werden unterschiedlichste Effekte genutzt; man kann sie in folgende Gruppen gliedern

- Geometrieänderung im Messkreis
- Festkörper-Volumeneffekte
- Volumeneffekte in Flüssigkeiten und Gasen
- Effekte an inneren Festkörper-Grenzflächen
- Effekte an der Grenzfläche fest-flüssig
- Effekte an der Grenzfläche fest-gasförmig
- Effekte in einem Übertragungskanal.

Oft entsteht ein Messeffekt dadurch, dass ein Testsignal in einem Übertragungskanal von der Messgröße verändert wird. In anderen Fällen ist die gemessene Größe nur von sekundärem Interesse und dient als leicht messbare Hilfsgröße der Ermittlung einer ganz anderen physikalischen oder chemischen Größe. Beides ist Gegenstand von Kapitel 6.

Der Übersichtlichkeit wegen stellen wir am Anfang der folgenden Kapitel jeweils zuerst wichtige Messeffekte und Sensorarten für bestimmte Messgrößen sowie die Abbildung auf eine der möglichen elektrischen Ausgangsgrößen (U, I, Q bzw. R, L, C) tabellarisch zusammen. Die Einzelheiten erklären wir danach im Text. Die Vielfalt der Sensorrealisierungen lässt verschiedene Systematiken zu (z.B. Gliederung nach Messgrößen, nach Einsatzbereichen, nach Werkstoffen usw.); wir gliedern nach Messgrößen.

Neben der Messgröße selbst interessiert uns insbesondere die elektrische Ausgangsgröße, weil diese den Aufbau der nachfolgenden Primärelektronik und weiterer elektronischer Komponenten maßgeblich bestimmt.

In vielen Fällen taugt ein Sensorelement allein nicht zur Erfassung einer gewünschten Messgröße. Oft sind Primärwandler notwendig, die dem Sensorelement vorgeschaltet werden und

---

[1] Viele Messgrößen, wie die Kraft, die Beschleunigung oder das $B-$Feld sind Vektoren. Bei Sensorelementen betrachten wir jeweils nur eine Komponente dieser Vektoren und wählen deshalb in der Regel eine skalare Darstellung.

https://doi.org/10.1515/9783110772739-004

zur Ankopplung des Sensorelementes an seine Messumgebung dienen (z.B. Verformungskörper für Druck-, Kraft- oder Drehmomentmessungen) oder es werden mehrere Sensorelemente benötigt, um eine Messgröße zu gewinnen (z.B. Taupunkt, mehrdimensionale Größen). Wenn die Einkopplung der Messgröße in einem Übertragungskanal erfolgt, sind außerdem problemangepasste Anregungssignale (z.B. Licht, Ultraschall oder andere) erforderlich.

Eine Anzahl weiterer physikalischer und physikalisch-chemischer Effekte, die sich für Sensorzwecke nutzen lassen bzw. genutzt werden und die wir hier nicht behandeln, sind in [Ard05] und in [HR14] ausführlich dargestellt.

4.1. Thermische Messeffekte und Sensoren

4.1.1. Temperatursensoren

4.1.1.1. Messeffekte für Temperatursensoren

Tabelle 4.1.: Messeffekte für die Messgröße Temperatur

phys. Effekt	Sensorart	Abbildung auf
thermoelektrischer Effekt	Thermoelement	Thermospannung U_{Th}
thermoresistiver Effekt	Widerstands-thermometer	Widerstandsänderung ΔR
Temperaturabhängig-keit d. Leitfähigkeit im Halbleitervolumen	Thermistoren, Ausbreitungswi-derstand in Si	Widerstandsänderung ΔR
Thermogrenzflächen-effekt am pn-Übergang	Si-Diode, Si-Transistor als Diode betrieben	Flussspannung ΔU_{AK} (bei Dioden) ΔU_{BE} (bei Transistoren)
pyroelektrischer Effekt	pyroelektrischer Strahlungssensor	Ladungsänderung $\Delta Q(t)$
Widerstandsrauschen	Rauschthermometer	Rauschspannung U_R

Die meisten Stoffeigenschaften hängen von der Temperatur ab. Trotzdem eignen sich nur wenige Effekte zur Abbildung der Temperatur auf eine elektrische Größe. Technisch wichtige Messeffekte zur Erfassung der Messgröße Temperatur sind in Tabelle 4.1 zusammengestellt. Eine umfassende Darstellung von Verfahren zur Temperaturmessung findet man in [Ber04].

4.1.1.2. Thermoelektrischer Effekt und Thermoelemente

Verbindet man zwei Drähte aus zwei verschiedenen Metallen M_A und M_B an einer Seite und hält die Verbindungsstelle auf einer Temperatur T_1 und die beiden anderen, offenen Enden auf einer von der ersten Temperatur verschiedenen Referenztemperatur T_2, dann kann man zwischen den offenen Enden eine Spannung messen, die **Thermospannung** U_{Th}. Dieser Effekt heißt **thermoelektrischer Effekt** oder nach seinem Entdecker auch **Seebeck[2]-Effekt**.

Ursache der Thermospannung ist die Thermodiffusion von Ladungsträgern auf Grund verschiedener Austrittsarbeiten der verwendeten Metalle. Die Thermospannung ist der Temperaturdifferenz $T_1 - T_2$ und der Differenz der Seebeck-Koeffizienten der Materialien $S_{M_A} - S_{M_B} = \alpha$ proportional

$$U_{Th}(T_1, T_2) = \alpha \cdot (T_1 - T_2). \tag{4.1}$$

Die Seebeck-Koeffizienten S_{M_i} sind Materialkonstanten und von der Reinheit der Materialien abhängig.

Bei anderen Messverfahren, wie z.B. bei der Temperaturmessung mit Widerstandsthermometern, können Thermospannungen als störende Einflussgröße auftreten, wenn Zuleitungen mit verschiedenen Materialien ausgeführt sind und die Kontaktstellen auf verschiedenen Temperaturen liegen.

Thermoelemente Ein Thermoelement besteht aus zwei Drähten verschiedener, aber wohl definierter Zusammensetzung, die an einem Ende fest verschweißt sind. Die Schweißperle liegt auf der zu messenden Temperatur T_1. Die beiden offenen Enden liegen auf der Referenztemperatur T_2; zwischen ihnen wird die Thermospannung gemessen. Die Referenztemperatur muss genau bekannt sein oder separat gemessen werden. Die Abb. 4.1a zeigt schematisch eine Messanordnung mit einem Thermoelement, bestehend aus den Materialien M_A und M_B.

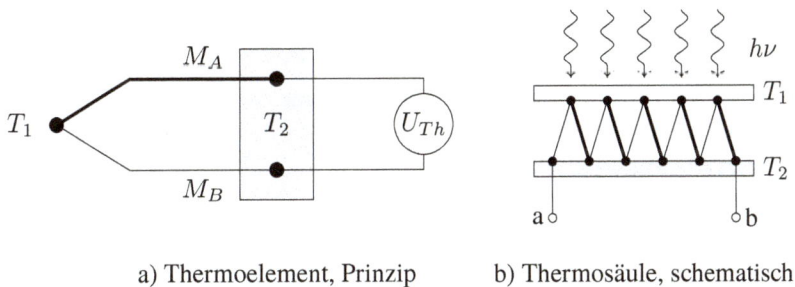

a) Thermoelement, Prinzip   b) Thermosäule, schematisch

Abb. 4.1.: Thermoelektrische Sensoren;
T_1: Temperatur der Messstelle, T_2: Referenztemperatur, $h\nu$: Strahlung

Thermoelemente, auch Thermopaare genannt, bilden eine Temperaturdifferenz auf eine Spannung ab. Sie eignen sich zur Messung hoher Temperaturen bis $1600\,°C$. Für technisch wichtige

---

[2] Thomas Johann Seebeck, deutscher Physiker, 1770–1831

Tabelle 4.2.: Ausgewählte Thermopaare nach [Ome13], Referenztemperatur: $0\,°C$

Materialpaarung (Typ)	Einsatztemperaturen	Thermospannung U_{Th}
Nickel-Chrom/Nickel (Typ J)	$-210\,°C$	$-8{,}095\,mV$
	$1200\,°C$	$69{,}553\,mV$
Eisen-Kupfer/Nickel (Typ K)	$-270\,°C$	$-6{,}458\,mV$
	$1372\,°C$	$54{,}886\,mV$
Platin-Rhodium/Platin (Typ S)	$-50\,°C$	$-0{,}236\,mV$
	$1768\,°C$	$18{,}693\,mV$

Thermopaare sind die Daten in dem Normblatt IEC 60584 Teil 1 angegeben. Thermoelemente werden nach der verwendeten Materialpaarung benannt; wir geben in Tabelle 4.2 einige Beispiele. Die Thermospannungen sind mit einer Schrittweite von $1\,K$ tabelliert; insofern gibt die Tabelle nur einen Einblick in die mit Thermoelementen erfassbaren Temperaturbereiche und die Größenordnung der dabei auftretenden Messspannungen.

Insbesondere im Bereich hoher Temperaturen tritt durch Diffusion und Oxidation eine **Alterung** der Thermoelemente ein, die zu Messabweichungen führt.

Thermosäule (Thermopile)   In einer Thermosäule sind entsprechend Abb. 4.1b viele gleichartige Thermoelemente thermisch parallel, aber elektrisch in Reihe geschaltet, so dass sich die geringen Thermospannungen addieren. Eine Thermosäule wandelt thermische Energie in elektrische Energie; sie wird z.B. als empfindlicher Detektor für Wärmestrahlung genutzt.

4.1.1.3. Thermoresistiver Effekt und Pt-Widerstandsthermometer

Als thermoresistiven Effekt bezeichnet man die Zunahme des ohmschen Widerstandes eines metallischen Leiters mit der Temperatur. Dieses Verhalten lässt sich mittels einer Taylorreihe[3] beschreiben

$$R(\vartheta) = R_0 \cdot \left(1 + \alpha \cdot (\vartheta - \vartheta_0) + \beta \cdot (\vartheta - \vartheta_0)^2 + \cdots\right).$$

Man nennt α den linearen und β den quadratischen Temperaturkoeffizienten; α ist bei Metallen positiv. Auf Grund seiner Eigenschaften ist insbesondere Platin als Material für Widerstandsthermometer geeignet.

---

[3] Nach Brook Taylor, britischer Mathematiker, 1865–1731

Platin-Widerstandsthermometer Platin-Widerstandsthermometer sind hochgenaue Messwiderstände mit wohldefiniertem Temperaturverhalten aus Platindraht oder Platinschichten auf einem geeigneten Träger. Der Widerstandswert der Platin-Widerstandsthermometer wird während des Herstellungsprozesses bei $0\,°C$ auf einen Wert von $100\,\Omega$, $1000\,\Omega$ oder andere genormte Werte abgeglichen. Dementsprechend nennt man die Widerstandsthermometer Pt100, Pt500, Pt1000 usw. Diese weit verbreiteten Platin-Widerstandsthermometer sind in der DIN EN 60751 genormt ([PT109]).

Die Temperaturabhängigkeit des Widerstandes eines Platin-Widerstandsthermometers wird analytisch in zwei Temperaturbereichen folgendermaßen beschrieben

- Bereich $\vartheta = -200\,°C$ bis $0\,°C$, hier gilt

$$R(\vartheta) = R_0 \cdot \left(1 + \alpha \cdot \vartheta + \beta \cdot \vartheta^2 + \gamma \cdot (\vartheta - 100\,°C)\vartheta^3\right). \tag{4.2}$$

- Bereich $\vartheta = 0\,°C$ bis $850\,°C$, hier gilt

$$R(\vartheta) = R_0 \cdot (1 + \alpha \cdot \vartheta + \beta \cdot \vartheta^2). \tag{4.3}$$

Die Koeffizienten betragen für beide Bereiche
$\alpha = 3{,}908\,02 \cdot 10^{-3}\,K^{-1}$, $\beta = -5{,}802 \cdot 10^{-7}\,K^{-2}$ und
$\gamma = -4{,}2735 \cdot 10^{-12}\,K^{-4}$.

Neben Platin wurde früher als weiteres Material für metallische Widerstandsthermometer auch Nickel verwendet. Nickel ist preisgünstiger und hat beinahe die doppelte Empfindlichkeit wie Platin. Jedoch reicht der Einsatzbereich nur von $-60\,°C$ bis $+250\,°C$ und der Zusammenhang zwischen der Temperatur ϑ und dem Widerstand $R(\vartheta)$ wird über ein Polynom 6. Grades hergestellt. Die entsprechende Norm DIN43760 wurde zurückgezogen.

Eigenerwärmung und andere Einflussgrößen Bei Temperaturmessungen mit Widerstandsthermometern können die nachfolgend aufgelisteten Einflussgrößen in Erscheinung treten und Messabweichungen verursachen:

- Eigenerwärmung des Widerstandsthermometers durch den Messstrom
  Jedes Widerstandsthermometer muss von einem Messstrom I_M durchflossen werden, damit am Messwiderstand die der Temperatur entsprechende Spannung $U(\vartheta)$ abfällt und abgegriffen werden kann. Damit wird am Temperaturfühler eine elektrische Leistung

$$P = I_M^2 \cdot R(\vartheta) = \frac{U(\vartheta)^2}{R(\vartheta)} \tag{4.4}$$

  in Wärme umgesetzt. Diese Leistung muss sehr klein gehalten werden, denn sie führt zur Eigenerwärmung des Messfühlers. Infolge Eigenerwärmung kann die Temperatur des Widerstandsthermometers höher sein als die der Umgebung und so die Messumgebung stören. Ein anderer Weg besteht darin, bei der Kalibrierung mit verschiedenen Messströmen zu messen und auf einen Messstrom $I_M = 0$ zu extrapolieren ([Kal10]).

- Leitungsfehler
  Leitungsfehler entstehen dadurch, dass auch über die Leitungen zwischen Widerstandsthermometer und Auswerteschaltung eine Spannung abfällt. Dieser Spannungsabfall lässt sich eliminieren, indem das Widerstandsthermometer über zwei Leitungen gespeist wird und über zwei weitere Leitungen die Spannung hochohmig gemessen wird (4-Leiter-Technik[4]).

- parasitäre Thermospannung im Messkreis
  Eine Thermospannung tritt im Messkreis dann auf, wenn die Verbindung zur Elektronik mit unterschiedlichen Metallen hergestellt ist und die Verbindungsstellen auf verschiedenen Temperaturen liegen. Die Thermospannung verfälscht die Widerstandsmessung.

- Phasenumwandlung an der Sensoroberfläche
  Wenn ein Sensor in einem Feuchtraum eingesetzt wird, kann er dort betauen oder vereisen. In beiden Fällen kann die Temperatur nicht mehr direkt der Raumtemperatur folgen.

- Messung in schnell strömenden Gasen
  Hier spielen über die Sensortechnik hinausreichende strömungstechnische Fragen eine Rolle. Gaspartikel können am Sensor abgebremst werden (Aufstau) und dabei Energie zum Sensor als Reibungswärme übertragen.

4.1.1.4. Widerstandsthermometer auf Halbleiterbasis

Halbleitermaterialien erlauben prinzipiell verschiedene Lösungen zur Realisierung von Temperatursensoren, die sich durch Nutzung der Temperaturabhängigkeit

- der Leitfähigkeit im Halbleitermaterial (**Volumeneffekt**) bzw.
- der Durchlassspannung eines pn-Überganges (**Grenzflächeneffekt**)

ergeben.

Thermistoren und Temperatursensoren auf Basis des Ausbreitungswiderstandes im Silizium nutzen jeweils einen Volumeneffekt; wir behandeln dies nachfolgend.

Die Veränderung der Durchlassspannung eines pn-Überganges zählt zu den Grenzflächeneffekten; wir gehen darauf in Kapitel 4.1.1.5 ein.

Thermistoren   Thermistoren, auch NTC[5]-Widerstände oder Heißleiter genannt, bilden die Temperaturänderung ebenfalls auf eine Widerstandsänderung ab. Es sind vergleichsweise preisgünstige Massenprodukte mit einem Einsatzbereich zwischen etwa $-40\,°C$ und $150\,°C$.

---

[4]   Die 4-Leiter-Technik wird auch bei anderen resistiven Sensoren angewandt; wir gehen darauf in Kapitel 7.1.2.2 ein.
[5]   NTC steht für **N**egative **T**emperature **C**oefficient

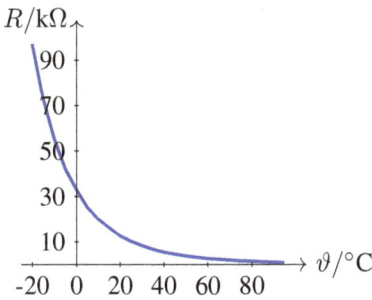

Abb. 4.2.: Thermistorkennlinie

NTC-Widerstände bestehen aus Verbindungshalbleitern, meist aus polykristallinen Oxiden oder Mischoxiden der Metalle Mn, Fe, Co, Ni, Cu, Zn ([Hey84]). Sie haben viel größere Temperaturkoeffizienten als metallische Widerstandsthermometer; zugleich ist der Zusammenhang zwischen Widerstandswert und Temperatur stark nichtlinear. Er lässt sich analytisch darstellen durch

$$R(T) = A^{\frac{B}{T}}, \tag{4.5}$$

mit der absoluten Temperatur T und den Materialkonstanten A und B ([FS82]). Für die praktische Anwendung wird der Zusammenhang $R(\vartheta)$ oft auch tabellarisch dargestellt und die Auswertung erfolgt durch Interpolation zwischen benachbarten Stützstellen. Die Abb. 4.2 zeigt die Kennlinie eines Thermistors vom Typ WM103C (Hersteller: Sensor Scientific, [WM1]). Die Empfindlichkeit nimmt mit zunehmender Temperatur deutlich ab.

Silizium-Widerstandsthermometer   Silizium-Widerstandsthermometer nutzen den Ausbreitungswiderstand (spreading resistance). Vom Ausbreitungswiderstand spricht man, wenn Strom über einen kleinflächigen Punktkontakt in einen ausgedehnten Leiter eintritt und in einen Halbraum mit homogener Leitfähigkeit fließt.

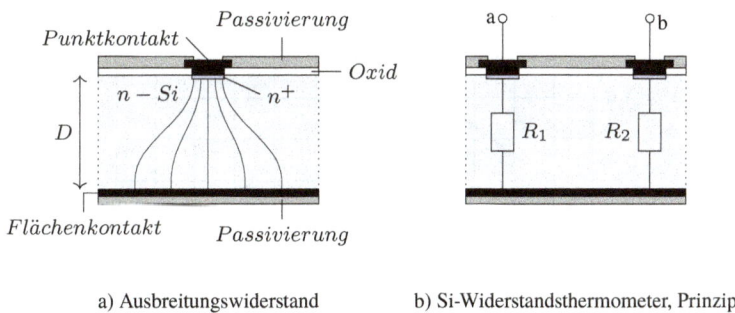

a) Ausbreitungswiderstand   b) Si-Widerstandsthermometer, Prinzip

Abb. 4.3.: Ausbreitungswiderstand und Si-Widerstandsthermometer

In Silizium wird der Ausbreitungswiderstand entsprechend Abb. 4.3a realisiert. Ein kleinflächiger Punktkontakt mit einem Durchmesser von $12\,\mu m$ bis $20\,\mu m$ steht einem Flächenkontakt gegenüber. Wenn die Dicke der Siliziumschicht D groß ist gegen den Durchmesser des Punktkontaktes d, schnüren sich bei Stromfluss die Strombahnen vor dem Punktkontakt ein und für $D \gg d$ hängt der Widerstand nur noch von der Leitfähigkeit $\rho(T)$ und dem Durchmesser des Punktkontaktes ab

$$R(T) = \frac{\rho(T)}{2d}. \tag{4.6}$$

Im Bereich der Störstellenerschöpfung, also bei dotiertem Silizium zwischen $-50\,°C$ und $150\,°C$, bleibt die Dichte freier Ladungsträger praktisch konstant, während ihre Beweglichkeit mit steigender Temperatur sinkt. Daraus resultiert ein positiver Temperaturkoeffizient.

Für Si-Widerstandsthermometer schaltet man entsprechend Abb. 4.3b zwei Ausbreitungswiderstände umgekehrt hintereinander und erzielt damit einmal eine Unabhängigkeit von der Stromrichtung und einen größeren Widerstandswert. Die Kennlinie $R(T)$ lässt sich mit einem Polynom 2. Grades beschreiben

$$R(T) = R_N \left(1 + a(T - T_N) + b(T - T_N)^2\right). \tag{4.7}$$

Dabei sind R_N der Nennwiderstand bei der Bezugstemperatur $T_N = 25\,°C$ und die Koeffizienten betragen $a = 0{,}773 \cdot 10^{-1}\,\frac{1}{K}$ und $b = 1{,}830 \cdot 10^{-5}\,\frac{1}{K^2}$.

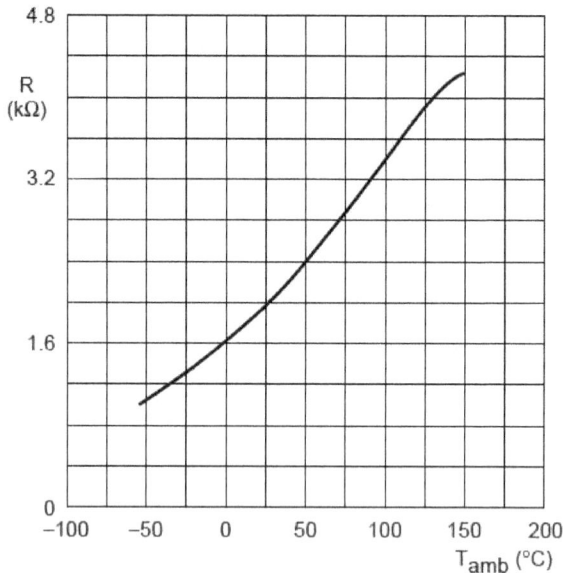

Abb. 4.4.: Silizium-Temperatursensor-Kennlinie (KTY81)

Si-Widerstandsthermometer werden aus n-leitendem Silizium hergestellt und arbeiten im Bereich der Störstellenerschöpfung [SS86]. Bekannte Si-Widerstandsthermometer sind die Bauelemente der KTY-Serien (KTY10, KTY81 usw.), die sich im Wert des Nennwiderstandes unterscheiden. KTY-Sensoren arbeiten im Temperaturbereich von $-50\,°C$ bis $150\,°C$; ihre Empfindlichkeit ist höher als die der Pt-Widerstandsthermometer; die Kennlinie ist nichtlinear, wie die Abb. 4.4 zeigt.

Einflussgrößen bei Widerstandsthermometern auf Halbleiterbasis Grundsätzlich können die gleichen Einflussgrößen in Erscheinung treten, wie wir sie bei den Pt-Widerstandsthermometern beschrieben haben. Jedoch fällt wegen des größeren Messeffektes einerseits und dem kleineren Temperaturbereich andererseits hauptsächlich die Selbsterwärmung ins Gewicht. Der Messstrom muss deshalb hinreichend klein sein; er soll bei den Sensoren der KTY-Serie z.B. auf 2 mA begrenzt werden.

4.1.1.5. Ein Halbleiter-Grenzflächeneffekt – der pn-Übergang als Temperatursensor

Wir betrachten die Temperaturabhängigkeit von Durchlassstrom und Durchlassspannung an einem pn-Übergang. Aus der Halbleiterphysik ([BBKS05]) ist die Gleichung einer Diodenkennlinie (Abb. 4.5a) bekannt. Für einen in Flussrichtung betriebenen pn-Übergang gilt folgender Zusammenhang zwischen Durchlassspannung U_F und Durchlassstrom I_F:

$$I_F = I_S \cdot \left[\exp\left(\frac{U_F}{a \cdot U_T} \right) - 1 \right], \quad \text{mit} \quad U_T = \frac{kT}{e}; \tag{4.8}$$

dabei sind I_S der Sättigungsstrom in Sperrrichtung, k die Boltzmann-Konstante, T die absolute Temperatur, e die Elementarladung und a der sog. Diodenfaktor; U_T bezeichnet man als Temperaturspannung.

Die Temperaturspannung U_T verursacht eine wohldefinierte Abhängigkeit des Durchlassstromes I_F von der absoluten Temperatur. Der Diodenfaktor a berücksichtigt die inneren Stromanteile im pn-Übergang; er beträgt 1 für reine Diffusionsströme und 2 für reine Rekombinationsströme. Im praktisch interessanten Temperaturbereich von 100 K bis 400 K überwiegt für Dioden mit typischen Material- und Betriebsbedingungen in Durchlassrichtung der Rekombinationsstrom und für den gewöhnlich vorliegenden Fall $U_F \gg U_T$ vereinfacht sich die Gleichung 4.8 zu [SS86]

$$I_F = I_S \cdot \exp \frac{e \cdot U_F}{2kT}$$

und man erhält für U_F

$$U_F = T \cdot \frac{2k}{e} \ln \frac{I_F}{I_S}. \tag{4.9}$$

Wenn I_F konstant gehalten wird (Stromspeisung, siehe Abb. 4.5b), ist für Siliziumdioden im Bereich von $-40\,°C$ bis $100\,°C$ die Übertragungsfunktion linear und die Empfindlichkeit beträgt

$$\frac{\Delta U_F}{\Delta T} \approx 2 \frac{mV}{K}.$$

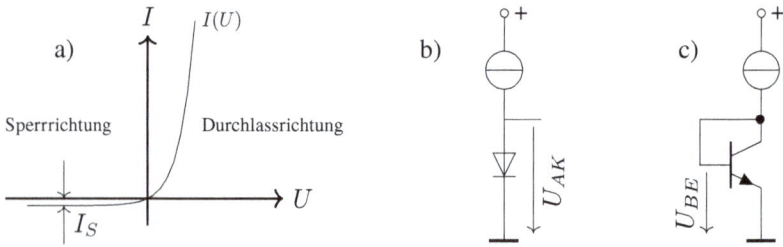

Abb. 4.5.: pn-Übergang als Temperatursensor;
a) Dioden-Kennlinie, b) Diode mit Konstantstromquelle, c) Transistor mit kurzge-
schlossener Basis-Kollektor-Strecke und Konstantstromquelle

Um Siliziumtransistoren zur Temperaturmessung einzusetzen, werden Basis und Kollektor des
Transistors kurzgeschlossen und die Basis-Emitter-Spannung U_{BE} wird als Funktion von Temperatur T und Kollektorstrom I_C gemessen (siehe Abb. 4.5c). Da $U_{BE}(T)$, außer vom Kollektorstrom I_C, noch von verschiedenen Halbleiterparametern abhängig ist, nutzt man Doppeltran-
sistoren, die eng benachbart auf dem gleichen Chip integriert sind und somit identische Mate-
rialeigenschaften haben. Zwei solcher Transistoren werden in einer Parallelstruktur betrieben
und man bildet die Differenz $\Delta U_{BE}(T)$. Diese Differenz wird wird zur Temperaturbestimmung
genutzt (zu Parallelstruktur und Differenzbildung siehe Kapitel 7.1). Für solche Doppeltransis-
toren, die beide als Diode, aber mit unterschiedlichen Kollektorstromdichten betrieben werden,
ergibt sich für die Differenz der Basis-Emitter-Spannungen [Jon12]

$$\Delta U_{BE}(T) = U_{BE1} - U_{BE2} = T \cdot \frac{k}{e} \cdot \ln \frac{\frac{I_{C_2}}{A_2}}{\frac{I_{C1}}{A_1}}. \tag{4.10}$$

$\Delta U_{BE}(T)$ ist damit nur noch von zwei Kollektorstromdichten $\frac{I_{C1}}{A_1}$ und $\frac{I_{C_2}}{A_2}$ abhängig, die technisch dadurch realisiert werden, dass man unterschiedliche Abmessungen der Grenzflächen
oder verschiedene Ströme wählt[6] ([SS86], [Smi]).

Das skizzierte Konzept wird verwendet, um integrierte Schaltungen zur Temperaturmessung
herzustellen, die im Arbeitsbereich ein zur absoluten Temperatur proportionales Ausgangssi-
gnal liefern, z.B. einen Strom von $1\,\frac{\mu A}{K}$ oder eine Spannung von $1\,\frac{mV}{K}$ (siehe dazu auch Kapitel 7.6).

4.1.1.6. Pyroelektrischer Effekt und pyroelektrische Sensoren

Unter Pyroelektrizität versteht man das Erscheinen positiver bzw. negativer elektrischer Ladungen an entgegengesetzt liegenden Oberflächen bei bestimmten polarisierten dielektrischen

---

[6] Sensoren, die diesen Effekt nutzen, werden auch PTAT-Sensoren (**p**roportional **t**o **a**bsolute **t**emperature) genannt.

Materialien bei einer Änderung der Temperatur. Die Intensität des Effektes hängt von der Änderungsgeschwindigkeit der Temperatur $\frac{dT}{dt}$ ab; bei konstanter Temperatur erscheinen keine Ladungen und frühere generierte Ladungen fließen ab.

Den Effekt zeigen Materialien, wie Triglycinsulfat (TGS), Lithiumtantalat ($LiTaO_3$) und Polyvinylidenfluorid (PVDF, eine Polymerfolie). Das eigentliche Sensorelement ist dünn (z.B. 25 μm) und besitzt, wie ein Plattenkondensator, auf jeder Seite eine Elektrode, über welche das Signal ausgekoppelt wird.

Pyroelektrische Sensoren Pyroelektrische Materialien werden zur Detektion von Infrarotstrahlung beispielsweise in Bewegungsmeldern, in Flammendetektoren oder zur Gasanalyse mit Infrarotstrahlung (siehe Seite 122) genutzt.

Da ein pyroelektrischer Sensor nur Änderungen der Infrarotstrahlung registrieren kann, muss die einfallende Strahlung moduliert werden. Das geschieht beim Bewegungsmelder selbsttätig durch die Bewegung zu detektierender Objekte in Verbindung mit einer vorgeschaltete Linsenanordnung, die die IR-Strahlung aus bestimmten Richtungen fokussiert.

Ein pyroelektrischer Detektor besitzt als Strahlungssensor eine breite spektrale Empfindlichkeit von 100 nm bis über 1000 μm und benötigt keine Kühlung.

4.1.1.7. Thermisches Rauschen und Rauschthermometer

Interessanterweise kann man ein Signal, welches in der Regel als Störsignal bewertet wird, nämlich das thermische Rauschen oder Widerstandsrauschen, zur Temperaturmessung verwenden. Wenngleich man auf dieser Basis keinen Sensor im bisher beschriebenen Sinn aufbauen kann, skizzieren wir nachfolgend das Prinzip.

Die Messung der Temperatur beruht auf der Temperaturabhängigkeit der thermischen Bewegung der Elektronen in einem unbelasteten elektrischen Widerstand. Nach Nyquist[7] besteht zwischen dem Quadrat der mittleren Rauschspannung $\langle u_R^2 \rangle$ an einem ohmschen Widerstand und der absoluten Temperatur T der Zusammenhang

$$\langle u_R^2 \rangle = R \cdot \Delta f \cdot k \cdot T, \tag{4.11}$$

wobei R der leicht messbare Wert des ohmschen Widerstandes, Δf die Bandbreite und k die Boltzmann-Konstante sind. Rauschthermometer nutzen diesen physikalischen Zusammenhang zur Temperaturmessung; sie erfordern keine Kalibrierung[8]. Jedoch ist der apparative Aufwand zur Rauschspannungsmessung sehr hoch und für Routineanwendungen kaum geeignet.

In der Literatur sind verschiedene Lösungen beschrieben, die eine oder mehrere Thermoelementmessstellen mit einem Rauschthermometer kombinieren ([Bri86]). Bei solchen Lösungen, die für hohe Temperaturen vorgeschlagen werden, sind die Vorteile eines Thermoelementes mit

---

[7] Harry Nyquist, amerikanischer Physiker, 1886–1976
[8] Thermometer, die keine Kalibrierung erfordern, nennt man Primärthermometer.

den Vorteilen eines Rauschthermometers verbunden. Beispielsweise können Alterungseffekte des Thermoelementes erkannt werden und das Thermoelement kann nachkalibriert werden.

4.1.2. Messung von Wärmeströmen

Die kontinuierliche Messung eines Wärmestromes erfolgt, indem man die Wärmeleitung über einen Wärmewiderstand betrachtet und zwei Temperaturmessungen durchführt, eine vor und eine nach dem Wärmewiderstand. Analog zum ohmschen Gesetz kann man aus der Temperaturdifferenz und dem Wärmewiderstand R_{th} den Wärmestrom I_W bestimmen

$$I_W = \frac{\vartheta_2 - \vartheta_1}{R_{th}}.$$

Wärmezähler   Durch Integration des Wärmestromes über die Zeit ergibt sich die Wärmemenge. Nach diesem Prinzip arbeiten z.B. elektronische Heizungszähler oder Heizkostenverteiler.

Bolometer   Bolometer nutzen dieses Prinzip zur Messung der von elektromagnetischen Wellen eingestrahlten Energie, indem die Strahlungsenergie einen Absorber erwärmt. Natürlich darf keine Strahlung reflektiert werden. Deshalb schwärzt man z.B. für den Bereich des sichtbaren Lichtes die Oberflächen des Absorbers.

4.2. Sensoren für mechanische Größen

Die vielfältigen Möglichkeiten der Messungen mechanischer Größen teilen wir zweckmäßig ein in

- die **Messung geometrischer und kinematischer Größen**, wie Weg und Abstand sowie Geschwindigkeit (siehe Tabelle 4.3 auf Seite 43). Bei diesen Größen finden Kräfte keine Beachtung. Die Sensoren besitzen hier häufig bewegliche Teile; die Funktion ist visuell wahrnehmbar und daher meist leicht durchschaubar.

- die **Messung dynamischer Größen**, also Kräfte selbst, Druck und Drehmoment. Hier sind Kräfte wesentlich. Für die Messung dieser Größen nutzt man

  - Verformungskörper als Primärwandler und misst deren Deformation oder
  - einen Festkörpereffekt, der eine geringfügige Deformation eines Sensormaterials direkt in eine elektrische Größe umsetzt (siehe Tabelle 4.4 auf Seite 55).

Die Beschleunigung gehört zu den kinematischen Größen und wird in Kapitel 4.2.2 erklärt. Sie wird jedoch über Kraftwirkungen gemessen; Beschleunigungssensoren werden deshalb bei den dynamischen Größen in Kapitel 4.2.4 behandelt.

Außerdem werden verschiedenartige akustische, magnetische und optische Anordnungen zur indirekten Erfassung mechanischer Größen genutzt; auf einige solche Verfahren gehen wir in Kapitel 6.1.1, Kapitel 6.1.5 bzw. 6.1.2 ein.

4.2.1. Weg- und Winkelsensoren

Wir betrachten zuerst „klassische" Sensoren oder Aufnehmer mit makroskopischen beweglichen Komponenten. Solche Sensoren erhält man leicht, indem aus der Elektronik bekannte, stufenlos einstellbare passive Bauelemente, also

- Potentiometer,
- einstellbare Kondensatoren (Drehkondensator) bzw.
- Variometer (einstellbare Induktivität)

so aufgebaut und ausgelegt werden, dass die nichtelektrische Messgröße direkt oder über Koppelelemente (Getriebe, Hebel, Seilzug) auf das Element einwirken kann. Der Messeffekt entsteht bei diesen Sensoren dadurch, dass die nichtelektrische Messgröße am Sensor eine solche geometrische Veränderung hervorruft, dass sich der Widerstand, die Kapazität oder Induktivität des Aufnehmers mit der Messgröße ändert (Tabelle 4.3). Konkret heißt das, der Schleifer eines Potentiometers oder der Kern in einer Spule wird verschoben. Man verwendet solche Sensoren seit Jahrzehnten zur Weg-, Winkel- oder Füllstandsmessung.

Tabelle 4.3.: Weg- und Winkelmessung durch Geometrieänderung:

Bauelement	Geometrieänderung	Sensorart	Abbildung auf
Potentiometer	Drehen des Schleifers	resistiv	Widerstand ΔR
Kondensator	Verschieben einer Platte	kapazitiv	Kapazität ΔC
Spulenanordnung	Verschieben des Kerns	induktiv	Induktivität ΔL

4.2.1.1. Potentiometer als resistive Sensoren

Die Messgrößen Weg oder Winkel werden direkt oder durch Vorschalten geeigneter mechanischer Mittel (Primärwandler) auf ein Potentiometer übertragen, um den Schleifer des Potentiometers proportional zur Messgröße zu bewegen. Der Schleifer gleitet dabei über die Widerstandsbahn des Potentiometers und greift einen Teil des Widerstandswertes, der zwischen $0\,\Omega$ und dem Gesamtwiderstand R_{max} liegen kann, ab.

Zum einfachen Verständnis potentiometrischer Sensoren betrachten wir zunächst den Spannungsteiler in Abb. 4.6a. Die Spannung am Ausgang berechnet sich über die Spannungsteilerregel zu

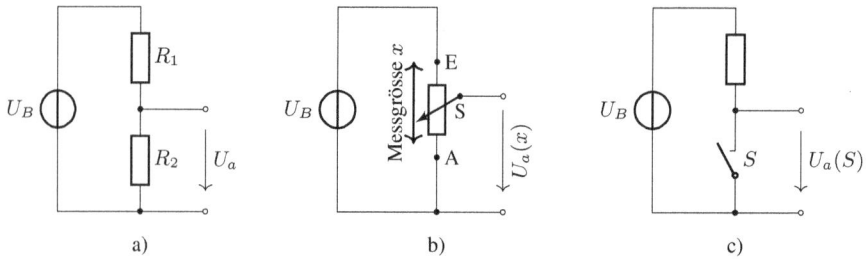

Abb. 4.6.: Vom Spannungsteiler zum resistiven Sensor:
a) Spannungsteiler, b) Potentiometer als Sensor und c) Taste

$$U_a = \frac{R_2}{R_1 + R_2} \cdot U_B. \tag{4.12}$$

Durch Vergleich von Abb. 4.6a und b erkennt man, dass R_2 im Spannungsteiler dem Widerstand $R_{\overline{AS}}$ zwischen Anfang A und Schleifer S am Potentiometer entspricht. Wir drücken nun $R_{\overline{AS}}$ über den Drehwinkel α aus und erhalten:

$$R_{\overline{AS}} = \frac{\alpha}{\alpha_{max}} \cdot R_{\overline{AE}},$$

wobei $R_{\overline{AE}}$ der Gesamtwiderstand (Nennwiderstand) des Potentiometers ist; er ergibt sich für $\alpha = \alpha_{max}$. Um die Schleiferstellung elektrisch auszulesen, wird entsprechend Abb. 4.6b das Potentiometer mit einer konstanten Spannung U_B versorgt und die Spannung zwischen Schleifer S und Potentiometeranfang A gemessen. Bei nicht belastetem Ausgang erhält man:

$$U_a = \frac{\alpha}{\alpha_{max}} \cdot U_B. \tag{4.13}$$

Nach einer Kalibrierung kann direkt auf die Messgröße zurückgeschlossen werden. Zur Weg- und Winkelmessung kommen sowohl Draht- als auch Leitplastik-Potentiometer zum Einsatz; diese sind als sog. Industrie-Potentiometer mit hohen Qualitätsstandards und langer Lebensdauer verfügbar. Für große Wege bis zu mehreren Metern stehen sog. **Seilzugsensoren** zur Verfügung. Bei Seilzugsensoren wird das Ende eines dünnen Messseils am sich bewegenden Messobjekt befestigt und die Umsetzung einer Linearbewegung in eine Drehbewegung erfolgt dadurch, dass das Messseil auf einer Seiltrommel auf- bzw. abgewickelt wird. Die Achse der Seiltrommel ist mit der Potentiometerachse verbunden, so dass eine, dem Drehwinkel proportionale, Widerstandsänderung ausgewertet werden kann.

Potentiometrische Sensoren werden auch zur Füllstandsmessung in Tanks benutzt. Dabei wird der Füllstand mit einem Schwimmer erfasst und die Lage des Schwimmers wird mechanisch auf das Potentiometer übertragen.

Messabweichungen können entstehen durch

- mangelhafte Ankopplung der Messgröße an das Potentiometer,
- Schwankungen der Versorgungsspannung U_B und
- Temperatureinflüsse, wenn temperaturbedingte Widerstandsabweichungen ins Gewicht fallen.

Mechanische Tasten   In die Gruppe klassischer Aufnehmer lassen sich auch mechanische Tasten einordnen. Beim Betätigen drückt ein Bediener oder ein beweglicher Gegenstand die Taste nieder. Dabei wird die mechanische Eingangsgröße „Weg" in eine sehr große Widerstandsänderung umgesetzt; damit sind die Merkmale eines Sensors gegeben. Aus Abb. 4.6c liest man zwei Zustände für U_a ab:

- im geschlossenen Zustand beträgt der Widerstand des Schalters nahezu $0\,\Omega$, so dass die Ausgangsspannung $U_a = 0\,\text{V}$ wird und
- im geöffneten Zustand geht der Widerstand gegen unendlich und für die Ausgangsspannung gilt $U_a = U_B$.

Wie in der Digitaltechnik üblich, bewerten wir diese beiden Ausgangszustände mit 0 und 1. Anwendung finden solch einfache Sensoren als manuelle Eingabeelemente, Endlagenschalter, Türkontakte u.a. (siehe auch Reedkontakt in Kapitel 6.1.5).

4.2.1.2. Kapazitive Sensoren

Zum Verständnis der Funktion kapazitiver Sensoren greifen wir auf die sog. Kapazitätsbemessungsgleichung zurück; diese lautet für Plattenkondensatoren

$$C = \epsilon_0 \cdot \epsilon_r \cdot \frac{A}{d}. \tag{4.14}$$

Aus Gleichung 4.14 liest man ab, dass sich bei einem Plattenkondensator die Kapazität C über die Größen Plattenfläche $A = l \cdot b$, den Plattenabstand d oder das Dielektrikum, charakterisiert durch die relative Dielektrizitätszahl ε_r, bestimmen bzw. verändern lässt. Dies eröffnet verschiedene Wege, um kapazitive Sensoren zu gestalten, die wir nachfolgend anhand von Abb. 4.7 diskutieren.

Entsprechend Abb. 4.7a kann man eine Platte des Kondensators beweglich lagern und in Richtung der Plattenausdehnung verschieben, ohne den Abstand d zu ändern. Damit ändert sich die Überdeckung der Platten und als Folge auch die Kapazität[9]. Man könnte eine lineare Abhängigkeit erwarten, da l linear in die Gleichung eingeht. Jedoch sind in der Gleichung die Einflüsse des ebenfalls veränderlichen Streufeldes an den Plattenrändern nicht berücksichtigt.

---

[9] Dieses Konzept entspricht den Drehkondensatoren, die früher zur Abstimmung von Rundfunkempfängern benutzt wurden.

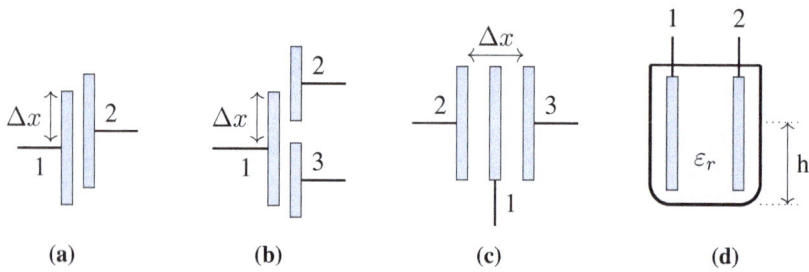

Abb. 4.7.: Kapazitive Sensor-Konzepte, Erklärung im Text

Mit einer sog. Differentialanordnung nach Abb. 4.7b lässt sich das Verhalten deutlich verbessern. Der Differentialkondensator hat drei Platten, eine bewegliche (1) sowie zwei feststehende Platten (2) und (3). Ohne Auslenkung seien die beiden Kapazitäten C_{1-2} und C_{1-3} gleich. Beim Verschieben der beweglichen Platte (1) verändern sich die Kapazitäten C_{1-2} und C_{1-3} gegensinnig.

In Abb. 4.7c wird der Plattenabstand d geändert. Auch für dieses Konzept hat sich die Differentialkondensatoranordnung etabliert. Wie oben beschrieben, ändern sich die beiden Kapazitäten C_{1-2} und C_{1-3} gegensinnig. Die Differentialanordnung trägt zur Linearisierung der Sensorkennlinie bei und erleichtert die Auswertung. Dieses Sensorkonzept wird z.B. in Verbindung mit mikromechanischen Beschleunigungssensoren benutzt ([Heu91]).

Die Abb. 4.7d zeigt, wie eine kapazitive Füllstandsmessung für nichtleitende Flüssigkeiten realisiert werden kann. Ein Kondensator C_{1-2} mit feststehenden, senkrechten Elektroden taucht in einen Behälter ein und die nichtleitende Flüssigkeit bildet das in der Höhe veränderliche Dielektrikum. Die Kapazität verändert sich entsprechend der Füllhöhe, weil ein variabler Teil des Kondensators von dem Dielektrikum mit der Dielektrizitätszahl ϵ_r erfüllt ist. Technisch kann der Kondensator verschieden ausgeführt sein; beispielsweise kann ein metallischer Behälter eine Elektrode und eine Tauchsonde die zweite Elektrode bilden oder es wird ein koaxialer Kondensator aus zwei konzentrischen Rohren verwendet.

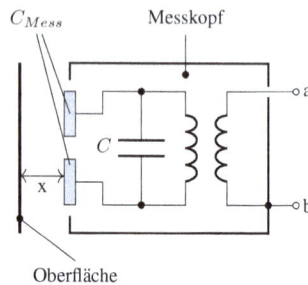

Abb. 4.8.: Kapazitiver Abstandssensor

Die Änderung des Plattenabstandes lässt sich auch anders zur Abstandsmessung nutzen, als mit der in Abb. 4.7c beschriebenen Differentialanordnung. Dabei wird z.B. die bewegliche Platte als Sensormesskopf ausgeführt, während entsprechend Abb. 4.8 als feststehende Platte ein metallisches, geerdetes Maschinenteil dient. Das Problem störender Streufelder kann man bei dieser Anordnung minimieren, indem man die bewegliche Platte mit einem Schutzring ausstattet. Der Schutzring ist mechanisch fest mit der beweglichen Platte verbunden und wird auf deren elektrisches Potential gelegt, aber nicht in den Messkreis eingebunden. Bei richtiger Dimensionierung konzentrieren sich Streufelder auf den Schutzring und beeinflussen den Messprozess nicht. Das elektrische Feld vor der beweglichen Platte ist homogener. Solche Sensoren eignen sich für genaue Messungen im Bereich von 0,2–10 mm.

4.2.1.3. Induktive Sensoren

Zum Verständnis der Funktion induktiver Sensoren benötigen wir die Gleichung zur Berechnung der Induktivität einer Spule. Die Induktivität L einer langen Spule mit Kern berechnet sich zu

$$L = \mu_0 \cdot \mu_r \cdot \frac{A}{l} \cdot N^2, \tag{4.15}$$

wobei μ_0 die magnetische Feldkonstante, μ_r die Permeabilitätszahl (relative Permeabilität), A der Querschnitt, l die Länge und N die Windungszahl der Spule sind. Dabei ist angenommen, dass der Kern die ganze Spule ausfüllt. Wird nun der weichmagnetische Kern so verschoben, dass die Spule den Kern nur noch partiell umschließt, so verkleinert sich die Induktivität L. Dieses sog. Tauchkernprinzip nach Abb. 4.9a lässt sich prinzipiell zur Wegmessung nutzen, ist aber nichtlinear.

Induktive Wegsensoren werden bevorzugt als Differentialtransformator[10] ausgeführt (Abb. 4.9b). Ein Differentialtransformator besteht aus drei Spulen, einer Primär- und zwei Sekundärspulen, sowie einem verschiebbaren weichmagnetischen Kern, der bei Verschiebung die magnetische Kopplung zwischen diesen drei Spulen ändert.

Je nach Stellung des Kerns ändert sich die zwischen den gekoppelten Spulen wirksame Gegeninduktivität M, die sich für zwei Spulen L_1 und L_2 folgendermaßen berechnet

$$M = k\sqrt{L_1 L_2},$$

wobei k der Koppelfaktor ist.

Differentialtransformator und Elektronik bilden zusammen ein System, wie in Abb. 4.9 b) dargestellt. Die Primärspule wird von einem Sinusgenerator mit fester Frequenz zwischen 1 und 5 kHz mit einer Spannung zwischen 150 und 400 mV$_{eff}$ gespeist. In beiden Sekundärspulen wird je ein Sinussignal induziert. Die Amplitude dieser sekundären Signale ist in beiden Spulen gleich, wenn der Kern genau in der Mitte steht. Beim Verschieben des Kerns ändern sich die Amplituden gegensinnig. Die Sekundärspulen sind gegeneinander geschaltet, so dass sich die induzierten Spannungen subtrahieren. Die Auswerteelektronik liefert dann eine der Verschiebung proportionale Spannung, die in Mittelstellung Null ist.

---

[10] Diese Sensoren werden auch als LVDT-Sensoren (**L**inear **V**ariable **D**ifferential **T**ransformer) bezeichnet.

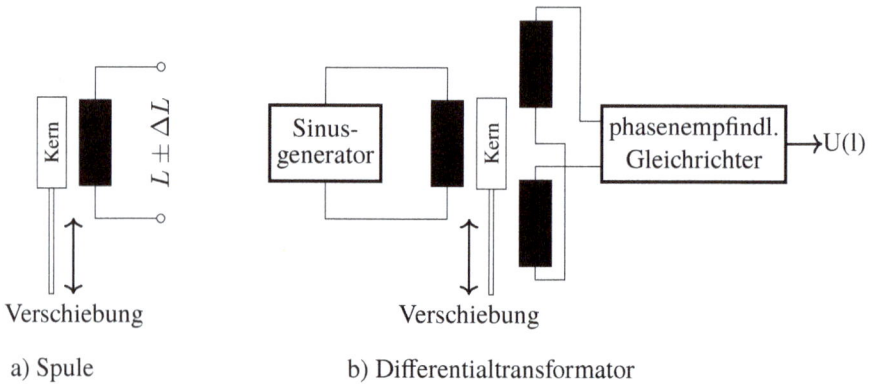

a) Spule   b) Differentialtransformator

Abb. 4.9.: Spulenanordnungen mit verschiebbarem Kern als induktiver Wegsensor

Induktive Wegsensoren in Form eines Differentialtransformators weisen eine sehr gute Linearität auf und werden als Aufnehmer für Bewegungen oder Positionen innerhalb von Maschinen und Anlagen eingesetzt. Sie stehen für Wege bis etwa 65 cm zur Verfügung. Es sind integrierte Schaltungen entwickelt worden, die auf einem Chip alle Komponenten zur Ansteuerung und Auswertung von LVDT-Sensoren vereinigen ([AD5]).

Wirbelstromsensoren   Wirbelstromsensoren gehören ebenfalls zu den induktiven Sensoren. Sie beruhen jedoch nicht auf einer Änderung der Induktivität bzw. Gegeninduktivität im Messkreis, wie die bisher besprochenen Sensoren mit Tauchkern. Vielmehr wird die durch Wirbelströme verursachte Änderung der Dämpfung eines Schwingkreises ausgewertet.

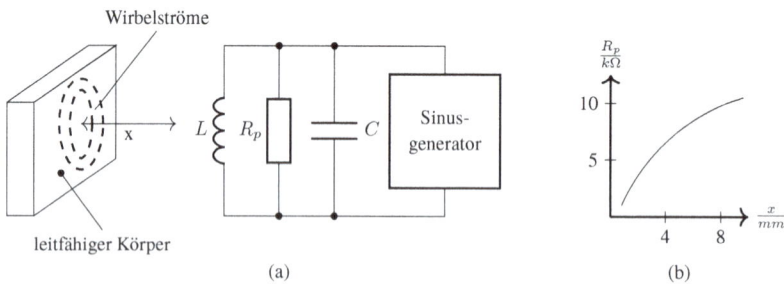

Abb. 4.10.: Wirbelstromsensor: a) Aufbau b) prinzipielle Abhängigkeit $R_p(x)$

Eine von einem Wechselstrom durchflossene Spule (Abb. 4.10a) erzeugt ein magnetisches Wechselfeld gleicher Frequenz. Wenn dieses magnetische Wechselfeld das Volumen in der Nähe befindlicher Metallteile durchsetzt, werden in diesen Teilen durch elektromagnische Induktion sog. Wirbelströme hervorgerufen. Wirbelströme besitzen geschlossene Strombahnen und setzen elektrische Leistung in thermische Leistung um[11]. Sie entziehen damit der Spule Energie und

---

[11] Zur Reduzierung von Wirbelstromverlusten verwendet man Ferrite als Kernmaterial für Spulen.

zwar um so mehr, je fester die Kopplung ist, d.h., je näher die Sensorspule dem Metallteil ist. In einer Ersatzschaltung kann man diese Verluste als Parallelwiderstand R_p des Schwingkreises darstellen. Auf die erregende Spule wirken die Wirbelströme etwa wie die Leitungsentnahme über die Sekundärwicklung eines Transformators.

Wirbelstromsensoren eignen sich u.a. zur Weg- und Abstandsmessung (Abb. 4.10b), als Näherungsschalter oder zur Anwesenheitskontrolle von Metallteilen. Sie sind miniaturisiert herstellbar [And05] und es existieren integrierte Auswerteschaltungen, wie der Inductance-to-Digital Converter LDC1000 [Ins15].

4.2.1.4. Touchpads und die Bestimmung zusammengehöriger Ortskoordinaten

Touchpads dienen als elektronische Eingabegeräte für zahlreiche ortsfeste und mobile elektronische Geräte, sie ersetzen z.B. mechanische Tasten sowie mechanische Dreh- oder Schiebepotentiometer. Im Betrieb benötigen Touchpads immer eine elektrische Versorgung, sie sind zum Ab- und Zuschalten der Versorgungsspannung eines Gerätes prinzipiell nicht geeignet.
Wesentliches Merkmal eines Touchpads ist eine berührungsempfindliche Oberfläche, welche eine Berührung ortsempfindlich auflöst und in ein elektrisches Signal für die x-Koordinate (Zeile) und für die y-Koordinate (Spalte) umsetzt. Diese Signale dienen dann als Eingabesignal für das jeweilige Gerät.
Touchpads können auf resistivem, auf kapazitivem oder auf optischem Wege realisiert werden. Wir skizzieren nachfolgend das ältere resistive und das neuere kapazitive Konzept.
Touchpads sind oft mit einem Display zu einem Touchscreen verbunden und in diesem Verbund das heute übliche Eingabemedium für Smartphones sowie viele andere Geräte.

Resistive Touchpads Die funktionell wesentlichen Komponenten resistiver Touchpads sind zwei flächenhafte Widerstandsschichten, die sich im Ruhezustand in dichtem Abstand, aber ohne einen elektrischen Kontakt miteinander zu haben, gegenüber stehen (siehe Abb. 4.11). Die obere Schicht ist auf einem deformierbarem Träger (Folie) aufgebracht. Wird mit einem geeigneten Stift (Stylus) die Deckfolie niedergedrückt, so entsteht am Druckpunkt lokal ein elektrischer Kontakt zwischen den Schichten. Elektrisch gesehen bilden die Widerstandsschichten nun zwei zueinander orthogonal liegende Spannungsteiler, wobei der Kontaktpunkt die Funktion des Schleifers an einem Potentiometer übernimmt. Zur Ermittlung der Position in x-Richtung wird zwischen den Kontaktleisten A und B eine Spannung angelegt. Über einen der spannungsfreien Anschlüsse C oder D wird der Spannungsabfall über R_{x_i} gemessen; daraus ergibt sich die x-Position. Im zweiten Schritt wird zur Ermittlung der y-Position zwischen den Kontaktleisten C und D eine Spannung angelegt und über einen der spannungsfreien Anschlüsse A oder B wird der Spannungsabfall über R_{y_j} gemessen.
Aus den beiden unabhängigen Spannungsmessungen kann so nach einer Kalibrierung die Position oder Bewegung des Kontaktpunktes ermittelt werden.

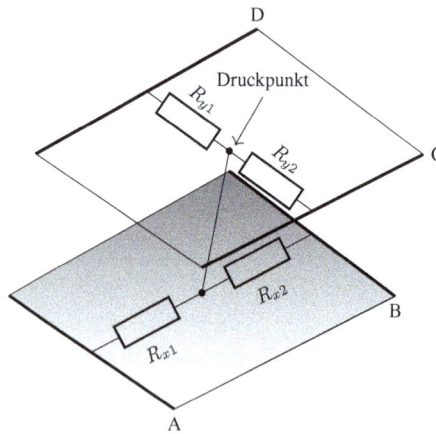

Abb. 4.11.: Resistiver Touchscreen, schematisch (Erklärung im Text)

Kapazitve Touchspads   In modernen Handys und in anderen elektronischen Geräten sind optisch transparente, kapazitve Touchpads als Eingabegerät weit verbreitet. Ein kapazitves Touchpad lässt sich als Array kapazitiver Sensoren verstehen. Das Kapazitätsarray wird durch streifenförmige transparente Leitungen (ITO-Schichten) gebildet, die als Zeilenleitungen und Spaltenleitungen orthogonal zueinander angeordnet sind (Abb. 4.12a). Zwischen den Spalten- und den Zeilenleitungen liegt ein ebenfalls transparentes Dielektrikum. Das gesamte Kapazitätsarray ist durch ein Deckglas geschützt und kann direkt auf ein Display montiert werden, so dass ein Touchscreen entsteht (sog. „projiziert kapazitiver Touchscreen"). Finger, die den Touchscreen berühren, sind die beweglichen Elemente in diesem System.

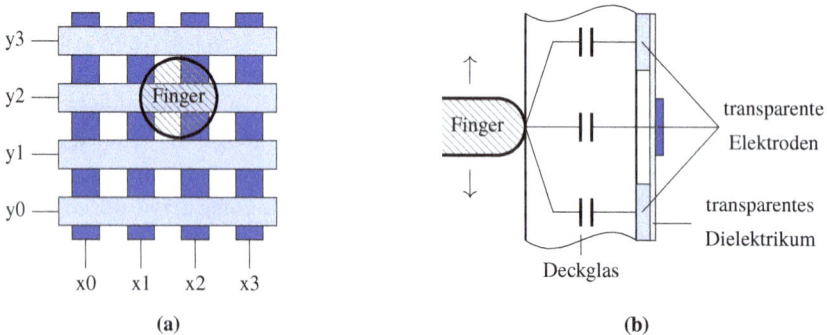

Abb. 4.12.: Prinzip eines kapazitiven Touchscreens

Zum Auslesen eines solchen Arrays kapazitiver Sensoren wird der Reihe nach auf die Zeilenleitungen ein Signal aufgeprägt und die Spaltenleitungen werden abgefragt. Durch Annäherung eines Fingers an den Touchscreen wird die Kapazität einzelner Kondensatoren gegeneinander und gegen Erde verändert (Abb. 4.12b). Dadurch ändert sich auch die Amplitude des Signals, welches kapazitiv von einer aktiven Zeilenleitung auf Spaltenleitungen im Berührungsbereich koppelt.

Für die Auswertung kapazitver Touchscreens sind spezielle Schaltkreise geschaffen worden, sog. Touchscreen-Controller. Als Beispiel nennen wir den mXT144U, der über 12 Zeilenleitungen und 12 Spaltenleitungen verfügt und so 144 Kapazitäten selbsttätig nacheinander adressieren und auswerten kann ([maX17]).

Die in Form einer Matrix angeordneten transparenten ITO-Leitungen teilen die Fläche des Touchscreens in diskrete Bereiche. Die Ortskoordinaten (l_i, l_j) einer Leitungskreuzung und damit der zugehörigen Kapazität C_{ij} ergeben sich unmittelbar aus den Adressen (x_i, y_j) der betrachteten Leitungen. Dies entspricht einer Abbildung des Ortes auf diese diskreten Positionen bzw. Koordinaten. Die genaue Lage des Berührungspunktes eines Fingers kann durch Interpolation aus den Signalen benachbarter Kapazitäten bestimmt werden.

4.2.2. Messung von Geschwindigkeit und Beschleunigung

Geradlinige Bewegung   Der Zusammenhang zwischen Weg, Geschwindigkeit und Beschleunigung wird in der Physik bei der Bewegung von Punktmassen (Kinematik) beschrieben. Für den eindimensionalen Fall sei $x = x(t)$ ein zurückgelegter Weg, $v = v(t)$ die Geschwindigkeit und $a = a(t)$ die Beschleunigung, dann gilt

$$v = \dot{x} = \frac{dx(t)}{dt} \qquad\qquad a = \ddot{x} = \frac{dv(t)}{dt} = \frac{d^2x(t)}{dt^2}. \qquad (4.16)$$

Wenn ein Weg als Funktion der Zeit gemessen und z.B. als Weg-Zeit-Diagramm registriert wurde, können die Geschwindigkeit und die Beschleunigung aus den Messwerten nach Gleichung 4.16 ermittelt werden, wobei man anstelle der Ableitungen in Gleichung 4.16 die gemessenen Differenzen nutzt und den Differenzenquotienten bildet

$$v = \frac{\Delta x}{\Delta t} \qquad\qquad a = \frac{\Delta v}{\Delta t}. \qquad (4.17)$$

Bei praktischen Messaufgaben kann auch eine Messstrecke vorgegeben sein und eine Durchlaufzeit wird gemessen. So wird z.B. eine mittlere Bandgeschwindigkeit bestimmt, indem mittels geeigneter Detektoren (z.B. Lichtschranke, siehe Kapitel 6.1.2.2) die Durchlaufzeit Δt einer Marke zwischen zwei festen Messpunkten $\Delta x = x_2 - x_1$ gemessen wird.

Aus gemessenen Beschleunigungen kann man durch einfache Integration über die Zeit die Geschwindigkeit und durch doppelte Integration über die Zeit den zurückgelegten Weg ermitteln.

Winkelgeschwindigkeit und Drehzahl Die Geschwindigkeit eines rotierenden Teiles wird mit der Winkelgeschwindigkeit ω oder mit einer Drehzahl n beschrieben

$$\omega = \frac{\Delta\phi}{\Delta t} \qquad n = \frac{\Delta N}{\Delta t}, \qquad\qquad (4.18)$$

wobei ϕ der Drehwinkel, N die Anzahl der Umdrehungen und t die Zeit repräsentieren. Zur Messung der Winkelgeschwindigkeit bzw. der Drehzahl stehen verschiedene Sensorkonzepte zur Verfügung; je nach Messumfeld und Aufgabe kann man

- den Durchlauf einer oder zweier Marken detektieren und die Zeitdifferenz messen,

- einen Tachometer-Generator bei Rotation einer festen Drehachse verwenden (siehe unten) oder

- einen mechanischen Drehratesensor (siehe Kapitel 4.2.5) einsetzen.

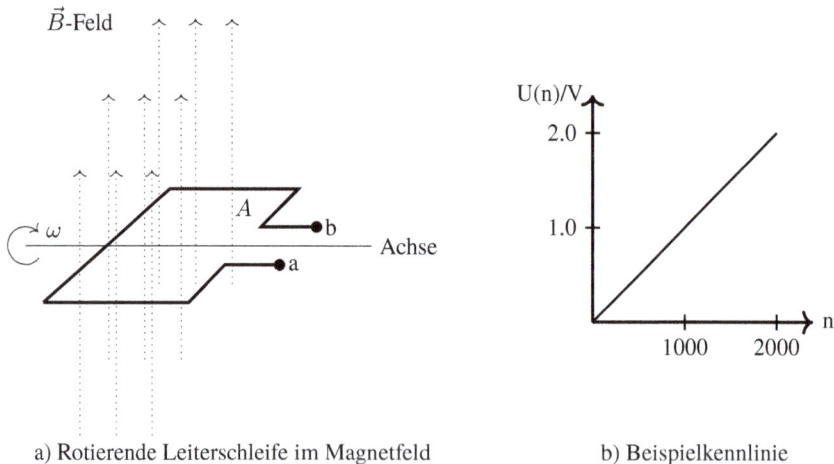

a) Rotierende Leiterschleife im Magnetfeld   b) Beispielkennlinie

Abb. 4.13.: Tachometergenerator, a) Prinzip und b) Beispielkennlinie

Tachometer-Generatoren Die elektromagnetische Induktion erlaubt es, direkt ein drehzahlproportionales Messsignal zu gewinnen. Dazu reicht im Prinzip entsprechend Abb. 4.13a eine Leiterschleife mit der Fläche A, die so in einem homogenen Magnetfeld $\vec{B}$ rotiert, dass sie fortwährend die magnetischen Feldlinien schneidet, so dass sich der magnetische Fluss, der die Leiterschleife durchsetzt, kontinuierlich ändert.

Die Flussänderung folgt dann einer harmonischen Funktion und es entsteht durch Induktion eine harmonische Wechselspannung $u(t) = \hat{U} \cdot \cos(2\pi \cdot f \cdot t + \varphi_u)$ mit der Frequenz f, die der Drehzahl n entspricht, und φ_u als Nullphasenwinkel. Die Spitzenspannung ist proportional zur Drehzahl n

$$\widehat{U} = nBA. \tag{4.19}$$

Technisch wird das skizzierte Konzept in Gestalt der **Tachometer-Generatoren** realisiert. Die Leiterschleife ist bei diesen Sensoren zur Erhöhung der Induktionsspannung durch eine Spulenanordnung ersetzt. Das Ausgangssignal ist nach Abb. 4.13b drehzahlproportional und wird entweder über Schleifringe als Wechselspannung abgegriffen oder man verwendet einen Kommutator, der das Ausgangssignal phasenrichtig in eine Gleichspannung umformt. Im letzteren Fall ist die Polarität von der Drehrichtung abhängig.

4.2.3. Messeffekte für Kraft, Druck und Drehmoment

Die Kraftmessung ist hier die eigentliche Aufgabe, denn ein Druck $p = \frac{F_n}{A}$ mit F_n als senkrecht auf die Fläche A einwirkende Kraftkomponente, ein Drehmoment $\vec{M} = \vec{r} \times \vec{F}$ mit $\vec{r}$ als Abstandsvektor zwischen Angriffspunkt der Kraft $\vec{F}$ und der Drehachse sowie die Beschleunigung (siehe Gleichung 4.23 auf Seite 61) sind auf Kräfte rückführbar. Kraft-, Druck-, Drehmoment- und Beschleunigungssensoren nutzen elastische Eigenschaften fester Körper, gekoppelt mit einem geeigneten Wandlereffekt. Sie verwenden[12]

- Festkörper-Messeffekte, die bei elastischer Verformung direkt zu einem elektrisch auswertbarem Output führen oder

- die elastische Verformung sog. Verformungskörper (spezielle Federelemente), die als Primärwandler die Messgröße auf eine messbare Geometrieänderung abbilden.

4.2.3.1. Elastizität und Hookesches Gesetz – Festkörper-Messeffekte

Wenn am freien Ende eines ansonsten arretierten Festkörpers eine Kraft angreift, kommt es bei nicht zu großen Kräften zu elastischen, d.h., reversiblen Verformungen. In Abb. 4.14 sind Grundtypen der Verformung dargestellt.

Das Hookesche Gesetz[13] beschreibt die elastische Verformung von Festkörpern mathematisch. Bei der Dehnung sind danach die mechanische Spannung $\sigma_x = \frac{F_x}{A}$ und Dehnung $\frac{\Delta l}{l_0}$ bis zur Elastizitätsgrenze einander proportional

$$\sigma_x = E \cdot \frac{\Delta l}{l_0}; \tag{4.20}$$

der Proportionalitätsfaktor E heißt Elastizitätsmodul. Oberhalb der Elastizitätsgrenze kommt es zu irreversiblen (plastischen) Verformungen und schließlich zum Bruch. Das Hookesche

---

[12] Für die Kraftmessung stehen auch Kompensationsverfahren zur Verfügung. Solche Verfahren umfassen neben Sensoren einen Regelkreis und einen Aktor. Wir verweisen dazu auf die Literatur [Gev00].
[13] Robert Hooke, englischer Gelehrter, 1635–1703

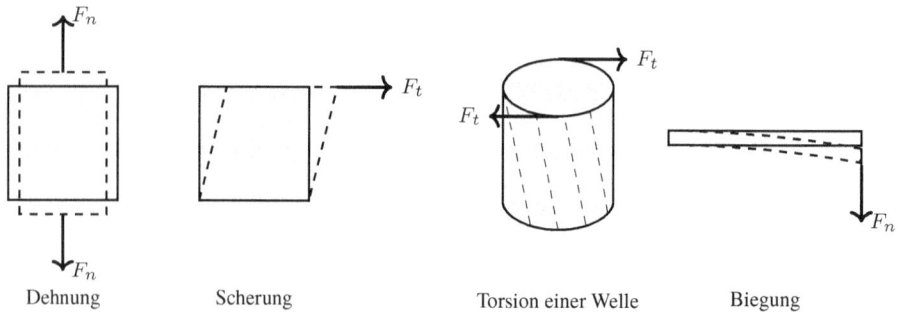

Abb. 4.14.: Elastische Verformung bei senkrecht bzw. tangential angreifender Kraft

Gesetz gilt für Metalle bis zur Elastizitätsgrenze, aber auch für Silizium, wobei Silizium kein plastisches Verhalten zeigt und jede Richtung im Einkristall ein eigenes Elastizitätsmodul hat[14].

Verformungskörper setzen eine Kraft oder ein Drehmoment in eine Längen- oder Winkeländerung um. Sie fußen auf den in Abb. 4.14 dargestellten Verformungen und können z.B. als Biegebalken für die Kraftmessung, als Membranen für die Druckmessung und als Torsionskörper für die Drehmomentmessung ausgeführt sein.

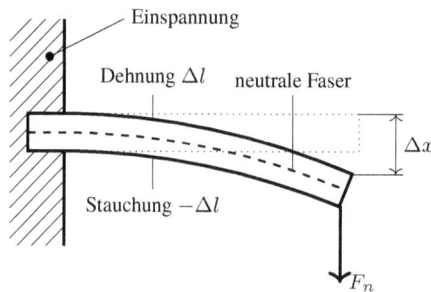

Abb. 4.15.: Biegebalken unter Last, Erklärung im Text

In Abb. 4.15 ist ein einseitig eingespannter Biegebalken dargestellt, der an seinem freien Ende mit der Kraft F belastet wird. Unter dem Einfluss der Kraft biegt sich der Balken proportional zur Kraft. Bei kleiner Auslenkung, d.h. die Elastizitätsgrenze darf nicht erreicht werden, geht der Biegebalken nach Wegnahme der Kraft in seine gepunktet gezeichnete Ausgangslage zurück. Bei der Biegung ändert nur die sog. neutrale Faser ihre Länge nicht. Bereiche, die im Bild oberhalb der neutralen Faser liegen, werden gedehnt ($+\Delta l$), Bereiche, die darunterliegen, werden gestaucht ($-\Delta l$). Das freie Ende des Biegebalkens verschiebt sich dabei um eine Strecke Δx. Diese geometrischen Veränderungen können nun in Abhängigkeit von der Last mit geeigneten Sensorelementen ausgelesen werden, wie wir im Folgenden darstellen.

---

[14] Das skalare Elastizitätsmodul muss deshalb durch einen Tensor ersetzt werden.

Verformungskörper können auch mikroskopisch klein aus Silizium mit Technologien der Mikromechanik, die zur herkömmlichen Siliziumtechnologie kompatibel sind, hergestellt werden. Die so hergestellten Sensoren heißen MEMS-Sensoren (MEMS: micro-electro-mechanical system) [MMP05, Mäu09]. Solche Sensoren bieten die Möglichkeit, auch die Auswerteelektronik oder zumindest einen Teil davon auf dem gleichen Chip zu realisieren.

Die Gestaltung und Dimensionierung der Verformungskörper ist für die Messbereichsgrenzen und die Linearität von entscheidender Bedeutung. Dies ist jedoch nicht Gegenstand unserer Ausführungen.

Außer den elastischen Eigenschaften der Primärwandler erfordert der Sensor geeignete Wandlungseffekte; wichtige Festkörper-Messeffekte listen wir in Tabelle 4.4 auf. Die Auswertung kraftbedingter Geometrieveränderungen betrachten wir in Kapitel 4.2.3.5.

Tabelle 4.4.: Festkörper-Messeffekte und Sensoren

phys. Effekt	phys. Messgröße	Sensorart	Abbildung auf
piezoresistiver Effekt	Kraft, Druck, Drehmoment	Dehnmessstreifen	Widerstandsänderung ΔR
piezolektrischer Effekt	Kraft- bzw. Druckänderung	piezoelektrischer Sensor	piezoelektrische Spannung $\Delta U(t)$
magnetoelastischer Effekt	Kraft, Druck	magnetoelastischer Sensor	Änderung der Induktivität ΔL

4.2.3.2. Piezoresistiver Effekt und Dehnmessstreifen

Definition 4.1 (Piezoresistiver Effekt)
Die Widerstandsänderung ΔR eines Leiters oder Halbleiters bei elastischer Dehnung $\frac{\Delta l}{l_0}$ heißt **piezoresistiver Effekt**.

Es gilt folgender Zusammenhang zwischen Widerstandsänderung und Dehnung

$$\frac{\Delta R}{R_0} = k \cdot \frac{\Delta l}{l_0}, \tag{4.21}$$

wobei k die Empfindlichkeit beschreibt und R_0 der Widerstand ohne Dehnung ist.

Der Effekt tritt bei Metallen und Halbleitern auf. Er beruht bei Metallen vorrangig auf der geringfügigen Geometrieänderung bei der Dehnung. Bei Halbleitern ist er erheblich größer und wird mit einer dehnungsabhängigen Veränderung der Leitfähigkeit begründet [Hey93].

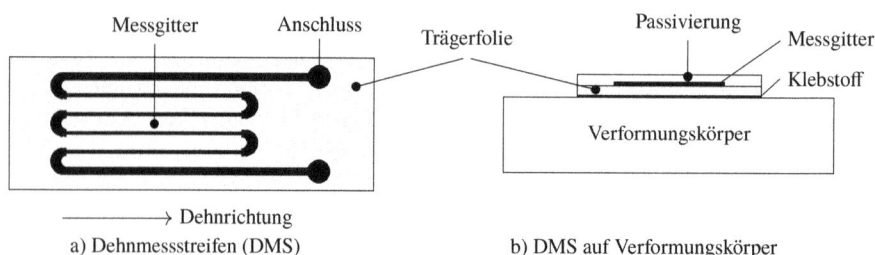

a) Dehnmessstreifen (DMS)   b) DMS auf Verformungskörper

Abb. 4.16.: Dehnmessstreifen: a) Aufbau und b) Montage, schematisch

Tabelle 4.5.: Beispieldaten kommerzieller Folien-DMS (HBM, Serie A [Deh15])

Messgitter	Werkstoff	Konstantan (CuNi-Legierung), k ca. 2
		Modco (CrNi-Legierung), k ca. 2,2
	Dicke der Leitbahn	3,8 oder 5 μm
	Widerstandswerte	120, 350, 700 oder 1000 Ω
	Messgitterlänge	1,5; 3; 6 oder 10 mm
Trägerfolie	Material	PEEKF, Polyimid
		glasfaserverstärktes Phenolharz
	Dicke	40 ± 5 μm
Einsatzbereich	max. Dehnbarkeit	5 %
	Temperaturbereich	-40–$200\,°$C

Der piezoresistive Effekt wird mit den sog. **Dehnmessstreifen** technisch genutzt. In ihrer Grundform bestehen Dehnmessstreifen (DMS) entsprechend Abb. 4.16a aus einer parallelen Anordnung mehrerer Leitbahnen mit sehr großem Verhältnis von Länge zu Breite, dem sog. Messgitter. Das Messgitter ist auf einer dehnbaren Trägerfolie aufgebracht. Die Trägerfolie wird ihrerseits mit einem speziellen Klebstoff auf dem Verformungskörper so aufgeklebt, dass die Dehnrichtungen von Verformungskörper und DMS übereinstimmen. Beispielsweise werden auf einem Biegebalken entsprechend Abb. 4.15 DMS sowohl auf einen Bereich definierter Dehnung als auch auf einen Bereich definierter Stauchung positioniert. Bei Auswertung in einer Brückenschaltung erhält man damit eine Verdopplung des Nutzsignals (siehe 7.1.2.2).

Tabelle 4.5 enthält Beispieldaten kommerzieller Folien-DMS, die neben der in Abb. 4.16a skizzierten Grundform auch als Doppel-DMS, DMS in Rosettenform, DMS-Kombinationen für Brückenschaltungen u.a. Formen angeboten werden [Deh15].

Bei MEMS-Sensoren werden die Dehnmessstreifen direkt mittels Verfahren der Halbleitertechnologie, z.B. durch Ionenimplantation, auf einem entsprechenden mikromechanischen Verformungskörper hergestellt.

4.2.3.3. Piezoelektrischer Effekt

Definition 4.2 (Piezoelektrischer Effekt)

Die Eigenschaft von Kristallen, auf eine mechanische Deformation mit einer elektrischen Polarisation zu reagieren, nennt man den **piezoelektrischen Effekt**.

Voraussetzungen für das Auftreten des piezoelektrischen Effektes sind, dass

- der Kristall nichtleitend ist und
- mindestens eine polare Achse[15] besitzt.

Ursache der Polarisation ist die Verschiebung von Ladungsschwerpunkten im Inneren des Kristalls unter Einwirkung einer äußeren Kraft. Dabei bleibt der Kristall als Ganzes elektrisch neutral. Das wohl bekannteste natürliche piezoelektrische Material ist Quarz (SiO_2).

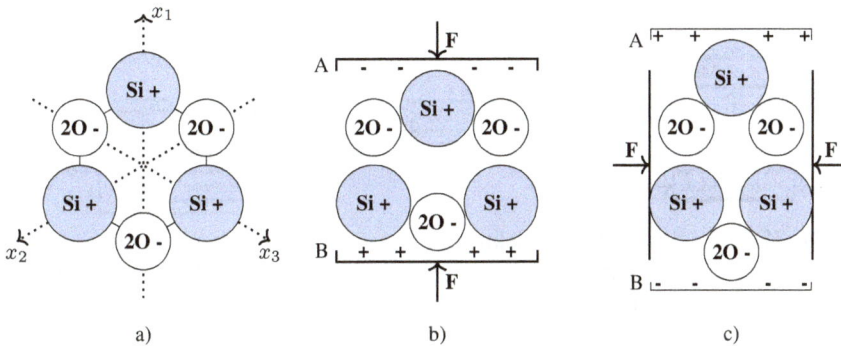

Abb. 4.17.: Quarz-Strukturzelle nach [Rai06], Erklärung im Text

Zur Erklärung des piezoelektrischen Effektes betrachten wir in Abb. 4.17a eine Strukturzelle von Quarz [Rai06]. Die dreidimensionale Atomanordnung im Quarzkristall wird nach [Rai06] auf eine zweidimensionale Strukturzelle, welche 3 Siliziumatome und 3 Paare von Sauerstoffatomen in einer hexagonalen Anordnung umfasst, abgebildet. In die Strukturzelle eingetragen sind die drei polaren Achsen x_1, x_2 und x_3.

In Abb. 4.17b wirkt eine komprimierende Kraft in Richtung der polaren Achse x_1. Die Strukturzelle wird dadurch gestaucht und die Atome und damit die Ladungsschwerpunkte verschieben sich geringfügig. Als Folge treten an den senkrecht zur Kraftrichtung liegenden Kristalloberflächen, die den Eckpunkten der Strukturzelle entsprechen, entgegengesetzte, aber betragsmäßig gleiche Ladungen auf, eine negative an der Fläche A und eine positive an der Fläche B (longitudinaler piezoelektrischer Effekt). Die Oberflächenladungen sind der Kraft proportional und verschwinden, wenn die Kraft verschwindet.

---

[15] Polare Achse: eine Kristallachse, bei welcher die Enden nicht gleichwertig sind; dreht man einen Kristall um eine zur polaren Achse senkrechte Achse um 180°, so kommt der Kristall nicht mit sich selbst zur Deckung.

In Abb. 4.17c wirkt die komprimierende Kraft senkrecht zur Achse x_1, aber in der Ebene der Strukturzelle. Dadurch wird die Strukturzelle in Richtung der polaren Achse gestreckt, die Ladungsschwerpunkte verschieben sich geringfügig und es tritt eine positive Ladung an der Oberfläche A und eine betragsmäßig gleiche, aber negative, an der Oberfläche B auf (transversaler piezolektrischer Effekt).

Neben Quarz zeigen zahlreiche andere Nichtleiter einen piezolektrischen Effekt. Technisch wichtige piezoelektrische Materialien sind neben Quarz die PZT-Keramiken[16], zu denen Bariumtitanat ($BaTiO_3$) gehört, und Polyvinylidenfluorid (PVDF), ein Polymer.

Um einen Messeffekt zu erhalten, werden auf entsprechende Oberflächen eines piezoelektrischen Kristalls Elektroden präpariert, wie in Abb. 4.18a bis c schematisch dargestellt. Bei Deformation gelangen infolge Influenz Ladungen auf diese Elektroden. Im Leerlauf kann eine der Polarisation entsprechende elektrische Potentialdifferenz abgegriffen werden und bei Kurzschluss fließt die influenzierte Ladung ab. Die influenzierte Ladung ist daher nicht permanent vorhanden; deshalb eignet sich der piezolektrische Effekt nur für dynamische Messungen.

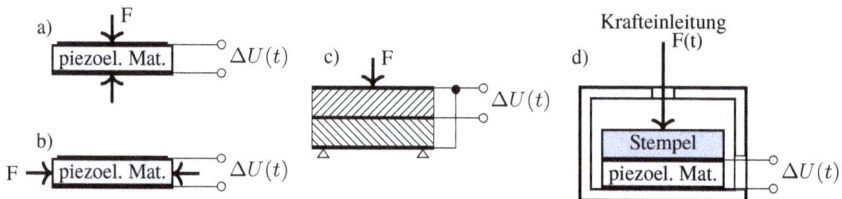

Abb. 4.18.: Krafteinleitung in piezoelektrische Sensorelemente unter Nutzung von
a) Longitudinaleffekt, b) Transversaleffekt, c) Biegung (Bimorph) und
d) piezoelektrischer Kraftsensor, schematisch

In Abb. 4.18d ist ein piezoelektrischer Kraftsensor schematisch dargestellt. Er benötigt mindestens einen Stempel zur gleichmäßigen Krafteinleitung, jedoch keinen separaten Verformungskörper, denn das piezoelektrische Material selbst besitzt einen großen Elastizitätsmodul. Es erleidet unter Krafteinwirkung daher nur eine äußerst geringe Verformung und produziert dabei das Sensorsignal, ohne Hilfsenergie zu benötigen. In [TG79] werden piezoelektrische Wandler umfassend behandelt.

Inverser piezolektrischer Effekt   Der piezolektrische Effekt ist umkehrbar; das Anlegen einer elektrischen Spannung bewirkt eine Deformation des Kristalls.

Definition 4.3 (Reziproker piezoelektrischer Effekt)

Die Eigenschaft von piezoelektrischen Materialien, auf das Anlegen einer elektrischen Spannung mit einer mechanischen Deformation zu reagieren, nennt man den **reziproken** oder **inversen piezoelektrischen Effekt**.

---

[16] Verbundwerkstoffe, bestehend aus Blei (Pb), Zirkonium (Zr), Titan (Ti) und Sauerstoff (O)

Wir betrachten nochmal Abb. 4.18a bis c. Legt man an die mit $\Delta U(t)$ bezeichneten Anschlüsse eine Wechselspannung, so werden die Elemente zu Longitudinal- (a), Transversal- (b) bzw. zu Biegeschwingungen (c) angeregt.

Der inverse piezolektrische Effekt ist ein Aktor-Effekt und die Basis piezolektrischer Aktoren. Er findet außerdem in **Ultraschallsensorsystemen** zur Erzeugung des Ultraschalls breite Anwendung (siehe Kapitel 6.1.1).

4.2.3.4. Magnetoelastischer Effekt

Im magnetischen Kreis wird der Zusammenhang zwischen magnetischer Feldstärke H und B, der magnetischen Induktion oder Flussdichte, beschrieben durch

$$B = \mu \cdot H = \mu_0 \cdot \mu_r \cdot H, \tag{4.22}$$

wobei μ_0 die magnetische Feldkonstante und μ_r die Permeabilitätszahl (relative Permeabilität) sind. Für ferromagnetische Werkstoffe ist μ_r sehr groß und feldstärkeabhängig; mit Gleichung 4.22 erhält man die bekannte Hystereseschleife.

Definition 4.4 (Magnetoelastischer Effekt)

Als magnetoelastischen Effekt bezeichnet man die Veränderung der Permeabilitätszahl μ_r ferromagnetischer Materialien bei elastischer Beanspruchung, also unter Zug bzw. Druck.

Eine Veränderung von μ_r macht sich in einer Verformung der Hystereseschleife bemerkbar, wie in Abb. 4.19 a schematisch dargestellt ist.

Um den magnetoelastischen Effekt zur Kraftmessung zu nutzen, wird der magnetoelastische Kern einer Spule oder eines Transformators mit der zu messenden Zug- oder Druckkraft beaufschlagt. Solche Kraftsensoren sind sehr robust.

In einer speziellen Ausführung („*Pressductor*", Abb. 4.19b) besteht solch ein Kraftsensor aus einer Erregerspule (L_G) und einer Sensorspule (L_S), deren Spulenebenen sich in einem Winkel von 90° kreuzen und die einen gemeinsamen magnetoelastischen Spulenkern mit Krafteinleitungsflächen haben. Die Krafteinleitungsflächen bilden einen Winkel von 45° zu den Spulenebenen und werden mit der zu messenden Kraft (F) beaufschlagt. An die Erregerspule (L_G) wird ein Generatorsignal U_G angelegt und an der Sensorspule L_S wird das Sensorsignal U_S abgegriffen. Diese robusten Sensoren eignen sich für statische Messungen.

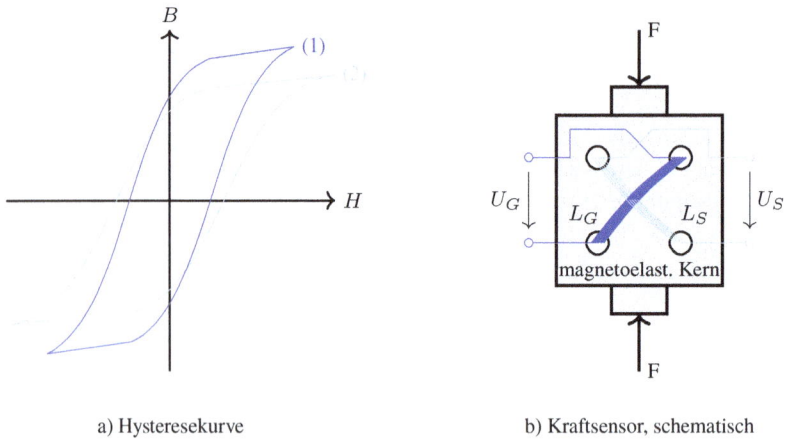

a) Hysteresekurve   b) Kraftsensor, schematisch

Abb. 4.19.: Zum magnetoelastischen Effekt und Kraftsensor:
a) Hysteresekurve, ohne (1) und mit (2) Krafteinwirkung,
b) magnetoelastischer Kraftsensor, schematisch

4.2.3.5. Sensoren mit Auswertung der Deformation eines Verformungskörpers

Die Auswertung der Deformation eines Verformungskörpers kann mit den in Kapitel 4.2.1 beschriebenen Verfahren zur Wegmessung erfolgen. Wir zeigen das beispielhaft an einem induktiven Kraftsensor und einem kapazitiven Drucksensor.

Bei dem induktiven Kraftsensor nach Abb. 4.20a bilden zwei Blattfedern, die einen Tauchkern in der Nulllage halten, den Verformungskörper. Die Krafteinleitung erfolgt über einen Stößel, der den Tauchkern aus der Nulllage auslenkt, wodurch sich die Induktivität der beiden Spulen gegensinnig verändert. Die Induktivitätsänderungen werden als Messeffekt ausgewertet und über eine Kalibrierung wird auf die Messgröße Kraft zurück geschlossen.

Der kapazitive Drucksensor nach Abb. 4.20b stellt einen integrierten Si-Sensor schematisch dar. Als Verformungskörper dient hier eine biegesteife Si-Membran, die ätztechnisch hergestellt wurde. Zur Messung werden zwei veränderliche Messkapazitäten und zwei feste Referenzkapazitäten genutzt. Je eine Elektrode dieser Kapazitäten ist auf der Oberseite der Membran aufgebracht. Die beiden mittleren Messkapazitäten verändern bei einer Druckänderung in der Kammer unter der Membran ihren Kapazitätswert, während der Wert der außenliegenden Referenzkapazitäten unabhängig vom eingeleiteten Druck konstant bleibt. Die Mess- und Referenzkapazitäten sind auf kurzem Wege mit der Auswerteelektronik (IC) auf dem Chip verbunden. Die Kalibrierung solcher Sensoren erfolgt während der Herstellung beim Chiphersteller.

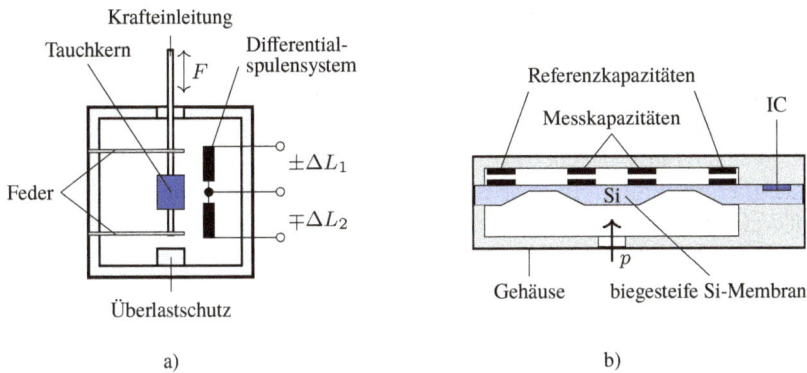

Abb. 4.20.: Induktiver Kraftsensor a) und kapazitiver Drucksensor b), schematisch

4.2.4. Beschleunigungssensoren

Die Messung der Beschleunigung $\vec{a}$ fußt auf dem Grundgesetz der Mechanik (2. Newtonsches[17] Axiom)

$$\vec{F} = m \cdot \vec{a}, \qquad (4.23)$$

wobei $\vec{F}$ eine Kraft und m eine Masse sind. Um eine Beschleunigung zu bestimmen, lässt man diese Beschleunigung auf eine kleine, bekannte Masse, die sog. seismische Masse, einwirken und misst die nach Gleichung 4.23 entstehende Kraft.

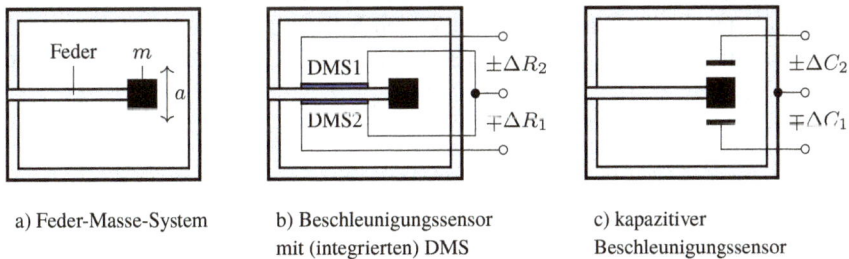

Abb. 4.21.: Beschleunigungssensoren, schematisch

Beschleunigungssensoren nutzen nach Abb. 4.21a ein gedämpftes Feder-Masse-System als Primärwandler. Dabei ist die seismische Masse m elastisch (federnd) gehaltert und wird bei Beschleunigung ausgelenkt. Aus der Auslenkung der seismischen Masse wird auf die Beschleunigung zurückgeschlossen. Je nach Bauart des Sensors werden zur Registrierung der Auslenkung der seismischen Masse resistive, kapazitive, piezoelektrische oder induktive Aufnehmer

---

[17] Isaac Newton, englischer Naturforscher, 1643–1727

genutzt. Die Abb. 4.21b zeigt schematisch das Auslesen des Verformungskörpers mit Dehn-messstreifen und Abb. 4.21c eine Anordnung mit zwei gegensinnig wirkenden Kapazitäten.

Mikromechanische Beschleunigungssensoren aus Silizium nutzen bevorzugt Zungen oder Biege-balken als Federelement, wie es die Abb. 4.21a schematisch zeigt. Das Auslesen erfolgt nach Abb. 4.21b mit integrierten Dehnmessstreifen oder kapazitiv nach Abb. 4.21c. Seit etlichen Jah-ren sind integrierte mikromechanische Beschleunigungssensoren verfügbar, die drei Sensorele-mente mit drei orthogonalen Achsen in einem Gehäuse vereinigen. In solchen MEMS-Sensoren sind die elektronischen Komponenten zur Aufbereitung und Auswertung der Signale mit inte-griert, meist haben solche Sensoren einen digitalen Ausgang, wie der BMA180 [BMA10].

4.2.5. Drehratesensoren

Mikromechanische Drehratesensoren nutzen die **Corioliskraft** als Messeffekt. Die Coriolis-kraft $\vec{F}_c$ ist eine Trägheitskraft, die in einem rotierenden Bezugssystem auftritt, wenn sich eine Masse m mit der Radialgeschwindigkeit $\vec{v}_R$ relativ zu diesem Bezugssystem bewegt. Die Co-rioliskraft berechnet sich wie folgt [Sto05a]:

$$\vec{F}_C = -2 \cdot m(\vec{v}_R \times \vec{\omega}). \tag{4.24}$$

Dabei ist $\vec{\omega}$ der Vektor der Winkelgeschwindigkeit, der in Richtung der Drehachse zeigt; $\vec{F}_C$, $\vec{v}_R$ und $\vec{\omega}$ stehen senkrecht aufeinander und bilden ein Rechtssystem.

In mikromechanischen Drehratesensoren versetzt man eine elastisch gehaltene, bekannte Mas-se m senkrecht zur Drehachse in Schwingungen, misst F_C und ermittelt daraus ω. Dabei ist die Masse m im Silizium der mikromechanischen Struktur realisiert und da im Sensor die räumlichen Zuordnungen konstruktiv festgelegt und bekannt sind, kann man Gleichung 4.24 in skalarer Form für den Betrag von $\vec{F}_C$ aufschreiben und nach der Drehrate ω auflösen, man erhält

$$\omega = \left| \frac{F_C}{2 \cdot m \cdot v_R} \right| . \tag{4.25}$$

Dabei stehen v_R und die Drehachse senkrecht aufeinander und da v_R sich infolge der Schwin-gung periodisch ändert, ändert sich auch $|F_C|$ periodisch. Die definierte Anregung der Schwin-gung kann elektrisch oder piezoelektrisch erfolgen und das Auslesen von $|F_C|$ kapazitiv ent-sprechend Abb. 4.21c. Damit ist die Messung der Drehrate ω auf eine Kraft- bzw. Beschleuni-gungsmessung zurückgeführt.

4.3. Optische Messeffekte und Sensoren

4.3.1. Umsetzung eines Lichtsignals vs. Licht als Sonde

Optische Sensoren setzen Licht, oder allgemeiner elektromagnetische Strahlung (siehe Anhang A.8), in elektrische Signale um. Licht ordnet man nach seiner Wellenlänge λ einem der folgenden Wellenlängenbereiche zu

- Ultraviolettstrahlung (UV): $\lambda = 100–380$ nm,
- Sichtbare Strahlung (VIS): $\lambda = 380–780$ nm,
- Infrarotstrahlung (IR): $\lambda = 0{,}78–1000$ µm.

Man nennt Licht monochromatisch, wenn die Strahlung genau eine definierte Wellenlänge besitzt. Zwischen Lichtgeschwindigkeit c, Wellenlänge λ und Frequenz ν des Lichtes besteht bekanntermaßen der Zusammenhang[18]

$$c = \lambda \cdot \nu. \tag{4.26}$$

Bei optischen Sensoren wollen wir zwei Problemkreise unterscheiden, nämlich

- die Umsetzung eines Lichtsignals in ein elektrisches Signal mittels **photoelektrischer Effekte**; dies entspricht der Funktion eines Sensorelements, die Messgröße ist hier die Intensität des einfallenden Lichtes, gegebenenfalls bei einer bestimmten Wellenlänge;

- die Verwendung von **Licht als Messsonde** in optischen Sensorsystemen. Diesen Aspekt behandeln wir in Kapitel 6.1.2 (Seite 112).

4.3.2. Photoelektrische Effekte

Photoelektrische Effekte[19] beschreiben die Wechselwirkung von Licht mit einem Festkörper, die zu elektronischen Veränderungen im Festkörper während der Lichteinstrahlung führen. Wir unterscheiden

- den äußeren photoelektrischen Effekt und

- den inneren photoelektrischen Effekt als

  - Volumeneffekt (photoresistiver Effekt) und
  - als Grenzflächeneffekte (pn-Übergang, Metall-Halbleiter-Übergang).

Zu den Photoeffekten zählt auch die Ionisation von Atomen im Gasvolumen durch Strahlung. Dieser Effekt ist für die Messung ionisierender Strahlung mit Ionisationskammern und Zählrohren von Bedeutung.

---

[18] In Abb. A.4 auf Seite 266 ist der Zusammenhang zwischen Frequenz und Wellenlänge für das elektromagnetische Spektrum im Bereich vom technischen Wechselstrom bis zum Licht dargestellt.

[19] Äquivalente Bezeichnungen sind Photoeffekt und lichtelektrischer Effekt.

Tabelle 4.6.: Photoelektrische Effekte (Messgröße: Lichtintensität)

phys. Effekt	Mechanismus	Sensorart	Abbildung auf
äußerer Photoeffekt	Freisetzung von Photoelektronen an Festkörperoberflächen	Photomultiplier (für geringste Intensitäten)	Strom I
innere Photoeffekte im Halbleiter			
photoresistiver Effekt	Generation von Ladungsträgerpaaren (Photoleitfähigkeit)	Photowiderstand	Widerstands- änderung ΔR
Photogrenzflä- cheneffekt pn-Übergang	Generation von Ladungsträgerpaaren Trennung im E-Feld	Photodiode Photodiodenzeile	Photostrom ΔI ΔI pro Pixel
Photogrenzflä- cheneffekt MIS-Struktur	Generation von Ladungsträgerpaaren Trennung im E-Feld	CCD-Zeile, CCD-Matrix	Ladungsimpuls pro Pixel und Zeittakt
Photoionisation	Ionisation durch Röntgen- bzw. Gamma-Strahlung	Ionisationskammer Zählrohr	Strom, Ladugsimpulse

4.3.2.1. Äußerer photoelektrischer Effekt

Wenn man Halbleiter- oder Metalloberflächen mit Photonen bestrahlt, deren Energie höher ist als die Austrittsarbeit des Materials, werden Elektronen freigesetzt, die den Festkörper verlassen können. Dabei werden die einfallenden Photonen absorbiert. Dies ist der **äußere Photoeffekt**. Er wird technisch bei Photokatoden in Photomultipliern genutzt. **Photomultiplier** (Abb. 4.22) sind Vakuumbauelemente, sie arbeiten folgendermaßen

- einfallende Lichtstrahlen lösen an der Photokatode Elektronen aus
- diese Photoelektronen werden zu einer ersten, auf hoher positiver Spannung liegenden Dynode so beschleunigt, dass sie dort eine größere Zahl Sekundärelektronen (2) auslösen
- diese Sekundärelektronen werden auf eine zweite, positivere Dynode beschleunigt und lösen dort wiederum Sekundärelektronen aus (4) und so weiter (8, 16)
- die Dynoden werden über einen Spannungsteiler so versorgt, dass die Potentialunter- schiede von Dynode zu Dynode gleich sind und z.B. 200V betragen, pro einfallendes Elektron werden dabei 3 ... 10 Sekundärelektronen emittiert
- nach der letzten Dynode treffen die Sekundärelektronen auf die Anode, der Anodenstrom ist das Messsignal, er wird in der Abbildung mit einem Strom-Spannungswandler erfasst

Photomultiplier erreichen intern Verstärkungen von $\geq 10^7$ und sind damit die empfindlichsten optischen Sensoren.

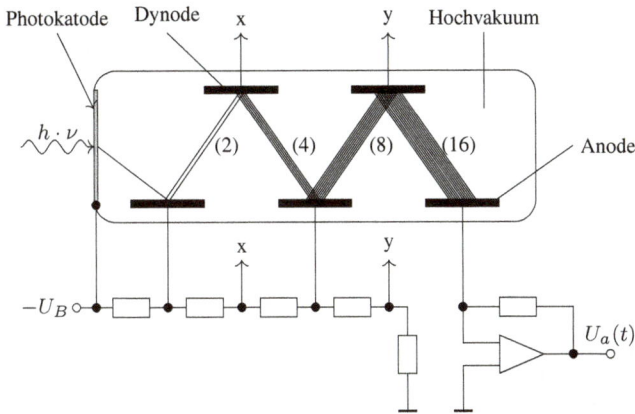

Abb. 4.22.: Photomultiplier, schematisch (Erklärung im Text)

Der äußere Photoeffekt war auch die Basis für Photozellen, die heute in der Technik durch Halbleiterbauelemente, wie Photowiderstand oder Photodiode, ersetzt sind.

4.3.2.2. Innere photoelektrische Effekte

Bestrahlt man Halbleitermaterialien mit Photonen, deren Energie $E = h \cdot \nu$ größer ist als der Bandabstand des Halbleiters E_g, werden freie Ladungsträgerpaare (Elektronen-Loch-Paare) generiert und die Photonen werden absorbiert. Mit zunehmender Eindringtiefe x nimmt die Intensität $I(x)$ nach folgender Gleichung ab

$$I(x) = I_0(1 - r)e^{-\alpha x}, \tag{4.27}$$

wobei I_0 die Intensität der einfallenden Strahlung, r der reflektierte Anteil und α der Absorptionskoeffizient sind.

Die vom Licht in einer oberflächennahen Schicht des Halbleiters generierten Ladungsträgerpaare erhöhen die Trägerdichte; das thermische Gleichgewicht ist gestört. Sobald die Bestrahlung eingestellt wird, strebt die erhöhte Trägerdichte wieder ihrem Gleichgewichtswert zu. Die Störung des Gleichgewichtes durch Lichteinstrahlung lässt sich sensortechnisch in verschiedenen Bauelementestrukturen nutzen, und zwar:

- im homogenen Halbleiter als Photoleitfähigkeit,

- am pn-Übergang als Photostrom bzw. Photospannung und

- in CCD-Strukturen zu Erzeugung verschiebbarer Ladungspakete.

Photoresistiver Effekt und Photowiderstände   Die bei Beleuchtung von homogenem Halbleitermaterial im Bereich der Eindringtiefe des Lichtes beobachtete Photoleitfähigkeit verringert den Widerstand mit wachsender Bestrahlungsstärke; man nennt dies den photoresistiven Effekt. Die Photoleitfähigkeit klingt ab, sobald die Beleuchtung eingestellt wird.

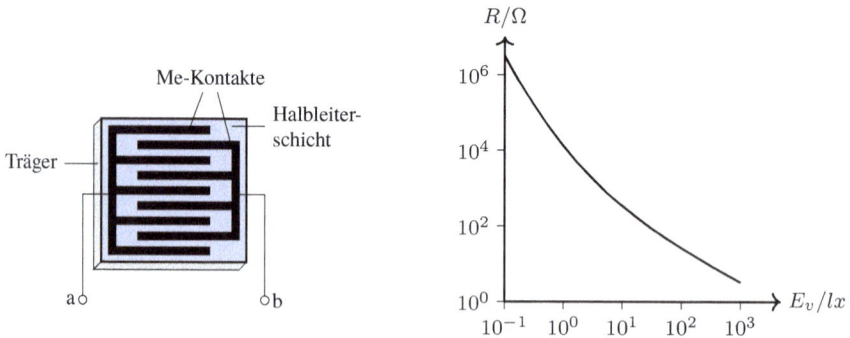

Abb. 4.23.: Photowiderstand, a) Aufbau und b) Kennlinie, schematisch

Den photoresistiven Effekt nutzt man bei Photowiderständen. Ein Photowiderstand kann nach Abb. 4.23a aus einem keramischen Trägermaterial bestehen, auf welches eine dünne Schicht eines homogenen Halbleitermaterials sowie zwei kammartig ineinander greifende, metallische Elektroden aufgebracht sind. Die Anordnung hat ein optisches Fenster und ist ansonsten hermetisch gekapselt. Zwischen den kammartigen metallischen Elektroden liegt mäanderförmig die lichtempfindliche Halbleiterschicht, die ohne Belichtung einen hohen Dunkelwiderstand hat (Größenordnung $1\,\text{M}\Omega$ bis $100\,\text{M}\Omega$). Mit wachsender Beleuchtungsstärke verringert sich deren Widerstand um Größenordnungen (Abb. 4.23b) bis zum sog. Hellwiderstand. Als Halbleitermaterial verwendet man für den Bereich des sichtbaren Lichtes Verbindungshalbleiter, wie CdS oder CdSe. Photowiderstände haben keine Sperrschicht; sie können daher mit Gleich- und Wechselstrom betrieben werden.

Ansprechverhalten, Ansprechzeit: Bei plötzlichen Änderungen der Lichtintensität stellt sich der zur jeweiligen Intensität gehörige Widerstandswert zeitverzögert ein. Anstiegs- und Abklingzeit sind abhängig von Beleuchtungsstärke, Temperatur und Vorgeschichte (Vorbelichtungszeit) sowie von der Beschaltung (Lastwiderstand); jedoch ist bei gleichen experimentellen Bedingungen die Abklingzeit immer größer als die Anstiegszeit [FS82].

Photogrenzflächeneffekt am pn-Übergang und Photodioden   Bekanntermaßen ist ein in Sperrrichtung betriebener pn-Übergang hochohmig und es fließt nur ein sehr kleiner Sperrstrom (siehe auch Kapitel 4.1.1.5). Wird der oberflächennahe pn-Übergang entsprechend Abb. 4.24a mit Licht ausreichender Energie bestrahlt, so werden zusätzliche Ladungsträgerpaare generiert und im inneren elektrischen Feld des pn-Überganges getrennt. Dadurch steigt der in Sperrrichtung fließende Strom mit der Beleuchtungsstärke an.

Die Gleichung der Kennlinie einer Photodiode ergibt sich, indem man in der Gleichung der Diodenkennlinie den Photostrom I_{Ph} berücksichtigt (siehe Gleichung 4.8 und Formelzeichen

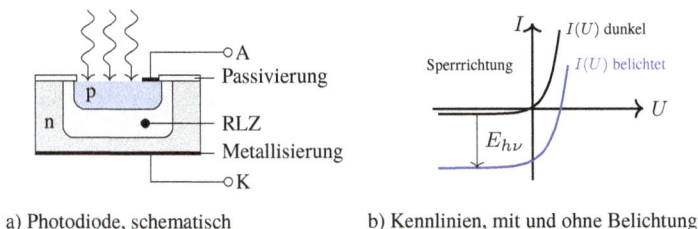

a) Photodiode, schematisch   b) Kennlinien, mit und ohne Belichtung

Abb. 4.24.: Photodiode und Kennlinien

auf Seite 39). Der Photostrom erhält ein negatives Vorzeichen, da er in Sperrrichtung fließt. Damit ergibt sich für die Kennlinie einer Photodiode folgende Gleichung

$$I_F = I_S \cdot \left[\exp\left(\frac{U_F}{a \cdot U_T} \right) - 1 \right] - I_{Ph}. \tag{4.28}$$

Zwischen Photostrom und Beleuchtungsstärke besteht ein linearer Zusammenhang; daher eignen sich Photodioden bevorzugt zur Messung der Strahlungsintensität. Außerdem schalten im Kurzschluss betriebene Photodioden viel schneller als Photowiderstände.

Wenn die Photodiode belichtet wird, aber kein Strom fließt, entsteht eine Photospannung (Prinzip der Solarzelle). Mit Gleichung 4.28 kann man zeigen, dass die Photospannung logarithmisch vom Photostrom und damit von der Strahlungsintensität abhängig ist. Die Photospannung ist deshalb für Strahlungsmessungen weniger geeignet.

Photogrenzflächeneffekt an MIS-Struktur und CCD-Sensoren   Der Photogrenzflächeneffekt an MIS[20]-Strukturen bildet die Basis für optische CCD[21]-Sensoren. Solche Sensoren gibt es für Messzwecke als Zeilensensoren mit linear angeordneten Bildelementen, sog. Pixeln (**pi**cture **x** **el**ement) und als Bildsensoren für Kameraanwendungen mit matrixartig angeordneten Pixeln. CCD-Bauelemente erlauben einen taktgesteuerten Transport analoger Informationen in Form von Ladungspaketen auf einem Halbleiterchip, indem benachbarte, aber durch Potentialbarrieren gegeneinander isolierte Zellen (Kondensatoren) zu Schieberegistern zusammengeschaltet und gemeinsam angesteuert werden.

Optische CCD-Sensoren umfassen

- eine Vielzahl optisch-elektrischer Wandler, jeweils als MOS[22]-Kondensatorstruktur, die in Form einer Zeile oder einer Matrix angeordnet sind,
- CCD-Transportlinien (Schieberegister) zum taktgesteuerten Auslesen der analogen Pixelinformationen und

---

[20] Metal-Insulator-Semiconductor
[21] CCD: **C**harge **C**oupled **D**evice (ladungsgekoppeltes Bauelement)
[22] Metal-Oxide-Semiconductor

- einen Converter, der die Ladungsimpulse in Spannungsimpulse umsetzt und seriell als Ausgangssignal bereitstellt.

Wir betrachten zuerst in Abb. 4.25a die optisch-elektrische Umsetzung an einer MOS-Kondensatorstruktur mit p-leitendem Silizium. Das Pixel hat eine transparente Deckelektrode, damit das Licht den Halbleiter erreicht.

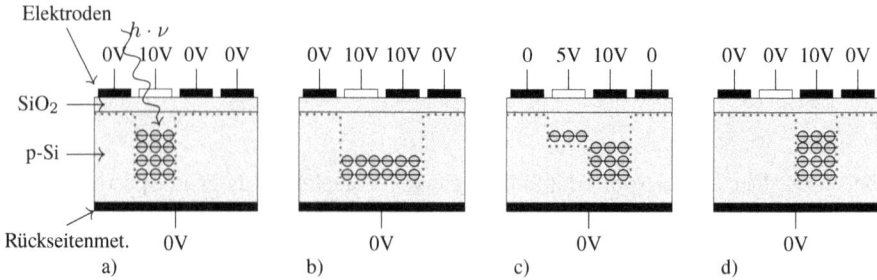

Abb. 4.25.: Photoeffekt an MIS-Struktur und CCD-Prinzip

An die transparente Deckelektrode wird eine Spannung gelegt, die so gepolt ist, dass im Bereich der Deckelektrode unter der Isolatorschicht eine Verarmungsschicht entsteht, die für Elektronen eine Potentialmulde bildet. Der Potentialverlauf für Elektronen ist hier punktiert dargestellt. Wird nun der MOS-Kondensator mit Licht bestrahlt, werden infolge des inneren Photoeffektes Ladungsträgerpaare erzeugt. Auf Grund der angelegten Spannung wandern die Defektelektronen in Richtung der negativen Elektrode (Rückseitenmetallisierung) ab, während sich die Elektronen in der Potentialmulde unter der Deckelektrode sammeln; sie bilden ein lokales Ladungspaket, welches die Intensität des auf das Pixel auftreffenden Lichtes widerspiegelt.

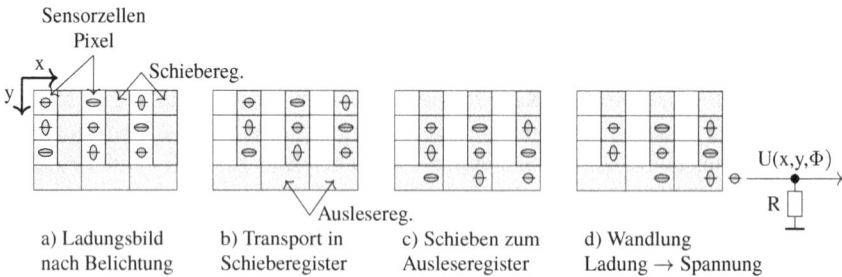

Abb. 4.26.: Taktgsteuertes Auslesen eines CCD-Sensors, schematisch

Der taktgesteuerte Transport des Ladungspaketes erfolgt entsprechend Abb. 4.25b bis d durch Anlegen definierter Spannungen an die nichttransparenten Elektroden (Übertragungs- bzw. Transportgates) auf folgende Weise:

- das Potential im benachbarten Bereich des Pixels wird abgesenkt, so dass die generierte Ladung in diesen Bereich hinein fließen kann (Abb. 4.25b),

- unter dem Pixel wird das Potential wieder angehoben und nach Ablauf der Taktfolge befindet sich das Ladungspaket in einer Zelle des Schieberegisters (Abb. 4.25d),
- dieser Ladungstransport findet für alle Pixel zeitgleich statt (Abb. 4.26a),
- nach dem gleichen Konzept werden die Ladungspakete aller Pixel in den spaltenartig angeordneten Schieberegistern zum Ausleseregister transportiert (Abb. 4.26c),
- aus dem Ausleseregister werden die Ladungspakete seriell herausgeschoben und in Spannungswerte umgesetzt (Abb. 4.26d).

Das Spannungssignal ist vom Sensor her diskret bezüglich des Ortes (x_i, y_j) und der Zeit (Takt Φ_k), aber noch kontinuierlich bezüglich der Helligkeitswerte.

PMD-Sensor (Photomischdetektor)   Ein PMD-Sensor (**P**hoto**M**isch**D**etektor) ermöglicht es, die Phasenlage eines empfangenen intensitätsmodulierten Lichtsignals auf Pixelebene direkt mit dem Modulationssignal zu korrelieren, welches eine elektronische Lichtquelle moduliert.

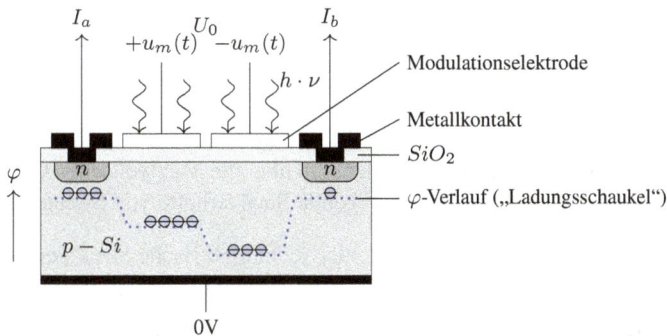

Abb. 4.27.: Prinzip des Photomischdetektors / PMD-Sensors

Die Abb. 4.27 zeigt das Prinzip an einer vereinfachten Halbleiterstruktur. Der Photomischdetektor ist symmetrisch aufgebaut und umfasst zwei Photodioden, die einen gemeinsamen lichtempfindlichen Bereich nutzen. Zwischen den Anoden der beiden Photodioden sind zwei transparente Modulationselektroden angeordnet. An die Modulationselektroden wird eine Vorspannung U_0 zur Einstellung des Arbeitspunktes und das Modulationssignal $\pm u_m(t)$, mit dem auch die elektronische Lichtquelle moduliert wird, angelegt. Das Modulationssignal ändert den Potentialverlauf unter den Modulationselektroden im Takt der Modulationsfrequenz periodisch. Abhängig von der Phasenlage des einfallenden modulierten Lichtes relativ zum Modulationssignal ändert sich die Verteilung der photoelektrisch generierten Ladungsträger auf die beiden Dioden und damit das Verhältnis der Diodenströme. Man spricht von einer „Ladungsschaukel" [Fre08].

Das einfallende modulierte Licht sei von einem Objekt reflektiert. Die Phasenverschiebung zwischen elektronischem Modulationssignal und moduliertem Lichtsignal resultiert dann aus der Laufzeit des Signals. Aus dieser Phasenverschiebung ergibt sich die Entfernung des reflektierenden Objektes, während die Summe beider Photodiodenströme der Helligkeit entspricht.

Dieses Konzept erlaubt Entfernungsmessungen nach dem Laufzeitverfahren und bildet eine Grundlage für die sog. Tiefenkameras oder RGB-D-Kameras [Hau17] (siehe Kapitel 6.1.2.3).

Das Prinzip der Ladungsschaukel kann auch auf Photomultiplier übertragen werden, wenn zwei Anoden und eine Ablenkeinrichtung für den Anodenstrom vorhanden sind [Zha03].

4.4. Sensoren für Magnetfelder

Magnetfeldsensoren dienen der Vermessung magnetischer Felder. In vielen Anwendungsfällen nutzt man Magnetfeldsensoren jedoch in Verbindung mit Dauermagneten zur Ermittlung einer ganz anderen physikalischen Größe (siehe dazu Kapitel 6.1.5).

In Gestalt des Erdmagnetfeldes ist auf der Erde immer ein Magnetfeld vorhanden. Das Erdfeld muss, außer wenn es für die Messaufgabe erforderlich ist (geophysikalische Anwendungen, Erdfeldartefakte, Kompass), als ein Störfeld betrachtet werden.

4.4.1. Messeffekte für Magnetfeldsensoren

Magnetische Sensoren nutzen die Wechselwirkung zwischen elektrischen und magnetischen Feldern. Elektrische Ströme und Magnetfelder sind über die Maxwellschen Gleichungen[23] miteinander verknüpft. Für die Sensorik sind folgende Sachverhalte von Bedeutung

- Die Bewegung elektrischer Ladungen, also jeder elektrische Strom, erzeugt ein Magnetfeld; folglich ist jeder stromdurchflossene Leiter von einem Magnetfeld umgeben.

- Ein Magnetfeld übt eine Kraft auf bewegte elektrische Ladungen aus. Diese Kraft heißt **Lorentz-Kraft**[24]. Die Lorentz-Kraft $\vec{F}_L$ ist das Kreuzprodukt aus der Geschwindigkeit $\vec{v}$ der Ladungsträger und der magnetischen Flussdichte $\vec{B}$ multipliziert mit der Ladung q

$$\vec{F}_L = q \cdot \vec{v} \times \vec{B}. \tag{4.29}$$

- Elektronen besitzen neben ihrer Ladung auch ein magnetisches Moment, welches mit dem Elektronenspin[25] gekoppelt ist. Dadurch verhalten sich Elektronen wie elementare magnetische Dipole. In Dünnschicht-Anordnungen, wie sie z.B. für magnetoresistive Widerstände verwendet werden, ist die Abhängigkeit des Ladungstransports vom Elektronenspin, der parallel oder antiparallel zu einem äußeren Magnetfeld ausgerichtet sein kann, von Bedeutung [BBKS05].

Der Halleffekt und die magnetoresistiven Effekte gehören zu den galvanomagnetischen Effekten, deren gemeinsame Ursache die Auslenkung eines elektrischen Stromes im Festkörper durch ein Magnetfeld infolge der Lorentzkraft ist.

---

[23] James Clerk Maxwell, Schottischer Physiker, 1831–1879
[24] Hendrik Antoon Lorentz, niederländischer Mathematiker und Physiker, 1853–1928
[25] Eigendrehimpuls des Elektrons

Tabelle 4.7.: Messeffekte im Magnetfeld

phys. Effekt	phys. Messgröße	Sensorart	Abbildung auf
elektromagne-tische Induktion	magnetische Flussdichte	Tacho-generator	Induktions-spannung U_{ind}
Halleffekt	magnetische Flussdichte	Hallsensor	Hallspannung ΔU_H
magnetoresistive Effekte	magnetische Flussdichte	AMR- / GMR-TMR-Sensor	Änderung eines Widerstandes ΔR
Signalverzerrung an ferromagn. Spulenkern	magnetische Feldstärke	Fluxgate Sensor	Änderung des Signalspektrums

Für genaueste Messungen von Magnetflussänderungen ($\Delta B = 10^{-14}$T) nutzt man SQUID[26]-Magnetometer. Diese Sensoren nutzen quantenmechanische Effekte an speziellen Supraleiter-Strukturen, sog. Josephson-Kontakten. Dazu müssen die Sensoren bei sehr tiefen Temperaturen betrieben werden; die Kühlung erfolgt entweder mit flüssigem Helium, wenn $T < 9$ K sein muss, oder bei Hochtemperatursupraleitern, die im Bereich von $T = 133$ K bis 140 K arbeiten, mit flüssigem Stickstoff. Wir verweisen hierzu auf spezielle Literatur [Hin88].

Auch die Leseköpfe zum Lesen der Daten von einem magnetischem Plattenspeicher (Festplatte) nutzen einige der hier zu beschreibenden magnetischen Sensorprinzipien mit hoher Ortsauflösung

- zuerst das induktive Prinzip,
- dann das magnetoresistive Prinzip (etwa nach 1994),
- schließlich den GMR- (nach 1997) und den TMR-Effekt (siehe Seite 73).

Die Weiterentwicklung der Leseköpfe war jeweils mit einer Erhöhung der Speicherdichte verbunden.

---

[26] SQUID: **S**uperconducting **Qu**antum **I**nterference **D**evice

4.4.2. Magnetfeldsensoren

Reedkontakt (Magnetschalter)   Ein Reedkontakt ist ein mit Magnetkraft betätigter Schalter. Die Kontaktzungen eines Reedkontaktes bestehen aus einer ferromagnetischen Legierung und sind hermetisch dicht in einem Glasröhrchen eingeschmolzen. Reedkontakte benötigen zur Betätigung ein externes Magnetfeld, aber keinerlei elektrische Versorgung. Sie schließen bei Annäherung des Magneten und werden als Endlagenschalter, Türkontakt o.ä. eingesetzt.

Halleffekt und Hallsensoren   Wenn auf einen flächenhaften Leiter ein Magnetfeld senkrecht zum Strompfad einwirkt, wird senkrecht zu Strompfad und Magnetfeld eine Spannung generiert (Abb. 4.28). Dieser Effekt heißt nach seinem Entdecker **Hall-Effekt**[27] und die entstehende Spannung **Hallspannung**. Der Effekt ist bei Halbleitern besonders ausgeprägt.

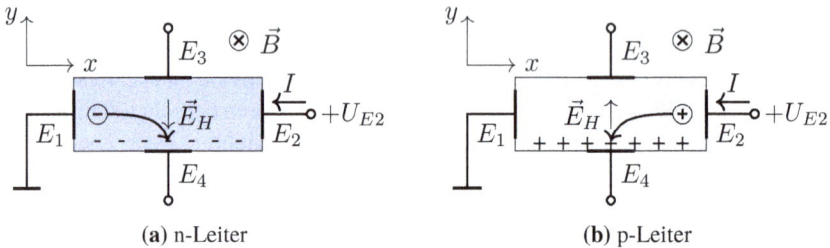

(a) n-Leiter   (b) p-Leiter

Abb. 4.28.: Hall-Generator, Prinzip

Anhand der Abb. 4.28 erläutern wir den Halleffekt für n-leitendes und p-leitendes Halbleitermaterial sowie das Prinzip des Hall-Generators. Die flächenhaft ausgebildeten Halbleiterproben haben jeweils vier Elektroden und sind einem Magnetfeld ausgesetzt. In der Abbildung steht der Vektor der magnetischen Flussdichte $\vec{B}$ senkrecht zur Zeichenebene und tritt in die Zeichenebene ein.

An die Elektrode E_2 wird extern eine Spannung $+U_{E2}$ angelegt, so dass von E_2 nach E_1 ein Strom I durch die Probe fließt. Aufgrund des Magnetfeldes wirkt auf die bewegten Ladungsträger die Lorentzkraft (Gleichung 4.29). Die Lorentzkraft lenkt die Ladungsträger zum Probenrand hin ab. Die Richtung dieser Ablenkung ist von der Art der Ladungsträger und von deren Bewegungsrichtung abhängig (siehe Abb. 4.28).

- Im n-leitenden Material bewegen sich Elektronen in x-Richtung, also entgegen der Richtung des elektrischen Feldes, welches von der angelegten Spannung aufgebaut wird; die Elektronen werden auf Grund der Lorentzkraft zum unteren Probenrand hin abgelenkt.

- Im p-leitenden Material bewegen sich die Löcher in Richtung des elektrischen Feldes, welches von der angelegten Spannung aufgebaut wird, also in (-x)-Richtung; sie werden ebenfalls zum unteren Probenrand abgelenkt.

---

[27] Edwin Herbert Hall, US-amerikanischer Physiker, 1855–1938

Auf Grund der Ansammlung der Ladungsträger am unteren Probenrand entsteht in y-Richtung ein elektrisches Feld, **das Hallfeld**, und an den Elektroden E_3 und E_4 kann eine Spannung, die Hallspannung, abgegriffen werden. Die Polarität der Hallspannung ist vom Leitfähigkeitstyp des Halbleitermaterials abhängig. Die Hallspannung ist gerade so groß, dass die elektrische Kraft die Lorentzkraft kompensiert; sie ist daher der z-Komponente B_z des $\vec{B}$-Feldes proportional. Wenn das B-Feld, wie in Abb. 4.28 vorausgesetzt, senkrecht auf der Probe und der Stromrichtung steht, kann man die Hallspannung folgendermaßen berechnen

$$U_H = R_H \cdot I \cdot B_z. \tag{4.30}$$

R_H ist der Hallkoeffizient; er ist von den Ladungsträgerdichten der beteiligten Ladungsträger, also Elektronen und Defektelektronen, und deren Beweglichkeit abhängig. Wenn der Strom I und der Hallkoeffizient R_H bekannt sind, kann man die z-Komponente des $\vec{B}$-Feldes errechnen. Der Halleffekt erlaubt damit zweierlei, nämlich

- Aussagen über den Leitfähigkeitstyp eines Halbleiters zu machen (Messverfahren in der Technologie) und
- Magnetfeld-gesteuerte Bauelemente, **Hallsensoren**, zu realisieren und Magnetfelder zu vermessen.

Der Halleffekt zeigt keine Sättigung und ist linear. Hallsensoren werden von der Industrie für unterschiedliche Anwendungsgebiete in großem Umfang angeboten; sie sind weniger empfindlich als magnetoresistive Sensoren.

Magnetoresistive Effekte und Sensoren Es gilt folgende Definition:

Definition 4.5 (Magnetoresistiver Effekt)
Wenn ein Leiter durch Einwirkung eines äußeren Magnetfeldes eine Änderung seines elektrischen Widerstandes erfährt, nennt man dies einen **magnetoresistiven Effekt**.

Man beschreibt magnetoresistive Effekte quantitativ mit dem Quotienten

$$\frac{\Delta R}{R} = \frac{R(H) - R(0)}{R(0)}, \tag{4.31}$$

wobei $R(0)$ der Widerstand ohne Magnetfeld und $R(H)$ der Widerstand mit äußerem Magnetfeld H ist.

Eine erste Ursache für magnetoresistives Verhalten ist die Krümmung und damit die Verlängerung der Bahn der Elektronen im Magnetfeld über die Lorentzkraft (Gleichung 4.29). Die dominierende Ursache in ferromagnetischen Materialien ist jedoch die Abhängigkeit des Elektronentransports vom Spin der Elektronen. In Dünnschichtanordnungen mit ferromagnetischen Schichten führt die Wechselwirkung zwischen Elektronenspins und magnetischen Domänen zu drei sensortechnisch relevanten magnetoresistiven Effekten, nämlich zum **A**nisotrope **M**agneto

Resistive Effekt (AMR), zum Riesenmagnetowiderstand (GMR: **G**iant **M**agneto **R**esistance) oder zum magnetischen Tunnelwiderstand (TMR **T**unnel **M**agneto **R**esistance). Wir beschränken uns hier auf eine kurze phänomenologische Darstellung dieser Effekte und verweisen für weitergehende Erklärungen, die auch den quantenmechanischen Hintergrund beleuchten, auf die Literatur [Fer11], [BBKS05] und [GM14].

Im Vergleich zum Hallsensor sind magnetoresistive Sensoren sehr viel empfindlicher, sie sind aber auch nichtlinear und zeigen eine Sättigung [Honb].

Anisotroper Magneto Resistiver Effekt (AMR): In dünnen ferromagnetischen Schichten verursacht die Spin-Bahn-Wechselwirkung eine spontane Anisotropie des elektrischen Widerstandes. Experimentell beobachtet man eine Abhängigkeit des Widerstandes vom Winkel φ zwischen der Richtung des elektrischen Stromes I und der Richtung der Magnetisierung M in der Schicht. Der spezifische Widerstand erreicht sein Minimum, wenn $\varphi = 90°$ beträgt, und sein Maximum, wenn die Richtungen von Strom und Magnetisierung identisch bzw. antiparallel sind, wenn also φ entweder $0°$ oder $180°$ beträgt (siehe Abb. 4.29a). Damit folgt die Widerstandsänderung der Winkeländerung mit der doppelten Periode

$$R(\varphi) = \frac{R_{max} + R_{min}}{2} + \frac{R_{max} - R_{min}}{2} \cdot \cos(2\varphi). \tag{4.32}$$

Der AMR-Effekt ist besonders ausgeprägt bei dünnen Schichten aus Permalloy[28]. In solchen Schichten folgt die Magnetisierung schon kleinen äußeren Magnetfeldern von einigen mT; die Widerstandsänderung beträgt dabei etwa 3%.

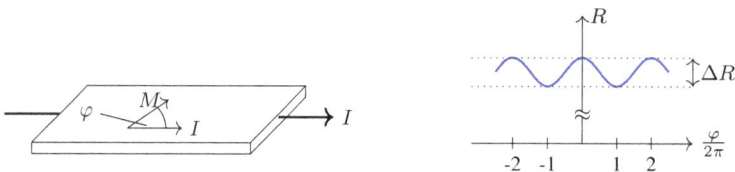

Abb. 4.29.: Anisotroper Magnetowiderstand

In der Praxis werden AMR-Sensoren als Wheatstonesche Brückenschaltung mit 4 AMR-Widerständen ausgeführt, um Temperatureffekte zu kompensieren. Für Winkelsensoren werden zwei Brückenschaltungen benutzt, wobei die AMR-Widerstände der zweiten Brücke um $90°$ gegen die AMR-Widerstände der ersten Brücke gedreht sind. Damit ergeben sich bei einer $360°$-Drehung eines Stabmagneten über dem Sensor je eine sinusförmige und eine cosinusförmige Brückenausgangsspannung, die die eindeutige Bestimmung des Drehwinkels ermöglichen [Sen09].

---

[28] Permalloy ist eine Gruppe schnell erstarrter, hochpermeabler weichmagnetischer Nickel-Eisen-Legierungen, mit ca. 80% Ni und ca. 20% Fe. Mit definierten Zugaben von Cu, Mo, Si und Mn können die Eigenschaften modifiziert werden [Hec75].

Riesenmagnetowiderstandseffekt (GMR) Der GMR-Effekt[29] tritt an Dünnschichtsystemen auf, in denen ferromagnetische (fm) und nicht ferromagnetische aber elektrisch leitfähige (nm) Schichten übereinander liegen, wie in Abb. 4.30a schematisch dargestellt. Die Dicke der Schichten liegt im Bereich von 2–5 nm für die ferromagnetischen und bei 1,5–4 nm für die nicht ferromagnetischen Schichten [App]. Die Pfeile symbolisieren die Magnetisierung.

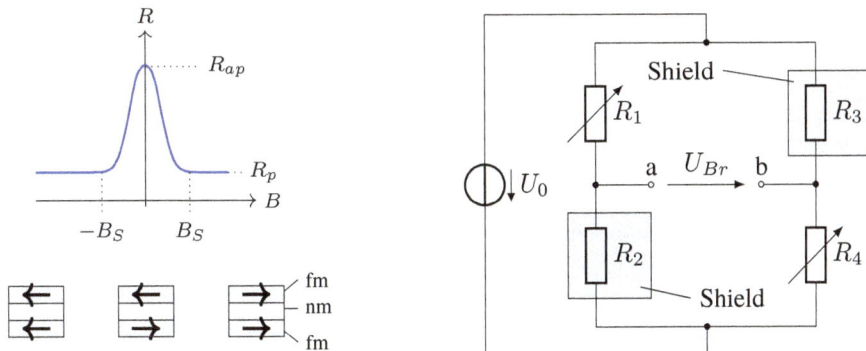

(a) Schichtanordnung mit Magnetisierung (unten) und Widerstand $R(B)$ (oben)

(b) GMR-Sensor als Wheatstone-Halbbrücke mit zwei abgeschirmten Widerständen

Abb. 4.30.: Zum Riesenmagnetowiderstand, Erklärung im Text

Setzt man solch ein Schichtsystem einem Magnetfeld aus, so ändert sich der elektrische Widerstand viel stärker als beim oben besprochenen AMR-Effekt. Der Widerstand ist am größten, wenn die Magnetisierung benachbarter magnetischer Schichten entgegengesetzt gerichtet ist (mittlerer Schichtstapel, ap für antiparallel), und am kleinsten bei Magnetisierung in die gleiche Richtung (p für parallel im linken bzw. rechten Schichtstapel in Abb. 4.30a). Erklärt wird der GMR-Effekt mit Werkzeugen der Quantenmechanik als spinabhängige Streuung der Elektronen an den Grenzflächen. Elektronen, die sich in einer der beiden ferromagnetischen Schichten gut ausbreiten können, weil ihr Spin günstig orientiert ist, werden in der zweiten, anders magnetisierten Schicht stärker gestreut. Sie können dagegen die zweite Schicht leichter durchlaufen, wenn die Magnetisierung dieselbe Richtung aufweist, wie in der ersten Schicht [Fer11].

Kommerzielle GMR-Sensoren werden als Brückenschaltung realisiert, um Temperatureinflüsse zu kompensieren. Entsprechend Abb. 4.30b sind vier gleichartige GMR-Widerstände auf einem Substrat zu einer Wheatstone Brücke zusammengeschaltet. Um ein magnetfeldabhängiges Signal zu erhalten, sind zwei GMR-Widerstände (R_2, R_3) magnetisch abgeschirmt und werden durch das Magnetfeld nicht verändert. Die beiden anderen GMR-Widerstände (R_1, R_4) unterliegen dem Einfluss des Magnetfeldes. Dieses Ungleichgewicht liefert das Brückenausgangssignal U_{Br}. Nach Datenblattangaben betragen für den Sensor GF708 von Sensitec beispielsweise die Speisespannung der Brücke $U_1 = 5$ V, der Brückenwiderstand 13–19 kΩ und der Umschaltbereich liegt zwischen $-0,1$ mT und $0,1$ mT [Mag14].

---

[29] Der Effekt wurde 1988 von Peter Grünberg und Albert Fert entdeckt. Beide Forscher erhielten dafür 2007 den Physiknobelpreis. Seit 1997 wird der Effekt in Leseköpfen von Festplatten genutzt; er hat eine drastische Erhöhung der Speicherdichte ermöglicht.

Tunnelmagnetowiderstandseffekt (TMR): Der TMR-Effekt wird an magnetischen Tunnel-kontakten beobachtet. Bei magnetischen Tunnelkontakten liegt zwischen zwei ferromagneti-schen Schichten mit unterschiedlicher magnetischer Härte (Koerzitivfeldstärke) eine wenige nm dünne Isolatorschicht, die von Elektronen durchtunnelt werden kann. Die Tunnelwahrschein-lichkeit hängt von der Magnetisierung der beiden ferromagnetischen Schichten ab. Bei gleich ausgerichteter Magnetisierung ist die Tunnelwahrscheinlichkeit und damit der Tunnelstrom hö-her als bei antiparalleler Ausrichtung. Die Magnetisierung der Schichten und damit der Tun-nelstrom kann durch ein externes Magnetfeld mit sehr geringen Magnetfeldstärken geändert werden.

Fluxgate-Magnetometer   Fluxgate-Magnetometer wurden schon in den 1930-iger Jahren von Förster[30] entwickelt; sie werden nach ihrem Erfinder auch Förster-Sonden genannt. Fluxgate-Sensoren basieren auf Signalverzerrungen, die an einem weichmagnetischen Kern einer Spule entstehen, wenn der Kern von einem sinusförmigen Strom bis in die Sättigung magnetisiert wird und zusätzlich ein äußeres magnetisches Gleichfeld auf den Kern einwirkt. Wir erläutern das Prinzip in Anlehnung an die Originalarbeit [För55] anhand von Abb. 4.31. Die Magneti-sierungskennlinie (eigentlich eine Hystereseschleife) ist wegen der besseren Übersicht hystere-sefrei dargestellt.

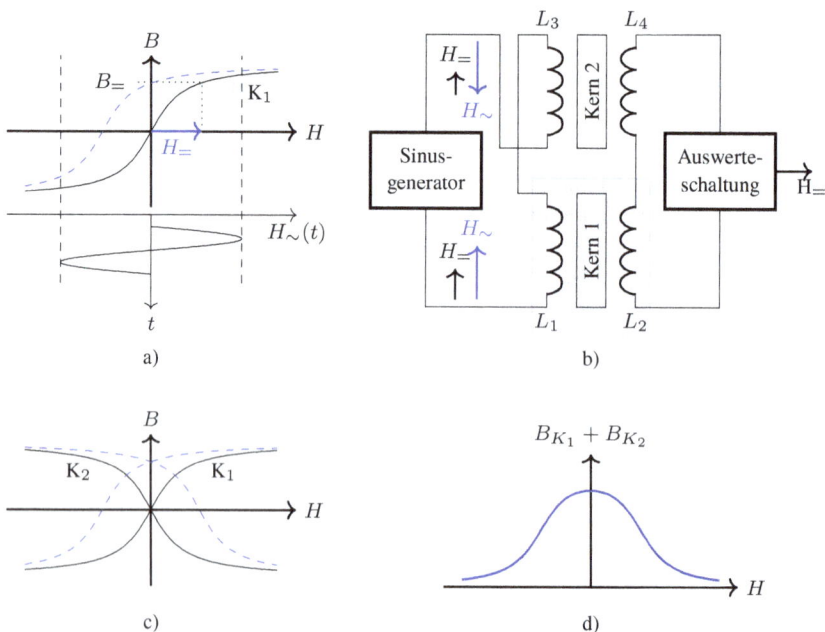

Abb. 4.31.: Fluxgate-Sensor, Erklärung im Text

---

[30] Friedrich Förster, deutscher Physiker, Erfinder und Unternehmer, 1908–2008

Der weichmagnetische Kern 1 in Abb. 4.31b ist von einer Erregerspule L_1 und einer Sensorspule L_2 umgeben. Ein sinusförmiger Strom durch die Erregerspule erzeugt das Magnetfeld $H_\sim$ und magnetisiert den weichmagnetischen Kern bis in die Sättigung. Wenn kein äußeres H-Feld $H_=$ einwirkt, wird, wie in Abb. 4.31a dargestellt, die Magnetisierungskurve symmetrisch ausgesteuert und für $H = 0$ ist $B = 0$. In der Sensorspule (L_2) wird infolge der Übersteuerung ein verzerrtes Signal (Antwortsignal) induziert. Weil die Magnetisierungskurve eine ungerade Funktion ist, enthält das Antwortsignal nur ungeradzahlige Harmonische.

Wenn zusätzlich ein äußeres magnetisches Gleichfeldfeld $H_=$ einwirkt, wird die Symmetrie gestört und die Magnetisierungskurve auf der H-Achse verschoben (gestrichelte Kurve in Abb. 4.31a). Die Magnetisierungskurve erhält dadurch auch einen geraden Anteil. Nun entstehen zusätzlich geradzahlige Harmonische. Dabei ist die Amplitude der zweiten Oberwelle dem äußeren Magnetfeld $H_=$ direkt proportional.

Eine elegante Möglichkeit, die ungeradzahligen Harmonischen zu unterdrücken, besteht darin, entsprechend Abb. 4.31b einen zweiten, gleichartigen Kern 2 mit gleichartigen Spulen L_3 und L_4 zu verwenden und die zweite Erregerspule L_3 vom gleichen Erregerstrom wie L_1, aber in umgekehrter Richtung durchfließen zu lassen, so dass sich die Richtung von $H_\sim$ im 2. Kern umkehrt, während das äußere Feld $H_=$ in beiden Kernen die gleiche Richtung hat (symbolisiert durch die Pfeile in Abb. 4.31b). In den in Reihe geschalteten Sensorspulen L_2 und L_4 subtrahieren sich die ungeraden Harmonischen, während sich die geraden Harmonischen im Ausgangssignal addieren. Man kann dies zeigen, indem man zunächst die Magnetisierungskurven beider Kerne addiert. Ohne äußeres Feld $H_=$ heben sich die Induktionen beider Kerne Punkt für Punkt auf; mit äußerem Feld $H_=$ ergibt sich eine B(H)-Abhängigkeit entsprechend Abb. 4.31c, also eine gerade Funktion. Die Summenkurve, also ($B_{Kern1} + B_{Kern2}$) ist für eine Feldstärke $H_=$ in Abb. 4.31d dargestellt. Für die Bildung des Signals ist natürlich die Zeitabhängigkeit des Erregersignals zu berücksichtigen.

Fluxgate-Sensoren erlauben das Vermessen magnetischer Gleichfelder etwa im Feldstärkebereich von 10^{-4}–$10^{-10}\,\frac{A}{m}$.

4.5. Elektrische Messung ionisierender Strahlung

Für Messwertaufnehmer zur Messung ionisierender Strahlung[31] ist der Begriff **Detektor** gebräuchlich, der sich während der Entdeckung und Untersuchung radioaktiver Phänomene um die Wende vom 19. zum 20. Jahrhundert herausgebildet hat. Auf Grund ihrer hohen Energie kann ionisierende Strahlung folgende, in Detektoren elektrisch auswertbare Effekte auslösen

- die Ionisation von Gasen,
- die Generation von Ladungsträgerpaaren in Halbleitern und
- die Radiofluoreszenz in szintillierenden Materialien als mittelbaren Effekt.

---

[31] Zu ionisierender Strahlung siehe Anhang A.9 auf Seite 270

Die verschiedenen älteren und neueren Detektorarten und Messverfahren sind in der Literatur umfassend beschrieben worden, wir beziehen uns nachfolgend auf [Har57], [Mei75] [Sto85], [Gru93], [Sto05b], [Kri21] und [KHD22].

4.5.1. Gasionisationsdetektoren

Gasionisationsdetektoren sind Entladungsgefäße. Sie besitzen in einem definierten Gasvolumen zwei Elektroden, eine Anode und eine Katode. Als Füllgas dient oft ein Edelgas wie Argon (Ar) bei vermindertem Druck. Eine außen angelegte Gleichspannung (Größenordnung 100–1000 V) erzeugt zwischen den Elektroden ein elektrisches Feld, welches von der Anode zur Katode gerichtet ist. In das Messvolumen einfallende ionisierende Strahlung ionisiert Atome bzw. Moleküle des Füllgases und generiert so freie Ladungsträgerpaare, positive Ionen und Elektronen. Im elektrischen Feld werden die Elektronen zur Anode und die Ionen zur Katode beschleunigt; es fließt ein elektrischer Strom, der im äußeren Stromkreis gemessen wird.

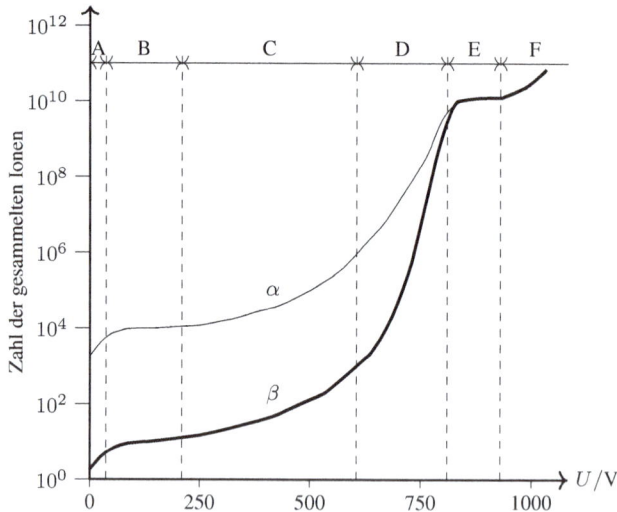

Abb. 4.32.: Gesammelte Ionenpaare für zylindrischen Gasionisationsdetektor als Funktion der angelegten Spannung bei konstanter Primärionisation (nach [Sto85])

Je nach Aufbau des Detektors, dies beinhaltet u.a. Elektrodengeometrie und Füllgas, und den Betriebsbedingungen, unterscheidet man verschiedene Detektorarten. Die Betriebsbedingungen korrespondieren mit der Entladungscharakteristik, die wir zunächst in Abb. 4.32 betrachten. Man erkennt folgende Bereiche

- A – Rekombinationsbereich: nicht alle generierten Ladungsträgerpaare werden abgesaugt, es findet Rekombination statt;

- B – Sättigungsbereich: praktisch alle gebildeten Ladungsträgerpaare werden abgesaugt; Alpha-Teilchen (Heliumkerne) ionisieren stärker als Beta-Teilchen (Elektronen), was sich in einem höheren Strom ausdrückt;

- C – Proportionalbereich: Elektronen nehmen im elektrischen Feld so viel Energie auf, dass sie durch Elektronenstoß ionisieren können, dadurch setzt Gasverstärkung ein, die Werte von 10^2–10^6 erreicht, die Impulshöhe ist abhängig von der Primärionisation;

- D – Bereich erhöhter Gasverstärkung: infolge erhöhter Gasverstärkung entstehen Raumladungen, dabei geht der lineare Zusammenhang zwischen Primärionisation und Impulshöhe verloren;

- E – Auslösebereich: eine Primärionisation löst eine Entladung aus, die unabhängig von der Intensität der Primärionisation ist, und die durch geeignete Maßnahmen gelöscht werden muss, bevor eine nächste Primärionisation registriert werden kann;

- F – selbständige Entladung, dieser Bereich ist für die Strahlungsmessung untauglich.

4.5.1.1. Ionisationskammern

Eine Ionisationskammer (siehe Abb. 4.33) besitzt in einem definierten Messvolumen eine Elektrodenanordnung ähnlich einem Plattenkondensator. Das elektrische Feld E in der Kammer ergibt sich aus der angelegten Spannung U und dem Elektrodenabstand d zu

$$E = \frac{U}{d}. \tag{4.33}$$

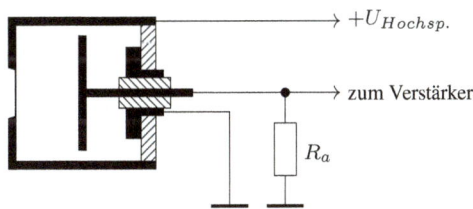

Abb. 4.33.: Einfache Ionisationskammer

Die Ionisationskammer wird im Sättigungsbereich (B in Abb. 4.32) betrieben. Über ein Eintrittsfenster gelangt die Strahlung in das Messvolumen und generiert Ladungsträger, deren Dichte linear mit der Intensität der Strahlung wächst, d.h., eine Ionisationskammer bildet die Intensität der Strahlung auf einen Strom ab. Im äußeren Kreis erzeugt dieser Strom über den Widerstand R_a einen Spannungsabfall, der zur Intensität der Strahlung proportional ist und mit einem hochohmigen Verstärker weiter verarbeitet werden kann.

4.5.1.2. Zählrohre

Zählrohre arbeiten mit Gasverstärkung und bilden die Intensität der Strahlung auf eine Impuls-rate ab. Sie sind zylindersymmetrisch mit einem dünnen Anodendraht in der Zylinderachse und dem Zylindermantel als Katode aufgebaut. Für einen Zylinderkondensator berechnet sich mit der angelegten Spannung U die elektrische Feldstärke E als Funktion des Achsenabstandes r nach folgender Gleichung

$$E(r) = \frac{1}{r} \frac{U}{ln\frac{r_k}{r_a}}, \tag{4.34}$$

wobei r_a der Anodenradius und r_k der Katodenradius sind. Nach Gleichung 4.34 erhält man mit dem skizzierten Aufbau in Anodennähe eine hohe elektrische Feldstärke, welche Stoßionisation und somit Gasverstärkung ermöglicht.

Je nach Betriebsart unterscheidet man Proportionalzählrohre und Auslösezählrohre.

Proportionalzählrohr   Proportionalzählrohre arbeiten im Proportionalbereich (Bereich C in Abb. 4.32). Sie nutzen die Gasverstärkung so, dass das verstärkte Signal proportional zur pri-mären Ionisation ist [KW16]. Primär generierte Elektronen lösen lokal begrenzte Elektronen-lawinen aus, von denen mehrere nebeneinander entstehen können, ohne sich zu beeinflussen. Dadurch werden die Ströme und das Ausgangssignal deutlich höher. Als Füllgase finden Edel-gase mit Zusatz von Methan und andere Gase Anwendung.

Die Ausgangsimpulse werden linear verstärkt und können in einem Impulshöhenanalysator se-lektiert und schließlich gezählt werden.

Auslösezählrohr (Geiger-Müller-Zählrohr)   Auslösezählrohre werden im Plateau oberhalb der Geigerschwelle betrieben (Bereich E in Abb. 4.32). In diesem Bereich ist die Gasverstärkung höher und es tragen neben primären Elektronen auch Photonen zur Ionisation des Zählgases bei. Dadurch zündet bei einer Primärionisation eine Entladung, welche sich über das ganze Zählrohr ausbreitet und die das Zählrohr für eine gewisse Zeit unempfindlich für eine nächste Primärionisation macht (Totzeit). Um nachfolgende Ionisationsereignisse zu erfassen, muss die Entladung schnellstmöglich wieder gelöscht werden. Auf Grund der Beteiligung des gesamten Zählrohrvolumens liefern solche Zählrohre Impulse gleicher Amplitude, unabhängig von der primären Ionisation, die sich gut weiter verarbeiten lassen [KW16].

Das Löschen der Zählrohrentladung kann extern durch Schaltungsmaßnahmen (ältere Lösung) oder zählrohrintern durch Zusatz einer geringen Menge von organischen Dämpfen, wie Alko-hol, erfolgen. Der Alkoholdampf unterdrückt die Sekundäremission an der Katode, so dass die Entladung erlischt. Man spricht dabei von einem selbstlöschenden Zählrohr. Bei jeder Entla-dung zerfällt ein kleiner Teil der Löschgasmoleküle in nicht löschfähige niederatomare Bruch-stücke. Dies begrenzt die Lebensdauer selbstlöschender Zählrohre [Har57]. Als Füllgas wird

Argon (90%) mit Alkohol als Löschgas (10 %) bei einem Druck im Zählrohr von weniger als 133 hPa (100 Torr) verwendet [Mei75].

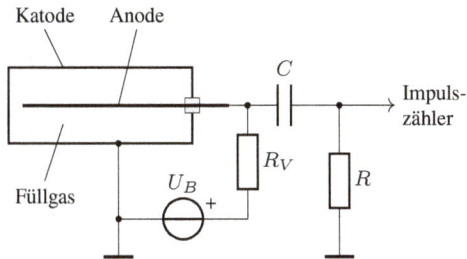

Abb. 4.34.: Geiger-Müller-Zählrohr, Prinzipskizze mit Beschaltung

Die Abb. 4.34 zeigt eine Prinzipskizze eines Geiger-Müller-Zählrohrs mit externer Beschaltung. Das RC-Glied differenziert unmittelbar die Impulse und leitet sie an einen nachgeschalteten Zähler weiter.

4.5.2. Szintillationsdetektoren

Bei Szintillationsdetektoren erfolgt die Umsetzung der Strahlung in ein elektrisches Signal in zwei Schritten. Im ersten Schritt setzt ein Szintillator die einfallende ionisierender Strahlung in Lichtimpulse um. Danach werden die Lichtimpulse photoelektrisch erfasst, in elektrische Impulse gewandelt und schließlich gezählt. Der Szintillator hat dabei die Funktion eines Primärwandlers. Als Szintillator können verschiedene anorganische oder organische Materialien, die Radiofluoreszenz zeigen, Anwendung finden. Solche Materialien sind z.B. Natriumjodid NaJ, Cäsiumjodid CsJ, Anthracen und andere. Die Wahl des Szintillatormaterials hängt u.a. vom Energiebereich der zu detektierenden Strahlung ab.
Für die Umsetzung der Lichtimpulse in elektrische Impulse werden sowohl Photomultiplier wie auch großflächige rauscharme Si-PIN-Photodioden eingesetzt. Bei einem Photomultiplier, wie in Abb. 4.22 dagestellt, wird der Szintillator unmittelbar vor der Photokathode angeordnet, bei einer Photodiode entsprechend unmittelbar vor dem optischen Eintrittsfenster.
In einem Szintillationsdetektor erfolgt die Lichtemission unmittelbar bei Bestrahlung Dagegen speichern sog. Thermolumineszenzdetektoren die Bestrahlungswirkung; die Lichtemission erfolgt bei diesen Detektoren erst nach einer thermischen Anregung.

Thermolumineszenz und Strahlungsmessung   In bestimmten kristallinen Materialien können Elektronen durch ionisierende Strahlung in einen angeregten Zustand versetzt und in sog. Traps (Energieniveaus unterschiedlicher Lage zwischen Valenz- und Leitungsband) gehalten werden. Solch ein Trap können die Elektronen nur durch Energiezufuhr wieder verlassen. Die Energiezufuhr erfolgt nach der Strahlungsexposition durch kontrollierte Wärmezufuhr (Ausheizen), wobei die Elektronen die überschüssige Energie als Lichtstrahlung abgeben. Dieser Prozess heißt **Thermolumineszenz** [SB81, Kri21].

Ein oft verwendetes Detektormaterial ist mit Magnesium und Titan dotiertes Lithiumfluorid (LiF: Mg, Ti). Die Detektoren sind kleine stäbchenförmige (sog. Microrods) oder prismatische Körper (Chips), die zur Messung der Strahlung ausgesetzt werden. Der Nachweis des Fluoreszenzlichtes erfolgt mittels Photomultiplier während des Ausheizens im Dunkeln.

Beim Ausheizen wird die Intensität des Fluoreszenzlichtes über der Temperatur aufgetragen. Dabei erhält man eine sog. Glowkurve. Bestimmte Merkmale der Glowkurve, wie die Lage und Höhe der Peaks oder die Fläche unter der Kurve, sind ein Maß für die applizierte Strahlungsdosis.

Thermolumineszenzdetektoren bzw. -dosimeter (TLD) umfassen somit zwei Komponenten, das kristalline Speicherelement als Primärwandler sowie ein Nachweisgerät zum Ausheizen und Registrieren der Dosis. Solche Detektoren erlauben es, die Exposition räumlich und zeitlich von der Auswertung zu trennen. Sie finden u.a. in der Personendosimetrie Anwendung.

4.5.3. Halbleiterdetektoren

Radioaktive Strahlung verliert beim Durchqueren eines Halbleiters Energie und generiert dabei freie Ladungsträgerpaare im Volumen des Halbleitermaterials. Die freien Ladungsträger sind hier Elektron/Loch-Paare; sie werden analog zur Ionisationskammer durch eine extern angelegte elektrische Spannung von Anode und von Katode abgesaugt. Dabei kann im äußeren Kreis ein zur Intensität der Strahlung proportionaler Strom gemessen werden. Im einfachsten Fall kann der Strahlungsdetektor eine in Sperrrichtung geschaltete pin-Diode sein. Solche Dioden besitzen zwischen dem p- und dem n-leitendem Bereich eine intrinsische Zone (i), wodurch ein vergrößertes Nachweisvolumen entsteht (Abb. 4.35).

Um den durch Bestrahlung generierten Strom messen zu können, muss die thermisch bedingte Eigenleitung des Halbleiters hinreichend klein sein. Empfindliche Detektoren werden deshalb gekühlt. Komplexe Detektorstrukturen und Verfahren zu deren Herstellung sind in der Patentliteratur, z.B. in [Kem06], umfassend beschrieben.

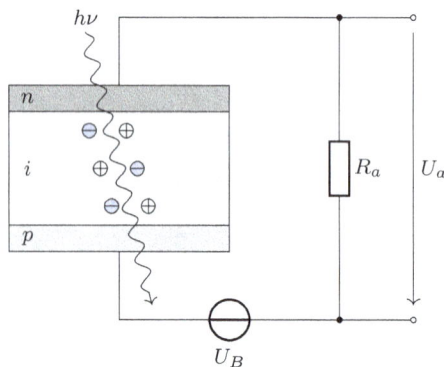

Abb. 4.35.: Halbleiter-Detektor, Prinzipskizze mit Beschaltung

In Halbleiterbauelementen können bei Einwirkung radioaktiver Strahlung abhängig von Dosis und Strahlenart Strahlenschäden entstehen. Wenn z.B. im Gate-Isolator eines MOSFET elektrisch aktive Defekte als Strahlenschäden entstehen, führt dies zur Verschiebung der Steuer-kennlinie des MOSFET (Änderungen der Schwellenspannung). Diese Verschiebung der Steu-erkennlinie ist auch als Nachweisverfahren für radioaktive Strahlung vorgeschlagen worden.

Im praktische Einsatz sind Halbleiterbauelemente und Halbleiterschaltungen vor ionisierender Strahlung zu schützen, um solche Strahlenschäden zu vermeiden.

4.5.4. Bildgebende Detektoren

Bildgebende Detektoren erlauben es, mittels ionisierender Strahlung Bilder zu erzeugen. Sie finden breite Anwendung in der Medizin und in der Materialprüfung.

4.5.4.1. Flachbilddetektor für Röntgenstrahlen

Eine Hauptanwendung von Röntgenstrahlen ist die Erzeugung von Röntgenbildern für diagnos-tische Zwecke in Medizin und Technik. Zur Erzeugung eines Röntgenbildes wird der zu unter-suchende Bereich mit Röntgenstrahlen durchstrahlt. Der dabei in Zentralprojektion entstehen-de Schattenwurf der Röntgenstrahlen wird als Grautonbild erfasst. Der ursprüngliche Weg zur Aufzeichung eines Röntgenbildes war der Röntgenfilm. Der Röntgenfilm ist zunehmend von Flachbilddetektoren abgelöst worden.

Flachbilddetektoren für Röntgenstrahlen bieten die Möglichkeit, ein Röntgenbild direkt als elek-tronisches Abbild zu erfassen. Dabei wird die Detektorfläche wie bei optischen Bildsensoren (siehe Seite 67) in eine Vielzahl quadratischer Pixel zerlegt, wobei jedes Pixel als ein kleinflä-chiger Detektor arbeitet. Analog zum Aufbau optischer Bildsensoren sind die Pixel in Zeilen und Spalten angeordnet und werden nach einer Belichtung zeilen- und spaltenweise ausgelesen. Zur Realisierung solcher Arrays kleinflächiger Detektoren sind zwei Prinzipien in Gebrauch, nämlich die Ausführung der Pixel als

- Festkörperdetektoren (direkte Konversionsdetektoren), die eintreffende Photonen direkt in ein elektrisches Signal umsetzen,

- Szintillationsdetektoren (indirekte Konversionsdetektoren), die die Strahlung zunächst in Lichtimpulse und danach in elektrische Impulse wandeln.

Die Fläche eines Flachbilddetektors für Röntgenstrahlen ist viel größer als die optischer Bild-sensoren kann z.B. 40 cm * 40 cm betragen, wobei die Abmessung der einzelnen quadratischen Pixel z.B. in der Größenordnung von 200 μm * 200 μm liegt.

4.5.4.2. Szintillationskamera (Gamma-Kamera)

Eine Szintillations- oder Gamma-Kamera dient in der nuklearmedizinischen Diagnostik zur Bilderzeugung mittels Gamma-Strahlen. Nachdem einem Patienten zunächst ein schwach radioaktives Präparat als Strahlenquelle in flüssiger Form injiziert wurde, wird nach einer gewissen Zeit das Verteilungsmuster der Strahlung mittels Gamma-Kamera erfasst.

Eine Gamma-Kamera arbeitet nach dem Prinzip der Szintillationsdetektoren (siehe S. 81). Dabei wird ein großflächiger Szintillator der Strahlung ausgesetzt und ein Array von Sekundärelektronenvervielfachern beobachtet den Szintillator. Zwischen dem Patienten als räumlichem Strahler und dem Szintillator befindet sich als abbildendes System ein sog. Kollimator, der Streustrahlung absorbiert und für eine Schärfung des Bildes sorgt.
Ein elektronisches System versorgt die SEV mit Betriebsspannung, verarbeitet die SEV-Signale und generiert aus den SEV-Signalen schließlich das gewünschte Bild (Szintigramm).

5. Chemische Messeffekte und chemische Sensoren

In diesem Kapitel stellen wir ausgewählte Messeffekte für chemische Größen und daraus abgeleitete Sensorkonzepte vor. Die Abbildung der chemischen Messgröße in den elektrischen Kreis kann von einem Stoffumsatz begleitet sein. Man kann die Effekte wie folgt gliedern:

- Festkörpervolumeneffekte,
- Effekte an der Grenzfläche fest-flüssig,
- Effekte an der Grenzfläche fest-gasförmig,
- Effekte in einem Übertragungskanal.

Optisch-chemische Sensoren nutzen Licht als Sonde und dessen Wechselwirkung in einem Flüssigkeits- bzw. Gasvolumen. Wir behandeln dies in Kapitel 6.1.3 und 6.1.4.

5.1. Was und wie messen chemische Sensoren?

Chemische Sensoren dienen dem Nachweis chemischer Bestandteile und der Messung von deren Konzentration in Flüssigkeiten und in Gasen. Sie finden breite Anwendung in der chemischen Verfahrenstechnik, der Umweltmesstechnik, der medizinischen Diagnostik, der Sicherheitstechnik und in vielen anderen Bereichen. Chemische Sensoren gehören damit in den Bereich der instrumentellen chemischen Analytik und werden nach [HGI91] folgendermaßen definiert:

Definition 5.1 (Chemischer Sensor)

Ein chemischer Sensor ist eine Anordnung, welche eine chemische Information von der Konzentration einer spezifischen Komponente einer Probe bis zur kompletten Zusammensetzung in ein analytisch nutzbares Signal umsetzt. Die chemische Information kann von einer chemischen Reaktion des Analyten oder von physikalischen Eigenschaften der Probe herrühren.

Unter dem bzw. den **Analyten** versteht man dabei genau die Komponenten in der Probe, über die eine analytische Aussage getroffen werden soll. Jener Teil der Probe, der nicht analysiert wird, heißt **Matrix**. Nach [HGI91] umfasst ein chemischer Sensor zwei Basiskomponenten, nämlich

- eine Erkennungskomponente (receptor), welche die chemische Information selektiv in eine physikalische Information (Energie) umsetzt und

- einen Wandler (transducer), der die Energie in ein auswertbares Signal wandelt, selbst aber nicht selektiv ist.

https://doi.org/10.1515/9783110772739-005

Dabei kann die Erkennung und Selektivität beruhen auf

- einem **physikalischen** Prinzip (Messung der Änderung elektrischer oder optischer Eigenschaften, einer Masseänderung oder einer Temperaturänderung),
- einem **chemischen** Prinzip (eine chemische Reaktion des Analyten provoziert das analytische Signal) oder
- einem **biochemischen** Prinzip (eine biochemische Reaktion generiert das analytische Signal). Wenn biochemische Reaktionen an der Erkennung des Analyten beteiligt sind, spricht man von einem **Biosensor**.

Als nichtselektive Wandlerelemente (transducer) können eingesetzt sein

- elektrische Anordnungen zur Auswertung von Parameteränderungen, die der Analyt verursacht, aber ohne elektrochemischen Prozess (Leitfähigkeit, Kapazität),
- elektrochemische Anordnungen zur Umsetzung der Wechselwirkung Analyt–Elektrode in ein analytisches Signal (Potentiometrie, Amperometrie),
- optische Anordnungen zur Nutzung einer Wechselwirkung mit Licht (Absorption, Streuung usw.),
- massensensitive Anordnungen mit Akkumulation des Analyten auf speziell präparierten Oberflächen (Quarzkristall-Mikrowaage[1], AOW-Sensoren) und
- thermometrische Anordnungen zur Messung einer vom Analyten provozierten Temperaturänderung (Wärmetönung von Analytreaktionen).

Einige der genannten Messanordnungen erfordern eine Hilfsenergie, um eine Parameteränderung (ΔR, ΔC) in ein Signal umzusetzen; andere Transducer liefern an ihrem Ausgang direkt Signale (ΔU, ΔI), die elektronisch weiter verarbeitet werden können.

Selektiv arbeitende chemische Sensoren liefern nach einer Kalibrierung die Konzentration c_i des vermessenen Analyten. Für die Angabe der Konzentration nutzt man verschiedene **Konzentrationsmaße**. Solche Konzentrationsmaße sind

- die Stoffmengenkonzentration in mol/L ,
- die Massenkonzentration in g/L,
- die Volumenkonzentration in mL/L und
- bei Gasen der Partialdruck p_i der Gaskomponenten in Pa.

Bei einer Messung mit chemischen Sensoren sind die zu messenden Analyte bekannt und es geht darum, das Vorhandensein bzw. die Konzentration eines oder mehrerer Analyte in einem Gemisch, einer Flüssigkeit oder einem Gas, selektiv zu messen. In vielen Fällen ist die genaue Angabe der Konzentration der einzelnen Komponenten in einer Probe nicht erforderlich. Zur Charakterisierung solcher Proben kann man dann summarische Aussagen über Inhaltsstoffe nutzen, die sich z.B. durch die Messung der elektrischen Leitfähigkeit oder der Transparenz der Probe gewinnen lassen.

---

[1]　Quartz crystal micro-balance, abgekürzt auch QCM

Chemische Sensoren und Biosensoren sind in der Literatur ausführlich beschrieben (siehe z.B. [Oeh91], [Gru12], [Cam10], [Hal94]). Wir beschränken uns hier auf einige ausgewählte Prinzipien und Sensorbeispiele für die flüssige Phase und für die Gasphase und untergliedern nach den Wandlungsprinzipien.

5.2. Konzentrationsmessungen in Flüssigkeiten

5.2.1. Elektrische Verfahren

Elektrische und elektrochemische Messungen setzen voraus, dass die Probe eine elektrische Leitfähigkeit besitzt und es müssen mindestens zwei Elektroden vorhanden sein, um einen elektrischen Strom in die Probe einzuleiten bzw. auszukoppeln. Einige grundlegende elektronischen Aspekte dieser Messverfahren sind in [Ros23] dargestellt.

Leitfähigkeit in Flüssigkeiten   Die elektrische Leitung erfordert das Vorhandensein von frei beweglichen Ladungsträgern. In der Lösung sind **Ionen** die frei beweglichen Ladungsträger.

Im Lösungsmittel entstehen frei bewegliche Ionen beim Lösen von Elektrolyten in Folge der elektrolytischen Dissoziation von Ionenbindungen. Die Ionenbindungen selbst sind elektrisch neutral. Deshalb entstehen immer positive Ionen (**Kationen**) und negative Ionen (**Anionen**) in solcher Menge, dass die Summe der Ladung der Kationen gleich der Summe der Ladung der Anionen ist; auch die Lösung des Elektrolyten ist elektrisch neutral. In der Lösung umgeben sich die Ionen auf Grund elektrischer Kräfte mit einer Hülle von Lösungsmittelmolekülen; man nennt dies Solvatisierung bzw., wenn Wasser das Lösungsmittel ist, Hydratisierung.

Die Leitfähigkeit einer elektrolytischen Lösung kann man mit dem Modell freier Ladungsträger in einer Stromröhre berechnen (siehe [RW21], Kapitel 2). Dabei müssen alle Kationen und Anionen, also Ladungsträger beiderlei Vorzeichens, berücksichtigt werden. Zu beachten ist, dass manche Ionensorten mehrere Elementarladungen tragen. Insgesamt erhält man die folgende Gleichung

$$\sigma_{Elektrolyt} = e^- \cdot \left(\sum_i n_i^+ \cdot z_i^+ \cdot \mu_i^+ + \sum_j n_j^- \cdot z_j^- \cdot \mu_j^- \right), \tag{5.1}$$

mit

- n_i^+, n_j^- : Dichte der Kationensorte i bzw. Anionensorte j ;
- μ_i^+, μ_j^- : Beweglichkeit der Kationensorte i bzw. Anionensorte j und
- z_i^+ und z_i^- : Ladungszahl der Kationensorte i bzw. Anionensorte j,
- e^- : Elementarladung.

Die elektrolytische Leitfähigkeit steigt mit der Temperatur. Ursache ist die mit wachsender Temperatur sinkende Viskosität des Lösungsmittels, was einen Anstieg der Ionenbeweglichkeiten μ_j^-, μ_i^+ mit der Temperatur zur Folge hat.

Phasengrenze Elektrolyt – metallische Elektrode Die Grenzflächen Elektrode-Elektrolyt sind von wesentlicher Bedeutung für das Gesamtverhalten des Systems. Wir betrachten zunächst ein Metall, welches in eine Lösung seines Salzes eintaucht. Solche Elektroden heißen Metall-Metallionen-Elektrode oder Elektrode 1. Art. Ein Beispiel ist die Silber/Silberchlorid-Elektrode (Ag/AgCl-Elektrode[2]). Die Situation an der Phasengrenze ist in Abb. 5.1a schematisch dargestellt.

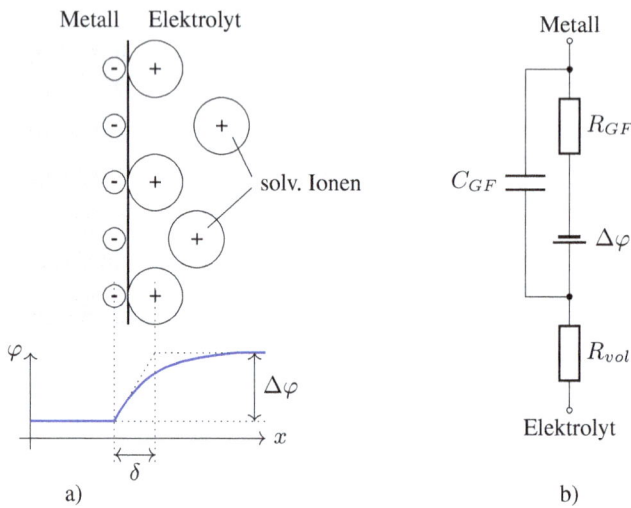

Abb. 5.1.: Metall-Elektrolyt-Phasengrenze mit Ersatzschaltbild, Erklärung im Text

An der Grenzfläche herrscht ein großes Konzentrationsgefälle. Deshalb hat das Metall das Bestreben, Kationen in die Lösung abzugeben (Lösungsdruck), wobei die Elektronen im Metall verbleiben und eine negative Ladung bilden; das Metallatom wird oxidiert. Umgekehrt hat die Lösung das Bestreben, sich zu verdünnen, also Ionen an das Metall abzugeben (osmotischer Druck); das Ion wird reduziert. Es stellt sich ein dynamisches Gleichgewicht so ein, dass Lösungsdruck und osmotischer Druck gleich sind. Hin- und Rückreaktion im Gleichgewicht kann man als Reaktionsgleichung schreiben und erhält z.B. für Kupfer

$$Cu^{++} + 2e^- \;\rightleftharpoons\; Cu.$$

Die skizzierten Prozesse führen zu einer Ladungstrennung an der Phasengrenze. Die im Metall verbliebenen, überschüssigen freien Elektronen laden das Metall negativ gegenüber der Lösung

---

[2] Der Schrägstrich „/" symbolisiert die Phasengrenze

auf und direkt vor der Metalloberfläche sammelt sich eine Schicht positiver Ionen. Im Abstand δ (Abb. 5.1a) bilden die skizzierten Raumladungsschichten die sog. Helmholtz[3]-Doppelschicht. In einem Abstand $> \delta$ reicht eine diffuse Schicht (Sternschicht) weiter in das Elektrolytvolumen hinein. Es stellt sich das sog. **Elektrodenpotential** ein ($\Delta\varphi$ in Abb. 5.1a).

Die Helmholtz-Doppelschicht entspricht, elektrisch gesehen, einer Kapazität, deren Wert vergleichsweise groß ist (Größenordnung 5–$50\,\mu F/cm^2$), weil die Abstände der Ladungen minimal sind.

Nach diesen Überlegungen kann man ein vereinfachtes elektrisches Ersatzschaltbild für die Phasengrenze aufstellen, welches das zu erwartende elektrische Verhalten nachbildet (siehe Abb. 5.1b). Dabei verkörpern C_{GF} die Kapazität der elektrolytischen Doppelschicht, R_{GF} einen ohmschen Widerstand, die Spannungsquelle $\Delta\varphi$ das Elektrodenpotential und R_{vol} den Widerstand des Elektrolytvolumens vor der Elektrode. Bei Einspeisung von Wechselstrom verursacht die Kapazität C_{GF} eine von den Messbedingungen abhängige Phasenverschiebung zwischen der anliegenden Spannung $U_\sim$ und dem Probenstrom I_{Probe}.

Leitfähigkeit und Leitfähigkeitssensoren Die Bestimmung der spezifischen Leitfähigkeit[4] σ erfolgt in sog. Leitfähigkeitsmesszellen durch Messung der Spannung U, die an der Messzelle anliegt, und des Stromes I_{Probe}, der dabei durch die Messzelle fließt. Damit kann man zunächst den Widerstand R bzw. die Leitfähigkeit $G = \frac{1}{R}$, gemessen in Siemens[5], der Probe in der Messzelle ermitteln.

Eine Messzelle besteht im einfachsten Fall aus zwei gleichen Elektroden mit bekannter Fläche A, die einen definierten Abstand l voneinander haben. In dieser Geometrie findet man für die Leitfähigkeit G in Analogie zur Widerstandsbemessungsgleichung für ohmsche Widerstände $R = \rho \cdot \frac{l}{A}$ folgende Beziehungen

$$G = \sigma \cdot \frac{A}{l} \qquad\qquad \sigma = G \cdot \frac{l}{A} = G \cdot K. \tag{5.2}$$

Da an den Elektrodenrändern analog zum Plattenkondensator Streufelder auftreten, wird der Geometriefaktor $\frac{l}{A}$ durch die Zellkonstante K, gemessen in m^{-1}, ersetzt. Die Zellkonstante wird durch Kalibrieren der Messzelle mit einer Kalibrierlösung bekannter Leitfähigkeit bei festgelegter Temperatur bestimmt. Als Kalibrierlösungen dienen verschiedene KCl-Lösungen mit genau bekannter Leitfähigkeit ([DIN93]). Als Elektrodenmaterial finden Platin, platiniertes Platin[6] oder Graphit Anwendung.

Wir betrachten nun verschiedene **Messbedingungen**.

---

[3] Hermann Ludwig Ferdinand von Helmholtz, deutscher Physiologe und Physiker, 1821–1894
[4] In der chemischen Literatur wird für die spezifische Leitfähigkeit oft das Symbol κ verwendet.
[5] Nach Werner von Siemens, deutscher Ingenieur, 1816–1892
[6] Mit schwammartigem Platin beschichtetes Platin; die Beschichtung vergrößert die aktive Oberfläche

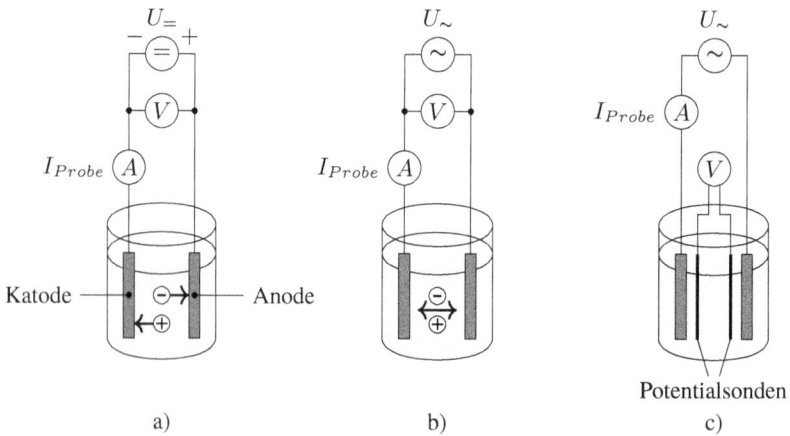

Abb. 5.2.: Zur Leitfähigkeitsmessung in Flüssigkeiten, Erklärung im Text

- In Abb. 5.2a sind die Elektroden zunächst mit einer Gleichspannungsquelle verbunden. Unter dem Einfluss des elektrischen Gleichfeldes bewegen sich die Anionen zur Anode und die Kationen zur Katode. Die Ionen werden an den Elektroden entladen. Dies verändert die Elektroden und auch die Elektrolytlösung; dieser Prozess heißt **Elektrolyse**. Gleichspannung ist wegen der Elektrolyse zur Leitfähigkeitsmessung in Elektrolytlösungen nicht geeignet.

- Die **Messung** muss **mit Wechselstrom** erfolgen (Abb. 5.2b), damit Veränderungen von Elektrolyt und Elektroden (Polarisationseffekte) durch Elektrolyse vermieden werden. Die Frequenz des Wechselstroms soll nicht zu klein sein, so dass die Ionen lediglich um eine Ruhelage schwingen (Frequenzbereich 0,5–10 kHz).

- Der Einfluss der Zuleitungen und des Widerstandes R_{GF} in der Ersatzschaltung (siehe Abb. 5.1b) auf das Messergebnis kann eliminiert werden, wenn mit vier Elektroden und einer Vierleiter-Messanordnung nach Abb. 5.2c gearbeitet wird. Bei hochohmiger Messung der Spannung bleiben die Potentialsonden praktisch stromlos und der Spannungsabfall über der Messstrecke wird nicht verfälscht.

- Die spezifische Leitfähigkeit ist temperaturabhängig. Deshalb muss die Probentemperatur entweder bekannt sein oder mitgemessen werden, um die Leitfähigkeit auf einen Normwert (25 °C) korrigieren zu können ([DIN93]).

Die Messung der Leitfähigkeit in elektrolytischen Lösungen liefert nach Gleichung 5.1 ein summarisches Ergebnis über alle Ionen in der Lösung, welches Aussagen bis zu sehr geringen Werten (Größenordnung $10^{-5} \frac{\text{mol}}{\text{L}}$) zulässt. Zwei häufige Anwendungen von Leitfähigkeitsmessungen sind

- die Qualitätsüberwachung von Wasser für verschiedene Anwendungen und
- die Indikation des Äquivalenzpunktes bei der Leitfähigkeitstitration.

Die Leitfähigkeit von Wasser bzw. wässrigen Lösungen ist viel geringer als die von Metallen und sie kann sich über viele Größenordnungen ändern, wie die Tabelle 5.1 eindrucksvoll zeigt.

Tabelle 5.1.: Leitfähigkeit verschiedener Wasserarten [Sci] [Mat94]

Art des Wassers	Leitfähigkeit in µS/cm
Reinstwasser	0,055
destilliertes Wasser	0,5 ...5
Regenwasser	5 ...30
Grundwasser	30 ...2000
Meerwasser	45000 ...55000
Laugen / Säuren	> 100000

5.2.2. Elektrochemische Verfahren und Sensoren

Wichtige Kennzeichen elektrochemischer Messanordnungen sind,

- dass mindestens zwei Elektroden in mindestens eine ionenleitende Phase eintauchen,
- und dass zwischen den Phasen Ladungen ausgetauscht werden.

Je nach Aufbau und Zweck kann man elektrochemische Messanordnungen in verschiedener Weise betreiben. Man kann

- die Potentialdifferenz erfassen, die sich zwischen zwei Elektroden einstellt; dies ist das Gebiet der **Potentiometrie** oder
- die Strom-Spannungs-Kurve auswerten, die sich ergibt, wenn man einer Elektrode eine Spannung aufprägt. Dies ist das Gebiet der **Voltammetrie**.

5.2.2.1. Potentiometrische Verfahren

Bei potentiometrischen Messungen dient das konzentrationsabhängige Potential einer ionensensitiven Messelektrode (Arbeitselektrode) zur Bestimmung der Konzentration eines Analyten. Dazu wird die Arbeitselektrode mit einer Referenzelektrode zusammengeschaltet und die konzentrationsabhängige Potentialdifferenz zwischen der ionensensitiven Elektrode und der Referenzelektrode gemessen. Beide Elektroden bilden zusammen mit der elektrolytischen Probe eine **Galvanische Kette**.

Elektrodenpotential und Nernstsche Gleichung Das Elektrodenpotential E eines Redox-Paares[7] im stromlosen Zustand beschreibt die Nernstsche[8] Gleichung in Abhängigkeit von der Aktivität a_{Ox}, a_{Red} der beteiligten Reaktanten; sie lautet

$$E = E^0 + \frac{RT}{nF} \cdot \ln \frac{a_{Ox}}{a_{Red}} = E^0 + 2.303 \cdot \frac{RT}{nF} \cdot \log \frac{a_{Ox}}{a_{Red}}, \tag{5.3}$$

mit

- E^0 Standardelektrodenpotential (Potential gegen Wasserstoff-Standardelektrode)
- R universelle Gaskonstante
- T absolute Temperatur
- F Faraday[9]-Konstante
- n Anzahl der übertragenen Elektronen.

Für sog. Membranelektroden nimmt nach einer chemischen Umrechnung (Berücksichtigung des Löslichkeitsgleichgewichtes) die Nernstsche Gleichung folgende, einfachere Form an

$$E = E^0 \pm 2.303 \cdot \frac{RT}{nF} \cdot \log a_i. \tag{5.4}$$

Der Term $2.303 \cdot \frac{RT}{nF}$ vor dem Logarithmus wird auch Steilheit s genannt; s beträgt bei idealem Verhalten für einwertige Ionen bei $25\,°C$

$$s = 59\,\text{mV}. \tag{5.5}$$

Damit ist die Größenordnung der Spannungssignale für die Signalverarbeitung vorgegeben. Obwohl die so errechneten Potentiale eines Redoxpaares allein nicht messbar sind, ist die Nernstsche Gleichung die Basis der Potentiometrie.

Bezugspotential und Referenzelektroden In der Elektrochemie verwendet man das Potential der **Wasserstoff-Standardelektrode** als Bezugspunkt für Potentialmessungen; dieses Potential ist per Definition Null und bildet den Nullpunkt der **elektrochemischen Spannungsreihe**. Die Wasserstoff-Standardelektrode ist eine schlecht handhabbare Gaselektrode. Für praktische Messungen benutzt man deshalb andere Referenzelektroden, die leichter handhabbar sind, und deren Potentialdifferenz zur Wasserstoff-Standardelektrode genau bekannt und stabil ist. Solche Referenzelektroden sind die Kalomel-Elektrode und die Silber-Silberchlorid-Elektrode (Ag/AgCl-Elektrode), die in Abb. 5.3a schematisch dargestellt ist.

---

[7] Man spricht von einer Redox-Reaktion, wenn bei einer Reaktion von einem Reaktanten Elektronen auf einen anderen Reaktanten übertragen werden. Die oxidierten und reduzierten Reaktionsteilnehmer nennt man ein Redoxpaar. Beispiel: Cu^{++}/Cu

[8] Walther Hermann Nernst, deutscher Physiker und Chemiker, 1864–1941

[9] Michael Faraday, englischer Naturforscher und Experimentalphysiker, 1791–1867

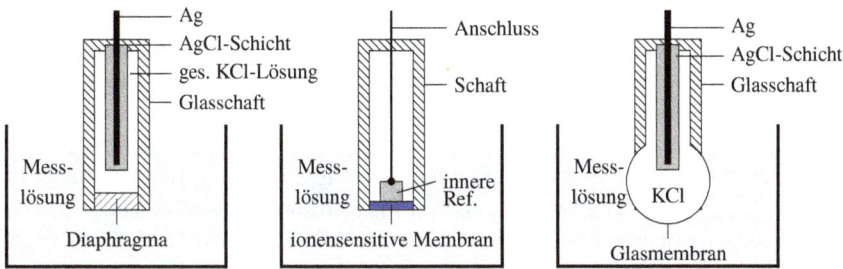

a) Ag/AgCl-Referenzelektrode   b) ionensensitive Elektrode   c) Glaselektrode

Abb. 5.3.: Elektroden für potentiometrische Messungen

Entsprechend Abb. 5.3a besteht die Ag/AgCl-Elektrode aus einem Silberdraht, der mit Silberchlorid beschichtet ist und in eine gesättigte KCl-Lösung eintaucht, die sich in einem stabförmigen Glasgefäß befindet, welches unten mit einem Diaphragma[10] verschlossen ist. Über das Diaphragma erfolgt der Ladungsaustausch mit der Messlösung. Das Standard-Elektrodenpotential der Ag/AgCl-Elektrode beträgt

$$E^0_{Ag^+/Ag} = 0{,}8\,\text{V}. \tag{5.6}$$

Ionensensitive Elektroden (ISE)   Ionensensitive Elektroden verfügen über einen ionenselektiven Detektor, der es ermöglicht, die Konzentration des Analyten in einem Gemisch anderer Ionen so selektiv wie möglich zu messen. Dazu wird der Elektrode eine selektiv wirkende Membran vorgeschaltet oder diese Membran bildet selbst die Elektrode (vergl. Abb. 5.3b und c). Nach [Hai] stehen in der Praxis Membranmaterialien u.a. für folgende Kationen und Anionen zur Verfügung

- Glasmembranen für H^+ (siehe Fußnote[11]) und Na^+
- Kristallmembranen für F^-, Cl^-, Br^-, CN^-, S^{2-}, Ag^+, Cu^{2+}, Cd^{2+}, Pb^{2+}
- Polymermembranen für Na^+, K^+, Ca^{2+}, NO_3^-, BF_4^-.

An der Grenzfläche ionensensitive Membran/Messlösung entwickelt sich ein konzentrationsabhängiges Potential, welches die Aktivität des zu messenden Analyten abbildet und mit der Nernstschen Gleichung 5.3 zu beschreiben ist. Leider zeigen die meisten Elektroden Querempfindlichkeiten zu anderen Ionen. Für eine korrekte Beschreibung gilt in diesen Fällen eine Erweiterung der Nernstschen Gleichung, die Nikolski-Gleichung; wir verweisen dazu auf speziellere Literatur [CG96].

---

[10] Diaphragma: eine poröse Trennwand, die verschiedene Elektrolytgebiete trennt, ohne dass der Stromdurchgang unterbrochen wird.

[11] Wasserstoff-Ionen können als H^+-Ionen in einer wässrigen Lösung nicht existieren. In Wasser bildet sich das Oxonium-Ion $H^+ + H_2O = H_3O^+$ [Gal90].

Galvanische Kette   Da einzelne Potentiale nicht messbar sind, werden zur Konzentrationsmessung eine ionensensitive und eine Referenzelektrode zu einer galvanischen Kette zusammengeschaltet und die Potentialdifferenz gemessen. Die Spannung, die an der galvanischen Kette abgegriffen werden kann, ist gleich der Summe aller Potentiale, die in dieser Kette in Reihe
geschaltet sind. Diese Summe ist Null, wenn zwei identische Elektroden verwendet werden. Für
die Konzentrationsbestimmung eines Analyten in der Messlösung ist nur die Potentialdifferenz
zwischen der ionensensitiven Membran und der Probelösung von Interesse. Um das Gleichgewicht in der galvanischen Kette beim Messen nicht zu stören, darf es keinen Stoffumsatz geben,
d.h., es darf kein Strom fließen. Man muss daher sehr hochohmig messen.

Wir betrachten als konkretes Beispiel nachfolgend die pH-Messung.

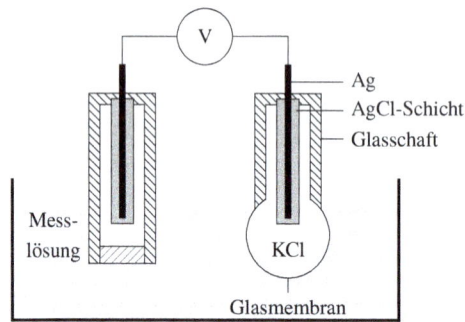

Abb. 5.4.: pH-Messkette mit Ag/AgCl- und Glaselektrode

pH-Wert und pH-Elektroden   Unter dem pH-Wert versteht man den negativen dekadischen
Logarithmus der Wassestoffionenkonzentration

$$pH = -log_{10}\left(a(H^+)\right) \qquad a(H^+) = 10^{-pH}. \tag{5.7}$$

Für pH-Messungen steht die Glaselektrode zur Verfügung, die die H^+ bzw. H_3O^+ mit hoher
Selektivität misst. In Abb. 5.4 ist eine Messkette mit Glaselektrode dargestellt. Man erkennt,
dass eine Ag/AgCl-Elektrode im Inneren eines Glasschaftes steckt, der unten mit der selektiven Glasmembran abgeschlossen ist. An der Grenzfläche Glasmembran/Messlösung wird das
analytisch interessante Potential gebildet und über die beiden Ag/AgCl-Elektroden ausgelesen.
Das Potential der Glasmembran beschreibt die Nernstsche Gleichung 5.3. Für die einwertigen
H^+- bzw. H_3O^+-Ionen beträgt nach Gleichung 5.5 die Steilheit $\frac{59\,\text{mV}}{pH-Stufe}$.

Glaselektroden finden breite Anwendung; meist als sogenannte Einstab-Messketten. Einstab-
Messketten vereinigen Referenzelektrode und ionensensitive Elektrode in einem Schaft und
vereinfachen die Anwendung.

Andere ionensensitive Elektroden z.B. für Na^+- oder K^+-Ionen erreichen nicht die Selektivität
der Glaselektrode.

Ionensensitive Feldeffekttransistoren (ISFET, auch ChemFET) MOSFETs[12] lassen sich leistungslos steuern und sind deshalb zur Verstärkung der von ionensensitiven Elektroden gelieferten Spannungen geeignet.

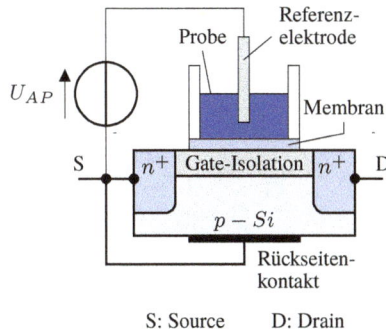

Abb. 5.5.: ISFET, schematisch

Obwohl Halbleiterbauelemente üblicherweise hermetisch gekapselt sind, wurde versucht, entsprechend Abb. 5.5 die Gateelektrode von MOSFETs direkt mit einer ionensensitiven Membran zu beschichten und den Drainstrom anstelle über den Gateanschluss direkt mit dem Potential, welches die ionensensitive Membran in einer Messlösung aufbaut, zu steuern. Damit war der ISFET geboren, ein Feldeffekttransistor, für dessen Steuerung das Potential einer ionensensitiven Membran direkt genutzt wird. Den Potentialbezug stellt eine Referenzelektrode her, die mit dem ISFET eine galvanische Kette bildet. Für die Berechnung des steuernden Potentials gilt die Nernstsche Gleichung. Zur Einstellung des Arbeitspunktes ist eine separate Gleichspannungsquelle U_{AP} vorgesehen. In der Abb. 5.5 ist ein n-Kanal Transistortyp dargestellt; Source und Drain bestehen aus stark n-dotierten Bereichen (n^+); sie sind in der Abb. noch nicht beschaltet.

Der pH-ISFET ist am Markt gut eingeführt und auch für weitere Ionen (K^+, Na^+, Ca^{2+}, Na^+, Cl^- u.a.) gibt es technologische Lösungen. An Vor- und Nachteilen für ISFET-Elektroden sind zu nennen:

- ISFET sind Festkörper-Elektroden und durch Verzicht auf Glas unzerbrechlich,
- Kabel vom Sensorelement zur Eingangsstufe der Elektronik entfallen,
- die Lebensdauer der ISFET ist kürzer als die herkömmlicher Elektroden (für pH-ISFET wird eine Lebensdauer von über 200 Betriebsstunden angegeben). Obwohl der Halbleiter bis auf den Wechselwirkungsbereich mit der Messlösung gekapselt ist, stellt der direkte Kontakt mit dem flüssigen Messmedium ein Problem dar.

5.2.2.2. Voltammetrische Verfahren – Amperometrie

Bei den voltammetrischen Verfahren wird über zwei Elektroden eine Fremdspannung an den Elektrolyten angelegt und ein Strom eingespeist. Die analytische Information wird aus der

---

[12] Metal Oxide Semiconductor Fieldeffect Transistor

Strom-Spannungs-Kurve gewonnen (siehe Abb. 5.6). Mit der Fremdspannung kann an einer Elektrode, der Arbeitselektrode (AE), eine Redox-Reaktion erzwungen werden, wobei es zu einem Stoffumsatz kommt, der dem Strom proportional ist. Je nach Verfahren wird die Fremdspannung kontinuierlich verändert (Voltammetrie, Polarographie) oder bei einem vorher bestimmten, analytisch relevantem und festem Spannungswert wird der Strom gemessen, der über die Arbeitselektrode fließt (Amperometrie).

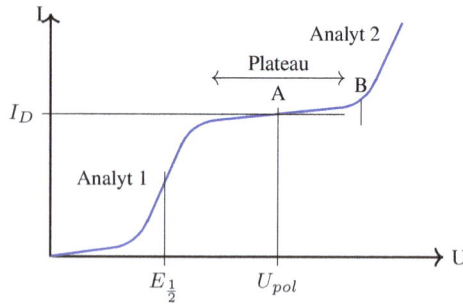

Abb. 5.6.: Amperometrische Strom-Spannungs-Kurve

Halbstufenpotential und Diffusionsgrenzstrom   Die Abb. 5.6 zeigt schematisch die Abhängigkeit des Stromes von der angelegten Spannung bei amperometrischer Betriebsweise. Die analyt-spezifische Reaktion findet an der Arbeitselektrode statt. Sie beginnt, wenn die Spannung einen bestimmten, von der Reaktion abhängigen Wert erreicht. Das sog. Halbstufenpotential $E_{\frac{1}{2}}$ ist eine für die Ionenart (Analyt) charakteristische Größe und wird in der Polarographie genutzt. Durch den Analytumsatz an der Arbeitselektrode verarmt die Lösung in einer Grenzschicht vor der Arbeitselektrode an Analyt. Der Analyt wird aus der Probe durch Diffusion nachgeliefert. Die Diffusion des Analyten zur Arbeitselektrode ist im stationären Fall der strombegrenzende Faktor. Der diffusionsbegrenzte Strom I_D ist von der Konzentration des Analyten c abhängig und man kann über die Fickschen Gesetze[13] und das Faradaysche Gesetz folgende Beziehung ableiten

$$I_D(c) = \frac{A \cdot n \cdot D}{\delta} \cdot c, \qquad (5.8)$$

mit

- δ Dicke der Diffusionsschicht,
- D Diffusionskonstante,
- A aktive Elektrodenfläche,
- n Anzahl der beteiligten Elektronen,
- c Konzentration des Analyten.

---

[13] Nach Adolf Eugen Fick, deutscher Physiologe, 1829–1901

Die Stromstärke des Messstromes hängt linear von der Konzentration des Analyten ab, wenn der Arbeitspunkt A, also das Potential vor der Arbeitselektrode, so gewählt wird, dass der Strom diffusionsbegrenzt ist (U_{pol} in Abb. 5.6).

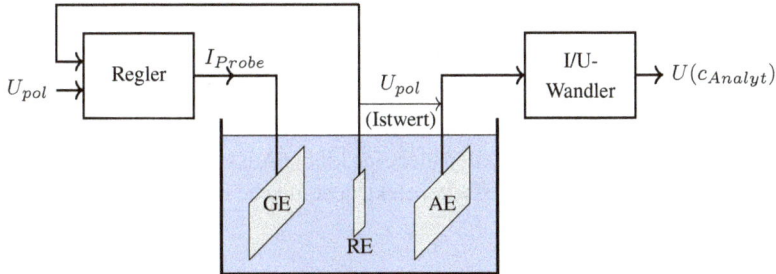

Abb. 5.7.: Amperometrische Messanordnung

Potentiostatische Prozessführung   Zur Konstanthaltung der Polarisationsspannung bei amperometrischen Messungen benutzt man oft eine Drei-Elektroden-Anordnung nach Abb. 5.7.

Die Gegenelektrode (GE) besteht aus einem inerten Material und hat eine im Vergleich zur Arbeitselektrode (AE) relativ große Oberfläche. An die Gegenelektrode wird eine Spannung angelegt und es fließt ein Strom I_{Probe} in die Messzelle. An der Arbeitselektrode (AE) wird I_{Probe} wieder ausgekoppelt und mittels eines I/U-Wandlers in die konzentrationsproportionale Spannung umgesetzt und zur weiteren Verarbeitung bereitgestellt.

Die Probe hat eine bestimmte Leitfähigkeit und stellt für den Strom I_{Probe} einen Widerstand dar, so dass sich zwangsläufig ein Spannungsabfall über der Probe einstellt. Dieser Spannungsabfall verändert das Potential der Arbeitselektrode. Zur Sicherstellung, dass die amperometrische Messbedingung

$$I(c_{Analyt}) = f(U_{pol} = \text{const}) \tag{5.9}$$

eingehalten wird, dient ein Spannungsregler. Der Regler vergleicht den an der Referenzelektrode (RE) hochohmig abgegriffenen U_{pol}-Istwert mit der extern zugeführten Spannung U_{pol} (Sollwert) und führt die Spannung am Reglerausgang so nach, dass die Regelabweichung etwa Null wird.

Eine erwünschte Selektivität kann dadurch erreicht werden, dass der Arbeitselektrode ein geeigneter Rezeptor vorgeschaltet wird. Wir kommen darauf bei Biosensoren in Kapitel 5.4 zurück.

5.3. Gassensoren

Gassensoren haben ein breites Anwendungsfeld [Hu06]; man findet sie

- in der Sicherheitstechnik, Feuer- und Explosionsschutz (Rauchgasmelder u.a.),

- bei der Luftgütekontrolle in Innenräumen und im Außenbereich,
- in der Kraftfahrzeugtechnik (Abgaskontrolle, Luftgütekontrolle),
- in der Medizintechnik (Atemgasüberwachung) und in vielen anderen Bereichen.

Hinsichtlich der Probennahme unterscheidet man zwei Verfahren:

- die online-Messung mit kontinuierlicher Probennahme und
- die inline-Messung, wobei die Messzelle direkt in den Gasstrom gebracht wird.

Die verschiedenen Einsatzfelder und Anforderungen führten zur Entwicklung einer Vielzahl verschiedener Sensorkonzepte. Wir stellen hier eine kleine Auswahl vor, die wir ähnlich, wie die Sensoren für flüssige Medien, in elektrische, elektrochemische und optische Sensoren gliedern.

5.3.1. Elektrische Gassensoren

Unter elektrischen Gassensoren wollen wir solche verstehen, die die Messgröße auf eine Kapazitätsänderung ΔC bzw. auf eine Widerstandsänderung ΔR abbilden, ohne dass der Analyt durch elektrochemische Prozesse aufgebraucht wird.

Feuchtesensoren   Mit Feuchtesensoren bestimmt man den absoluten oder den relativen Wassergehalt in einem Gas, speziell auch in Luft. Die Feuchte wird angegeben

- in g/m^3 für die absolute Feuchte bzw.
- für die relative Feuchte in Prozent der maximalen Feuchte bei einer bestimmten Temperatur als Parameter.

Beide Angaben sind über Tabellen ineinander überführbar. 100% relative Feuchte herrschen am Taupunkt[14].

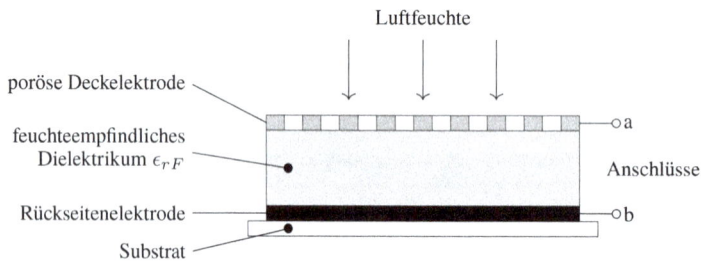

Abb. 5.8.: Kapazitiver Feuchtesensor, schematisch

Kapazitive Feuchtesensoren haben die Struktur eines Plattenkondensators, wobei das Dielektrikum feuchteempfindlich und der Umwelt ausgesetzt sein muss. Die Abb. 5.8 zeigt einen solchen Sensor schematisch. Über dem feuchteempfindlichen Dielektrikum liegt eine poröse oder

---

[14] Taupunkttemperatur: die Temperatur, bei der bei Abkühlung eines geschlossenen Gasvolumens die Feuchte 100% erreicht; das im Volumen enthaltene Wasser beginnt zu kondensieren.

strukturierte und damit feuchtedurchlässige Goldschicht als Kondensatorelektrode, während die zweite Kondensatorelektrode die Metallisierung des Substrates (Trägers) bildet.

Das Dielektrikum hat eine Schichtdicke zwischen $0{,}1\,\mu m$ und $1\,\mu m$; durch Absorption von Feuchte ändert es seine Dielektrizitätskonstante reversibel. Als feuchteempfindliches Dielektrikum kommt nach Patentliteraturangaben [Dem89] z.B. Polyetherimid zur Anwendung. Typische Kapazitäten liegen in der Größenordnung von einigen $100\,pF$. Die Primärelektronik ist direkt mit den Anschlüssen a und b zu verbinden.

Im Laufe der Entwicklung kapazitiver Feuchtesensoren wurden deren chemische Resistenz verbessert und die Hysterese, die sich durch unterschiedliches Absorptions- und Desorptionsverhalten ergibt, sowie die Drift verringert. Heute gibt es solche Sensoren mit hoher Empfindlichkeit und Auflösung, mit schnellem Ansprechverhalten (t_{90}: 3–15 s) sowie in kleiner Bauform zu günstigen Preisen.

Resistive Gassensoren Schon 1954 wurde entdeckt, dass bestimmte oxidische Halbleiter bei Einwirkung oxidierender bzw. reduzierender Gase ihre elektrische Leitfähigkeit ändern. 1966 wurde vorgeschlagen, diese Leitfähigkeitsänderung als Sensoreffekt zu nutzen.

Die sensitive Komponente von Metalloxid-Gassensoren sind oxidische Halbleitermaterialien, insbesondere Zinndioxid (SnO_2) oder Zinkoxid (ZnO). Das Metalloxid wird in feinkörnig-gesinterter Form, als Siebdruckschicht oder als dünne Schicht eingesetzt und während der Messung mit einer Arbeitstemperatur von 200–500 °C betrieben. Es ist mit zwei Elektroden zur Widerstandsmessung kontaktiert.

Der Wirkungsmechanismus bzw. Nachweiseffekt ist Folgender: Bei der Arbeitstemperatur stellt sich im Metalloxid und an dessen Oberfläche ein Gleichgewicht zwischen dem gebundenen Sauerstoff und dem Luftsauerstoff derart ein, dass im Halbleiter permanent ein Sauerstoffdefizit besteht. Die Sauerstoff-Leerstellen wirken im Halbleiter als Donator, so dass sich bei der Arbeitstemperatur eine elektronische Grundleitfähigkeit vom n-Leitungstyp einstellt. Treffen reduzierende oder oxidierende Gase auf das heiße n-leitende Halbleitermaterial, so wird das Sauerstoffgleichgewicht im Oberflächenbereich gestört. Damit ändert sich die Konzentration der Sauerstoffleerstellen und als Folge beobachtet man eine Änderung der Leitfähigkeit. Diese Leitfähigkeitsänderung wirkt bevorzugt an den Korngrenzen, indem sich der Übergangswiderstand R_{KG} (siehe Abb. 5.9a), der zwischen den Körnern besteht, verändert. Als summarischen Wert über viele Korngrenzen gemittelt, beobachtet man eine Änderung des Widerstandes, der zwischen den Elektroden gemessen wird und von der Konzentration der chemisch aktiven Gaskomponenten abhängt.

Metalloxid-Gassensoren können durch Dotierung mit Fremdatomen für verschiedene Gase sensibilisiert werden. Zum Beispiel werden Sensoren für folgende Gruppen von Gasen angeboten:

- reduzierbare Gase (NO, NO_x, O_3),
- oxidierbare Gase (CO, NH_3),
- organische Verbindungen (Alkohole, organische Säuren).

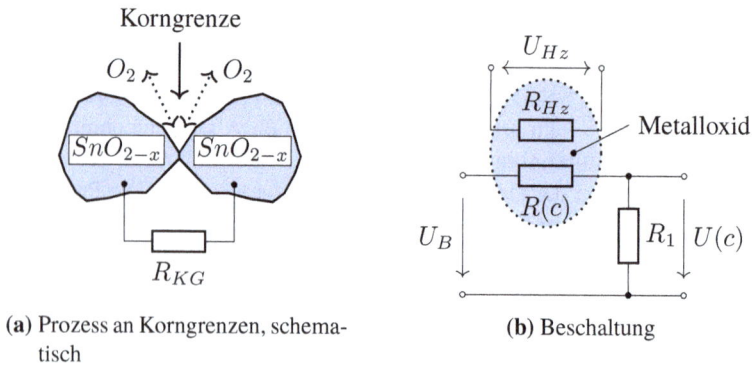

(a) Prozess an Korngrenzen, schematisch

(b) Beschaltung

Abb. 5.9.: Halbleiter-Gassensor

Nach Angaben der Hersteller ist ein Nachweis bis in den ppm-Bereich möglich. Leider reagieren Gassensoren auch auf andere Gaskomponenten mit unterschiedlicher Sensitivität. Das heißt, die Selektivität ist relativ gering bzw. Querempfindlichkeiten sind groß. Es wird daran gearbeitet, mit geeigneten Beimischungen die Sensoren zu verbessern und selektiver zu machen [Fig13].

Die Abb. 5.9b zeigt die prinzipielle Beschaltung eines Metalloxid-Gassensors. Der sensitive Teil entspricht einem variablen Widerstand $R(c)$. Dieser variable Widerstand $R(c)$ bildet zusammen mit einem externen Widerstand R_1 einen Spannungsteiler und aus dem Spannungsabfall über R_1 kann nach einer Kalibrierung auf die Gaskonzentration geschlossen werden. Für den Betrieb des Sensors sind eine Betriebsspannung U_B und eine Heizspannung U_{Hz} notwendig.

5.3.2. Elektrochemische Gassensoren

Elektrochemische Gassensoren arbeiten entweder mit einer flüssigen Phase und einer Diffusionsmembran oder mit einem Festelektrolyten bei einer höheren Temperatur.

Amperometrische Sensoren mit Diffusionsmembran   Zum Nachweis eines in einer Flüssigkeit gelösten Gases bedient man sich Messzellen, die den eigentlichen Messraum durch eine Diffusionsmembran vom Probenvolumen trennen (Gasdiffusionselektrode). Das Gas diffundiert auf Grund des Konzentrationsgefälles in den Messraum und wird dort amperometrisch nachgewiesen. Die Membran sorgt zugleich für die erforderliche Selektivität. Für die Vorgänge im Messraum gelten die Ausführungen von Kapitel 5.2.1 entsprechend.

Die Bestimmung des Sauerstoffpartialdrucks kann amperometrisch mit der **Clark-Elektrode**[15] (Abb. 5.10) erfolgen. Die Clark-Zelle umfasst eine Pt-Katode und eine Ag-Anode in einer KCl-Lösung sowie eine sauerstoffdurchlässige Membran, die die KCl-Lösung von der zu vermes-

---

[15] Leland Clark, amerikanischer Biochemiker und Physiologe, 1918–2005

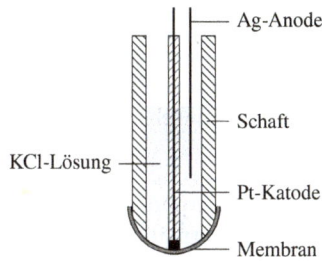

Abb. 5.10.: Clark-Sensor, Prinzip

senden Probe trennt. Die Zelle wird mit einer Polarisationsspannung von $-0{,}6\,\mathrm{V}$ bis $-0{,}9\,\mathrm{V}$ an der Platin-Katode betrieben. Bringt man die Membran der Messkammer in die zu untersuchende sauerstoffhaltige Lösung, so führt die O_2-Partialdruckdifferenz zu einer O_2-Diffusion in die Messkammer. Der Sauerstoff wird an der Katode reduziert und amperometrisch nachgewiesen; der diffusionsbegrenzte amperometrische Strom I ist dem Partialdruck des Sauerstoffs p_{O_2} direkt proportional.

Festelektrolyte Festelektrolyte zeigen bei höherer Temperatur Ionenleitung. Dazu müssen wie im flüssigen Elektrolyten frei bewegliche Ladungsträger, also Ionen, vorhanden sein. Ionen werden im ionenleitenden Festkörper durch thermische Anregung aktiviert und können sich dann in einem gestörten Gitter bewegen. Gitterstörungen in Form von Fehlstellen oder Zwischengitterplätzen sind damit eine weitere Voraussetzung für die Ionenleitung im Festkörper. Während die beweglichen Ionen über Zwischengitterplätze oder Leerstellen wandern, verschieben sich gleichzeitig diese Defekte im Kristallgitter. Die Beweglichkeit μ der Ionen und damit auch die Leitfähigkeit des Ionenleiters σ wachsen mit der Temperatur nach einem Arrheniusgesetz.

Zirkondioxid Zirkondioxid (ZrO_2) ist bei Raumtemperatur ein Isolator und bei Temperaturen zwischen $500\,°\mathrm{C}$ und $1000\,°\mathrm{C}$ ein reiner Ionenleiter. Es zeigt oberhalb von $1000\,°\mathrm{C}$ auch einen nicht mehr vernachlässigbaren elektronischen Leitfähigkeitsbeitrag [Kol10]. Durch Zugabe von Yttrium (Y_2O_3) wird Zirkondioxid stabilisiert; man nennt es dann **YSZ**[16]. Mit dem Einbau von Y_2O_3 werden im Zirkondioxidgitter zugleich Störstellen erzeugt, die die Ionenleitfähigkeit ermöglichen. YSZ hat bei einem Gehalt von 8% Y_2O_3 ein Leitfähigkeitsmaximum; nach Literaturangaben beträgt die Leitfähigkeit bei $500\,°\mathrm{C}$ etwa $1\,\frac{mS}{cm}$ und bei $1000\,°\mathrm{C}$ je nach dem Y_2O_3-Anteil etwa $0{,}04$–$0{,}18\,\frac{S}{cm}$.

YSZ ist ein Sauerstoffionenleiter, d.h., die Ladungsträger sind O^{--}-Ionen, die sich über Leerstellen im Sauerstoffuntergitter bewegen. Bei Anlegen einer äußeren Spannung erfolgt die Ionenbewegung gerichtet und es fließt ein elektrischer Strom; dabei findet neben dem Ladungstransport auch ein Massetransport, nämlich der Transport von Sauerstoff, statt.

---

[16] Yttria-stabilized zirconia

Elektrochemische Zelle mit Festelektrolyt Um den Ionenleiter in einen Stromkreis einzubinden, benötigt man zwei Elektroden. Damit auch ein Austausch des Sauerstoffs mit der Umgebung stattfinden kann, müssen die Elektroden porös sein. An der **Dreiphasengrenze** Ionenleiter-Gasumgebung-Metallelektrode ist ein Austausch von Sauerstoff zwischen dem Ionenleiter und dem Gasraum möglich.

In Abb. 5.11 ist ein Festelektrolyt mit zwei porösen Elektroden skizziert. Die Enden des Ionenleiters reichen in zwei getrennte Kammern mit verschiedenen Sauerstoffpartialdrucken $p_{O_2}^1$ und $p_{O_2}^2$ hinein. Der Ionenleiter befinde sich auf der Arbeitstemperatur von z.B. 700 °C, eine Heizwendel ist nicht mit dargestellt.

Im stromlosen Fall (Abb. 5.11a) befinden sich der Sauerstoff in der linken bzw. rechten Kammer und die Sauerstoffionen im Elektrolyten in einem dynamischen Gleichgewicht; es laufen folgende Hin- und Rückreaktionen ab

$$O_2 + 4e^- \leftrightharpoons 2O^{--}.$$

Wenn die Sauerstoffpartialdrucke in beiden Kammern verschieden sind, stellt die Anordnung eine sog. Konzentrationskette dar. Zwischen linker und rechter Elektrode bildet sich eine Potentialdifferenz aus, die man nach der Nernstschen Gleichung 5.3 berechnen kann. Anstelle der Aktivitäten sind jetzt die Sauerstoffpartialdrucke einzusetzen und man erhält

$$\Delta E = \frac{RT}{4F} \ln \frac{p_{O_2}^1}{p_{O_2}^2}. \tag{5.10}$$

Bei hochohmiger Messung (potentiometrischer Betrieb) liefert die gemessene Spannung eine Aussage über die Partialdruckdifferenz des Sauerstoffs.

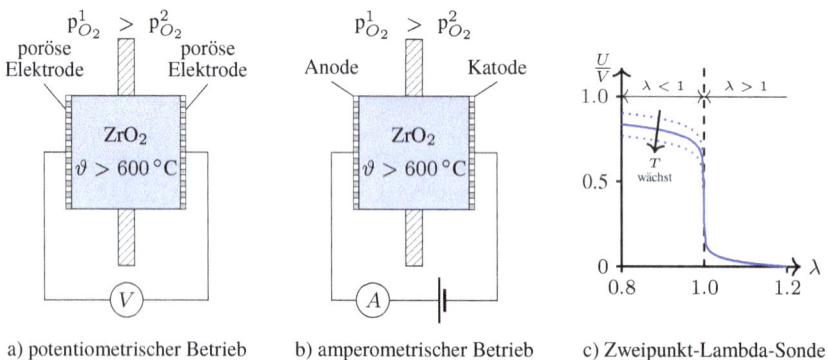

a) potentiometrischer Betrieb   b) amperometrischer Betrieb   c) Zweipunkt-Lambda-Sonde

Abb. 5.11.: Festelektrolyt-Sensorkonzepte und Kennlinie, Erklärung im Text

In Abb. 5.11b ist eine externe Gleichspannungsquelle in den Stromkreis geschaltet. Dadurch wird ein Strom angetrieben, wobei folgende Prozesse ablaufen:

- Reduktion von Sauerstoff an der Katode $O_2 + 4e^- \longrightarrow 2O^{--}$ und Übergang der Ionen in den Ionenleiter,

- Transport der O^{--}-Ionen von der Katode zur Anode,

- Oxidation von Sauerstoffionen an der Anode $2O^{--} \longrightarrow O_2 + 4e^-$ und Freisetzung als Sauerstoff.

Der durch die Zelle fließende Strom transportiert Sauerstoff aus einer Kammer in die andere, jeweils von der Katode zur Anode, wobei die transportierte Masse proportional zum Strom ist.

Lambda-Sonde Die skizzierten Vorgänge im Festelektrolyt nutzt man in Lambda-Sonden zur Bestimmung des Verbrennungsluftverhältnisses in Kraftfahrzeugen durch Vergleich des Sauerstoffanteils im Abgas mit dem Sauerstoffanteil in einem Referenzgas. Das Verbrennungsluftverhältnis (λ-Wert) ist der Quotient

$$\lambda = \frac{m^v_{Luft}}{m^s_{Luft}}, \qquad (5.11)$$

wobei

- m^v_{Luft} die tatsächlich für die Verbrennung verfügbare Luftmasse und

- m^s_{Luft} stöchiometrische Luftmasse für vollständige Verbrennung

bedeuten. Der Zielwert ist $\lambda = 1$; bei Abweichungen wird motorseitig eine Regelung aktiv, die diesen Zielwert einzustellen versucht.

Zweipunkt-Lambda-Sonden basieren auf einer potentiometrischen Messung (Abb. 5.11a). Sie liefern beim Übergang von fettem ($\lambda < 1$) zu magerem Gemisch ($\lambda > 1$) eine gut auswertbare Spannungsänderung von einigen 100 mV. Dabei ist die Änderung temperaturabhängig, wie die schematische Kennlinie (Abb. 5.11c) zeigt. In sog. Breitband-Lambda-Sonden wird die Sauerstoffpumpfunktion (Abb. 5.11b) mit einer potentiometrischen Messung kombiniert. Beide Funktionen sind in einem Regelkreis so verknüpft, dass in einem Testvolumen $\lambda = 1$ konstant gehalten wird. Aus dem Pumpstrom und dessen Richtung wird der λ-Wert als kontinuierliches Ausgangssignal ermittelt. Die Ansprechzeit von Lambda-Sonden ist abhängig von deren Betriebstemperatur; sie liegt bei 350 °C im Sekundenbereich und verkürzt sich auf weniger als 50 ms bei 600 °C [Rei12].

5.4. Biosensoren

Biosensoren stellen eine spezielle Form chemischer Sensoren dar. Sie nutzen biochemische Reaktionen, die von **Rezeptoren** vermittelt werden, zum selektiven Nachweis anorganischer oder organischer Substanzen. Dank der Rezeptoren wirkt das sog. „Schlüssel-Schloss-Prinzip" wodurch eine hohe Selektivität erreicht wird. Oft besitzen Biosensoren auch eine hohe Empfindlichkeit und eine geringe Nachweisgrenze bzw. werden in diese Richtung weiterentwickelt.

Als Rezeptoren werden Enzyme, Antikörper, Organellen, ganze Zellen oder andere Biokomponenten genutzt [Hal94].

In Abb. 5.12 ist das Prinzip schematisch dargestellt. Die Rezeptoren, also beispielsweise ein spezielles Enzym, liefern bei Kontakt mit dem passenden Analyten ein physikalisch auswertbares Signal oder ein physikalisch-chemisch nachweisbares Zwischenprodukt, z.B. Wasserstoffperoxid (H_2O_2). Dazu wird der Rezeptor auf dem Transducer immobilisiert. Immobilisieren bedeutet in diesem Zusammenhang die räumliche Fixierung des Rezeptors auf dem Transducer. Dabei muss der Analyt mit dem Rezeptor wechselwirken können und das Signal zum Transducer übergeleitet werden. Für die Immobilisierung der Rezeptoren existieren verschiedene Methoden; beispielsweise werden die Adsorption, das Auftragen mit einem Schichtmaterial, der Einschluss in einem Gel u.a. Verfahren in der Literatur beschrieben.

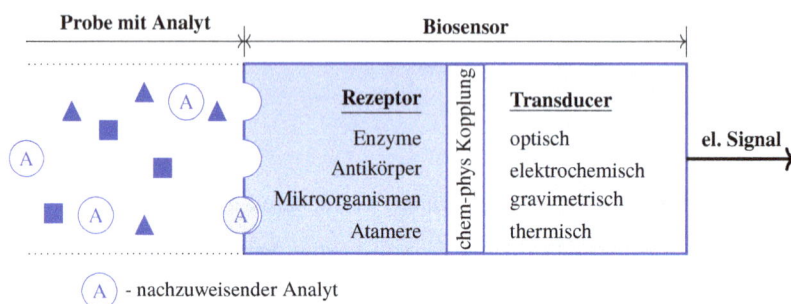

Abb. 5.12.: Biosensor, Struktur mit selektivem Rezeptor und chemisch-physikalisch gekoppeltem Transducer, schematisch

Je nach Wechselwirkung zwischen Analyt und Rezeptor treten verschiedene Effekte oder auch Zwischenprodukte auf, die für die Messung mit einem entsprechenden Transducer genutzt werden können, z.B.:

- ein Zwischenprodukt (z.B. H_2O_2), welches elektrochemisch gemessen wird,
- eine Massenzunahme durch Analytanlagerung, die gravimetrisch erfasst wird,
- eine Farbreaktion oder Lumineszenz, die optisch ausgewertet wird oder
- eine Wärmetönung, die kalorimetrisch detektiert wird.

Der biochemische Hintergrund von Biosensoren kann hier auch nicht ansatzweise dargestellt werden. Wir verweisen dazu auf die einschlägige Literatur, z.B. [HH95]. Für unsere Betrachtungen sind vorwiegend die eingesetzten Transducer sowie deren Betriebsbedingungen und Ausgangssignale von Interesse. Als Transducer geeignete Anordnungen haben wir an anderer Stelle dargestellt. So kann man für gravimetrische Messverfahren AOW-Sensoren, wie in Kapitel 6.1.1.3 (Abb. 6.3) und für optische Messverfahren Lichtleiteranordnungen, wie in Kapitel 6.1.3 dargestellt, als Transducer einsetzen. Als elektrochemisches Messverfahren zum Nachweis eines Zwischenproduktes ist die Amperometrie in Verbindung mit dem potentiostatischen Verfahren geeignet (siehe Kapitel 5.2.2.2). Dabei wird in einem Erkennungsschritt der Analyt nach der Reaktionsgleichung 5.12 umgesetzt, wobei Wasserstoffperoxid im stöchiometrischen Verhältnis entsteht

$$\text{Analyt} + O_2 \xrightarrow{\textit{Oxidase}} \text{Produkt} + (H_2O_2). \tag{5.12}$$

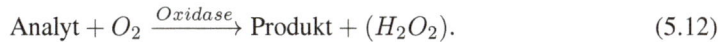

Das Wasserstoffperoxid wird anschließend amperometrisch detektiert und liefert einen zur Analytkonzentration proportionalen Strom.

Eine große Bedeutung und dementsprechend eine weite Verbreitung haben Einweg-Biosensoren (disposables) zur Blutzuckerbestimmung bei der Diabetestherapie erlangt. Solche Biosensoren benötigen nur eine sehr geringe Blutmenge (Größenordnung 1 µL), die durch Kapillarkräfte selbsttätig aus einem Bluttropfen in die Messkammer aufgezogen wird. Sie nutzen dazu Kapillarblut, wie es mit einer Stechhilfe vom Laien leicht an der Fingerkuppe gewonnen werden kann. Glucosesensoren arbeiten beispielsweise mit Glucose-Oxidase (GOD), einem speziellen Enzym, welches bei Anwesenheit von Sauerstoff die Oxidation von Glucose katalysiert. Dabei entsteht pro oxidiertem Glucosemolekül ein Molekül Wasserstoffperoxid (H_2O_2). Dieses H_2O_2 wird mit einer empfindlichen potentiostatischen Schaltung nachgewiesen. Der gemessene Strom ist dabei der momentanen Glucosekonzentration direkt proportional. In dem kleinen Probenvolumen wird die Glucose während der Messung aufgebraucht. Deshalb wird bevorzugt die in einem definierten Zeitintervall umgesetzte Ladung bestimmt. Solche Einweg-Biosensoren werden in großem Umfang mit angepassten Einzweck-Handmessgeräten als Messsystem für Diabetiker vermarktet.

Eine Weiterentwicklung, die kontinuierliche Glucosemessung, skizzieren wir in Kapitel 10.1.1.

Lab on Chip – ein kurzer Ausblick Analog zu den Mikrotechnologien in Elektronik und Mechanik werden mit dem Ziel, kostengünstig Analysen vor Ort durchführen zu können, miniaturisierte Lösungen für komplexe chemische Analysen entwickelt. Mit dem Begriff „**Lab on Chip**" werden chemische Mikrosysteme beschrieben, die eine ganze Analysestrecke beinhalten. Solche Mikrosysteme werden beispielsweise für Anwendungen in der Medizin und Lebensmittelanalytik entwickelt. Sie erlauben die Detektion eines oder mehrerer Analyte und können Komponenten für folgende Prozessschritte umfassen:

- Probennahme durch das Mikrosystem und Transport im Mikrosystem,
- Probenaufbereitung (Filterung, Probenaufschluss, Separation) und
- Vermessung gesuchter Analyte.

Der Transport der Probe erfolgt in Mikrokanälen, durch Kapillarkräfte oder Mikropumpen getrieben (Mikrofluidik), die Aufbereitung und Vermessung in Kammern definierter Geometrie. Die Vermessung erfolgt mit elektroanalytischen oder optischen Methoden, wie wir sie zum Teil beschrieben haben.

6. Sensorsysteme und Messanordnungen

Wir hatten in Kapitel 2.2 den Begriff Sensorsystem mit zwei verschiedenen Bedeutungen eingeführt, nämlich

- als Messeinrichtung mit Sensoren und eigener **Testsignalquelle** und
- als **Gruppe** von Sensoren, die mehr Information liefert, als ein Einzelsensor.

Wir behandeln Sensorsysteme in dieser Reihenfolge; dabei ist die Vielfalt der Systeme so immens, dass wir nur das Prinzipielle und einige Beispiele darstellen können.

6.1. Sensorsysteme mit eigener Testsignalquelle

Das Wirkprinzip vieler Messverfahren beruht auf der Veränderung eines nichtelektrischen Anregungs- oder Testsignals durch die Messgröße in einer Messstrecke. Dazu wird die Messstrecke mit einem bekannten Testsignal beaufschlagt. Veränderungen, die das Testsignal während des Durchlaufs der Messstrecke erfährt oder in der Messstrecke neu entstehende Sekundärsignale, werden als Messeffekt genutzt, von Sensoren in ein elektrisches Signal umgesetzt und von einem Signalverarbeitungssystem ausgewertet. Die Abb. 6.1 zeigt dies schematisch.

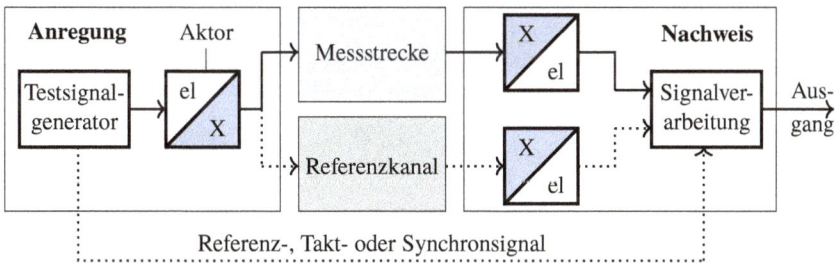

Abb. 6.1.: Sensorsystem mit Testsignal

Im links dargestellten Kästchen „**Anregung**" wird ein Signal, z.B. eine Impulsfolge, elektrisch erzeugt, mittels eines Aktors in ein nichtelektrisches Testsignal „X", welches beispielsweise ein akustisches oder ein optisches Signal sein kann, umgesetzt und dann in die Messstrecke eingekoppelt. Zum Durchlaufen der Messstrecke benötigt das Testsignal eine Signallaufzeit und es erleidet Veränderungen in der Amplitude (Dämpfung), der Phasenlage oder im Signalspektrum. Außerdem können Sekundärsignale z.B. durch Streuung oder Reflexion des Testsignals entstehen; deren Intensität, Phasenlage und andere Parameter beinhalten ebenfalls messtechnisch relevante Informationen. Im rechts dargestellten Kästchen „**Nachweis**" wird das veränderte Testsignal oder ein Sekundärsignal von einem Sensor wieder in ein elektrisches Signal

https://doi.org/10.1515/9783110772739-006

umgesetzt. Aus diesem Signal wird nach Weiterverarbeitung schließlich der gesuchte Messwert gewonnen.

Um einen Bezug zum Anregungssignal herzustellen, können Synchron- oder Taktsignale vom Testsignalgenerator für die Auswerteelektronik bereitgestellt werden (unterer gestrichelter Pfeil). Bei anderen Anwendungen kann es vorteilhafter sein, parallel zur Messstrecke eine physikalische Referenzstrecke (in der Abbildung gestrichelt) einzurichten, in die ein Teil des Testsignals eingeleitet wird. In solchen Messanordnungen unterliegen Messstrecke und Referenzstrecke weitgehend gleichen Umwelteinflüssen, so dass Störungen beispielsweise durch Schwankungen der Temperatur oder des Testsignals bereits bei der Messwertgewinnung eliminiert werden können.

Nachfolgend betrachten wir akustische und optische Sensorsysteme als Beispiele.

6.1.1. Akustische Sensorsysteme

6.1.1.1. Schall und Ultraschall (US)

Mechanische Schwingungen, die sich in elastischen Medien in Form von Druck- und Dichteschwankungen als Welle fortpflanzen, nennt man **Schall**. In Gasen und Flüssigkeiten breitet sich Schall immer in Form von Longitudinalwellen (Druckschwankung) aus; in Festkörpern tritt Schall sowohl als Longitudinal- wie auch als Transversalwelle auf. Man unterscheidet Luftschall und Körperschall und teilt Schall nach seiner Frequenz f in folgende Bereiche ein:

- Infraschall: $f < 16\,\text{Hz}$,
- Hörschall: $16\,\text{Hz} < f < 20\,\text{kHz}$,
- Ultraschall: $20\,\text{kHz} < f < 1\,\text{GHz}$ und
- Hyperschall: $f > 1\,\text{GHz}$.

Wir betrachten hier ausschließlich Ultraschall, der in Technik und Medizin vielfältige messtechnische Anwendungen findet.

Ausbreitung von Schallwellen   Schall zeigt typische Wellenphänomene, wie Beugung und Interferenz. Schallwellen werden an Inhomogenitäten reflektiert und gestreut. Sie haben eine vom Ausbreitungsmedium und den Umgebungsbedingungen abhängige Ausbreitungsgeschwindigkeit. Die Schallgeschwindigkeit c_{Schall} beträgt

- $343\,\frac{\text{m}}{\text{s}}$ in trockener Luft bei $20\,°\text{C}$,
- $1484\,\frac{\text{m}}{\text{s}}$ in Wasser bei $20\,°\text{C}$,
- $1540\,\frac{\text{m}}{\text{s}}$ (Mittelwert) in Körpergewebe bei Körpertemperatur

und ist mit der Wellenlänge λ und der Frequenz f über

$$c_{Schall} = \lambda \cdot f \tag{6.1}$$

verknüpft. Damit ergibt sich für Schallwellen von 30 kHz in trockener Luft eine Wellenlänge von 11,43 mm. Die Ausbreitung des Luftschalls ist abhängig von Druck, Temperatur und Feuchte; die Dämpfung der Schallwellen steigt mit der Frequenz.

Wenn die Wellenlänge der Schallwellen klein ist gegen Inhomogenitäten im Schallfeld, kann man die Wellenfront einer ebenen Welle durch ihre Normale ersetzen. Man spricht dann analog zur geometrischen Optik von „geometrischer Akustik" und kann mit „Schallstrahlen" arbeiten [LSW09].

Erfassung von Hörschall – Mikrofone   Für die Wandlung von Hörschall in ein elektrisches Signal benutzt man Mikrofone. In einem Mikrofon wandelt eine Membran die mit einer Schallwelle einhergehende Druckschwankung in eine minimale Bewegung oder eine entsprechende Kraftänderung um und überträgt diese auf ein Sensorelement, welches die Bewegung bzw. Kraft in eine Änderung eines Widerstandes oder einer Kapazität umsetzt oder direkt eine Spannung generiert. Das genutzte Wandlungskonzept bestimmt wesentlich den mechanischen Aufbau des Mikrofons. Man kennt z.B.

- Kohlemikrofone (nur noch von historischem Interesse)
  Prinzip: Änderung des Kontaktwiderstand zwischen Kohlenstoffkörnern,

- Kondensatormikrofone
  Prinzip: Kapazitätsänderung zwischen schwingender Membran und starrer Elektrode,

- dynamische Mikrofone
  Prinzip: Induktionsspannung, generiert von Schwingspule in permanentem Magnetfeld,

- piezoelektrische Mikrofone
  Prinzip: Piezospannung, generiert durch Kraftwirkung auf piezoelektrischen Kristall.

Kohlemikrofone und Kondensatormikrofone benötigen eine Hilfsspannung, um die Änderung des Widerstandes bzw. der Kapazität in eine Spannungssignal umzusetzen. Das von einem dynamischen Mikrofon oder einem piezoelektrischen Mikrofon gelieferte Spannungssignal kann unter Beachtung der unterschiedlichen Innenwiderstände direkt weiter verarbeitet werden.

Aufbau und Funktion der verschiedenen Mikrofonarten sind in der Literatur zur Elektroakustik umfassend beschrieben, z.B. in [WV08].

Erzeugung und Nachweis von Ultraschall   In Ultraschallwandlern für Messzwecke werden bevorzugt piezoelektrische Materialien eingesetzt. Diese nutzen den reziproken piezoelektrischen Effekt zur Erzeugung von Schallwellen (Sender) und den piezoelektrischen Effekt beim Empfang (Sensor) von Schallwellen (siehe Seite 57). Die Wandler arbeiten als Dickenschwinger (siehe Abb. 4.18a) oder als Biegeschwinger (siehe Abb. 4.18c); zur Erzeugung akustischer Oberflächenwellen (Körperschall) werden kammartige Elektroden, sog. Interdigitalstrukturen, wie in Abb. 6.3 auf Seite 111 dargestellt, eingesetzt.

Beim Anlegen einer elektrischen Wechselspannung an die Elektroden eines piezoelektrischen Kristalls wird dieser auf Grund des reziproken piezoelektrischen Effektes in mechanische Schwingungen versetzt. Der Kristall wandelt dabei elektrische Energie in mechanische Energie um und erzeugt ein Wellenfeld. Er wird zum Ultraschallsender. Um Luftschall effektiv und in eine Vorzugsrichtung abstrahlen zu können, erfolgt eine Anpassung der akustischen Impedanz des Senders an das Ausbreitungsmedium, also an die Messstrecke, indem geeignete Koppelschichten verwendet werden oder eine Membran oder ein Trichter auf den Kristall aufgesetzt werden. Wenn der Kristall auf seiner Resonanzfrequenz betrieben wird, arbeitet er am effektivsten.

6.1.1.2. Ultraschall-Laufzeit-Verfahren

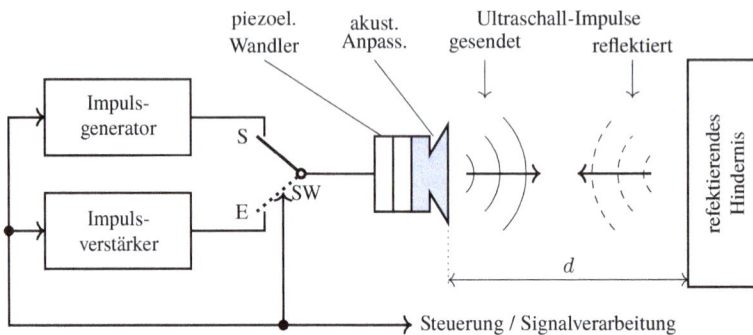

Abb. 6.2.: Ultraschall-Laufzeit-Verfahren, Erklärung im Text

Das Ultraschall-Laufzeit-Verfahren wird zur Abstands- oder Füllstandsmessung oder auch zur Anwesenheitskontrolle von Teilen genutzt. Dazu misst man die Laufzeit von Ultraschallimpulsen t_L zwischen dem US-Wandler und einem Hindernis. In Abb. 6.2 ist das Prinzip skizziert. Ein piezoelektrischer Wandler dient sowohl zur Erzeugung kurzer US-Impulse (Sender) als auch zum Empfang reflektierter Impulse. Mittels eines schnellen elektronischen Schalters (SW) erfolgt die Umschaltung zwischen Senden und Empfangen. Der US-Impuls durchläuft die unbekannte Distanz d, wird an einem Hindernis reflektiert und läuft zurück zum US-Wandler. Da die Strecke d zweimal durchlaufen wird, erhält man für den Abstand zwischen Hindernis und US-Wandler mit der gemessenen Zeit t_{2d}

$$d = \frac{t_{2d} \cdot c_{Schall}}{2}. \tag{6.2}$$

Die minimal erfassbare Distanz d_{min} ergibt sich aus der Dauer eines US-Impulses t_{Impuls} und die maximal erfassbare Distanz d_{max} aus dem Zeitabstand aufeinander folgender US-Impulse $t_{Intervall}$

$$d_{min} = \frac{1}{2} \cdot c_{Schall} \cdot t_{Impuls} \qquad d_{max} = \frac{1}{2} \cdot c_{Schall} \cdot t_{Intervall}. \tag{6.3}$$

Solche Systeme sind, je nach Auslegung, im Bereich von ca. 10 cm bis ca. 10 m zur Abstandsmessung im Einsatz; sie werden auch zur Abstandswarnung in PKW-Stoßstangen eingesetzt.
Das Verfahren setzt voraus, dass die Reflexion entsprechend der „geometrischen Akustik" erfolgt; es ist auch in optisch nicht transparenter Umgebung anwendbar.

Ultraschall-Scanner   Wenn Ultraschallabstandsmessungen von einem Punkt aus in verschiedene Richtungen erfolgen, kann ein Objekt in x- und y-Richtung abgetastet werden. Die einzelnen Werte können dann zu einem Ultraschallbild zusammengesetzt werden. Für diese Aufgabe wurden sogenannte Ultraschall-Scanner geschaffen, die Abtastung und Bilddarstellung
übernehmen. Ultraschall als bildgebendes Verfahren in der Materialuntersuchung und in der
Medizin findet breite Anwendung. Das Verfahren wird als Sonographie bezeichnet.

6.1.1.3. Akustische Oberflächenwellen Sensoren (AOW-Sensoren)

Beim AOW-Sensor[1] dient ein piezoelektrisches Substrat als Ausbreitungsmedium für akustische Oberflächenwellen und als Messstrecke. Auf dem piezoelektrischen Substrat seien entsprechend Abb. 6.3 links und rechts Leiterzüge in Form von Interdigitalstrukturen angeordnet. Die
linke Interdigitalstruktur (S) wird von einem Generator gespeist und regt mittels des reziproken piezoelektrischen Effektes Oberflächenwellen im Kristall an (Aktorfunktion), die sich über
die Messstrecke (MS) ausbreiten. Nach einer Laufzeit t_{MS} erreichen die Oberflächenwellen die
zweite Interdigitalstruktur (E) und werden dort unter Nutzung des piezoelektrischen Effektes
wieder in ein elektrisches Signal umgesetzt (Sensorfunktion).

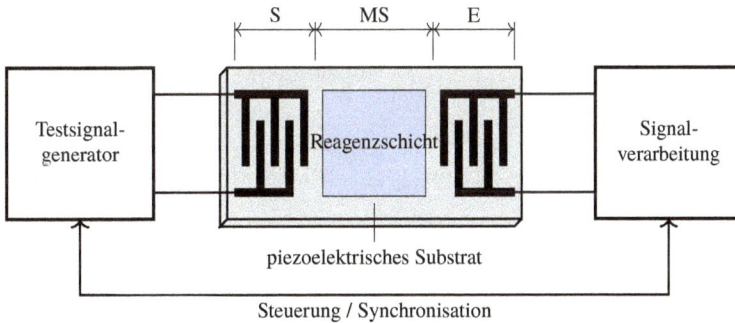

Abb. 6.3.: AOW-Sensor, schematisch
(S: US-Sender, MS: Messstrecke, E: US-Empfangswandler)

Da die Ausbreitungsbedingungen akustischer Oberflächenwellen von verschiedenen physikalischen Einflussgrößen abhängen, können solche Einflussgrößen bei entsprechendem Sensor-
aufbau gemessen werden. Beispielsweise kann man das AOW-Prinzip zur Temperaturmessung

---

[1]   Auch SAW-Sensor für Surface Acoustic Wave

[Ber04], zur Druckmessung [HS14] aber auch für chemische Sensoren, speziell für Biosensoren, nutzen [Ker08]. Während ein Piezokristall zur Temperaturmessung geschützt und eingehaust verwendet werden muss, wird er als chemischer Sensor dem Messmedium ausgesetzt, aber temperiert.

Für einen AOW-Biosensor (Abb. 6.3) wird die Messstrecke entsprechend präpariert. Es werden Rezeptoren immobilisiert, so dass sich der Analyt selektiv nach dem Schlüssel-Schloss-Prinzip dort anlagern kann, wenn auf diesen Teil während der Messung das Messmedium einwirkt. Die angelagerten Biomoleküle vergrößern die Masse der Reagenzschicht. Die Massenänderung verursacht eine größere Dämpfung der akustischen Oberflächenwellen; diese Dämpfungsänderung oder die Verschiebung einer Resonanzfrequenz werden als Messeffekt ausgewertet.

6.1.2. Optische Sensorsysteme

Optische Sensorsysteme nutzen Licht als Sonde. Sie arbeiten berührungslos und erlauben eine hohe zeitliche Auflösung. Optische Sensorsysteme fußen auf Wechselwirkungen des Lichtes mit Substanzen und Materialien in einer definierten Messstrecke innerhalb des Strahlenganges. Als Messeffekt dient häufig die Schwächung des Lichtes durch Absorption; einige weitere Messeffekte sind in Tabelle 6.1 erfasst.

Tabelle 6.1.: Licht als Messsonde – Beispiele

phys. Effekt	Zwischengröße	Systemkomponenten	Anwendung
Absorption	Intensitätsabnahme	LED + Photodiode,	Lichtschranke
Streuung	Intensität des Streulichtes	LED + Photodiode	Trübungsmessung Streulicht-Rauchmelder
Fluoreszenz	Intensität der Fluoreszenzstrahlung	$\lambda_{Anregung}$-Sender $\lambda_{Emission}$-Empfänger	Fluoreszenzmarkernachweis in Biofluiden
Strahlauslenkung durch Reflexion	Auftreffpunkt des fokusierten Lichtstrahls	LED + CCD-Zeile	Wegmessung, Triangulation
Laufzeit von Wellenpaketen	Laufzeit kurzer Laserimpulse	gepulste Laser + schnelle Lichtempfänger	LiDAR, Laser-Distanzsensor

Um Licht als Sonde nutzen zu können, muss das Sensorsystem mindestens eine geeignete Lichtquelle (LED, Halbleiterlaser, selbstleuchtende Objekte oder Prozesse) sowie ein oder mehrere Detektoren (Photodiode, CCD-Zeile) beinhalten. In Abb. 6.4 ist der allgemeine Aufbau solch eines Systems schematisch dargestellt. In der Abbildung wird das Licht einer Lichtquelle (Sender) in einer optischen Baugruppe SF1 mit optischen Bauelementen (Linsen, Blenden, Spiegel) zu einem geeigneten Strahl S1 geformt und zur Messstrecke geleitet. In der Messstrecke wird das Licht durch Prozesse, wie Absorption, Reflexion, Streuung, Brechung, Beugung oder Polarisation verändert und übernimmt so auf optischem Wege eine Information über die Messgröße. Je nach dem genutzten Effekt und der Zielstellung wird der Aufbau des Systems mehr oder weniger komplex ausfallen.

In der Abbildung durchläuft ein Teil S2 des Lichtes die Messstrecke geradlinig und wird von einer zweiten optischen Baugruppe SF2 nochmals gefiltert und auf den Empfänger (Photodiode, CCD-Zeile) fokusiert. Ein anderer Teil S3 des Lichtes wird in der Messstrecke gestreut oder reflektiert und auf einen zweiten Empfänger fokusiert. Schließlich ist noch ein Referenzempfänger vorhanden, der immer einen definierten Anteil des erzeugten Lichtes empfängt und so zur Regelung der Lichtquelle und zur Normierung der Messsignale dienen kann.

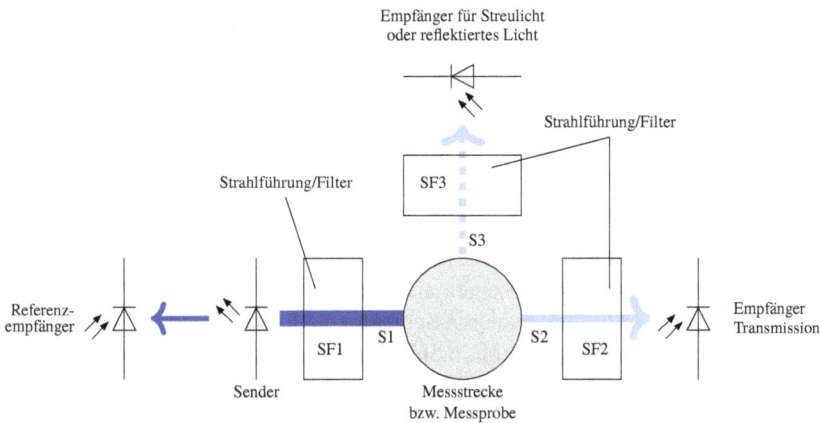

Abb. 6.4.: Optisches Sensorsytem, schematisch

6.1.2.1. Hilfsmittel für optische Sensorsysteme

Lichtquellen Bei den meisten optischen Messungen muss das Licht eine bestimmte Wellenlänge besitzen. Während in älteren Laborgeräten als Lichtquelle häufig eine Wolframlampe mit nachgeschaltetem Monochromator diente, arbeiten optische Sensorsysteme mit Lichtemitterdioden (LED Light Emitting Diode) oder einem Halbleiterlaser[2]. Halbleiterlaser liefern sehr schmalbandige, fast monochromatische, sehr gut gebündelte Strahlung. LED liefern zwar keine monochromatische aber doch ebenfalls schmalbandige Strahlung (Breite der Linie wenige 10 nm) und man kann mit ihnen den Wellenlängenbereich von 210 nm bis 15 μm abdecken.

LED und Laser sind leicht elektronisch schaltbar; damit ist auch die Lichtintensität elektronisch modulierbar, so dass empfängerseitig mit Wechselspannungssignalen gearbeitet werden kann.

---

[2] Laser, Kunstwort für: Light Amplification by Stimulated Emission of Radiation; Laser verfügen über einen optischen Resonator und senden kohärentes Licht aus

Lichtempfänger   Als Empfänger dienen die in Kapitel 4.3 beschriebenen optischen Sensoren; je nach geforderter Auflösung, eingesetzten Wellenlängen und anwendungsspezifischen Kriterien entscheidet man sich für

- Photowiderstände,
- Photodioden oder
- CCD-Zeilen oder Bildsensoren.

Für IR-Strahlung kommen auch Thermosäulen und pyroelektrische Detektoren zur Anwendung. Die genannten Bauelemente sind breitbandig, d.h., sie decken mit einer wellenlängenabhängigen Empfindlichkeit den interessierenden Teil des Spektrums ab. Durch Vorschalten von optischen Filtern kann man den Spektralbereich auch einengen und erhält damit farbempfindliche Sensoren, z.B. RGB-Sensoren.

Fokussierung und Leitung des Lichtes   Optische Messsysteme arbeiten in der Regel mit gebündelten Lichtstrahlen. Zur Formung und Aufbereitung des Lichtstrahles können die bekannten optischen Bauelemente, also Linsen, Blenden, Spiegel, Prismen oder Filter eingesetzt werden, die aus der geometrischen Optik bekannt sind.

In der Sensorik haben **Lichtwellenleiter** (LWL) besondere Bedeutung erlangt. Lichtwellenleiter sind optische Wellenleiter. Sie bestehen aus einer Glas- oder Kunststofffaser, dem **Kern**, einer darüber liegenden optischen dünneren Schicht, dem **Mantel**, und einer **Schutzbeschichtung** in konzentrischer Anordnung (Abb. 6.5b). Der Kern hat einen Durchmesser in der Größenordnung von 5 μm für Monomode-Fasern bis 100 μm für Multimode-Fasern.

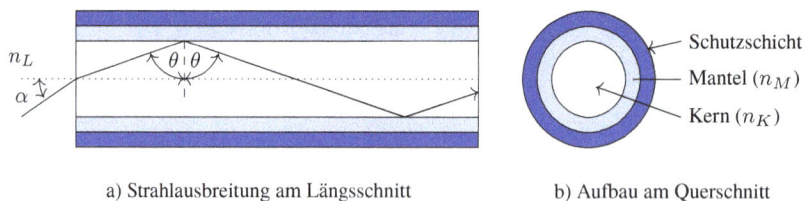

a) Strahlausbreitung am Längsschnitt   b) Aufbau am Querschnitt

Abb. 6.5.: Lichtwellenleiter

Der Kern besitzt einen größeren Brechungsindex n_K als der darüber liegende Mantel, dessen Brechungsindex n_M betrage. Ein Lichtstrahl, der sich im Kern ausbreitet und unter einem hinreichend großen Einfallswinkel $\theta > \theta_{grenz}$ auf die Grenzfläche Kern - Mantel trifft, erleidet Totalreflexion und wird durch wiederholte Totalreflexion an der Grenzfläche als Strahl im Kern geführt (Abb. 6.5a). Für den Grenzwinkel gilt

$$\theta_{grenz} = \arcsin\left(\frac{n_M}{n_K}\right). \tag{6.4}$$

Damit ein Lichtstrahl in der Faser Totalreflexion erfahren kann, muss er an der ebenen Stirnfläche unter einem geeigneten Einfallswinkel $\alpha < \alpha_{max}$ eintreten. Mit dem Snelliusschen[3] Brechungsgesetz kann man α_{max} ermitteln. Wenn der Strahl aus der Luft (Brechungsindex $n_L = 1$) eintritt, gilt

$$\alpha_{max} = \arcsin \sqrt{n_K^2 - n_M^2}. \tag{6.5}$$

6.1.2.2. Optische Sensorsysteme für geometrische und mechanische Größen

Mechanisch-optische Messverfahren leiten die Messgröße aus der Unterbrechung oder Auslenkung eines Lichtstrahles, aus der Veränderung einer Abbildung oder aus der Laufzeit von Lichtimpulsen ab.

Lichtschranken und Optokoppler Die wohl einfachsten Beispiele sind Einweg-Lichtschranken und Reflex-Lichtschranken (Lichttaster). Einweg-Lichtschranken (Abb. 6.6a) durchstrahlen eine Messstrecke und detektieren die Anwesenheit von Objekten in der Messstrecke durch Verdunklung. Sie arbeiten mit separatem Sender und Empfänger und dienen z.B. als Sicherheitssystem an technischen Einrichtungen. Bei einfachen Reflex-Lichtschranken wird der Lichtstrahl umgelenkt und durchläuft die Messstrecke in beiden Richtungen. Man benötigt zusätzlich eine spiegelnde Oberfläche, kann aber Sender und Empfänger als kompakte Einheit aufbauen. Lichtschranken können im Infrarotbereich und damit unsichtbar arbeiten. Empfängerseitig muss Fremdlicht, welches den Empfänger stören könnte, ausgeblendet werden. Durch Verwendung modulierten Lichtes kann die Störsicherheit verbessert werden.

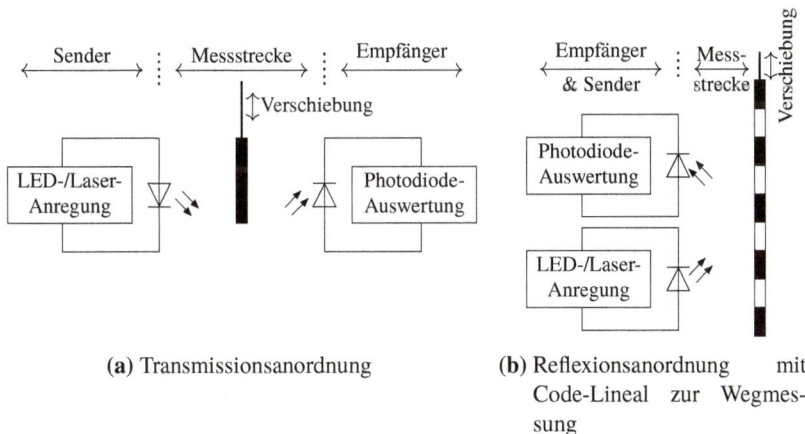

(a) Transmissionsanordnung

(b) Reflexionsanordnung mit Code-Lineal zur Wegmessung

Abb. 6.6.: Lichtschranken, Prinzip und Anwendung

---

[3] Rudolph Snellius, niederländischer Mathematiker, 1546 –1613

Weg- und Winkelmessung mit Lichtschranke und Codelineal Das Lichtschrankenprinzip bildet auch die Basis einer Gruppe optischer Weg- und Winkelsensoren. Nach Abb. 6.6b) tastet eine Lichtschranke ein Codelineal ab. Die mit dem Codelineal verfahrene Strecke erhält man durch elektronisches Abzählen der Hell-Dunkel-Bereiche. Das Raster kann sehr fein strukturiert werden, so dass man eine hohe Auflösung bekommt. Das Verfahren nach Abb. 6.6b) liefert nur inkrementale Werte, aber keine Absolutposition. Um eine Absolutposition zu erhalten, muss zuerst eine „Null"-Position angefahren werden.

Ein anderer Weg, eine Absolutposition zu erhalten, besteht darin, mehrere solcher Kanäle mit einem mehrspurigen Codelineal parallel zu betreiben. Abb. 6.7 zeigt zwei Codelineale mit verschiedenen Codes und 4 Spuren (4 Bit) zur Wegmessung. Der Vorteil des Gray-Code ist, dass sich pro Schritt, also von Zahl zu Zahl, nur genau 1 Bit ändert. Dadurch können Lesefehler z.B. durch unterschiedliche Laufzeiten für die einzelnen Spuren vermieden werden. Reale optische Winkelsensoren arbeiten mit bis zu 16 Spuren (16 Bit).

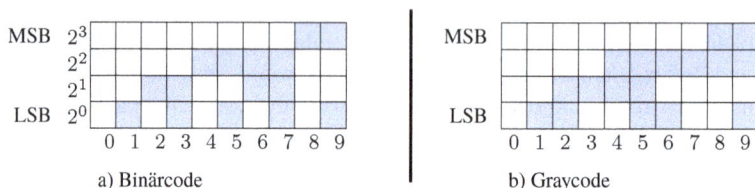

Abb. 6.7.: 4-Bit-Codelineale zur absoluten Positionsbestimmung für 0 … 9

Wegmessung durch Triangulation Das Triangulationsverfahren nach Abb. 6.8 nutzt einen eindimensional ortsauflösenden Sensor, also eine Diodenzeile oder eine positionsempfindliche Photodiode zur Wegmessung und arbeitet folgendermaßen:
Ein Lichtstrahl S_1 mit geringer Divergenz trifft unter einem Winkel α auf eine gut reflektierende Oberfläche in der Lage O_1. Entsprechend dem Reflexionsgesetz wird der Lichtstrahl S_{O1} unter dem gleich großem Winkel α^* reflektiert und erreicht den ortsauflösenden Photoempfänger am Ort E_1. Wird nun die reflektierende Oberfläche parallel zu sich selbst nach O_2 verschoben, so verschieben sich der Aufpunkt des Lichtstrahls auf der Oberfläche und es wird ein Strahl S_{O2} reflektiert, der auf dem Photoempfänger nun am Punkt E_2 auftrifft. Aus dem so entstehenden ortsabhängigem elektrischen Signal und der bekannten Geometrie der Anordnung kann nun die Verschiebung δx der reflektierenden Oberfläche leicht errechnet werden.

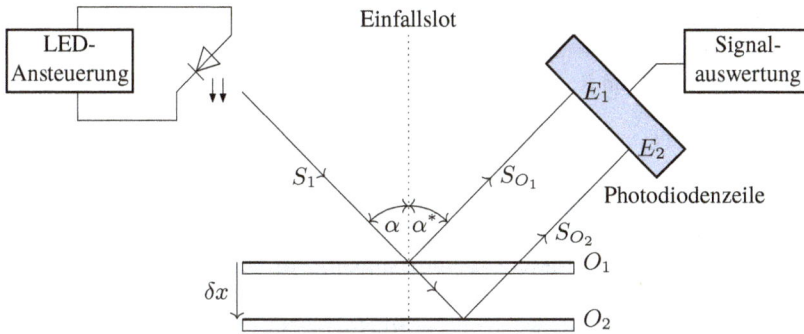

Abb. 6.8.: Abstands- oder Wegmessung mittels Triangulation

Lichtschnittverfahren und Rasterprojektionsverfahren Das Lichtschnittverfahren kann man aus dem Triangulationsverfahren ableiten. Dazu weitet man den fokussierten Lichtstrahl zu einer scharfen Linie auf, die schräg auf eine Oberfläche bzw. auf einen zu vermessenden Körper projiziert wird und beobachtet die sich abzeichnende Profillinie mit einer CCD-Matrix-Kamera.

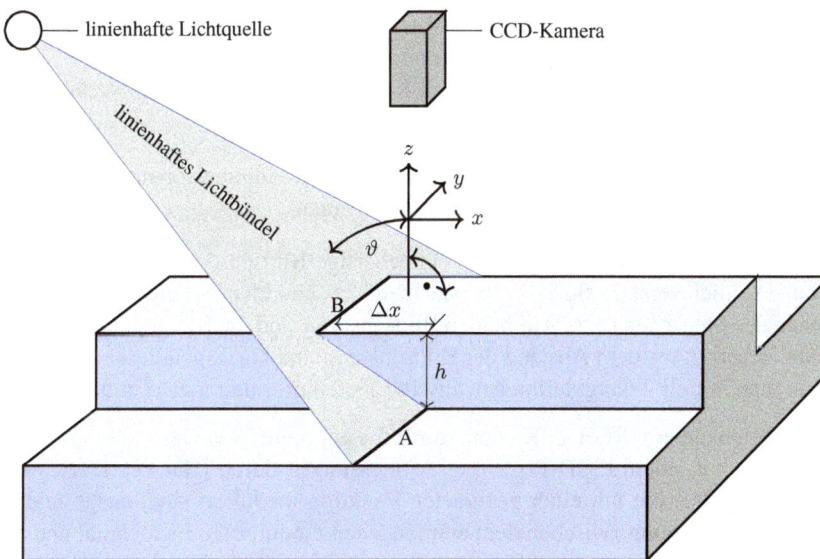

Abb. 6.9.: Lichtschnittverfahren

Die Abb. 6.9 verdeutlicht das Prinzip. Das unter dem Winkel ϑ einfallende linienförmige Lichtbündel erzeugt auf dem prismatischen Körper zwei in x-Richtung um Δx versetzte, helle Linien A und B. Mit der senkrecht über dem Einfallsort des Lichtes platzierten Kamera werden die Linien aufgenommen und aus dem Abstand Δx der Linien und dem bekannten Einstrahlwinkel des Lichtes ϑ kann leicht die unbekannte Höhe h über den Tangens ermittelt werden.

Das Verfahren eignet sich beispielsweise zur Qualitätsbeurteilung von Oberflächen sowie zur Anwesenheits- oder Lagekontrolle von Werkstücken. Es wurde auch zur Prüfung von Feinstschneiden (Schleifwinkel an Rasierklingen) eingesetzt [Ros78].

Beim Rasterprojektionsverfahren geht man noch einen Schritt weiter und projiziert anstelle nur einer Linie ein genau bekanntes Streifenmuster oder Raster in definierter Weise auf eine zu untersuchende Oberfläche. Aus der Verzerrung des projizierten Streifenmusters bzw. Rasters kann man dreidimensionale Daten der Oberfläche errechnen. Erhabene Oberflächenbereiche können durch Schattenwurf die Registrierung beeinträchtigen. Um Störungen durch Abschattung zu umgehen, kann man die sog. **Stereophotogrammetrie**, das ist die Aufnahme des gleichen Bereiches mit zwei Kameras unter verschiedenen Blickwinkeln, einsetzen.

6.1.2.3. Dreidimensionale Messungen im Raum – 3D-Scanner

Dreidimensionale Abstandsmessungen ermöglichen die Erkennung von Objekten und Begrenzungen im Raum. Sie sind ein Weg zum Aufbau bildgebender Messsysteme. Solche Messsysteme können im Großen z.B. der Geländefernerkundung und der Navigation von Fahrzeugen sowie im Kleinen z.B. der Erkennung von Gesten bei Mensch-Maschine-Interaktionen dienen. Die Anforderungen an solche Messsysteme wie der erfassbare Distanzbereich, die Genauigkeit und die Messgeschwindigkeit sind je nach Messaufgabe sehr verschieden. Angepasst an die Messaufgabe wurden verschiedene Verfahren und 3D-Scanner entwickelt.
Wir skizzieren nachfolgend zwei Konzepte mit Kameras sowie das LiDAR-Verfahren.

Raumerfassung mit Kameras   Mit Kameras kann man dreidimensionale Informationen mit einer Stereokamera oder mit einer Tiefenkamera gewinnen.

- Eine Stereokamera verfügt über zwei gleichartige Bildsensoren die parallel ausgerichtet und seitlich versetzt die Szene beobachten bzw. abbilden. Sie ahmen so das räumliche Sehen des Menschen nach. Auf beiden Bildsensoren sind die Bilder aufgenommener Objekte versetzt. Aus dem Abstand der Bildsensoren und korrespondierenden Bildpunkten kann man mittels Triangulation gewünschte Tiefeninformationen ermitteln.

- Eine Tiefenkamera (RGB-D-Kamera) nutzt die auf Seite 69 vorgestellten PMD-Sensoren und führt mit jedem PMD-Pixel Laufzeitmessungen durch [Hau17]. Dazu werden Infrarotlichtpulse, die mit einer geeigneten Funktion moduliert sind, ausgesandt und die Phasenverschiebung zwischen dem empfangenen modulierten Lichtsignal und dem Modulationssignal wird in einem Photomischdetektor ermittelt. Aus dieser Phasenverschiebung wird der Abstand des Bildpunktes errechnet. Auf Grund der Periodizität des Modulationssignals kann die Entfernung nur bis zu einer Halbwelle des Modulationssignals eindeutig bestimmt werden.

Abstandsmessung mittels elektromagnetischer Wellen – Radar und LiDAR   Elektromagnetische Wellen eignen sich wie Ultraschallwellen (siehe Abb. 6.2 auf Seite 110) zur Abstandsmessung. Dazu wird die Laufzeit eines Paketes elektromagnetischer Wellen von einem Sender zu einem reflektierenden Objekt und zurück zu einem Empfänger in der Ebene des Senders gemessen. Das Verfahren heißt Radar[4], wenn Funkwellen im GHz-Bereich und eine Antenne zum Senden und Empfangen der Wellen genutzt werden. Es heißt LiDAR[5], wenn es mit Licht arbeitet.

Ein einfaches LiDAR-System ist in Abb. 6.10 schematisch dargestellt. Die Anordnung ähnelt einer Reflexlichtschranke (siehe Abb. 6.6), wobei

- als Lichtquelle eine LASER-Diode im Impulsbetrieb dient,
- eine Fotodiode als Lichtempfänger verwendet wird,
- die Laufzeit des LASER-Pulses zum reflektierenden Objekt und zurück gemessen wird und
- aus der gemessenen Laufzeit die Entfernung des Objektpunktes errechnet wird.

Laser-Diode und Fotodiode bilden mechanisch eine Baueinheit, ein Sender-Empfänger-Modul. Für die genaue Laufzeitmessung ist in der Abbildung ein Time-to-Digital-Converter (TDC) vorgesehen. Solche Wandler erreichen eine Auflösung von 10 ps und darunter.

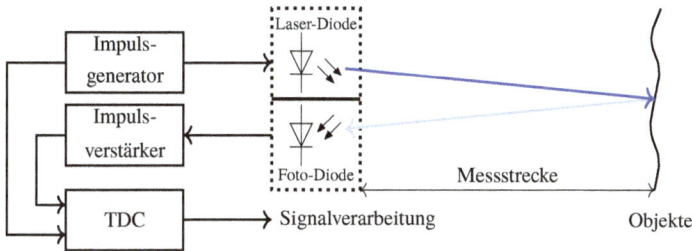

Abb. 6.10.: LiDAR-Prinzip, Erklärung im Text

Zur Erzeugung eines Abbildes der Umgebung wird die abzubildende Umgebung mit dem Laserstrahl abgetastet. Dazu werden die horizontale (Azimut) und vertikale (Elevation) Abstrahlrichtung des Lasers periodisch geändert. Als Scansystem können bewegliche Mikrospiegel dienen. Die einzelnen Objektpunkte entsprechen jeweils einem Bildpunkt und werden zu einer bildhaften Darstellung der Umgebung zusammengesetzt. Damit zählen LiDAR-Systeme zu den bildgebenden Verfahren. Sie können samt Scansystem sehr kompakt gebaut werden und sind für die Umweltfernerkundung sowie für den Bereich der KFZ-Technik und des autonomen Fahrens von großem Interesse.

6.1.3. Optisch-chemische Sensoren für Flüssigkeiten (Optoden)

Zur Erklärung der Prinzipien optisch-chemischer Sensoren greifen wir auf Abb. 6.4 auf Seite 113 zurück. Der als Sonde dienende Lichtstahl tritt in Wechselwirkung mit der Messpro-

---

[4]   Radar steht für **Ra**dio **d**etection **a**nd **r**anging
[5]   LiDAR steht für **L**ight **D**etection **A**nd **R**anging

be und aus analytspezifischen Veränderungen des Lichtes wird auf eine Analytkonzentration oder auf eine summarische Eigenschaft (Trübung) zurück geschlossen. Die optisch-chemischen Messprinzipien fußen dabei auf

- der wellenlängenabhängigen Absorption des eingestrahlten Lichtes,
- der Reflexion oder Streuung des eingestrahlten Lichtes bzw.
- der Anregung von Fluoreszenz oder Lumineszenz.

Gemessen werden z.B. die Schwächung der Intensität, die Reflexion an einem Absorptionsindi-kator, das Streulicht oder eine Phasenverschiebung an einem Fluoreszensindikator. Dabei sind Lichtwellenleiter als Ausbreitungs- und Wechselwirkungsmedium von besonderem Interesse.

Optische Sensoren haben prinzipbedingt einige Vorteile gegenüber anderen Verfahren, wie

- potentialfreie bzw. berührungslose Messung,
- hohe zeitliche Auflösung und
- selektive Detektion mehrerer Analyte mit nur einem Sensor.

Trübungsmessung   Unter Trübung versteht man die Verringerung der Durchsichtigkeit einer Flüssigkeit, verursacht durch das Vorhandensein ungelöster Substanzen.

Nach [DIN14] erfolgt die Messung wenig trüber Flüssigkeit, wie Trinkwasser, mit Streustrah-lung (Strahlengang S3 in Abb. 6.4), wobei der Winkel zwischen einfallender Strahlung und Streustrahlung $90° \pm 2{,}5°$ betragen muss. Für die Messung trüber Flüssigkeiten ist durchge-hendes Licht vorgesehen (Strahlengang S2 in Abb. 6.4), wobei die tolerierbare Abweichung von der optischen Achse (der Messwinkel) $0° \pm 2{,}5°$ beträgt. In beiden Fällen wird von der zitierten Norm [DIN14] die Wellenlänge der einfallenden Strahlung mit $860\,\text{nm}$, die spektrale Bandbreite auf $\leq 60\,\text{nm}$ und die Divergenz der Strahlung auf $\leq 2{,}5°$ festgelegt.

Optoden auf Absorptionsbasis (photometrische Sensoren)   Wenn Licht durch ein Medium hindurch tritt, verringert sich seine Intensität. Die Schwächung ist u.a. abhängig von der che-mischen Zusammensetzung der Probe und von der Wellenlänge des Lichtes. Zur Beschreibung der wellenlängenabhängigen Lichtschwächung dient die optische Dichte oder Extinktion E_λ, die mit der Konzentration c und der Dicke x der durchstrahlten Schicht in folgendem Zusam-menhang steht (Lambert-Beersches-Gesetz[6])

$$E_\lambda = -\log \frac{I(x)}{I_0} = \varepsilon_\lambda \cdot c \cdot x, \tag{6.6}$$

mit

- E_λ: Extinktion oder Schwächung des Lichtes bei der Wellenlänge λ,
- I_0: Intensität des einfallenden Lichtes,

---

[6]   Johann Heinrich Lambert, schweizer Mathematiker und Physiker, 1728–1777
        August Beer, deutscher Mathematiker und Physiker, 1825–1863

- $I(x)$: Intensität des Lichtes nach Durchlaufen der Probe der Dicke x,
- ε_λ: Extinktionskoeffizient bei der Wellenlänge λ.

Photometrische Anordnungen entsprechen vom Prinzip her einer Lichtschranke, wobei es zwischen Strahlaustritt am Lichtemitter und Strahleintritt am Empfänger eine wohldefinierte Messstrecke gibt. In dieser Messstrecke wird die Probe mit definierter Dicke durchstrahlt.

Wenn die photometrische Messung bei mehreren Lichtwellenlängen erfolgt, heißt das Verfahren **Spektralphotometrie** und jede Wellenlänge entspricht einem Messkanal. Ein Beispiel dafür ist die Pulsoximetrie (siehe Seite 234).

Bei Verwendung von Lichtwellenleitern ist zwischen dem extrinsischen und dem intrinsischen Prinzip zu unterscheiden (Abb. 6.11). Bei extrinsischen Optoden ist der Indikatorfarbstoff am freien Ende des Lichtwellenleiters immobilisiert (Abb. 6.11a); der Lichtwellenleiter ist hier nur Transportmedium der Strahlung. Beim intrinsischen Prinzip ist am Lichtwellenleiter im Wechselwirkungsbereich der Mantel entfernt und der Indikatorfarbstoff ist hier immobilisiert (Abb. 6.11b).

Die Verwendung von Lichtwellenleitern erlaubt die Herstellung miniaturisierter Sensoren, die mechanisch stabil und unempfindlicher sind. Anders als elektrochemische Elektroden haben Optoden als Tauchsonden keine galvanische Verbindung zwischen Messort und Messelektronik, was natürlich ein Vorteil ist.

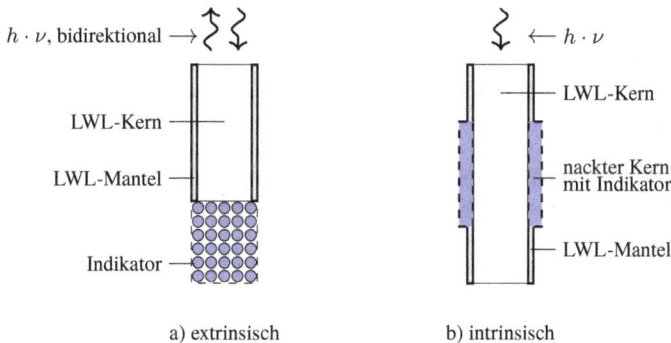

a) extrinsisch   b) intrinsisch

Abb. 6.11.: Prinzipien von LWL-Optoden

Optoden zur pH-Messung   Für die pH-Messung mit optisch-chemischen Sensoren werden pH-sensitive Farb- oder Fluoreszenzindikatoren eingesetzt.

Indikatorfarbstoffe, z.B. Thymolblau und viele andere mehr[7], werden im Wechselwirkungsbereich immobilisiert. Danach wird die ph-Wert-abhängige Lichtschwächung gemessen. Dabei wird abhängig vom Farbstoff nur ein Teilbereich der pH-Skala überstrichen.

Optoden der Firma Satorius-Stedim-Biotech zur pH-Messung arbeiten mit Fluoreszenzindikatoren. Sie nutzen zwei in einer tablettenförmigen Polymermatrix gebundene Farbstoffe. Als

---

[7] Mit Farbstofffragen beschäftigen sich zahlreiche Forschungsarbeiten; wir verweisen beispielhaft auf [Mül04].

Messsignal wird die Phasenverschiebung zwischen eingestrahltem Licht ($\lambda = 480\,$nm) und Fluoreszenzlicht ($\lambda = 570\,$nm) gemessen. Im Bereich der pH-Werte 6 bis 8 ist diese Phasenverschiebung proportional zur Konzentration. Vor der Messung müssen die fluoreszenzaktiven Tabletten mit einer Glaselektrode kalibriert werden.

6.1.4. Optische Gassensoren

Für optische Gassensoren greifen wir wieder auf Abb. 6.4 auf Seite 113 zurück. Außerdem gelten die einführenden Erklärungen in Kapitel 6.1.3 entsprechend. Optische Gassensoren nutzen, je nach Zielstellung, folgende Prinzipien:

- die Absorption oder die Streuung, also Prinzipien der Photometrie oder
- die wellenlängenspezifische Absorption, also das Prinzip der optischen Spektroskopie.

Das spektrale Absorptionsverhalten eines bestimmten Gases ergibt sich aus dessen molekularer Struktur. Nach einer Zusammenstellung in [Sta94] findet man Anregungen von Ultraviolett für Valenzelektronenübergänge bis in den Mikrowellenbereich für Molekülrotationen und in Gasgemischen ist mit Überlappungen und Überlagerungen von Absorptionsbanden verschiedener Gase zu rechnen. Aus dem Absorptionsspektrum eines Zielgases, also des nachzuweisenden Analyten, muss ein geeigneter Wellenlängenbereich für die Messung ausgewählt werden, in dem die Absorption anderer Gase nicht oder wenig stört, um danach eine Lichtquelle (LED) auswählen zu können, die in diesem Wellenlängenbereich emittiert. Aus der wellenlängenspezifischen Absorption der Strahlung wird unter Nutzung des Lambert-Beerschen Gesetzes nach Gleichung 6.6 die Konzentration des Zielgases bestimmt.

Rauchmelder   Rauch enthält CO_2, CO, Ruß und weitere gasförmige Verbrennungsprodukte, abhängig von den Brandumständen und dem Material, welches verbrennt.

Dementsprechend arbeiten Rauchmelder nicht schmalbandig und analytspezifisch, sondern nutzen IR-Licht in einem Wellenlängenbereich von 800–950 nm, wobei höchstens 1 % der Strahlungsleistung unter 800 nm und 10 % über 1040 nm liegen dürfen ([DIN15]).

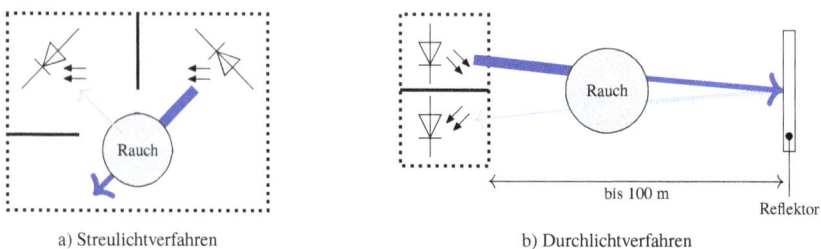

a) Streulichtverfahren   b) Durchlichtverfahren

Abb. 6.12.: Rauchmelder, schematisch

Rauchmelde-Messanordnungen können mit Streulicht oder mit Durchlicht (Transmission) arbeiten. Streulicht wird zur punktförmigen Detektion eingesetzt, wobei die Rauchmelder eine kompakte Baugruppe bilden (Abb. 6.12a). Durchlicht dient zur Überwachung größerer Bereiche bis zu 100 m Längenausdehnung, wobei das optische System so gestaltet sein muss, dass nur das Licht, welches nicht mehr als 3° gestreut wird, bewertet wird. Um auch bei diesem Verfahren kompakte Sender-Empfänger-Baugruppen verwenden zu können, kann mit einem Reflektor gearbeitet werden (Abb. 6.12b).

Die Sender-LED arbeiten intermittierend, um die höhere Impulslichtleistung der LED zu nutzen und die Energiebilanz zu verbessern [HR14].

NDIR- und LED-Gassensoren Mit NDIR-Gassensoren[8] wird die Konzentration des gesuchten Analyten durch Absorption einer gasspezifischen Wellenlänge im infraroten Spektrum gemessen, bevorzugt im Spektralbereich $\lambda = 2{,}5\text{--}16\,\mu\text{m}$. Dazu umfassen NDIR-Gassensoren eine Infrarotstrahlungsquelle, eine Küvette (Absorptionszelle) mit dem zu analysierenden Gas und einen Infrarot-Detektor. Die benötigten Wellenlängen werden mit schmalbandigen optischen Filtern aus der IR-Strahlung der Quelle ausgewählt [Sta94].

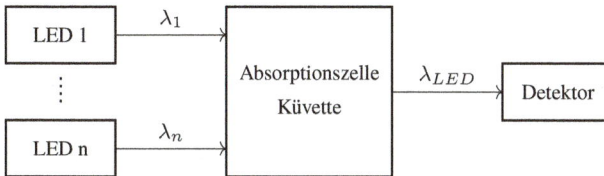

Abb. 6.13.: LED-Gassensor

Ein anderer Weg ist die schmalbandige Bereitstellung der benötigten Wellenlängen mit entsprechenden LED. Abb. 6.13 zeigt eine solche Messanordnung nach [Deg12] schematisch. Es stehen mehrere LED zur Verfügung, die schmalbandige Strahlung verschiedener Wellenlänge liefern und in einem Mutiplexverfahren nacheinander für eine kurze Messzeit angeschaltet sind, so dass das Gas in der Absorptionskammer (Küvette) nacheinander mit Licht verschiedener Wellenlängen durchstrahlt wird. Das Licht trifft dann auf einen IR-Sensor und wird von diesem in ein elektrisches Signal gewandelt.

Zu Gasen, die auf diesem Wege gut detektierbar sind, zählen CO_2 und CO aber auch andere Bestandteile von KFZ-Abgasen, wie NO, NO_2 und SO_2, die jeweils im ultravioletten (UV) und visuellen (VIS) Spektralbereich Absorptionsbanden besitzen. Zur Entkopplung einer solchen Messanordnung von einer rauen Messumgebung kann man Lichtwellenleiter verwenden.

Andere Messverfahren arbeiten mit einem breitbandigen Strahler und mit Farbsensoren, also mit wellenlängenselektiven Sensoren, die die Strahlung detektieren.

---

[8] NDIR steht für nicht-dispersive IR-Gassensoren

6.1.5. Magnetische Sensorsysteme und Messanordnungen

Magnetische Sensorsysteme nutzen inhomogene, ortsfeste oder zeitveränderliche Magnetfelder zur indirekten Messung mechanischer Größen. Dazu werden eine lokale Feldstärke oder eine zeitliche Feldstärkeänderung mit einem der in Kapitel 4.4.2 beschriebenen Magnetfeldsensoren vermessen und aus diesem Ergebnis wird nach einer Kalibrierung auf eine gesuchte Messgröße, z.B. auf einen Abstand, einen Winkel, eine Drehzahl usw. zurückgeschlossen. Für die Führung, Formung oder Konzentrierung des Magnetfeldes werden oft ferromagnetische Teile, wie z.B. die Zähne eines Zahnrades, verwendet.

Weg- und Winkelmessung mit Magnetfeldsensoren   Die Weg- und Winkelmessung mit Magnetfeldsensoren erfordert ein zeitkonstantes, inhomogenes Magnetfeld als Teil des Systems. Das Magnetfeld wird durch einen Dauermagneten bzw. eine Anordnung mehrerer Dauermagnete erzeugt. Aus der Stellung oder Bewegung des Sensors relativ zum Magnetfeld wird das Messsignal abgeleitet. Die Messungen erfolgen berührungslos. Solche magnetischen Sensorsysteme arbeiten auch unter ungünstigen Umweltbedingungen, unter denen optische Systeme versagen, beispielsweise in intransparenten Medien, wie Getriebeöl.

In Abb. 6.14a sind im inhomogenen Feld eines Stabmagneten zwei Magnetfeldsensoren schematisch dargestellt. Sensor A an der Längsseite und Sensor B an der Stirnseite des Magneten seien lineare Hallsensoren. Mit solch einer Anordnung erhält man bei geeigneter Orientierung des Sensors zum Magnetfeld nach einer Kalibrierung ein Signal für genaue Positions-, Abstands- bzw. Wegmessungen. Ein solches Konzept wurde beispielsweise mit linearen Hallsensoren (Typ „634ss2" von Honeywell [Hona]) realisiert, um eine Anordnung zur Untersuchung von Kraftwirkungen beim Kauen mit Zahnprothesen in der Mundhöhle zu schaffen [Rös10].

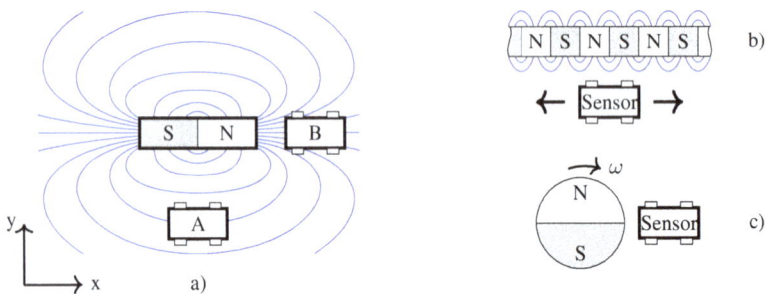

Abb. 6.14.: Anordnungen zur magnetischen Abstands-, Weg- bzw. Drehzahlmessung

Abb. 6.14b stellt einen Abschnitt einer magnetischen Maßverkörperung mit einem Sensormesskopf, der zwei in Verfahrrichtung versetzte Magnetfeldsensoren umfasst, schematisch dar. Die magnetische Maßverkörperung besitzt in Verfahrrichtung exakt gleich lange Magnetpole; sie besteht aus einem entsprechend magnetisiertem ferromagnetischen Material (z.B. Ferrit). Bei

Verschieben des Sensormesskopfes in Verfahrrichtung liefern die beiden in ihrer Größe auf die Maßverkörperung abgestimmten, versetzten Sensoren ein sinusförmiges und ein cosinusförmiges Signal, aus denen man Verfahrrichtung und Verfahrweg ermitteln kann.

Aus der Vielzahl der Möglichkeiten für Drehzahlmessung zeigen wir in Abb. 6.14c eine Lösung mit feststehendem Sensor und rotierendem Magneten. Bei dieser Anordnung ergeben sich pro Umdrehung zwei Signalwechsel. Andere Anordnungen, wie in Abb. 6.15 dargestellt, arbeiten mit festem Magneten und bewegtem weichmagnetischem Flügelrad oder einem Zahnrad als Teil des magnetischen Kreises. Bei Rotation des Flügelrades wird der Sensor in bestimmten Drehwinkelbereichen vom Magnetfeld abgeschirmt (Abb. 6.15a) und in anderen Drehwinkelbereichen vom Magnetfeld durchsetzt (Abb. 6.15b). Die punktierte Linie symbolisiert für beide Fälle den Verlauf des magnetischen Flusses. Durch diese Magnetflusssteuerung entstehen pro Umdrehung entsprechend der Flügelzahl mehrere, nahezu sprunghafte Feldstärkeänderungen. Diese werden von einem Sensor, bevorzugt einem solchen mit Schaltverhalten, erfasst, um daraus Drehzahlen oder Drehwinkel zu ermitteln. Bei dieser Ausführungsform spricht man analog zur Gabellichtschranke von einer Magnetgabelschranke.

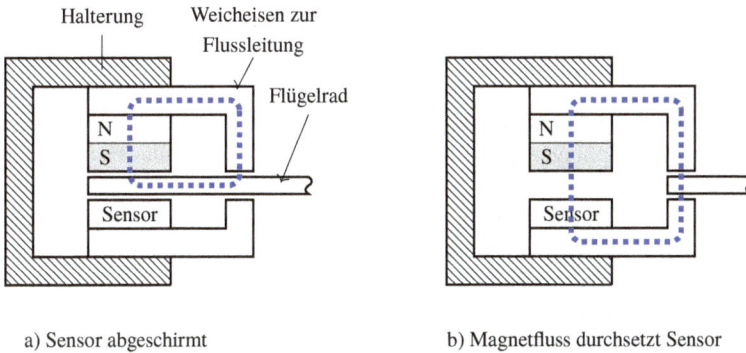

a) Sensor abgeschirmt   b) Magnetfluss durchsetzt Sensor

Abb. 6.15.: Magnetgabelschranke

Kontaktlose Strommessung   Bekanntermaßen ist jeder von einem Strom durchflossene Leiter von einem Magnetfeld umgeben. Indem man dieses Feld mittels geeigneter Polschuhe auf einen Magnetfeldsensor fokussiert, kann man den Strom indirekt über sein Magnetfeld messen. Ein Vorteil dieses Verfahrens ist die galvanische Trennung des Messkreises vom gemessenen Stromkreis. Solche Geräte sind unter dem Namen „**Strommesszange**" bekannt.

Magnetische Erkennungs- und Warensicherungssysteme   Hochpermeable amorphe magnetische Werkstoffe erreichen bereits bei geringen Magnetfeldstärken ihre Sättigungsfeldstärke (siehe Seite 76). Wenn man solche Werkstoffe mit einem magnetischen Wechselfeld ausreichend großer Amplitude ansteuert, entsteht ein charakteristisches Oberwellenspektrum des Anregungssignals, also eine charakteristische Signalverzerrung. Das Oberwellenspektrum hängt von der Form (Nichtlinearität) der jeweiligen, materialspezifischen Hysteresekurve und vom anregenden Signal ab.

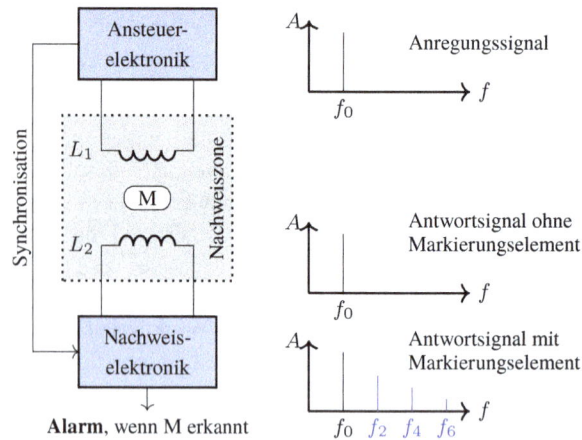

Abb. 6.16.: Prinzip eines Erkennungssystems für ferromagnetische Markierungelemente nach [Bal90]

Solch eine Signalverzerrung kann man in einem Erkennungssystem, wie in Abb. 6.16 dargestellt, nutzen. Man verwendet dazu kleine, dünne Streifen eines hochpermeablen magnetischen Materials als **Markierungselemente M** und ein Spulensystem, bestehend aus Anregungsspulen L_1 (Primärseite) und Empfängerspulen L_2 (Sekundärseite). Das Spulensystem kann als eisenfreier Transformator und das umschlossene Gebiet (Nachweiszone) als Übertragungsstrecke betrachtet werden. Die Ansteuerelektronik speist das Spulensystem L_1 mit kurzen sinusförmigen Stromimpulsen, so dass die Nachweiszone von einem ebensolchen Magnetfeld durchsetzt wird. Gleichzeitig erhält die Nachweiselektronik Synchronsignale. Gelangt nun ein Markierungselement M in die Nachweiszone, so entstehen geradzahlige Oberwellen f_{2n} der Anregungsfrequenz f_0. Das Oberwellenspektrum der Markierungselemente ist bekannt und das System ist darauf abgestimmt. In den Empfangsspulen wird eine Spannung induziert, die Nachweiselektronik erkennt anhand des Oberwellenspektrums die Anwesenheit eines Markierungselementes und löst einen Alarm aus [Bal90]. Dieses Prinzip wird seit Jahren vielfach als Warensicherungssystem im Einzelhandel oder als Buchsicherungssystem in Büchereien angewandt ([Müh98], [Bal90]).

Elektronischer Kompass   Kompassanwendungen nutzen das Erdmagnetfeld, welches näherungsweise als Dipolfeld darstellt werden kann, und bestimmen die Nord-Süd-Richtung zu den magnetischen Polen mit einer Abweichung von weniger als $0,1°$. Für Kompassanwendungen werden verschiedene magnetische Sensoren genutzt, beispielsweise Fluxgate-Sensoren und magnetoresistive Sensoren, wobei letztere bevorzugt werden [Car].

6.2. Mehrsensorsysteme[9]

Wir betrachten nachfolgend Systeme, die entsprechend Abb. 6.17 aus Gruppen von Sensoren bestehen, deren Signale durch gemeinsame Verarbeitung, Zusammenführung (Fusion) und Bewertung einen höheren Informationsgewinn liefern, als es ein einzelner Sensor vermag. Das trifft schon für jede vektorielle Größe zu, die sich aus drei Einzelmessungen mit je einem Sensorelement für die Raumrichtungen x, y, und z in einem kartesischen Koordinatensystem ergibt. Bei solchen Messungen besteht zwischen den Einzelmessungen ein enger zeitlicher Zusammenhang, die Messungen müssen praktisch gleichzeitig erfolgen. Die Gleichzeitigkeit zusammengehöriger Werte muss im Messregime und bei Fusion der Einzeldaten, z.B. durch Zeitstempel, berücksichtigt werden, um das Gesamtergebnis nicht zu verfälschen (vgl. Kapitel 9.4).

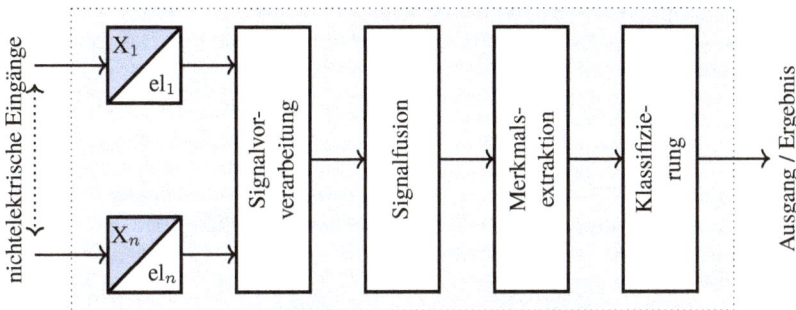

Abb. 6.17.: Sensorsystem mit mehreren Sensoren und Datenfusion

6.2.1. Mehrsensorsystem für mechanische Größen

Sensoren für mechanische Größen, die im oben beschriebenen Sinne als System in Echtzeit zusammenarbeiten, werden in großem Umfang zur Lösung von Aufgaben in den Bereichen der Motorsteuerung und der Fahrsicherheit von KFZ benötigt [Rei12]; sie überwachen die Bewegung von Flugkörpern an Bord, kontrollieren Roboterbewegungen oder finden in Smartphones Anwendung. Wir geben zwei Beispiele.

Einsatz in KFZ   Für Sicherheitssysteme, wie ABS[10] oder ESP[11], finden Sensoren für die Längs- und Querbeschleunigung, für Drehraten um die Längs-, Quer- und Hochachse des Fahrzeugs, für die Raddrehzahl und für den Lenkwinkel Anwendung. Die Messwerte all dieser Sensoren müssen hinreichend oft ausgelesen und zusammen verarbeitet (fusioniert) werden [Rei12].

---

[9] Mehrsensorsysteme werden oft auch als Multisensorsysteme bezeichnet.
[10] Antiblockiersystem
[11] Elektronisches Stabilitäts-Programm

Einsatz in Smartphones Die moderne Halbleitertechnologie und Mikromechanik ermöglichen es zum Beispiel, drei Beschleunigungssensoren und drei Drehratesensoren, jeweils für die
drei Raumachsen, in einem Gehäuse zu integrieren. Ein solches Sensorsystem ist das als Inertial Measuring Unit BMI160 [Ine15] bezeichnete Sensorsystem von Bosch-Sensortec. Wenn
die Messdaten aller Sensoren ausgewertet und fusioniert werden, können sie die Basis eines
Inertial-Tracking-Systems bilden. Nach Herstellerangaben ist das System besonders stromsparend und deshalb bevorzugt für mobile Geräte, wie Kameras (Bildstabilisierung), Tablets
und Smartphones (Lageerkennung) sowie für Anwendungen im Sportbereich konzipiert.

6.2.2. Korrelationsmesstechnik

Manchmal können physikalische oder technische Sachverhalte nicht direkt inspiziert oder vermessen werden, weil z.B. der interessierende Bereich unzugänglich ist. Das trifft beispielsweise
für eine Trinkwasserleitung zu, die ca. $1,20\,\text{m}$ unter einer Straße liegt und ein Leck hat. Die Aufgabe, das Leck zu lokalisieren, kann mittels Korrelationsmesstechnik zentimetergenau gelöst
werden.

Die Korrelationsmesstechnik erlaubt die indirekte Ermittlung einer physikalischen Größe an
Hand eines geeigneten Modells aus statistischen Signalen einer Hilfsgröße. Dazu wird die Hilfsgröße mit Sensoren an verschiedenen Orten bzw. zu verschiedenen Zeiten registriert und aus
der Korrelation der Sensorsignale wird auf die interessierende Größe geschlossen. Wir skizzieren das Korrelationsmessverfahren an Hand zweier Beispiele, einer Leckdetektion in einem
Wasserleitungsnetz und einer berührungslosen Geschwindigkeitsbestimmung.

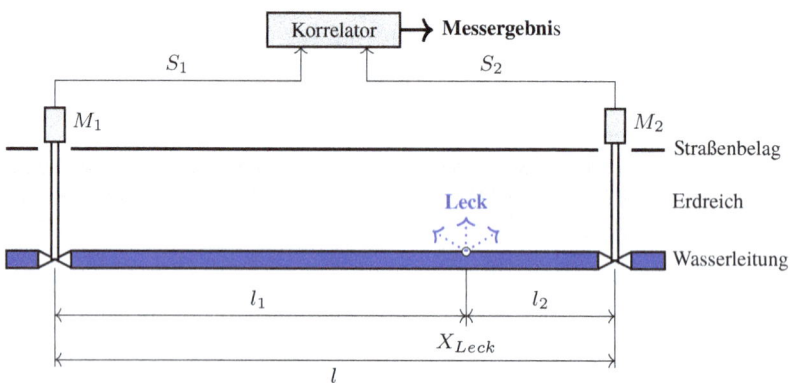

Abb. 6.18.: Prinzip der Leckdetektion mit Korrelationsmessungen

Leckdetektion In Abb. 6.18 hat die Wasserleitung am Ort X_{Leck} ein Leck. Das ausströmen-
de Wasser verursacht ein markantes Geräusch, ein Rauschen, welches sich als Körperschall in
beide Richtungen der Leitung ausbreitet und uns als Hilfsgröße dient. An zwei zugänglichen

Leitungsstellen, z.B. an Absperrventilen, sind die Körperschallmikrophone M_1 und M_2 angebracht. Die Laufzeit des Körperschalls in der Wasserleitung hängt vom jeweiligen Abstand zwischen Messstelle und Leck ab; die Laufzeitdifferenz für die Schallsignale S_1 und S_2 betrage $t_1 - t_2 = \Delta t$.

Für die folgenden Überlegungen setzen wir voraus, dass der Abstand der Messstellen l und das Rohrmaterial respektive dessen Körperschallgeschwindigkeit c_{Schall} bekannt sind. Aus Abb. 6.18 liest man ab, dass die Strecke $\overline{M_1 X_{Leck}}$ um den Betrag $\Delta l = l_1 - l_2$ länger ist, als der Abstand $\overline{M_2 X_{Leck}}$. Das Schallsignal wird deshalb am Messmikrophon M_1 um Δt später registriert als am Mikrophon M_2. Mit Δt kann man zunächst die Längendifferenz $\Delta l = l_1 - l_2$ bestimmen und erhält $\Delta l = \Delta t \cdot c_{Schall}$.
Aus Abb. 6.18 liest man weiter $l = \Delta l + 2 \cdot l_2$ ab und kann damit schließlich die Lage des Lecks X_{Leck} relativ zu Messmikrophon M_2 ermitteln

$$l_2 = \frac{l - (\Delta t \cdot c_{Schall})}{2}.$$

Die von den Messmikrophonen registrierten Rauschsignale sind ähnliche statistische Signale. Die Ähnlichkeit ist am größten (Maximum der Kreuzkorrelationsfunktion), wenn das Signal mit der kürzeren Laufzeit um Δt auf der Zeitachse verschoben (verzögert) wird. Man nutzt diese Ähnlichkeit zur Bestimmung von Δt mittels Kreuzkorrelation beider Signale im Korrelator. Die Kreuzkorrelation als mathematisches Verfahren betrachten wir in Kapitel 8.2.4 auf Seite 188.

Die Signale der Mikrophone werden zur Auswertung zeitgleich dem Korrelator zugeführt. Die Verzögerung eines der Signale würde zu systematischen Messabweichungen führen und muss vermieden bzw. kompensiert werden.

Berührungslose Bestimmung einer Geschwindigkeit   Die Abb. 6.19 zeigt schematisch eine Anordnung zur berührungslosen optischen Abtastung der Oberfläche OF eines Untergrundes mittels zweier optischer Sensoren S_I und S_{II}. Die Sensoren sind auf dem Sensorboard **B** montiert und haben einen definierten Abstand d von beispielsweise 10 cm. Beide Sensoren registrieren die Helligkeit in ihrem Sehfeld.

Wenn sich nun die Sensoranordnung mit v_B nach rechts und der Untergrund mit v_{OF} nach links bewegen, registrieren beide Sensoren die lokalen Helligkeitsmerkmale der Oberfläche in ihrem Sehfeld und erzeugen die Signale $S_1(t)$ und $S_2(t)$. Beide Signale haben statistischen Charakter und weisen einen Zeitversatz von $\Delta t = \frac{d}{v_B + v_{OF}}$ auf. Das erlaubt es, analog zum oben skizzierten Prinzip mittels Kreuzkorrelation zunächst den Zeitversatz der Signale Δt mit einem Korrelator und danach die Geschwindigkeit zu ermitteln

$$v_B + v_{OF} = \frac{d}{\Delta t}.$$

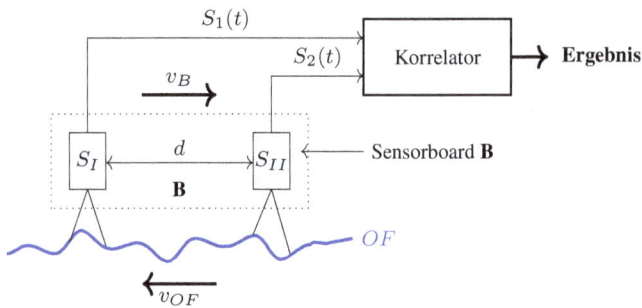

Abb. 6.19.: Bestimmung einer Geschwindigkeit

In praktischen Anordnungen sorgt man dafür, dass eine der Geschwindigkeiten null ist. Zum Beispiel kann das Board mit den Sensoren ortsfest montiert sein und dient der Bestimmung der Geschwindigkeit von bahnartigem Material mit texturierter Oberfläche (Gewebebahnen) oder Schüttgut. In einem anderen Fall ist das Bord mir einem Fahrzeug fest verbunden und wird zur Bestimmung der Fahrzeuggeschwindigkeit genutzt. In beiden Fällen erfolgt die Ermittlung der Geschwindigkeit mittels eines zum System gehörigen Korrelators.

6.2.3. Arrays chemischer Sensoren

In Kapitel 5 hatten wir gesehen, dass verschiedene Gassensoren nicht besonders selektiv arbeiten bzw. große Querempfindlichkeiten besitzen. Mit Arrays von Gassensoren verfolgt man nun das Ziel, durch Kombination von Messergebnissen verschiedener, trotzdem ähnlicher Gassensoren das Selektivitätsproblem zu umgehen und in einer Probe mit einer Messung verschiedene Bestandteile quantitativ zu bestimmen bzw. komplexe Eigenschaften eines Stoffgemisches, wie einen Geruch, zu erkennen. Für diese Zwecke kommen neben der Messdatenerfassung verschiedene Methoden der künstlichen Intelligenz zur Anwendung (siehe dazu Kapitel 8.4). Solche Systeme sind unter der Bezeichnung „**elektronische Nase**" bekannt.

Es ist hilfreich, in diesem Zusammenhang die Aufnahme chemischer Reize durch höhere Lebewesen kurz zu betrachten (vgl. Tabelle 1.1). Beim Riechen werden Informationen aus vielen verschiedenen Sinneskanälen miteinander verschmolzen. Duftstoffmoleküle binden an verschiedenen Chemorezeptoren und reizen diese mit unterschiedlicher Intensität, so dass ein geruchsspezifisches Aktivitätsmuster entsteht. Durch die relativ unspezifische Aktivität der einzelnen Rezeptoren sind wir in der Lage, eine Vielzahl von Gerüchen zu differenzieren [Bus15].

Elektronische Nase   Mit einer elektronischen Nase, also einem Gassensorarray nebst intelligenter Auswertung, verfolgt man das Ziel, Gasgemische quantitativ zu analysieren und Geruchsmuster zu klassifizieren bzw. Gerüche zu analysieren. Dazu werden mehrere Sensoren für verschiedene Gase mit verschiedenen, sich überlappenden Empfindlichkeiten zu einem Sensorarray zusammenschaltet und gemeinsam ausgewertet.

Damit solche Analysen möglich werden, muss das System lernfähig sein. Das kann über Methoden des maschinellen Lernens, z.B. über künstliche neuronale Netze, erfolgen. Solche Netze benötigen einen großen Trainings- und Kalibrierdatenpool. Die Bereitstellung der Trainingsdaten, die immer mit einem Referenzsystem verglichen werden müssen, und das Trainieren des neuronalen Netzes sind aufwendig. Zudem ist das System nur im Bereich der trainierten Konzentrationen anwendbar [Ngu14] (siehe auch Kapitel 8.4).

Elektronische Zunge   Analog zum Begriff elektronische Nase wird auch der Begriff „elektronischen Zunge" verwendet, wenn ein Array chemischer Sensoren für die flüssige Phase dazu bestimmt ist, den Geschmack einer Mischung von gelösten organischen oder anorganischen Komponenten zu bewerten.

Ein französischer Hersteller (Alpha MOS) bietet für den Einsatz in der Lebensmittelkontrolle eine elektronische Zunge „ASTREE" kommerziell an. Dieses System verwendet sieben ChemFETs und eine Referenzelektrode für die gleichzeitige Analyse einer flüssigen Probe. Jeder ChemFET ist mit einer speziellen organischen Membran ausgestattet. Das garantiert jedem Sensor eine individuelle Empfindlichkeit. Das Gesamtsystem umfasst neben den Sensoren die Elektronik zur Erfassung der Potentialdifferenzen sowie Software zur Auswertung mit Mitteln der künstlichen Intelligenz. Dabei wird ein „Fingerabdruck des Geschmacks" erstellt [AST15] und als Ergebnis präsentiert.

7. Sensorelektronik und Signalvorverarbeitung

Aufgabe der Sensorelektronik ist die Aufbereitung der meist kleinen Sensorausgangsgrößen für ihre weitere Verwendung. Das beinhaltet:

- bei passiven Sensoren die Umsetzung der Parameteränderungen in verstärkbare elektronische Signale, also in Spannungssignale, sowie deren Verstärkung,
- bei aktiven Sensoren die Verstärkung oder Wandlung der Sensorsignale und, sofern erforderlich, die Einstellung eines Arbeitspunktes,
- für beide Sensorarten die Vorverarbeitung der verstärkten Signale, also z.B. eine Linearisierung, Glättung, Filterung u.a.,
- eine Wandlung des analogen, vorverarbeiteten Signals in ein Digitalsignal für die digitale Weiterverarbeitung mittels Mikrocontroller bzw. Rechentechnik
- sowie schließlich die Bereitstellung eines für die Weiterverarbeitung bzw. Weiterleitung geeigneten, analogen oder digitalen Ausgangssignals.

In diesem Kapitel stellen wir ausgewählte Schaltungsprinzipien für die verschiedenen möglichen Ausgangsgrößen der Sensorelemente vor. Wir skizzieren dann Möglichkeiten, die Mikrocontroller zur Lösung von Signalverarbeitungsaufgaben bieten und gehen anschließend auf moderne Entwicklungen in der Sensorelektronik ein. Um die beschriebenen Konzepte zu verstehen, sind einige Elektronikkenntnisse erforderlich; dazu verweisen wir auf Literatur, wie z.B. [RW21], [TSG12], [Sch07]. Vielen modernen Schaltungskonzepten sind Schaltungen mit Elektronenröhren vorausgegangen, die Schintlmeister in [Sch42] zusammengestellt hat.

7.1. Primärelektronik

Die Aufteilung der Sensorelektronik in Primärelektronik und weitere Elektronikkomponenten ist vor allem logischer bzw. funktioneller Art. Mit zunehmender Integration elektronischer Komponenten auf einem Chip können früher vorhandene physische Trennungen verschwinden, wie wir in den Kapiteln 7.5 und 7.6 zeigen.

Mit dem Begriff Primärelektronik beschreiben wir jene Schaltungsteile, die direkt mit dem Sensorelement in Verbindung stehen. Die Primärelektronik umfasst bei passiven Sensoren die Umsetzung einer Parameteränderung in ein Spannungs- oder Stromsignal und bei aktiven Sensoren die Anpassung des Sensorelementes an die nachfolgende Elektronik. Die möglichen Schaltungen kann man in drei Strukturtypen einteilen, nämlich in

- Kettenstrukturen,
- Parallelstrukturen und
- Kreisstrukturen.

https://doi.org/10.1515/9783110772739-007

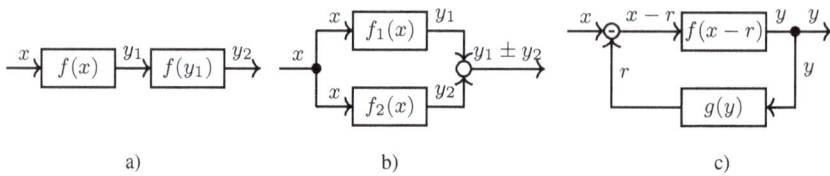

Abb. 7.1.: a) Ketten-, b) Parallel- und c) Kreisstruktur

Bei der am häufigsten anzutreffenden Kettenstruktur sind entsprechend Abb. 7.1a einzelne Teil-schaltungen kettenartig hintereinander geschaltet. Bei einer Parallelstruktur wirkt die Mess-größe auf mindestens zwei Sensorelemente ein und die Signale der einzelnen Sensorelemen-te werden arithmetisch verknüpft (Abb. 7.1b). Häufig nutzt man dabei die Differenzbildung. Dies wird durch bestimmte Sensorstrukturen, die Differentialsensoren, unterstützt und schal-tungstechnisch z.B. mittels Brückenschaltungen ausgewertet. Das Prinzip dient zugleich der Linearisierung der Kennlinie. Die Kreisstruktur beinhaltet eine Rückführung und wird häu-fig in Kompensationsmessanordnungen verwendet (Abb. 7.1c), auf die wir hier nur am Rande eingehen.

Für Verstärkung und Wandlung von Sensorsignalen sind Operationsverstärker von zentraler Bedeutung. Deshalb rekapitulieren wir zuerst einige Grundlagen des Operationsverstärkers und wenden uns dann konkreten Primärelektronikkonzepten zu.

7.1.1. Operationsverstärker: Verstärkung und Wandlung von Sensorsignalen

Operationsverstärker[1] bildeten die Basis der Analogrechner[2] und werden deshalb auch „Re-chenverstärker" genannt. Sie stehen seit Ende der sechziger Jahre des vorigen Jahrhunderts als integrierte Bauelemente zur Verfügung und haben die Verarbeitung analoger Signale revolu-tioniert. Operationsverstärker ermöglichen es, mit Spannungen zahlreiche Operationen durch-zuführen, wie die folgende Liste zeigt:

- **lineare** analoge Operationen, wie

    - die **Verstärkung** kleiner Gleich- und Wechselspannungen,
    - die **Addition und Subtraktion** von Spannungen,
    - die **Integration** einer Spannung über der Zeit,
    - die **Strom-Spannungs-Wandlung**

---

[1] Für Operationsverstärker sind die Abkürzungen OV und OPV in der deutschen sowie op amp und OA in der angel-sächsischen Literatur gebräuchlich.

[2] Analogrechner verwenden als Eingabe- und Ausgabewerte sowie als interne Rechengrößen Spannungen im Bereich $\pm 10V$. Sie dienten u.a. zur Lösung von Differentialgleichungen [Ulm10].

- und **nichtlineare** analoge Operationen, wie

  - den **Vergleich** zweier Spannungen (Komparator),
  - den **Quadrierung** einer Spannung,
  - die **Gleichrichtung** kleiner Wechselspannungen (Präzisionsgleichrichter).

Operationsverstärker werden seit langem auch in Mikrocontroller integriert. Mit diesen sog. Mixed-Signal-Controllern gelingt es, einfache Aufgaben der Signalverarbeitung mit nur einem IC zu bewältigen. Beispiele hierfür sind batteriebetriebene Handmessgeräte.

7.1.1.1. Eigenschaften von Operationsverstärkern

In Abb. 7.2 sind das Schaltsymbol eines Operationsverstärkers mit den notwendigen Spannungen sowie die Übertragungsfunktion dargestellt. Die Versorgungsspannung $(+U_B, -U_B)$ wird aus Gründen der Übersichtlichkeit in Schaltungsskizzen oft nicht mit gezeichnet. Trotzdem wird vorausgesetzt, dass eine funktionsgerechte Spannungsversorgung vorhanden ist.

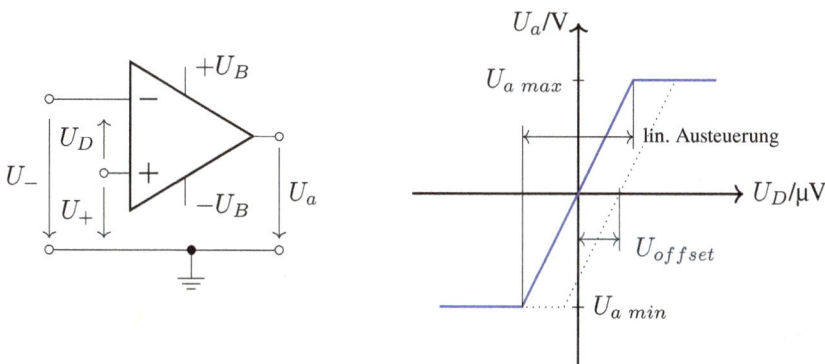

Abb. 7.2.: Operationsverstärker, Symbol mit Spannungen und Übertragungsfunktion

Operationsverstärker sind direkt gekoppelte Verstärker (Gleichspannungsverstärker) mit einer Differenzeingangsstufe, d.h. sie besitzen einen nichtinvertierenden (+) und einen invertierenden (-) Eingang. Die Phase eines am invertierenden Eingang anliegenden Signals wird um $180°$ gedreht.

Wie bei jedem Differenzverstärker unterscheidet man zwei Verstärkungen, die Differenzverstärkung V_D und die Gleichtaktverstärkung V_G, die wie folgt definiert sind

$$V_D = \frac{U_a}{U_D} \qquad \text{mit} \qquad U_D = U_+ - U_-$$

$$V_G = \frac{U_a}{U_G} \qquad \text{mit} \qquad U_G = \frac{U_+ + U_-}{2}.$$

Für den Operationsverstärker soll weiter gelten:

- die Differenzverstärkung V_D ist sehr groß (ideal: $V_D \to \infty$);

- die Gleichtaktverstärkung V_G ist klein $V_G \ll V_D$ (ideal: $V_G \to 0$);

- die Eingangsimpedanz Z_e ist sehr groß ($|Z_e| \to \infty$);

- der Ausgang kann einen Strom im Milliamperebereich treiben;

- der Operationsverstärker ist beliebig gegenkoppelbar.

Wenn man einen Operationsverstärker ansteuert, dann kann die Ausgangsspannung U_a höchstens die Werte $U_{a\ max}$ bzw. $U_{a\ min}$ erreichen, wie man der Abb. 7.2) entnimmt. Wird das Produkt $(U_D \cdot V_D) \geq U_{a\ max}$ bzw. $(U_D \cdot V_D) \leq U_{a\ min}$, dann wird die Amplitude des Ausgangssignals durch den Verstärker begrenzt. Der Verstärker arbeitet nicht mehr linear, er wird übersteuert und das Ausgangssignal wird verzerrt.

Reale Operationsverstärker zeigen Abweichungen vom idealen Verhalten. Beispielsweise kann ein realer Operationsverstärker eine sog. **Offsetspannung** U_{Offset} besitzen. Eine Offsetspannung verschiebt die Übertragungsfunktion auf der U_D-Achse (gestrichelte Linie in Abb. 7.2). Dieser Fehler kann durch Einspeisen einer entgegen gerichteten Spannung leicht kompensiert werden. Moderne integrierte Operationsverstärker kommen dem idealen Operationsverstärker in ihren Eigenschaften sehr nahe; wir beschränken unsere Betrachtungen deshalb auf ideale Operationsverstärker.

7.1.1.2. Berechnung von Operationsverstärker-Schaltungen

Die Abb. 7.3 zeigt innerhalb des hellgrauen Rechteckes eine einfache Verstärkerschaltung mit einem Operationsverstärker, einen **invertierenden Verstärker**. Die Widerstandswerte der Widerstände R_1 und R_2 sollen im Kiloohmbereich liegen. Wir nutzen diese einfache Schaltung, um das grundsätzliche Vorgehen bei der Berechnung von Operationsverstärkerschaltungen zu skizzieren. Die Spannungsversorgung ist, wie erwähnt, nicht dargestellt aber vorhanden.

Bei den folgenden Überlegungen müssen wir streng zwischen der Gesamtschaltung im Kästchen und dem Operationsverstärker als Bauelement unterscheiden.

- Für die Gesamtschaltung ist U_1 die Eingangsspannung und U_2 die Ausgangsspannung. Damit ergibt sich für die Spannungsverstärkung der Gesamtschaltung

$$V = \frac{U_2}{U_1}\,. \tag{7.1}$$

- Am Operationsverstärker liegt U_D als Differenzeingangsspannung an. Die OV-Ausgangsspannung U_a ist gleich der Ausgangsspannung der Schaltung U_2 und es besteht der Zusammenhang

$$V_D = \frac{U_a}{U_D} = \frac{U_2}{U_D}\,. \tag{7.2}$$

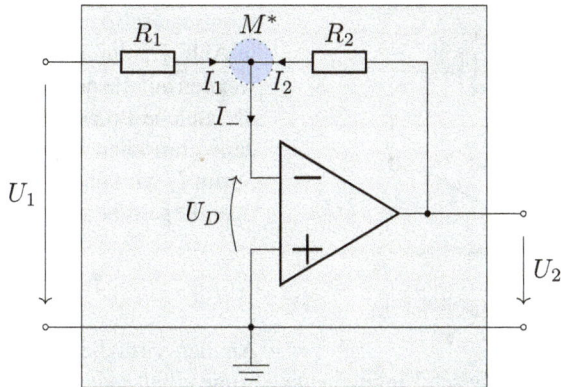

Abb. 7.3.: Zur Berechnung von Schaltungen mit Operationsverstärkern

Zur Berechnung der Schaltung gehen wir von den Eigenschaften eines idealen OV aus. Wir betrachten zuerst U_D und I_-:

Wegen $V_D \to \infty$ gilt $U_D \to 0$, da U_2 endlich ist, und wegen $|Z_e| \to \infty$ gilt $I_- \to 0$. Mit diesen Voraussetzungen werden die weiteren Überlegungen übersichtlich.

Das Potential des Punktes M^* liegt wegen $U_D \to 0$ nahe am Massepotential; man nennt diesen Punkt **virtuelle Masse**. M^* ist ein Knotenpunkt; in ihn fließen die Ströme I_1 und I_2 hinein und der Strom I_- heraus. Nach den Kirchhoffschen Regeln (Knotenpunktsatz) gilt

$$I_1 + I_2 = I_-. \tag{7.3}$$

Den Strom I_- kann man vernachlässigen, so dass sich die Gleichung 7.3 vereinfacht zu

$$I_1 + I_2 = 0. \tag{7.4}$$

Mit dem ohmschen Gesetz erhalten wir schließlich

$$I_1 = \frac{U_1}{R_1} \quad \text{und} \quad I_2 = \frac{U_2}{R_2}$$

$$\frac{U_1}{R_1} + \frac{U_2}{R_2} = 0.$$

Wir können nun die Verstärkung der Schaltung, also den Quotienten $\frac{U_2}{U_1}$ angeben

$$V = \frac{U_2}{U_1} = -\frac{R_2}{R_1}. \tag{7.5}$$

Die Gleichung 7.5 enthält nur noch Werte der externen Beschaltung des Operationsverstärkers, aber keine Eigenschaften des verwendeten Operationsverstärkers. Allgemein gilt: Die unterschiedlichen Funktionen einer Operationsverstärkerschaltung werden ausschließlich durch externe Beschaltung, d.h. durch Rückkopplung erreicht.

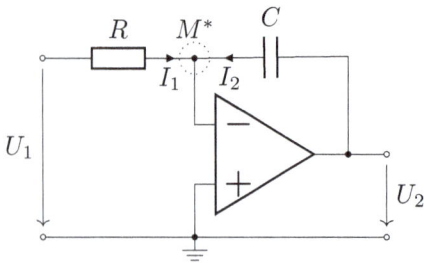

Abb. 7.4.: Integrator

Integratorschaltung Wir ersetzen nun R_2 in Abb. 7.3 durch einen Kondensator C und wenden auf die neue Schaltung nach Abb. 7.4 die gleiche Prozedur an. I_1 ergibt sich nach dem ohmschen Gesetz zu $I_1 = \frac{U_1}{R}$; der Strom I_2 wird nach den am Kondensator gültigen Regeln berechnet. Man erhält

$$I_2 = C \cdot \frac{dU_2}{dt}.$$

An der virtuellen Masse gilt der Knotenpunktsatz $I_1 + I_2 = 0$ und durch Einsetzen der Ströme erhält man

$$\frac{U_1}{R} + C \cdot \frac{dU_2}{dt} = 0$$

und nach Integration

$$U_2 = -\frac{1}{R \cdot C} \int U_1 dt. \tag{7.6}$$

Diese Schaltung nach Abb. 7.4 heißt **Integrator**; sie integriert die am Eingang anliegende Spannung über der Zeit.

7.1.2. Primärelektronik für passive Sensoren

Die Widerstandsänderung resistiver Sensoren kann mit Gleich- oder Wechselspannung bzw. -strom vermessen werden. Kapazitäten und Induktivitäten sind Blindwiderstände und Energiespeicher. Zur Auswertung der Kapazitätsänderung eines kapazitiven Sensors bzw. der Induktivitätsänderung eines induktiven Sensors benötigt man deshalb ein zeitabhängiges Anregungssignal, das heißt, eine Wechsel- oder Impulsspannung. Die Leitfähigkeitsmessung in Elektrolyten muss zwingend mit Wechselspannung erfolgen, um eine Zersetzung durch Elektrolyse zu vermeiden, wie wir in Kapitel 5.2.1 gesehen haben.

7.1.2.1. Bereitsstellung der Hilfs- und Anregungsenergie

Die für passive Sensoren notwendige Hilfsenergie kann über eine Spannung oder einen Strom bereitgestellt werden. Je nach Messverfahren benutzt man

- eine Konstantspannung zur Speisung eines Spannungsteilers oder einer Brückenschaltung,

- einen Konstantstrom zur Überführung einer Widerstandsänderung in eine Spannungsänderung,

- eine sinusförmige Wechselspannung zur Speisung einer Wechselstrombrücke,

- eine sinus- oder rechteckförmige Wechselspannung zur Leitfähigkeitsmessung in Elektrolyten oder

- eine Impulsspannung, wenn die Messgröße auf eine Zeit abgebildet wird.

In speziellen Fällen kann der Sensor auch zur Aufrechterhaltung eines bestimmten Arbeitspunktes in einem Regelkreis eingebunden sein (Beispiel Amperometrie).

Die Parameteränderung passiver Sensoren wird manchmal auf eine Frequenz abgebildet. Bei diesen sog. frequenzanalogen Messverfahren werden die Sensorelemente als frequenzbestimmende Glieder in eine Oszillatorschaltung eingebunden.

Hilfsenergie in Form von Gleichspannung bzw. Gleichstrom Die Versorgung eines Sensorelementes oder einer Messbrücke erfordert eine Gleichspannung, die sehr stabil und frei von Störsignalen ist. Sie sollte separat bereitgestellt und gefiltert werden, um nicht unerwünschte Störpegel, z.B. aus einem Digitalteil, einzukoppeln. Analoges gilt für Gleichstrom als Versorgung.

Wenn der Widerstand eines resitiven Sensors vermessen wird, gehen der absolute Wert der Speisespannung des Spannungsteilers bzw. der Messbrücke sowie deren Genauigkeit und Konstanz unmittelbar in das Messergebnis ein, wie man u.a. aus den Gleichungen 7.8, 7.10 und folgende direkt abliest. Entsprechend muss man bei Stromeinspeisung eine hohe Genauigkeit und Konstanz der Stromquelle fordern (vgl. Gleichung 7.9). Die Versorgungsspannung bzw. der Versorgungsstrom müssen deshalb aus einer hochgenauen, stabilisierten Quelle entnommen werden.

Die an resistiven Sensorelementen umgesetzte Leistung soll möglichst klein sein, um Messfehler durch Eigenerwärmung zu minimieren. Deshalb wird bei Brückenschaltungen (siehe Seite 142) die verwendete Brückenspeisespannung an den Widerstand der Brücke angepasst. Die Brückenspeisespannung liegt zwischen $1\,\mathrm{V}$ und $25\,\mathrm{V}$; typische Speisespannungen sind $10\,\mathrm{V}$, $5\,\mathrm{V}$ und $2{,}5\,\mathrm{V}$. Die Brückenspeisespannung wird von kommerziellen Dehnmessstreifen-Messverstärkern mit bereitgestellt.

Einen anderen Weg geht man bei der sog. **ratiometrischen Messung**, einer Verhältnismessung. Hier wird ein Widerstand als genau bekannt vorausgesetzt, beispielsweise also R_1 in Abb. 7.8. Der unbekannte Widerstand $R_0 \pm \Delta R$ wird dann aus dem bekannten Widerstand R_1 und aus dem Verhältnis der Spannungsabfälle $\frac{U_a}{U_{R_1}}$ berechnet

$$R_0 \pm \Delta R = R_1 \frac{U_a}{U_{R_1}}. \tag{7.7}$$

In der Praxis kann dieses Verfahren leicht mit einem ADC durchgeführt werden, indem die Referenzeingangsspannung des ADC zugleich als Speisespannung für einen Spannungsteiler, der das Sensorelement enthält, genutzt wird.

Bereitstellung einer Messwechselspannung   Wechselspannungen können verschiedenste Kurvenformen haben. Für Messzwecke werden bevorzugt die Sinus- und die Rechteckform sowie Einzelimpulse oder Impulspakete verwendet. Die Erzeugung solcher Wechselspannungen und Impulse erfolgt in einer geeigneten Oszillator- bzw. Generatorschaltung.

Man kann die Verfahren zur Schwingungserzeugung grundsätzlich einteilen in

- analoge Verfahren mit rückgekoppelten Verstärkerschaltungen und in
- digitale oder synthetische Schwingungserzeugung.

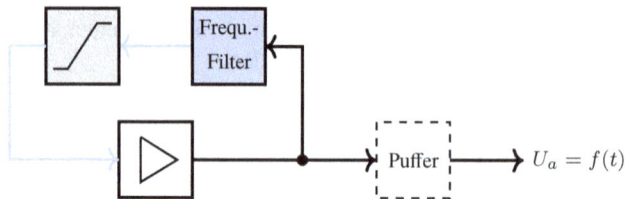

Abb. 7.5.: Schwingungserzeugung mit Rückkopplung, Prinzip

Für die analoge Schwingungserzeugung benutzt man bis zur Selbsterregung rückgekoppelte Verstärkerschaltungen, deren Prinzip die Abb. 7.5 zeigt. Der Verstärker ist positiv rückgekoppelt. Im Rückkopplungszweig liegen frequenzbestimmende Elemente, das können ein Schwingkreis, RC-Glieder oder ein Schwingquarz, als Frequenzfilter sein und Schaltelemente zur Amplitudenbegrenzung. Das Anschwingen der Anordnung erfolgt selbsttätig, indem das immer vorhandene thermische Rauschen als kleines Anfangssignal genutzt und verstärkt wird. Dabei schaukelt sich infolge der positiven Rückkopplung die Schwingung auf der durch den Frequenzfilter (blau hinterlegt) festgelegten Frequenz auf. Der in der Abbildung dem Frequenzfilter nachgeschaltete Amplitudenfilter (hellgrau) begrenzt die Amplitude auf einen konstanten Wert. Er kann nichtlineare Kennlinien passiver Bauelemente nutzen oder als aktive Regelschaltung ausgebildet sein, die aus dem Spitzenwert des Ausgangssignals ein Regelsignal ableitet. Die frequenz- und amplitudenbestimmenden Bauelemente müssen so ausgewählt sein, dass sie die Erzeugung hinreichend langzeit- und temperaturstabiler Schwingungen erlauben. Aus der Vielzahl bekannter Oszillatorschaltungen sind in der Abb. 7.6 ein induktiv gekoppelter Oszillator (Meißner[3]-Schaltung) und ein Phasenschieberoszillator dargestellt. Für Einzelheiten zu elektronischen Oszillatoren verweisen wir z.B. auf [Kur88].

Um Rückwirkungen von der Lastseite auf die Oszillatorschaltung zu unterdrücken, wird in der Regel ein Pufferverstärker zwischen Oszillator und Last geschaltet. Der Pufferverstärker stellt die notwendige Spannungsamplitude und Leistung bereit und ist in Abb. 7.5 gestrichelt dargestellt.

Aufbauend auf der beschriebenen analogen Schwingungserzeugung kann man Schwingungen entsprechend Abb. 7.7 auch synthetisch erzeugen. Dazu werden die Schwingungen eines mit definierter Frequenz durch Selbsterregung frei schwingenden Oszillators (Taktgenerators) genutzt, um einen Zähler anzusteuern. Der aktuelle Zählerstand liefert eine Adresse

---

[3] Alexander Meißner, österreichischer Physiker, 1883–1958

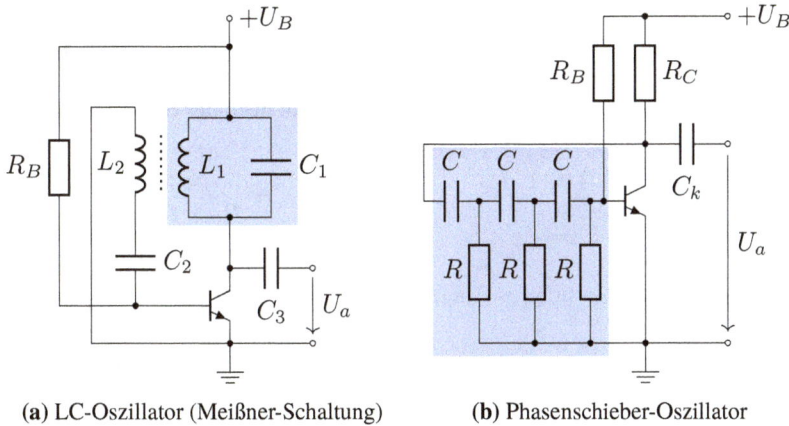

(a) LC-Oszillator (Meißner-Schaltung)   (b) Phasenschieber-Oszillator

Abb. 7.6.: Sinusoszillatoren (frequenzbestimmende Bauelemente blau hinterlegt)

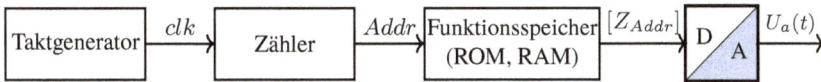

Abb. 7.7.: Synthetische (digitale) Schwingungserzeugung, Prinzip

für den nachgeschalteten Speicher. Der Speicherinhalt der adressierten Speicherstelle wird als Funktionswert interpretiert und vom angeschlossenen Digital-Analog-Wandler in einen Spannungswert umgesetzt. Mit diesem Verfahren lassen sich praktisch beliebige Schwingungen erzeugen. Bei symmetrischen Schwingungsformen (z.B. Sinus, Cosinus) kann man Stützstellen mehrfach nutzen, um Adressraum zu sparen, und mit der Startadresse kann man eine Anfangsphase vorgeben. Zu beachten ist, dass die Frequenz des Taktgenerators (clk) bei n Stützstellen n mal höher sein muss, als die Ausgabefrequenz. Dieses Verfahren lässt sich leicht mit Mixed-Signal-Mikrocontrollern realisieren.

7.1.2.2. Resistive Sensoren

Um die Widerstandsänderung $\pm\Delta R$ eines resistiven Sensors auszuwerten, wird die Parameteränderung auf eine Spannung abgebildet; dazu kann man den Sensor

- in einen Spannungsteiler schalten,
- mit einer Stromquelle speisen oder
- in einer Brückenschaltung betreiben.

Alternativ kann man die Widerstandsänderung des Sensors auch auf eine Zeitdifferenz oder eine Frequenzänderung abbilden, wie wir in Kapitel 7.1.2.4 zeigen.

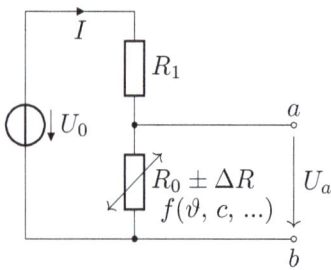

Abb. 7.8.: Resistiver Sensor in Spannungsteilerschaltung

Spannungsteilerschaltung In Abb. 7.8 wird das Sensorelement in einem Spannungsteiler betrieben. Für die Ausgangsspannung U_a erhält man nach der Spannungsteilerregel

$$U_a = \frac{R_0 \pm \Delta R}{R_1 + R_0 \pm \Delta R} \cdot U_0. \qquad (7.8)$$

Damit die Spannung, die über dem Sensorwiderstand R_0 abgegriffen wird, nicht verfälscht wird, muss sie hochohmig gemessen werden, beispielsweise mit einem nichtinvertierenden Verstärker, wie in Abb. 7.18 auf Seite 148 dargestellt.

Manchmal ist es zweckmäßig, Sensorwiderstand und Festwiderstand in Abb. 7.8 zu vertauschen, wenn man wünscht, dass sich Messgröße und die Ausgangsspannung gleichsinnig ändern. Als Beispiel nennen wir einen Spannungsteiler mit Thermistor, an welchem sich U_a und die Temperatur gleichsinnig ändern sollen.

Wenn $R_1 = R_0$ und $\Delta R = 0$ gilt, ergibt sich für die Ausgangsspannung $U_a = \frac{1}{2}U_0$. Die oft kleine Änderung $\pm\Delta R$ führt nur zu kleinen Änderungen der Ausgangsspannung um den Wert $\frac{1}{2}U_0$. Das ist für eine nachfolgende Verstärkung des Signals ungünstig, weil mit $\frac{U_0}{2}$ eine im Vergleich zum Messsignal große Ruhespannung vorliegt. Ein anderer Nachteil ist, dass der Zusammenhang nach 7.8 nicht linear ist.

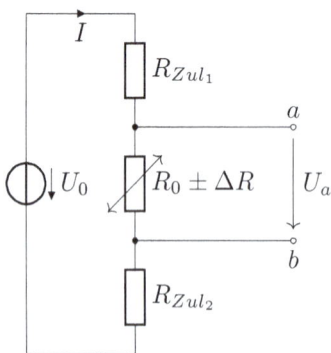

Abb. 7.9.: Vierleiteranordnung

Vierleitermessverfahren Bei der Messung des Sensorwiderstandes $R \pm \Delta R$ fließt entsprechend Abb. 7.9 der Messstrom I, außer über den Sensorwiderstand, natürlich auch über die Zuleitungen, die einen Widerstand $R_{Zul_1} + R_{Zul_2}$ besitzen, sowie über eventuell vorhandene Anschlusswiderstände. Der Messstrom verursacht nun auch über die Zuleitungen und Anschlusswiderstände einen Spannungsabfall. Dieser ist unerwünscht und tritt als systematische Messabweichung in Erscheinung. Beim Vierleitermessverfahren nach Abb. 7.9 verwendet man für die Zuleitung des Messstromes und für die hochohmige Ableitung des zu messenden Spannungsabfalls jeweils getrennte Leiterpaare. Mit dieser Maßnahme wird der Spannungsabfall über die Zuleitungen ausgeblendet und tritt nicht mehr störend in Erscheinung. Die Vierleitermessung ist insbesondere bei niedrigen Werten des zu messenden Widerstandes und langen Zuleitungen wirkungsvoll.

Das Vierleitermessverfahren wird auch bei der Leitfähigkeitsmessung in Elektrolyten angewandt. Wie wir in Kapitel 5.2.1 und Abb. 5.2c gesehen haben, werden dazu zwei separate Elektroden als Spannungssonden genutzt.

Messung mit Konstantstrom In Abb. 7.10 wird der Sensor von einem Konstantstrom I_{const} durchflossen, so dass man für die Spannung am Sensor folgenden Term erhält:

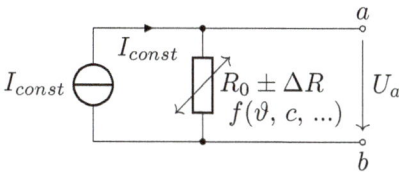

Abb. 7.10.: Resistiver Sensor mit Konstantstromquelle

$$U_a = I_{const} \cdot (R_0 \pm \Delta R). \qquad (7.9)$$

Im Gegensatz zur Spannungsteilerschaltung besteht hier ein linearer Zusammenhang zwischen der Widerstandsänderung $\pm \Delta R$ und der Änderung der Ausgangsspannung ΔU_a. Der im Vergleich zum Messsignal hohe Ruhespannungsabfall über R_0 ist jedoch auch vorhanden.

Die in Abb. 7.11 dargestellte Schaltung ist als „aktive Brücke" bekannt. Unter Zugrundelegung der für Operationsverstärker geltenden Regeln ergibt eine Analyse der Schaltung Folgendes:

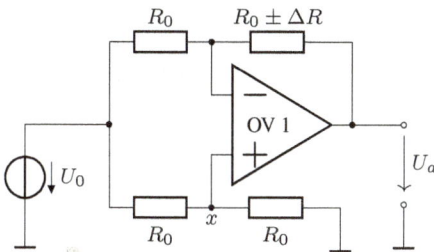

Abb. 7.11.: Aktive Brückenschaltung

- das Potential an x beträgt $\frac{U_0}{2}$,

- der Strom durch R_0 ist konstant und beträgt $I_{const} = \frac{U_0}{2 \cdot R_0}$ und

- für die Ausgangsspannung ergibt sich $U_a = -I_{const} \cdot \pm \Delta R$.

Auch in dieser Schaltung wird der Sensorwiderstand von einem Konstantstrom durchflossen; der Ruhespannungsabfall über R_0 tritt jedoch nicht mehr in Erscheinung und die Ausgangsspannung ist der Widerstandsänderung direkt proportional.

Brückenschaltungen Brückenschaltungen erlauben es, kleine Widerstandsänderungen zu messen und problemlos mehrere Sensorelemente entsprechend Abb. 7.1b parallel einzubinden. Wir betrachten nachfolgend die unbelastete Wheatstone[4]-Brücke als Viertelbrücke mit einem Sensorelement (Abb. 7.12), als Halbbrücke mit zwei Sensorelementen (Abb. 7.13a) und als Vollbrücke mit vier Sensorelementen (Abb. 7.13b).

In der Viertelbrücke ist nur ein Widerstand veränderlich, das ist in Abb. 7.12 der Widerstand $R_1 \pm \Delta R$; die anderen Widerstände, also R_2, R_3 und R_4, sind Festwiderstände. Die unbelastete

---

[4] Sir Charles Wheatstone, englischer Physiker, 1802–1875

Brücke können wir als zwei Spannungsteiler verstehen, zwischen denen die Brückenspannung U_{Br} nach dem Maschensatz wie folgt berechnet wird

$$U_{Br} = U_{R_2} - U_{R_4} = \left(\frac{R_2}{(R_1 \pm \Delta R) + R_2} - \frac{R_4}{R_3 + R_4} \right) \cdot U_0.$$

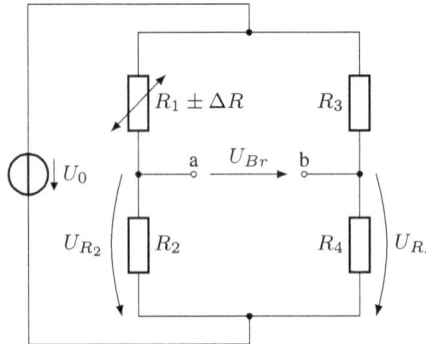

Abb. 7.12.: Wheatstonesche Brückenschaltung, Viertelbrücke

Wenn die Widerstände eines Brückenstranges gleich sind, wenn also $R_1 = R_2$ und $R_3 = R_4$ gilt, kommen die Vorteile der Brückenschaltung zum Tragen. Man erhält dann für die Brückenspannung der Viertelbrücke

$$U_{Br} = \left(\frac{R}{2 \cdot R \pm \Delta R} - \frac{1}{2} \right) \cdot U_0. \tag{7.10}$$

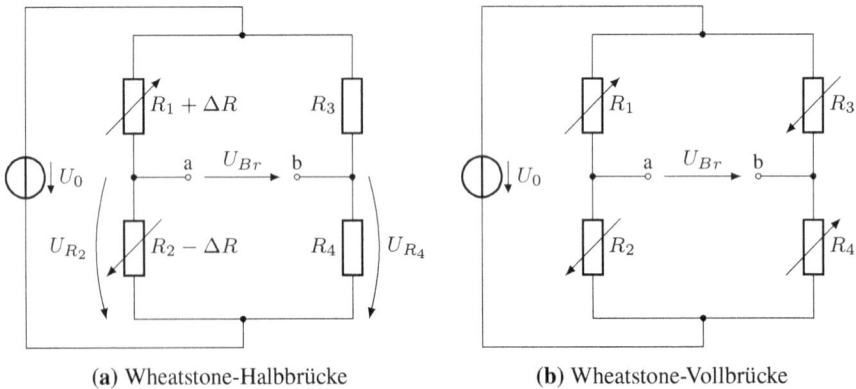

(a) Wheatstone-Halbbrücke   (b) Wheatstone-Vollbrücke

Abb. 7.13.: Varianten der Wheatstoneschen Brückenschaltung

Wir hatten gesehen, dass an Verformungskörpern (Biegebalken, Membranen usw., vergleiche Abb. 4.15 Seite 54) gedehnte und gestauchte Bereiche auftreten, deren Verformung mit Dehnmessstreifen erfasst werden kann. Für Dehnmessstreifen, die auf gleich stark gedehnten bzw.

gestauchten Verformungsbereichen eines Biegebalkens korrekt platziert sind, hat die Änderung des Widerstandswertes zwar den gleichen Betrag aber unterschiedliche Vorzeichen. Für solche Anordnungen eignet sich die Halbbrücke. In der Halbbrücke nach Abb. 7.13a ist ein Brückenstrang mit zwei gleichartigen resistiven Sensorelementen bestückt, deren Widerstandsänderungen ΔR mit unterschiedlichen Vorzeichen wirksam werden, was die Pfeile symbolisieren. Für die Brückenspannung ergibt sich nun

$$U_{Br} = \left(\frac{R \pm \Delta R}{2 \cdot R \pm \Delta R \mp \Delta R} - \frac{1}{2} \right) \cdot U_0 = \frac{\pm \Delta R}{2 \cdot R} \cdot U_0. \tag{7.11}$$

In einer Vollbrücke entsprechend Abb. 7.13b sind beide Brückenstränge so mit gleichartigen Sensorelementen $R_1 = R_2 = R_3 = R_4 = R$ bestückt, dass sich die Änderungen ΔR, wieder symbolisiert durch die Pfeilrichtungen, wechselseitig verstärken. Die Brückenspannung U_{Br} ermitteln wir mit Hilfe des Maschensatzes und erhalten

$$U_{Br} = U_{R_2} - U_{R_4} = \frac{\pm \Delta R}{R} U_0. \tag{7.12}$$

Zusammenfassend können wir mit Bezug auf die Gleichungen 7.10, 7.11 und 7.12 feststellen, dass

- für $\Delta R = 0$ die Brückenspannung $U_{Br} = 0$ gilt,
- bei Viertelbrücken die Abhängigkeit zwischen U_{Br} und ΔR nichtlinear ist,
- bei Halb- und Vollbrücken der Zusammenhang zwischen U_{Br} und ΔR linear ist
- und dass die Empfindlichkeit der Vollbrücke doppelt so hoch ist, wie die der Halbbrücke.

Um die Brückenspannung nicht zu verfälschen, muss deren Messung hochohmig und massefrei erfolgen. Dafür eignen sich Instrumentenverstärker nach Abb. 7.19 auf Seite 149.

In Brückenschaltungen können Thermospannungen als Störgröße für die oft kleinen Brückenspannungen auftreten. Man kann dem begegnen, indem anstelle einer Gleichspannung eine Wechselspannung zur Versorgung der Brücke eingesetzt wird (Trägerfrequenzverfahren). Es gelten dann sinngemäß die Regeln für Wechselspannungsbrücken, die wir im Anschluss betrachten.

7.1.2.3. Kapazitive und induktive Sensoren

Kapazitäten und Induktivitäten sind Blindwiderstände; sie müssen mit Wechselstrom oder mit Impulsen vermessen werden bzw. zur frequenzanalogen Messung in eine Oszillatorschaltung eingebunden sein.

Die Messung der meist kleinen Kapazitäts- oder Induktivitätsänderungen kann mit einer Wechselstrombrücke erfolgen. Eine Wechselstrombrücke entsteht aus einer Gleichstrombrücke dadurch, dass man einen, zwei oder alle vier ohmschen Widerstände der Gleichstrombrücke durch eine komplexwertige Impedanz $\underline{Z} \pm \Delta\underline{Z}$ ersetzt, die Brücke mit Wechselspannung speist, die Brückenspannung mit einem Wechselspannungsverstärker verstärkt und anschließend mit einem phasenempfindlichen Gleichrichter gleichrichtet.

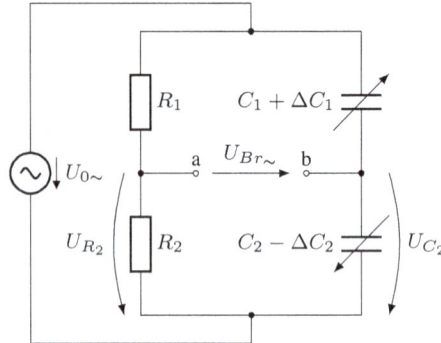

Abb. 7.14.: Wechselspannungs-Halbbrücke

In der Wechselstrombrücke nach Abb. 7.14 sind zwei Brückenzweige durch die Kapazitäten $C_1 + \Delta C_1$ und $C_2 - \Delta C_2$, ersetzt. Mit dem kapazitiven Widerstand $\underline{Z}_C = \frac{1}{j\omega C}$ ergibt sich für die unbelastete Brückenwechselspannung $U_{Br\sim}$

$$U_{Br\sim} = U_{R_2\sim} - U_{C_2\sim} = U_{0\sim} \left(\frac{R_2}{R_1 + R_2} - \frac{\frac{1}{j\omega(C_2-\Delta C_2)}}{\frac{1}{j\omega(C_1+\Delta C_1)} + \frac{1}{j\omega(C_2-\Delta C_2)}} \right).$$

Für unsere Fragestellung gehen wir von einem symmetrisch aufgebauten Differentialkondensator aus, so dass man in der Ruhelage $C_1 = C_2 = C$ ansetzen kann. Für die kleine Auslenkung aus der Ruhelage setzen wir analog an $\Delta C_1 = \Delta C_2 = \Delta C$ und berücksichtigen die Richtung mit dem entsprechenden Vorzeichen. Da in der Ruhelage beide Kapazitäten gleich sind, wählen wir auch die Widerstände gleich $R_1 = R_2 = R$ und erhalten mit diesen Vereinfachungen nach einigen Umformungen

$$U_{Br\sim} = U_{0\sim} \left(\frac{R}{2R} - \frac{\frac{1}{C-\Delta C}}{\left(\frac{1}{C+\Delta C} + \frac{1}{C-\Delta C}\right)} \right) = \left(\frac{1}{2} - \frac{1}{\frac{C-\Delta C}{C+\Delta C} + 1} \right). \qquad (7.13)$$

7.1.2.4. Frequenzanaloges Messen

Ein Weg, die mit einem passiven Sensor erfasste Messgröße weiter zu verarbeiten, besteht darin, die Parameteränderung auf eine Zeit bzw. eine Frequenz abzubilden und diese auszuwerten. Dazu werden die passiven Sensorelemente als zeitbestimmende Bauelemente in zeitabhängige

Schaltungen eingebaut. Man kann das Sensorelement auch als frequenzbestimmendes Bauelement in eine Oszillatorschaltung einbinden und so die Messgrößenänderung auf eine Änderung der Frequenz bzw. Schwingungsdauer abbilden. Das letztgenannte Verfahren heißt **frequenzanaloges Messen**.

Impulsverfahren In Abb. 7.15 ist eine Anordnung für das Impulsverfahren skizziert. Die zeitabhängige Messstrecke ist hier ein **RC-Tiefpass** (blau hinterlegt). Der Tiefpass besteht aus dem Widerstand R und dem Kondensator C, und eines dieser Bauelemente sei ein veränderliches passives Sensorelement. Der Impulsgenerator liefert Rechteckimpulse durch periodisches Umschalten des elektronischen Schalters S mit den Werten $U_{Imp} = 0$ und $U_{Imp} = U_0$. Als Nachweiselektronik dienen ein Komparator (Komp.) und ein nachgeschalteter Time-to-Digital-Converter (TDC).

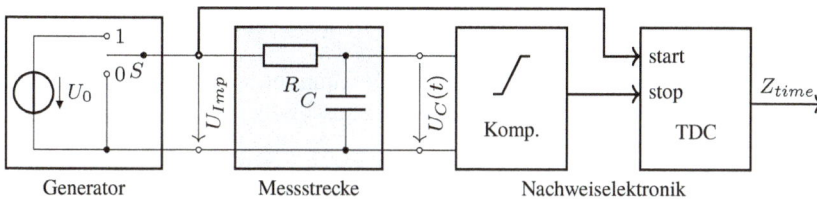

Abb. 7.15.: Prinzip des Impuls-Schwellwert-Verfahrens

Wir betrachten nun den Zeitverlauf der Spannung $U_C(t)$. Um unterschiedliche Tiefpässe direkt vergleichen zu können, stellen wir $U_C(t)$ über t/τ dar. Die Größe τ

$$\tau = R \cdot C \tag{7.14}$$

hat die Dimension einer Zeit und heißt **Zeitkonstante**. Bevor die steigende Flanke des Rechteckimpulses auftritt, also zum Zeitpunkt $\frac{t}{\tau} = 0$ in Abb. 7.16a, sei der Kondensator komplett entladen ($U_C = 0$). Die steigende Flanke des Rechteckimpulses startet gleichzeitig die Zeitmessung im TDC. Solange der Rechteckimpuls die Amplitude U_0 (Schalter S in Stellung „1 ") hat, fließt ein zeitabhängiger Ladestrom und die Spannung $U_C(t)$ steigt entsprechend folgender Gleichung

$$U_C(t) = U_0 \cdot \left(1 - e^{-t/\tau}\right) \qquad \text{mit} \qquad \tau = R \cdot C, \tag{7.15}$$

bis bei sehr langer Impulsdauer die Kondensatorspannung U_C praktisch die Amplitude der Rechteckspannung U_0 erreichen würde. Gleichung 7.15 beschreibt die bekannte Ladekurve eines Kondensators in einer RC-Schaltung, die auch in Abb. 7.16a dargestellt ist.

Der Anstieg der Kondensatorspannung U_C wird vom Komparator überwacht. Wenn U_C den vorgegebenen Schwellwert erreicht hat, erzeugt der Komparator ein Stopsignal für den TDC. Der TDC beendet die Zeitmessung und erzeugt einen der abgelaufenen Zeitspanne entsprechenden Digitalwert Z_{time}.

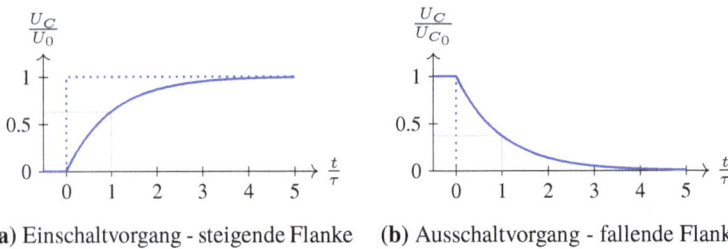

(a) Einschaltvorgang - steigende Flanke   (b) Ausschaltvorgang - fallende Flanke

Abb. 7.16.: Normierte Spannungsverläufe $U_C(t)$ und Impulsspannung (gestrichelt)

Wenn man als Schaltschwelle des Komparators $U_c = \left(1 - e^{-1}\right) U_0$ wählt, entspricht die bei Umschalten des Komparators abgelaufene Zeit Δt gerade der Zeitkonstante $\tau = R \cdot C$. Bei einem bekannten Wert, beispielsweise dem Widerstandswert, kann man den anderen Wert, also den Kapazitätswert, leicht berechnen und dann auf die gesuchte Messgröße zurückschließen.

Wenn die Rechteckspannung den Wert $U_{Imp} = 0\,\mathrm{V}$ annimmt, wird der Kondensator entladen. Der Entladevorgang wird durch folgende Gleichung beschrieben

$$U_C(t) = U_{C_0} \cdot e^{-t/\tau}. \tag{7.16}$$

U_{C_0} steht für die Spannung, die der Kondensator hat, wenn die Entladung beginnt (fallende Flanke des Rechteckimpulses $\frac{t}{\tau} = 0$ in Abb. 7.16b).

Das Verfahren arbeitet mit Einzelimpulsen; es garantiert damit eine geringe Erwärmung des Widerstandes während der Messung sowie eine gute Energiebilanz. Es kann mit Mixed-Signal-Controllern zur Auswertung resistiver und kapazitiver Sensoren eingesetzt werden.

Messoszillatoren und frequenzanaloge Messung   Als Messoszillatoren eignen sich sowohl LC-Oszillatoren als auch RC-Oszillatoren. Mit einem LC-Oszillator kann man entweder einen induktiven oder einen kapazitiven Sensor auswerten und dementsprechend mit einem RC-Oszillator entweder einen kapzitiven oder einen resistiven Sensor. Dem Messoszillator wird zur Frequenzmessung ein Frequenzzähler nachgeschaltet und aus der Frequenz wird auf die gesuchte Messgröße zurückgeschlossen.

Ein Beispiel für einen **LC-Messoszillator** ist der in Abb. 7.6 auf Seite 139 dargestellte Meißner-Oszillator. Der Meißner-Oszillator schwingt auf der Resonanzfrequenz f_0 des Schwingkreises, für die gilt

$$f_0 = \frac{1}{\sqrt{2\pi \cdot L \cdot C}}. \tag{7.17}$$

Damit der Oszillator ein Sinussignal konstanter Amplitude liefert, muss die Amplitude stabilisiert werden. Es ist zu beachten, dass Frequenz und Messgröße über die Wurzelfunktion verknüpft sind.

Ein Beispiel für einen **RC-Messoszillator** ist der in Abb. 7.17 dargestellte einfache Relaxationsoszillator mit einem RC-Glied und einem Operationsverstärker, der mit einer bipolaren Versorgungsspannung betrieben wird. Die Schaltung liefert am Ausgang eine Rechteckspannung mit den bipolaren Amplituden $\pm U_a$, die folgendermaßen zustande kommt:

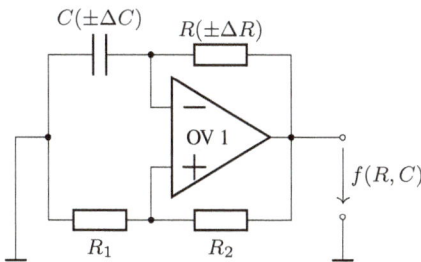

Abb. 7.17.: Relaxationsoszillator

Über den Spannungsteiler R_1, R_2 wird am nichtinvertierenden Eingang eine zu 0 symmetrische Umschaltschwelle eingestellt (Komparatorfunktion). Wie mit Gleichung 7.16 und in Abb. 7.16 beschrieben, wird der Kondensator C über den Widerstand R geladen, bis die Umschaltschwelle erreicht ist. Dann kippt die Schaltung, die Ausgangsspannung ändert ihr Vorzeichen und durch wiederholte Abfolge dieses Prozesses entsteht eine symmetrische Rechteckspannung für deren Periodendauer sich folgende Beziehung ergibt:

$$T = 2RC \ln\left(1 + 2\frac{R_2}{R_1}\right). \tag{7.18}$$

Indem man entweder ein kapazitives Sensorelement anstelle der Kapazität C oder ein resistives Sensorelement anstelle des Widerstandes R in der Schaltung einsetzt, kann man eine entsprechende Messgröße auf die Frequenz abbilden.

Beim Vergleich des Relaxationsoszillators mit Abb. 7.15 erkennt man, dass der Operationsverstärker hier zugleich als Rechteckgenerator und als Komparator arbeitet.

7.1.3. Primärelektronik für aktive Sensoren

Aktive Sensoren liefern ein direkt elektronisch weiter verarbeitbares Sensorsignal, entweder als Spannungs-, als Strom- oder als Ladungssignal. Die Sensoren haben, als **elektrische Quelle** betrachtet, natürlich einen inneren Widerstand R_i, über den Strom und Spannung durch das ohmsche Gesetz miteinander verknüpft sind. Wenn auf Grund des Wandlungseffektes die abgegebene Spannung gemessen werden soll, muss die Messung sehr hochohmig erfolgen, der Sensor befindet sich dabei im Leerlauf ($I \longrightarrow 0$). Soll hingegen der vom Sensor abgegebene Strom gemessen werden, wird sehr niederohmig, also im Kurzschluss ($U \longrightarrow 0$) gemessen.

Manche aktiven Sensoren erfordern zur Schaffung ihrer Arbeitsbedingungen bzw. zur Einstellung ihres Arbeitspunktes eine Hilfsenergie; als Beispiele nennen wir Hall-Sensoren (Spannungsausgang) und amperometrische Sensoren (Stromausgang).

Die Verarbeitung der Sensorsignale und auch die von passiven Sensorschaltungen, beispielsweise einem Spannungsteiler oder einer Messbrücke, abgegebene Signalspannung erfolgt mit Operationsverstärkern, deren Grundschaltungen wir hier voraussetzen (zu Operationsverstärkern siehe Kapitel 7.1.1 und z.B. [TSG12], [Sch07], [RW21]).

7.1.3.1. Sensoren mit Spannungsausgang – Messung im Leerlauf

Eine Abbildung der Messgröße auf eine Spannung finden wir u.a. beim Hallsensor und bei potentiometrischen chemischen Sensoren, wie der Glaselektrode. Die Vorverarbeitung der kleinen Spannungssignale erfolgt durch Spannungsverstärker mit sehr hochohmigem Eingang, so dass der Sensor als Spannungsquelle nicht belastet wird. Auch die von einer passiven Sensorschaltung, beispielsweise einem Spannungsteiler oder einer Messbrücke, abgegebene Signalspannung wird hochohmig gemessen. Wenn die zu messende Spannung einen Massebezug hat, kann ein Operationsverstärker, der entsprechend Abb. 7.18 als nichtinvertierender Verstärker beschaltet ist, eingesetzt werden. Die Spannungsverstärkung dieser Schaltung wird nach Gleichung 7.19 berechnet

$$V = \frac{U_a}{U_e} = \frac{R_2}{R_1} + 1. \tag{7.19}$$

Für

$$R_1 \longrightarrow \infty$$

wird die Verstärkung $V = 1$; die Schaltung arbeitet dann als reiner Impedanzwandler.

Wenn das zu verstärkende Signal keinen Massebezug hat, wie beispielsweise auch die Brückenspannung einer Wheatstone-Brücke, ist ein sog. Instrumentenverstärker (auch Instrumentationsverstärker) eine geeignete Lösung. Die Abb. 7.19 zeigt einen Instrumentenverstärker mit drei Operationsverstärkern. Die Operationsverstärker OV 1 und OV 2 arbeiten als nichtinvertierende Verstärker, so dass beide Eingänge hochohmig sind. Der Operationsverstärker OV 3 ist als Subtrahierer geschaltet.

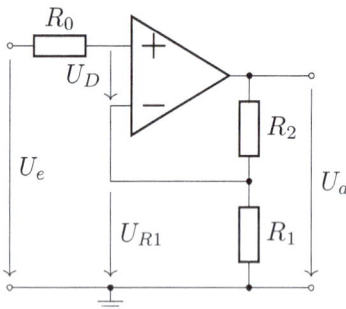

Abb. 7.18.: nichtinvertierender Verstärker

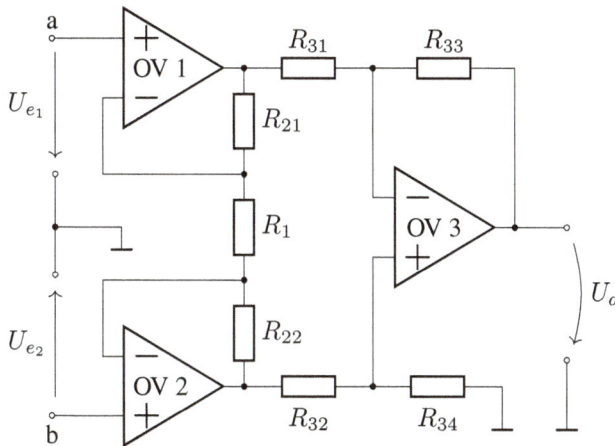

Abb. 7.19.: Instrumentenverstärker mit 3 Operationsverstärkern

Wenn die Bedingungen

$$R_{21} = R_{22} = R_2 \qquad \text{und} \qquad R_{31} = R_{32} = R_{33} = R_{34}$$

erfüllt sind, kann man für die Verstärkung des Instrumentenverstärkers folgende Beziehung ableiten

$$V_{Inst} = \frac{U_a}{U_{e_2} - U_{e_1}} = 1 + \frac{2 \cdot R_2}{R_1}. \tag{7.20}$$

Aus Gleichung 7.20 erkennt man, dass mit der Änderung nur eines Widerstandes, nämlich R_1, die Verstärkung geändert bzw. umschaltbar gemacht werden kann. Instrumentenverstärker werden als integrierte Schaltkreise angeboten und verfügen häufig über eine digital umschaltbare Verstärkung.

7.1.3.2. Sensoren mit Stromausgang – Messung im Kurzschluss

Für Sensoren, die ihre Messgröße auf einen Strom abbilden, nutzt man als erste Stufe der Auswerteschaltung einen Strom-Spannungs-Wandler (I/U-Wandler). Abb. 7.20 zeigt die Grundschaltung eines I/U-Wandlers mit Operationsverstärker.

Der vom Sensor gelieferte Strom I_1 fließt über die virtuelle Masse ab und wird vom I/U-Wandler gemäß Gleichung 7.21

$$U_a = -I_1 \cdot R \tag{7.21}$$

auf die Spannung U_a abgebildet, die dann weiter verarbeitet werden kann.

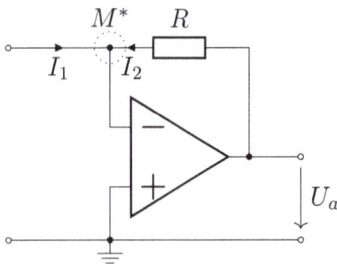

Abb. 7.20.: Operationsverstärker als Strom-Spannungs-Wandler

Durch Verändern des Widerstandes R kann der Wandlungsfaktor des I/U-Wandlers und damit der Messbereich an die Erfordernisse der Messaufgabe angepasst werden. Beispielsweise können mehrere verschiedene Widerstände und ein digital ansteuerbarer Analogmultiplexer vorgesehen werden, um so ein Umschalten des Messbereiches während des Betriebes zu ermöglichen.

Beispiele von Sensoren, deren Signale auf die hier beschriebene Weise verarbeitet werden, sind Photodioden und amperometrische Biosensoren, wie sie als Teststreifen für die Blutzuckerkonzentrationsbestimmung täglich millionenfach im Einsatz sind. Die zu wandelnden Sensorströme können in den Größenordnungen von einigen nA bis zu einigen µA liegen.

7.1.3.3. Sensoren mit Ladungsausgang

Piezoelektrische und pyroelektrische Sensoren bilden die Messgröße auf eine Ladung ab. Die piezoelektrisch bzw. pyroelektrisch aktiven Werkstoffe sind Isolatoren; sie sind sehr hochohmig und die vom Sensorelement generierte Ladung Q ist klein (Empfindlichkeit für Quarz 4,3 $\frac{\text{pC}}{\text{N}}$ nach [HBM10]).

Zur Messung der Ladungsmenge lässt man die Ladung Q auf einen Kondensator C_I fließen und misst dessen Spannung U_C hochohmig. Über die Beziehung zwischen Ladung und Spannung am Kondensator ergibt sich die Ladung

$$Q = U_C \cdot C_I. \tag{7.22}$$

Bei hochohmiger Messung teilt sich die Ladung auf parallel liegende Kapazitäten (Kabelkapazität) auf und fließt über Parallelwiderstände ab (C_p und R_p in Abb. 7.21). Man nutzt deshalb aktive Ladungs-Spannungs-Wandler, für die auch die Bezeichnung „Ladungsverstärker" gebräuchlich ist. Die Abb. 7.21 zeigt das Prinzipschaltbild eines solchen Ladungsverstärkers.

Wie beim I/U-Wandler (vgl. Abb. 7.20) wird das Senssorelement im Kurzschluss betrieben. Das Eingangssignal Q liegt am invertierenden Eingang des Operationsverstärkers und damit auf der virtuellen Masse; die Ladung fließt über die virtuelle Masse ab und man erhält für die Ausgangsspannung U_a nach Gleichung 7.23

$$U_a = U_{C_I} = \frac{Q}{C_I}. \tag{7.23}$$

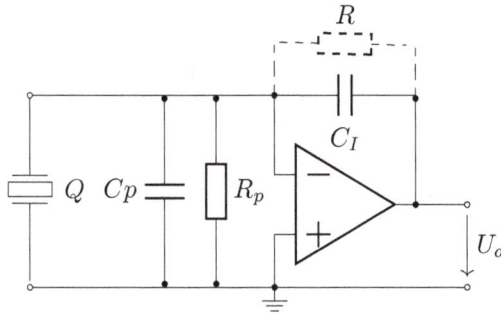

Abb. 7.21.: Ladungsverstärker mit piezoelektrischem Sensorelement Q

Wenn der gestrichelt eingetragene Widerstand R vorgesehen ist, entlädt sich darüber der Integrationskondensator C_I mit der Zeitkonstante $\tau = C_I \cdot R$. Der Widerstand stabilisiert die Schaltung gleichstrommäßig durch Gegenkopplung.

7.1.4. Analog-Digital- und Digital-Anlog-Wandlung

Ein wesentlicher Teil der Sensorsignalverarbeitung sowie die Ausgabe bzw. Darstellung der Messwerte erfolgt in der Regel digital. Dazu muss das Sensorsignal, nachdem es analog aufbereitet ist, digitalisiert werden. Die Wandlung des analogen Signals in ein Digitalsignal erfolgt mit einem Analog-Digital-Wandler (ADC[5]). Wenn umgekehrt ein Digitalsignal als Spannungssignal bereitgestellt werden muss, erfolgt das mit einem Digital-Analog-Wandler (DAC[6]). Wir stellen nachfolgend anhand von Kennlinien die prinzipielle Funktion dieser Wandler vor, ohne auf Wandlerprinzipien oder Schaltungskonzepte einzugehen.

Ein Analog-Digital-Wandler soll das analoge Sensorsignal, genauer dessen Momentanwert und Zeitverlauf, möglichst genau auf zeitlich äquidistante Datenworte abbilden. Bei Digital-Analog-Wandlern wiederum soll die Ausgangsspannung exakt dem momentan am Eingang anliegenden Datenwort entsprechen. Beide Forderungen lassen sich nur erfüllen, wenn die**Wandlerkennlinie** linear ist, die **Auflösung** hinreichend hoch und die **Wandlungszeit** hinreichend klein sind.

Die **Auflösung** eines Wandlers wird als Datenwortbreite in Bit angegeben. Ein Wandler mit einer Auflösung bzw. Datenwortbreite von 8 Bit kann $Z_{max} = 2^8 = 256$ verschiedene Werte digital darstellen und verarbeiten. In Verbindung mit der größten, vom Wandler verarbeitbaren Spannung U_{FS} (FS: *full scale*), kann man die Quantisierungsgröße U_{LSB}[7] berechnen, es gilt

$$U_{LSB} = \frac{U_{FS}}{Z_{max}}. \tag{7.24}$$

---

[5] Für die englische Bezeichnung **A**nalog-**D**igital-**C**onverter
[6] Für die englische Bezeichnung **D**igital-**A**nalog-**C**onverter
[7] LSB: *Least Significant **B**it*, niederwertigstes Bit

Die Wandlung eines Signals bzw. Wertes benötigt jeweils eine gewisse, endliche Zeit, die
Wandlungszeit t_W. Diese Zeit ergibt sich einmal aus dem Funktionsprinzip des jeweiligen
Wandlers und zum anderen aus Signallaufzeiten und Einschwingzeiten.

Digital-Analog-Wandler-Kennlinien   Damit ein Digital-Analog-Wandler am Ausgang eine Spannung U_a abgibt, die proportional zu dem am Eingang anliegenden Datenwort, der Binärzahl Z
ist, muss gelten:

$$U_a(Z) = U_{LSB} \cdot Z. \tag{7.25}$$

Da die Binärzahl nur diskrete Werte annehmen kann, sind auch die Werte der ausgegebenen
Spannungen diskret. Ein DAC mit einer Auflösung von n Bit kann 2^n verschiedene Binärzahlen verarbeiten und damit 2^n verschiedene Spannungen ausgeben. Wir machen uns dies an
Abb. 7.22 klar. Das linke Bild zeigt die Kennlinie eines Digital-Analog-Wandlers, wobei aus
Gründen der Übersichtlichkeit ein 3-Bit-DAC gewählt wurde. Bei einer Auflösung bzw. Datenwortbreite von 3 Bit können Binärzahlen Z von 000 bis 111 (Definitionsbereich von Z) verarbeitet werden; diesen Binärzahlen sind diskrete Spannungswerte (Wertebereich) U_a zwischen
$0V$ und $\frac{7}{8} \cdot U_{FS}$ zugeordnet. Im linken Teilbild sind die Ausgangsspannungswerte exakt dargestellt; sie liegen genau auf der punktierten Diagonale. Die Ausgabe von $U_a = 0$ V erfordert
eine Binärzahl. Für die Ausgabe anderer Spannungen stehen damit noch $(2^n - 1)$ Binärzahlen
zur Verfügung und die maximal ausgebbare Spannung beträgt $U_a = U_{LSB} \cdot (2^n - 1)$.

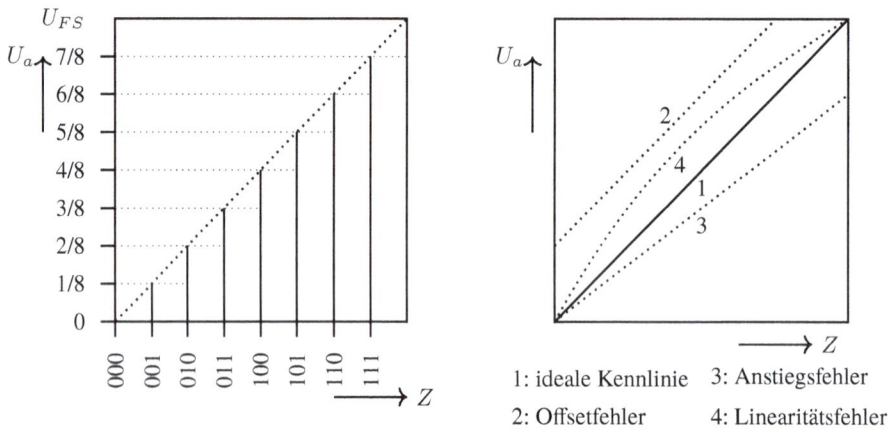

Abb. 7.22.: Kennlinie eines 3-Bit-DAC (links) und Wandlungsfehler (rechts)

Nun kann eine Digital-Analog-Wandlung prinzipiell mit Fehlern behaftet sein. Im rechten Teilbild der Abb. 7.22 sind neben der idealen Soll-Kennlinie (1) drei fehlerbehaftete Kennlinien[8]
eingetragen. Die einzelnen Fehler sind

---

[8] Aus Gründen der Anschaulichkeit sind die Linien durchgezogen; es existieren real nur diskrete Z-Werte.

- **Offsetfehler** (Kennlinie 2),
- **Anstiegsfehler** oder **Verstärkungsfehler** (Kennlinie 3)
- **Linearitätsfehler** (Kennlinie 4).

Offset- und Verstärkungsfehler sind extern korrigierbar.

Die Genauigkeit der Abbildung digitaler Werte auf Spannungswerte wächst mit der Auflösung des DAC. Je nach Anwendungszweck werden Digital-Analog-Wandler mit verschiedenen Auflösungen genutzt. Es sind Wandler mit Auflösungen von 4 Bit bis 20 Bit kommerziell verfügbar. Mit der Auflösung wachsen der Aufwand für die Ansteuerung des Wandlers, die Wandlungszeit und die Kosten.

Analog-Digital-Wandler-Kennlinien Ein Analog-Digital-Wandler soll eine Binärzahl Z generieren, die proportional zu der am Eingang anliegenden analogen Eingangsspannung U_e ist. Dazu muss der Quotient

$$Z = \frac{U_e}{U_{LSB}} \tag{7.26}$$

gebildet und auf die nächstliegende Binärzahl abgebildet werden.

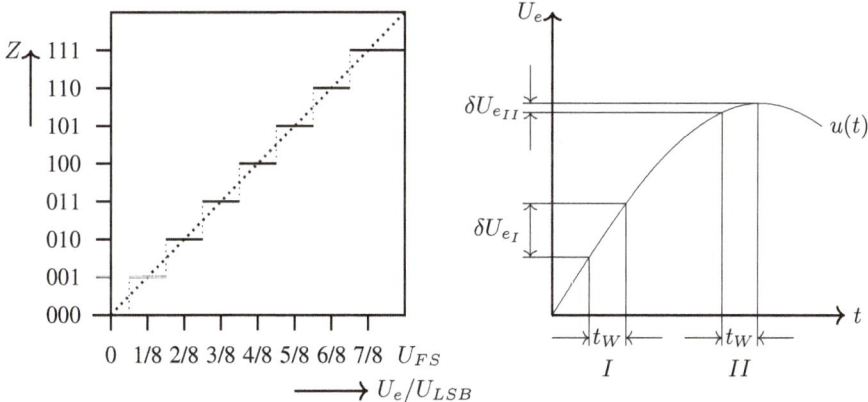

Abb. 7.23.: Kennlinie eines 3-Bit-ADC (links) und dynamische Fehler (rechts)

Die Anzahl der möglichen Datenworte ist wieder von der Auflösung abhängig. Ein n-Bit Wandler kann 2^n verschiedene Datenworte darstellen, d.h. aus der ursprünglich unendlich großen Zahl möglicher Spannungswerte im Eingangsspannungsintervall generiert der ADC 2^n verschiedene Binärzahlen, die 2^n diskreten Spannungen entsprechen. Alle Werte zwischen den diskreten Spannungen müssen im Wandler einer der möglichen diskreten Spannungen zugeordnet werden. Auch beim ADC wird der Eingangsspannung $U_e = 0$ V eine Binärzahl zugewiesen; am oberen Bereichsende beträgt die größte, exakt abbildbare Spannung deshalb

$$U_{e_{max}} = (Z^n - 1) \cdot U_{LSB}.$$

Die Abb. 7.23 zeigt die Kennlinie eines 3-Bit AD-Wandlers. Der 3-Bit ADC kann die Datenworte 000 bis 111 erzeugen, die den Eingangsspannungen 0 V bis $\frac{7}{8} \cdot U_{FS}$ entsprechen.

Um den prinzipbedingten Digitalisierungsfehler gering zu halten, erfolgt die Zuweisung der nächst höheren oder niederen Binärzahl jeweils bei halben U_{LSB}-Werten. Aus der Kennlinie kann man ablesen, welcher Eingangsspannungsbereich welchem Datenwort zugewiesen wird

- $0\,\text{V} \dots \frac{1}{2} U_{LSB}$ dem Datenwort 000,

- $\frac{1}{2} U_{LSB} \dots \frac{3}{2} U_{LSB}$ dem Datenwort 001,

- $\frac{3}{2} U_{LSB} \dots \frac{5}{2} U_{LSB}$ dem Datenwort 010

- usw.

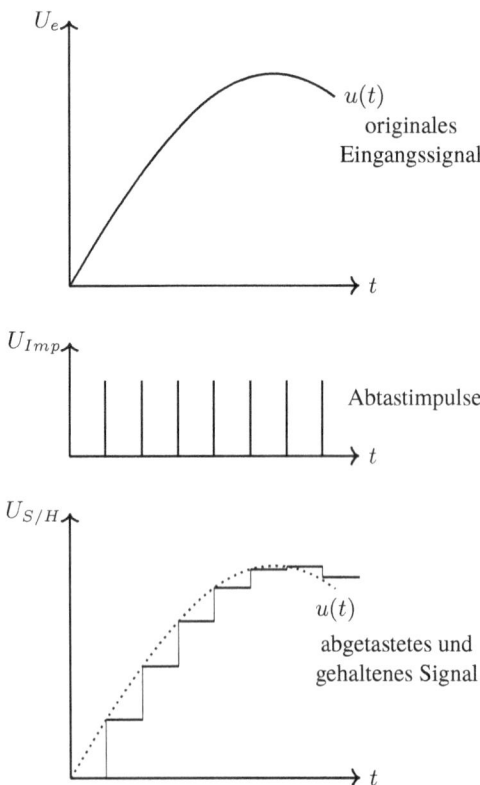

Abb. 7.24.: Abtasten und Halten eines Signals

Damit beträgt der prinzipbedingte Digitalisierungsfehler eines idealen Wandlers bis auf den Endbereich maximal $\pm\frac{1}{2} U_{LSB}$. Für den Endbereich ist aus der Kennlinie ablesbar, dass jeder Spannung, die größer als $\frac{7}{8} \cdot U_{FS}$ ist, das Datenwort 111 zugewiesen wird. Bei U_{FS} beträgt der Fehler $\frac{3}{2} U_{LSB}$ und schließlich wird der Wandler übersteuert.

Die Digitalisierung der analogen Eingangsspannung benötigt eine Zeit, die **Wandlungszeit** t_W. Während der Wandlungszeit kann sich die Eingangsspannung je nach ihrem zeitlichen Verlauf mehr oder weniger ändern. Im rechten Teil der Abb. 7.23 ist diese Situation am Abschnitt einer sinusförmigen Spannungskurve dargestellt; nahe dem Nulldurchgang ist die Spannungsänderung δU_e während t_W am größten, nahe dem Maximum am geringsten. Damit solche Spannungsänderungen den Wandlungsprozess nicht beeinflussen, wird die Eingangsspannung abgetastet und der Abtastwert für die Zeit der Wandlung konstant gehalten. Das leisten so genannte **Abtast-** und **Halte-Schaltungen** (*sample and hold circuit*).

In der Abb. 7.24 ist die Wirkung eines Abtast- und Haltegliedes dargestellt. Das obere Teilbild zeigt das Originalsignal, welches für die AD-Wandlung vorbereitet werden soll. Im mittleren Teilbild sind äquidistante Abtastimpulse zur Ansteuerung des Abtast- und Halteglied dargestellt. Diese Impulse leiten jeweils eine neue Abtastung ein und beenden das Halten des alten Wertes. Das untere Teilbild zeigt schließlich das abgetastete Signal. Man erkennt, dass nur zum Abtastzeitpunkt der Abtastwert korrekt dem Wert des Signals entspricht. Bei ansteigender Eingangsspannung ist der gehaltene Wert kleiner und bei fallender Eingangsspannung größer als die momentane Eingangsspannung. Die Abtastung des Signals macht aus der analogen Spannung eine wertdiskrete Spannung und führt damit zu einer Verfälschung. Die Verfälschung kann man klein halten, indem hinreichend schnell abgetastet wird.

Um ein Signal aus Abtastwerten korrekt rekonstruieren zu können, darf eine minimale Abtastfrequenz nicht unterschritten werden. Nach dem **Abtasttheorem** muss für das Verhältnis zwischen der Abtastfrequenz f_a und der höchsten im Spektrum des Eingangssignals vorkommenden Frequenz f_{max} (siehe z.B. [Mey11])

$$f_a > 2 \cdot f_{max} \tag{7.27}$$

gelten. Da dem analogen Sensorsignal Störsignalanteile mit höherer Frequenz überlagert sein können, z.B. ein Rauschanteil, erfolgt vor der Analog-Digital-Wandlung eine Tiefpassfilterung (Anti-Aliasing-Filter), so dass das Abtasttheorem nicht verletzt wird.

7.2. Schnittstellen der Primärelektronik

Die Primärelektronik besitzt Eingänge für die Stromversorgung sowie Ein- und Ausgänge für das Messsignal und bei Bedarf für Steuersignale; wir verwenden dafür den Sammelbegriff **Schnittstelle**. Solche Ein- und Ausgänge sind bzw. können sein:

- Eingänge für die Stromversorgung, also Zuführungen für eine oder mehrere Betriebsspannungen und bei Bedarf für eine Referenzspannung,
- Masseanschlüsse, die den zweiten Pol der Stromversorgung bilden und zugleich als Bezugspotential für analoge Ausgangsgrößen sowie digitale Signal- und Steuerleitungen oder einen Busanschluss dienen,
- bei Sensoren mit Analogausgang
  - einen oder mehrere Ausgänge für analoge Messsignale und eventuell
  - digitale Steuereingänge, z.B. zur Umschaltung der Empfindlichkeit, zur Auswahl eines Messkanals oder eines Betriebszustandes (power-down-Modus),
- und bei digital gesteuerten Sensoren mit Busanschluss (SPI- oder I^2C-Bus)
  - digitale Steuerleitungen (Chip Select, Chip Enable, Power Down),
  - Bustakt- und Datenleitungen.

7.2.1. Spannungsversorgung der Primärelektronik

Sensorschaltungen arbeiten intern heute in der Regel mit Betriebsspannungen zwischen 3 V und 5 V und benötigen nur wenige mA für den normalen Betrieb und µA oder Bruchteile davon in stromsparenden power-down-Modi. Während vor einigen Jahren für Operationsverstärkerschaltungen oft noch Versorgungsspannungen von $\pm$ 12 V notwendig waren, geht die Entwicklung dank der modernen Halbleitertechnik und der rail-to-rail-Schaltungen hin zu immer kleineren Versorgungsspannungen von z.B. 1,8 V und sogar unter 1 V. Mit der Versorgungsspannung sinkt auch die Stromaufnahme und die Verlustleistung der Schaltungen.

Man muss sich darüber klar sein, dass mit der Versorgungsspannung auch der Spannungshub der Signalspannungen, der ja kleiner als die Versorgungsspannung sein muss, sinkt. Wenn der Eingangsspannungshub eines ADC z.B. 1 V und die Auflösung 16 Bit betragen, dann bedeutet das, dass U_{LSB}, der Spannungswert des niederwertigsten Bits, nur 15,26 µV beträgt. Vor diesem Hintergrund ist klar, dass Störspannungen auf der Versorgungsspannungsleitung der Analogschaltung, die z.B. durch Einkopplung aus der Digitalschaltung herrühren können, vermieden werden müssen. Zur Vermeidung unerwünschter Verkopplungen über die Versorgungsspannungsleitungen werden diese direkt an den Schaltkreisen mit Kondensatoren, die bei Schaltvorgängen die Spannung konstant halten, gestützt oder „abgeblockt". Ferner müssen im Schaltungslayout Masseschleifen vermieden werden (sternförmige Zusammenführung der Masseleitungen auf einen Punkt). Zusätzlich kann man innerhalb einer Schaltung für den Analogteil eine separate Betriebsspannung bereitstellen.

Heute bieten die meisten Halbleiterhersteller eine breite Palette von Schaltkreisen an, die sich, mit wenigen passiven Bauelementen beschaltet, zur Lösung der verschiedenen Stromversorgungsaufgaben, auch im low-power-Bereich, eignen.

Mobile, batteriebetriebene Geräte Die geringe notwendige Betriebsspannung und die geringe Stromaufnahme kommen mobilen, netzunabhängigen Handmessgeräten oder autarken Messstationen, die mit Batterien bzw. Akkumulatoren (kurz „Akku") betrieben werden, entgegen. Batterien und Akkus sind, verglichen mit der Messelektronik, relativ groß und schwer. Sie bestimmen oft die minimale Baugröße eines Gerätes sowie dessen Gewicht und werden deshalb häufig möglichst klein dimensioniert.

Durch konsequente Nutzung verfügbarer power-down-Modi, kann man die Leistungsaufnahme der Elektronik im Zeitmittel reduzieren und erreicht so oft trotz kleiner Batteriekapazität eine hinreichend lange Laufzeit. Während der Nutzungsdauer wird die Batterie kontinuierlich entladen, wobei die Klemmenspannung sinkt und sich der Innenwiderstand erhöht. Mit dem Einsatz geeigneter Power-Management-Schaltkreise kann man trotzdem eine konstante Versorgungsspannung für die Elektronik während der Batterielebensdauer garantieren.

Für autarke Geräte werden oft Lithiumbatterien als Knopfzellen CR2032 mit einer Nennspannung von 3 V verwendet. Solche Batterien sind ohne Stromentnahme 10 Jahre und mehr lagerfähig, sie verlieren dabei einen Teil ihrer Kapazität infolge Selbstentladung (Größenordnung

1 % pro Jahr). Mit ununterbrochen angeschlossenem Lastwiderstand ist die Lebensdauer deutlich kürzer; sie reduziert sich je nach Lastwiderstand auf z.B. einige 100 h bis über 1000 h, wie Abb. 7.25a für drei spezielle Fälle zeigt. Entladekurven stellen die Batteriehersteller für unterschiedliche Umweltbedingungen und Lastfälle bereit.

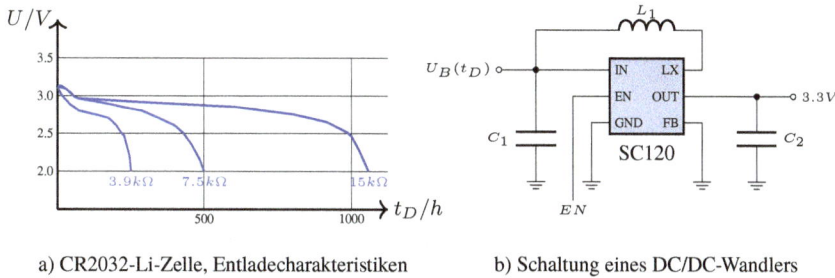

a) CR2032-Li-Zelle, Entladecharakteristiken   b) Schaltung eines DC/DC-Wandlers

Abb. 7.25.: Zur Batteriestromversorgung

Batteriebetriebene Geräte erfordern oft, zumindest während der aktiven (Mess-) Zeiten, eine konstante Versorgungsspannung, die höher oder niedriger als eine momentane Klemmenspannung der Batterie sein kann. Während die Klemmenspannung einer neuen Batterie über der erforderlichen Versorgungsspannung liegen kann, sinkt diese während des Langzeitbetriebes durch Energieentnahme und Selbstentladung ständig, meist auch unter die für den Messbetrieb notwendige Spannung.

Um trotz variabler Eingangsspannung eine konstante Ausgangsspannung bereitzustellen, werden von den Halbleiterherstellern für kleine Leistungen sog. step-up -step-down-Wandler als integrierte Schaltkreise angeboten, die mit wenigen passiven Bauelementen beschaltet, diese Regelaufgabe erfüllen. In Abb. 7.25b ist ein Beispiel einer solchen Schaltung gezeigt, die über den Enable-Eingang (EN) selbst in einen power-down-Mode versetzt werden kann.

Diese Aspekte der Stromversorgung sind insbesondere im Zusammenhang mit autarken Funkknoten zu bedenken (siehe dazu Kapitel 9.5).

Netzbetriebene Geräte   Beim Betrieb der Sensorelektronik in kommerziellen netzbetriebenen Geräten steht in vielen Fällen eine Rohgleichspannung von 12 V oder 24 V zur Verfügung (z.B. SPS-Industriestandard). Aus solch einer Rohgleichspannung wird die für die Sensorelektronik benötigte Kleinspannung mit einem step-down-Converter oder im einfachsten Fall mit einem Linearregler erzeugt. Ein Vorteil von Linearreglern ist, dass sie keinerlei Störspannung erzeugen und selbst Störspannungen ausfiltern.

Galvanische Trennung   Eine galvanische Trennung von Messstellen bzw. Messkanälen kann aus sicherheitstechnischen und aus messtechnischen Gründen erforderlich sein.

Um Gefährdungen von Personen zu vermeiden, dürfen Messstellen, mit denen Menschen in Berührung kommen können, nur mit Kleinspannung betrieben werden und müssen sicher vom

230 V-Wechselstromnetz bzw. von anderen Versorgungsspannungen galvanisch getrennt sein. Für den Bereich der Medizintechnik sind die diesbezüglichen Regelungen in [Gär14] zusammenfassend dargestellt. Batteriebetriebene Messgeräte erfüllen diese Sicherheitsanforderungen in der Regel automatisch.

Die Notwendigkeit einer galvanischen Trennung von Messkanälen kann sich aus verschiedenen messtechnischen Gründen auch bei batteriebetriebenen Messgeräten ergeben. Wir nennen dafür zwei Beispiele.

- Mit elektrisch leitfähigen Sensoren, wie beispielsweise Thermoelementen, deren Messstellen auf verschiedenen elektrischen Potentialen liegen, würde eine elektrisch leitende Verbindung zwischen den Temperaturmessstellen gebildet, die zu Fehlmessungen führt.

- In einer mit einem Elektrolyt gefüllten Messkammer soll gleichzeitig mit mehreren amperometrischen Sensoren die Konzentration verschiedener Analyte gemessen werden. Die Elektrolytlösung ist leitfähig und verbindet alle eingetauchten Elektroden elektrisch miteinander, so dass unerwünschte Wechselwirkungen und Fehlmessungen entstehen.

Um einen Messkanal galvanisch getrennt zu betreiben, müssen jeweils die Versorgungsspannung, die Signalleitungen und die Steuerleitungen über eine solche Trennung verfügen. Der Aufwand, der für die galvanische Trennung erforderlich ist, hängt von der geforderten Spannungssicherheit, der Anzahl der Signal- und Steuerleitungen sowie der auf der getrennten Seite benötigten Leistung ab. Für kleine Leistung und wenige Datenkanäle sind am Markt integrierte Lösungen verfügbar, die sowohl eine galvanisch getrennte Stromversorgung als auch galvanisch getrennte Datenleitungen besitzen. Als Beispiel nennen wir den IC ADuM5240 (Analog Devices) mit zwei isolierten Signalleitungen und isoliertem DC-DC-Wandler für 50 mW bei 5 V.

7.2.2. Analoge Messsignal-Ausgänge

Nachdem das Sensorsignal in der Primärelektronik aufbereitet wurde, muss es anwenderfreundlich und störsicher für die Weiterverarbeitung bereitgestellt werden. Während ein Entwickler mit elektronikinternen Signalpegeln umgeht, ist ein Anwender an einfachem und sicherem Handling der Geräte interessiert. Um unterschiedliche Geräte verschiedener Hersteller leicht miteinander verbinden zu können, müssen sie kompatible Signalpegel verwenden. Dem tragen die Normen DIN IEC 60381 Teil 1 und 2 Rechnung, die Wertebereiche für analoge Gleichstromsignale bzw. analoge Gleichspannungssignale zur Informationsübertragung zwischen Betriebsmitteln industrieller Mess-, Regel und Steuereinrichtungen vorschreiben.

Kommerzielle Sensoren mit Analogausgang verwenden deshalb **Einheitssignale**, die von einem auswertenden Gerät, beispielsweise einer SPS, standardmäßig erfasst werden können. Einheitssignale können Strom- oder Spannungssignale sein.

Die Norm DIN IEC 60381-1 [Nor85] schreibt für Stromsignale zwei Wertebereiche vor, nämlich

- 0 ...20 mA und
- 4 ...20 mA (versetzter Nullpunkt).

In DIN IEC 60381-2 [Nor80] sind Reglungen über analoge Spannungssignale getroffen und folgende Bereiche vorgesehen:

- 0 ...5 V,
- 1 ...5 V (versetzter Nullpunkt),
- 0 ...10 V,
- 2 ...10 V (versetzter Nullpunkt) und
- −10 ...10 V (bipolares Spannungssignal).

Die Abbildung der gemessenen Größen auf die Normsignale erfolgt eindeutig, so dass die gemessenen Größen eindeutig zurück gewonnen werden können. Die Signalbereiche mit versetztem Nullpunkt ermöglichen das Erkennen einer Leitungsunterbrechung. Das bipolare Spannungssignal ermöglicht, den Wert vorzeichenbehafteter physikalischer Größen nullpunktrichtig darzustellen.

Beide Normen bilden für Entwickler entsprechender Elektronikkomponenten die Grundlage, Geräte mit analogen Aus- und Eingängen austauschbar zu gestalten und ermöglichen bzw. erleichtern dem Anwender die Zusammenstellung von Messsystemen mit Baugruppen verschiedener Hersteller.

7.2.3. Digitale Ein- und Ausgänge – Pegelanpassung

Damit eine Primärelektronik Digitalsignale bereitstellen kann, ist eine Analog-Digital-Wandlung innerhalb der Primärelektronik erforderlich. Die gängigen Prinzipien der Analog-Digital-Wandlung und entsprechende Schaltungen haben wir in [RW21] ausführlich dargestellt.

Ausgenommen für Einsatzfälle, die extrem schnelle AD-Umsetzungen erfordern, werden heute überwiegend ADC mit seriellem Interface eingesetzt. Damit kann auch bei hoher Auflösung die Anzahl der notwendigen Leitungen für ein serielles Interface klein gehalten werden.

Das Interface wird bevorzugt als serieller Bus mit eigenen Takt-, Daten- und Steuerleitungen ausgeführt. Auf Leiterplattenebene finden der **I^{2}C-Bus** und der **SPI-Bus** als serielle Busse Anwendung. Beide Lösungen besprechen wir in Kapitel 9.1 im Zusammenhang mit Netzwerken und Feldbussen.

7.2.3.1. Pegelanpassung für digitale Signal- und Steuerleitungen

Manchmal verwenden der analoge und der digitale Teil einer Sensorelektronik verschiedene Betriebsspannungen oder im Digitalteil sind Schaltkreise verschiedener Logik-Familien kombiniert. Beispielsweise kann der analoge Teil einer Sensorelektronik einschließlich ADC und DAC mit 5,0 V und der digitale Teil, insbesondere ein Mikrocontroller, dem die gesamte Steuerung des Messablaufs obliegt, mit 3,0 V arbeiten.

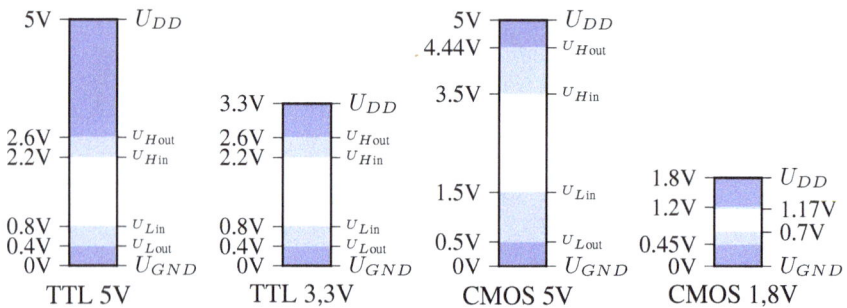

Abb. 7.26.: Signalpegel und Toleranzwerte in der Digitaltechnik (Quelle: Texas Instruments)

In solchen Schaltungen mit mehreren Betriebsspannungen müssen zwei Probleme abgefangen werden, nämlich

- digitale Steuersignale, die von der Seite mit der niedrigeren Betriebsspannung ausgehen, müssen auf Seiten der höheren Betriebsspannung sicher erkannt werden, insbesondere der H-Pegel, und

- digitale Signale, die von der Seite mit der höheren Betriebsspannung ausgehen, müssen auf die Eingangspegel der Seite mit der niedrigeren Betriebsspannung abgebildet werden und dürfen Eingänge nicht übersteuern.

Die Abb. 7.26 verdeutlicht das Problem an einer Gegenüberstellung der Pegelbereiche verschiedener Logikfamilien.

Für den Ausgleich von Pegeldifferenzen auf digitalen Signalleitungen, die **Pegelanpassung**, existieren verschiedene technische Lösungen und eine Vielzahl von integrierten Schaltkreisen, sogenannte **Leveltranslator**. Ein Leveltranslator kann uni- oder bidirektional arbeiten und es stehen kommerziell 1- bis n-kanalige Versionen für verschiedene Spannungsbereiche zur Verfügung. Das Konzept der Einbindung eines Leveltranslators in digitale Signalleitungen ist in Abb. 7.27 schematisch dargestellt. Der Leveltranslator besitzt für jede der beiden Betriebsspannungen einen Eingang und eine gemeinsame Masseleitung.

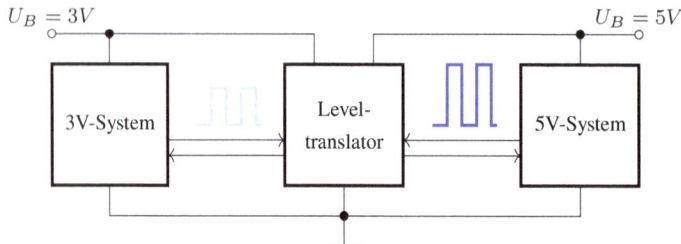

Abb. 7.27.: Einbindung eines Leveltranslators in digitale Signalleitungen

7.3. Hilfssignale zur Steuerung des Messablaufs

Die Automatisierung des Ablaufs einer Messung erfordert zusätzliche Signale, die durch Auswertung äußerer Bedingungen die Messung starten, pausieren oder beenden. Je nach Aufgabenstellung sind dazu Zeitsignale bzw. von der Messgröße oder einer anderen Größe abhängige Hilfssignale, sog. Triggersignale, notwendig.

7.3.1. Zeitsignale und deren Erzeugung

Bei den meisten Messprozessen spielen ein Messzeitpunkt oder Zeitintervalle eine Rolle, die bei der Messung zu berücksichtigen oder zu erfassen sind. In Tabelle 7.1 haben wir Zeitbedingungen zusammengestellt, die gefordert sein können. Es ist deshalb notwendig, innerhalb der Messelektronik benötigte Zeitsignale in der geforderten Genauigkeit bereitzustellen oder von externen Zeitgebern einzuspeisen (siehe auch Kapitel 9.4).

Tabelle 7.1.: Zeitbedingungen in Messprozessen

Zeitbedingung	benötigt bei	techn. Lösung
Zeitpunkt bekannt → wird vorgegeben	Uhrzeit einer geplanten Messung	real-time clock
Zeitpunkt unbekannt → wird gemessen	Uhrzeit eines zufälligen Ereignisses	Triggersignal + real-time clock
Zeitintervall bekannt → wird vorgegeben	Dauer einer Messung, Zeitabstand aufeinander folgender Messungen	Taktgenerator + Zähler
Zeitintervall unbekannt → wird gemessen	Laufzeit eines Signals, Breite von Impulsen	Triggersignale, Taktgenerator + Zähler
Gleichzeitigkeit	verschiedene Messungen zum gleichen Zeitpunkt	Synchronisationssignal, Zeitstempel

Die Zeit ist eine physikalische Größe, für die Lebewesen keinen Rezeptor haben und für die es im technischen Bereich keinen Sensor gibt. Die für einen Messprozess geeignete Zeitbasis muss deshalb mittels dafür tauglicher physikalischer Effekte zuverlässig erzeugt werden. Im Bereich der Messtechnik werden dafür die nachfolgend genannten Lösungen genutzt.

- Vorschub mit konstanter Geschwindigkeit
  Bei x-t-Schreibern, die früher oft zur Registrierung langsam veränderlicher Messwerte dienten, wird durch eine konstante Vorschubgeschwindigkeit des Schreiberpapiers, die jeweils verstrichene Zeit auf eine Länge abgebildet. Das Verfahren ist für lange und sehr lange Messzeiten geeignet, aber heute durch elektronische Verfahren weitgehend abgelöst.

- Laden eines Kondensators mit einem Konstantstrom
  Diese Möglichkeit wird in Kippgeneratoren für die periodische Strahlablenkung in Elektronenstrahlröhren (Oszillographenröhren) genutzt; sie ist nur für vergleichsweise kurze Zeiten (bis zu einigen Sekunden) geeignet. Der Elektronenstrahl bildet ein Zeitintervall auf die x-Achse, also wieder auf eine Länge, ab. Dieses Verfahren ist besonders für periodische Funktionen gut geeignet.

- Zählung periodischer Vorgänge[9]
  Mechanische und elektronische Uhren[10] zählen fortlaufend Schwingungen technischer Systeme mit konstanter Periodendauer, deren Dämpfung durch periodische Energiezufuhr kompensiert wird.

  - Mechanische Uhren nutzen als schwingungsfähige Systeme Pendel oder Unruh, wobei die durch Reibung verloren gehende Energie durch Feder- oder Gewichtskräfte periodisch ersetzt wird.
  - Elektronische Uhren verwenden als Zeitbasis Oszillatoren, die elektronisch angeregte Schwingungen mit konstanter Periodendauer erzeugen und nachgeschaltete Zähler bzw. Teiler. Frequenzbestimmende Elemente sind RC-Glieder, LC-Glieder, Schwingquarze und seit kurzem MEMS-Elemente.

7.3.1.1. Elektronische Zeitbasis

In der Messtechnik benutzt man als Zeitbasis für elektronische Zeitgeber bzw. Uhren elektronische Oszillatoren, wie auf Seite 138 beschrieben. Für eine Zeitbasis bevorzugt man wegen der höheren Genauigkeit und Stabilität Quarzoszillatoren, die einen Schwingquarz als frequenzbestimmendes Bauelement verwenden oder neuerdings auch sog. MEMS-Oszillatoren.

MEMS-Oszillatoren nutzen ein schwingendes mikromechanisches System aus Silizium als Resonator; sie werden komplett in Siliziumtechnologie gefertigt und beinhalten neben dem Resonator, auch die komplette Schaltung. Nach einer Anschwing- bzw. Einlaufzeit liefern solche Oszillatoren sehr stabile Schwingungen als Zeitbasis. Durch Zählen dieser Schwingungen erhält man beliebige, größere Zeitintervalle. Der Schwingquarz nutzt das piezoelektrische Prinzip (siehe Kapitel 4.2.3.3) und stellt ein mechanisch schwingungsfähiges System dar, welches elektrisch angeregt wird und dann auf seiner Resonanzfrequenz schwingt. Abb. 7.28 zeigt die Prinzipschaltung eines Quarzoszillators. Der Schwingquarz liegt im Rückkopplungszweig des Verstärkers und sorgt für die frequenzabhängige Rückkopplung. Solche Quarzoszillatoren erlauben die Erzeugung langzeit- und temperaturstabiler Schwingungen mit den verfügbaren Quarzfrequenzen.

---

[9] Auf dem Konzept des Abzählens periodischer astronomischer Ereignisse beruht bekanntermaßen unser Kalender (Erdrotation: Tag, Mondumlauf um die Erde: Monat, Umlauf der Erde um die Sonne: Jahr). Weiterführende Literatur: [Bau12], [Völ14]

[10] Eine Sonderform sind Synchronuhren, die die Netzfrequenz als Zeitbasis verwenden.

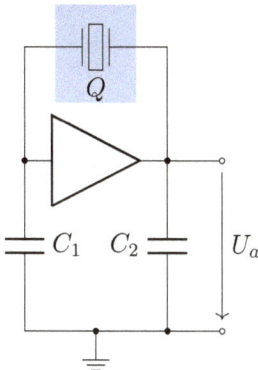

Abb. 7.28.: Quarzoszillator

Dem hohen industriellen Bedarf folgend, sind Quarze für zahlreiche Grundfrequenzen verfügbar, beginnend bei einigen kHz bis zu etwa 200 MHz. Dabei haben sich für bestimmte Aufgaben feste Quarzfrequenzen etabliert. So wird für Bereitstellung einer Zeitbasis von 1 s oft ein Quarz mit einer Frequenz von 32 768 Hz (sog. Uhrenquarz) verwendet. Um eine Sekunde zu erhalten, teilt man diese Frequenz mit einem elektronischen Teiler durch 2^{15}.

In Mikrocontrollern (siehe Kapitel 7.4) nutzt man, ausgehend von Frequenzen im MHz-Bereich, das skizzierte Konzept mittels sog. **Counter-Timer-Module** zur Realisierung der benötigten Frequenzen und Zeiten sowie, ausgehend von der Uhrenquarzfrequenz, zur Realisierung der Echtzeituhr (**RTC: Real-Time-Clock**).

7.3.2. Triggersignale

Triggersignale benutzt man, um Messprozesse durch interne oder externe Ereignisse zu starten oder zu beenden. Triggerbedingungen können sein, dass

- der Pegel eines Signals eine vorgegebene Schwelle über- oder unterschreitet,
- eine Zeitmarke (Start, Stop) erreicht wird,
- eine Elektronikkomponente ihre Aufgabe fertiggestellt hat (z.B. Ready-Signal eines ADC),
- ein Zähler einen bestimmten Zählerstand, z.B. Null, erreicht hat, oder dass
- eine vorgegebene, externe Bedingung eintritt.

7.3.2.1. Triggerung auf einen Signalpegel

Um auf einen bestimmten Signalpegel zu triggern, muss dieser Signalpegel mit einem Sollwert verglichen werden. Solch ein Vergleich kann mit einem Komparator entsprechend Abb. 7.29a erfolgen. In dieser Schaltung wird der als U_e anliegende Signalpegel mit dem Massepegel verglichen, so dass sich das Ausgangssignal auf Grund der hohen Verstärkung des nicht gegengekoppelten Operationsverstärkers bei jedem Nulldurchgang sprunghaft ändert. Dabei erfolgt eine Änderung des Ausgangssignals, wenn sich das Eingangssignal in der Nähe der Umschaltspannung um sehr kleine Werte ändert (ΔU_e in Abb. 7.29b). Um mit einem vom Massepegel verschiedenen Referenzwert zu vergleichen, muss an der Klemme X die Leitung aufgetrennt und der gewünschte Referenzpegel eingeschleift werden. Die Komparatorschaltung reagiert in der Nähe des Umschaltpunktes auf geringfügige Signaländerungen, z.B. Rauschen, jeweils mit einem meist unerwünschtem sprunghaftem Umschalten des Ausgangspegels.

Das unerwünschte sprunghafte Umschalten des Ausgangspegels kann man unterbinden, wenn in die Schaltung eine Rückkopplung einbaut und so eine Hysterese erzeugt wird. Man erhält

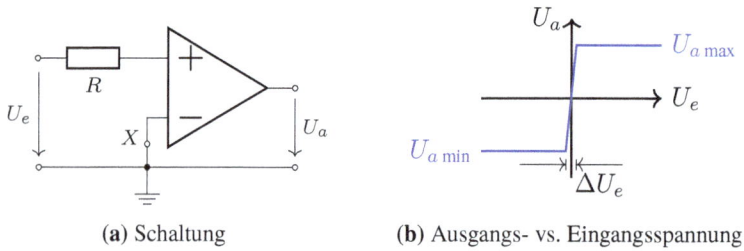

(a) Schaltung   (b) Ausgangs- vs. Eingangsspannung

Abb. 7.29.: Operationsverstärker als Komparator

dann ein sog. Schmitt-Trigger, dessen Schaltung in Abb. 7.30a dargestellt ist. Als Schalthysterese ΔU_e bezeichnet man die Differenz $U_{e\,ein} - U_{e\,aus}$. Diese Hysterese kann man über die Widerstände R_1 und R_2 einstellen; es gilt Gleichung 7.28

$$\Delta U_e = U_{e\,ein} - U_{e\,aus} = \frac{R_1}{R_2}(U_{a\,max} - U_{a\,min}).\tag{7.28}$$

Der Vergleich erfolgt zunächst wieder mit dem Massepotential. Auch hier kann man an der Klemme X die Leitung auftrennen und eine Referenzspannung einschleifen.

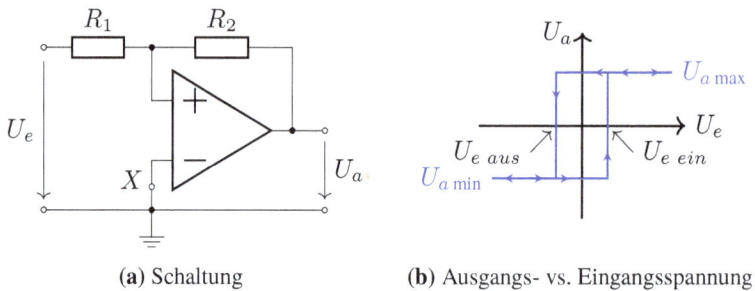

(a) Schaltung   (b) Ausgangs- vs. Eingangsspannung

Abb. 7.30.: Schmitt-Trigger, eine Schaltung mit Hysterese

7.3.2.2. Triggerung auf externe Ereignisse

Aus der Vielzahl externer Ereignisse und Bedingungen, die einen Messprozess auslösen (triggern) können, nennen wir beispielhaft die Folgenden:

- ein Schaltkontakt, ein Endlagenschalter oder eine Lichtschranke registriert die Anwesenheit eines Messobjektes und löst eine Messung aus,

- eine „Radarfalle" detektiert die Überschreitung einer zulässigen Höchstgeschwindigkeit und leitet eine Bildaufnahme ein,

- ein Blutzuckermessgerät erkennt selbsttätig das Einführen des Sensors sowie die vollständige Befüllung der Messkammer mit Blut und startet die Messung.

Ein externes Ereignis, auf welches getriggert werden soll, wird seinerseits mit einem Sensor oder elektronisch überwacht. Nach Über- oder Unterschreiten eines vorgegebenen Schwellwertes wird mit einer der oben beschriebenen Triggerschaltungen (Abb. 7.29 bzw. 7.30) ein Startsignal für den Messprozess und bei Bedarf auch für einen internen Timer erzeugt.

Mikrocontroller, auf die wir im nächstes Kapitel eingehen, nutzen für schnelle Reaktionen auf externe und interne Triggerereignisse sog. Interrupts und die Interruptsteuerung (siehe Kapitel 7.4.1).

7.4. Sensorsignalverarbeitung mittels Mikrocontroller

Für die programmgesteuerte Durchführung von Messungen werden programmierbare Schaltungen benötigt. Neben den AFEs und Sensoren mit integrierter Elektronik, welche meist einen fest verdrahteten Messalgorithmus besitzen, werden für diesen Zweck Mikrocontroller eingesetzt.

Mikrocontroller (Abk. MC oder μC) bieten die Möglichkeit zur Umsetzung komplexer Messabläufe. Sie steuern die Primärelelektronik, nehmen das Ergebnis des Sensors auf, digitalisieren dabei ggf. analoge Messwerte über enthaltene Wandler, führen einen Auswertungsalgorithmus über einen oder mehrere Sensorwerte zur Bestimmung des Messwertes durch und speichern oder visualisieren das Auswertungsergebnis oder übertragen es zur weiteren Verarbeitung an andere Rechnersysteme. Abb. 7.31 zeigt den Aufbau eines mikrocontrollergesteuerten Sensorknotens. Auf die Einbettung des Knotens in Sensorwerke gehen wir in Kapitel 9 ein.

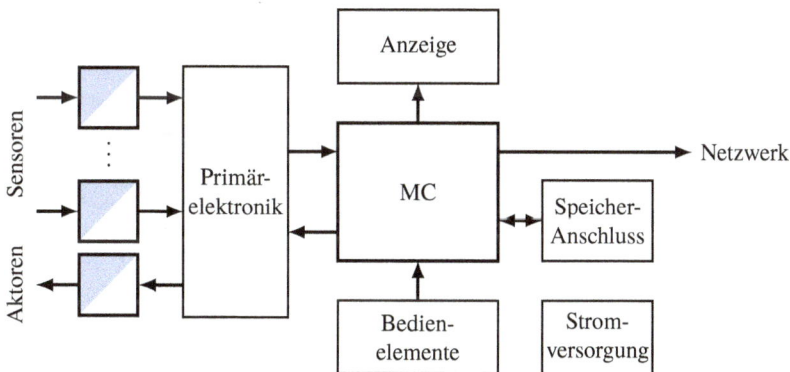

Abb. 7.31.: Sensor-Knoten mit Mikrocontroller

Natürlich kann für diese Zwecke auch ein „normaler" Rechner in Form einer Workstation, eines PCs oder eines Laptops verwendet werden. Im Hinblick auf den Hardwareaufwand und den Energieverbrauch, insbesondere bei Langzeitmessungen, ist dies jedoch häufig keine gute Wahl. Eine MC-Sensorschaltung kann sehr stromsparend aufgebaut werden und bietet sich für den Einsatz mit Batterieversorgung an. Ein Nachteil im Vergleich zu PCs ist die geringere Leistungsfähigkeit der MCs (Rechengeschwindigkeit, Verarbeitungsbitbreite, Speicherplatz). Die Leistungsfähigkeit hängt von der MC-Familie ab, wobei es große Unterschiede gibt.

Die MCs können, je nach Leistungsfähigkeit, einfache bis komplexe Algorithmen zur numerischen Auswertung der Sensorsignale durchführen. Digitale Auswertungsverfahren werden in Kapitel 8.2 ab Seite 183 vorgestellt.

Neben der Auswertung können MCs weitere Aufgaben übernehmen und Ausgabegeräte, wie akustische Signalgeber, alphanumerische oder grafische Anzeigegeräte (OLEDs o.a.) ansteuern. Somit bieten sich MCs für den Aufbau kleiner, meist batteriebetriebener Handmessgeräte an. Der Controller ist hierbei ein System-On-a-Chip (SOC) und übernimmt alle Aufgaben zwischen Ein- und Ausgabe von Daten und der Interaktion mit dem Benutzer.

Welcher Mikrocontroller für welchen Zweck erforderlich ist, hängt von vielen Faktoren ab. Dazu zählen unter anderem die benötigte Ausstattung des MCs und häufig die Laufzeit des Controllers bei Batteriebetrieb, also der Stromverbrauch. Einen kurzen Überblick möglicher Komponenten liefert der folgende Abschnitt.

7.4.1. CPU, periphere Module und Interruptsystem

Wir möchten an dieser Stelle nur einen Überblick über den prinzipiellen Aufbau und Arbeitsweise von Mikrocontrollern geben. Für weitere Details verweisen wir auf die Literatur [RW21].

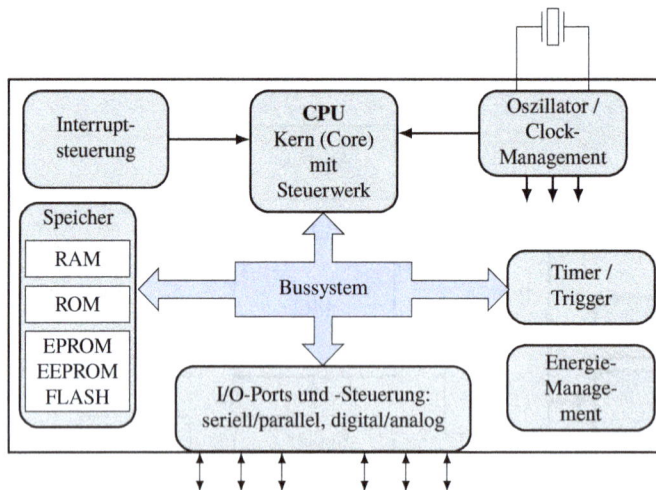

Abb. 7.32.: Struktur eines Mikrocontrollers

Der schematische Aufbau eines MCs ist in Abb. 7.32 dargestellt. Jeder MC besitzt eine CPU, vergleichbar mit dem Prozessor eines PCs. Aktuelle PC-CPUs arbeiten mit einer Bitbreite von 64 Bit. Bei MCs ist das eher die Ausnahme. Die ersten MCs hatten eine Verarbeitungsbreite von 8 Bit. Auch heute werden 8 Bit-Serien verwendet (siehe Kapitel 7.4.2). Darüber hinaus gibt es Serien mit 16 und 32 Bit. Die MC-CPUs werden mit einer Taktfrequenz von wenigen MHz bis in den Bereich von 1,5 GHz betrieben. Die CPU in Verbindung mit dem enthaltenen Speicher übernimmt die Aufgaben der programmgesteuerten Verarbeitung der Daten und der

Ansteuerung der Module des MCs. Zwischen der CPU und den Modulen befindet sich ein Bussystem für die Übertragung von Daten, Adressen und Steuerkommandos.

Der Speicher dient der Aufnahme des Programmes und wird auch zur Ablage der Daten während des Betriebs genutzt. Da MC-Systeme meist keinen Massenspeicher wie Festplatten besitzen, wird der Speicher auch für die Langzeitablage von Daten genutzt. Dafür werden heute meist Flash-Speichertechnologien eingesetzt. Einige Controller erlauben den Anschluss eines externen Flash-Speichers, z.B. in Form von SD-Karten.

Interruptsystem Fallen Aufgaben asynchron zum Programmablauf der CPU an, so muss das laufende Programm unterbrochen und die anstehende Aufgabe bearbeitet werden. Das kann z.B. das Eintreffen eines Messwertes an einem Eingang sein oder ein Zeitsignal, ausgelöst von einem Timer. Die Anforderung der Programmunterbrechung bezeichnet man als **Interrupt Request (IRQ)** oder einfach nur als **Interrupt**.

Die Verarbeitung wird durch die **Interruptsteuerung** kontrolliert, ein Modul, welches direkt mit der CPU verbunden ist. Die Interruptsteuerung registriert die zu erfassenden Interrupts und startet entsprechend deren Priorität sog. **Interruptserviceroutinen (ISR)**, die kurzzeitig den Programmablauf unterbrechen, um auf den Interrupt zu reagieren. Bei Auslösen eines Interrupts „merkt" sich der Prozessor den aktuellen Programmzustand und wechselt, abhängig vom IRQ, zur zugehörigen Interruptserviceroutine, um anschließend mit der Programmausführung des unterbrochenen Programms fortzufahren.

Takt Die Komponenten des MCs werden durch ein Taktsignal gesteuert. Das Frequenzspektrum einiger MC-Familien beginnt bereits bei wenigen kHz. Die meisten Controller arbeiten im zwei- bis dreistelligen MHz-Bereich. Leistungsstärkere Modelle erreichen auch den GHz-Bereich, werden jedoch im Sensorik-Umfeld eher selten verwendet.

Der CPU-Takt wird in einem Taktgenerator erzeugt und kann durch eine externe Beschaltung stabilisiert werden (siehe Kapitel 7.3.1). Die Frequenz kann meist gesteuert werden, was eine programm- oder ereignisgesteuerte Umschaltung während des Betriebs ermöglicht. Einige Mikrocontroller erlauben sogar die Abschaltung des CPU-Taktes, was den Stromverbrauch stark reduziert. Eine abgeschaltete CPU muss durch einen Interrupt geweckt werden.

Die MC-Module benötigen ebenfalls ein Taktsignal. Der Takt entspricht entweder dem CPU-Takt oder wird durch einen Teiler aus dem Takt gewonnen (synchron) oder der Takt wird asynchron zum CPU-Takt in einem anderen Taktgenerator erzeugt.

I/O-Ports Die Kommunikation zwischen dem MC und der Umwelt erfolgt über digitale und analoge Schnittstellen (*Input-/Output* bzw. *I/O-Module*). Diese Leitungen werden in Ports zusammengefasst, welche üblicherweise eine Breite von 8 Bit haben. Den Ports sind Pins am Gehäuse zugeordnet. Je nach Portschaltung kann ein Pin als Eingang oder als Ausgang oder bidirektional für analoge oder digitale Werte oder für beides genutzt werden. Die Konfiguration des Ports erfolgt per Software.

Timer, Zähler, Teiler und Echtzeituhr   Timer ermöglichen das zeitgesteuerte Auslösen von Ereignissen. In einem MC wird dazu ein Zählermodul verwendet, welches taktgesteuert den Zählwert erhöht oder verringert. Ein Zähler wird zu einen Timer, wenn bei Erreichen eines bestimmten Wertes, z.B. des Wertes Null, ein Interrupt ausgelöst werden kann.

Der Zähler benötigt ein Taktsignal von einem Taktgenerator (siehe Kapitel 7.3.1). Häufig lässt sich die Frequenz des Taktsignals durch programmierbare Teiler zwischen dem Taktgenerator und dem Takteingang des Timers auf verschiedene Werte in einem bestimmten Bereich festlegen.

Eine Echtzeituhr in einem MC-System ist ein Modul, welches die aktuelle Uhrzeit und meist auch das Datum dem System zur Verfügung stellt. Häufig werden Echtzeituhren als externe batteriegestützte RTC-Module gebaut, welche auch bei Trennung von der Stromversorgung die Zeit weiter aktualisieren. Eine interne Echtzeituhr wird durch einen taktgesteuerten Zähler aufgebaut und mittels einer Berechnung aus der bekannten Taktfrequenz die aktuelle Zeit bestimmt. Nach Unterbrechung der Stromversorgung muss die Zeit neu eingestellt werden.

Wandler und Operationsverstärker   Einige MCs, sog. Mixed-Signal-Controller, erlauben die Eingabe, Verarbeitung und Ausgabe analoger Werte. Von einem Eingangsport eingelesene analoge Werte müssen vor der Weiterverarbeitung durch die CPU des MCs zuerst digitalisiert, also in digitale Werte gewandelt werden. Diese Aufgaben übernehmen ADC-Module (siehe Kapitel 7.1.4).

In MCs werden verschiedene ADC-Verfahren integriert. Dazu gehören das Wägeverfahren, Sigma-Delta-Wandler oder Zählverfahren [RW21]. Welcher Wandler und damit auch welcher MC benötigt wird, hängt von dem zu messenden Wert ab. Die Anpassung des Eingangswertes auf den Wandlerbereich ist Aufgabe der Primärelektronik (Kapitel 7.1). In MCs mit analoger Signalverarbeitung sind dazu häufig Operationsverstärker zu finden, deren Funktion sich durch die konfigurierbare Beschaltung ergibt und die für den Aufbau analoger Komponenten verwendet werden können.

Zur Ausgabe analoger Werte werden DAC-Module genutzt. Im einfachsten Fall handelt es sich um eine Pulsweitenmodulation des Ausgangssignals. Für stabile Ausgangsspannung stehen MCs mit DACs mit bis zu 12 Bit Auflösung zur Verfügung.

Weitere Module und Schnittstellen   Neben Timer- und Port-Modulen, welche in fast jedem MC vorhanden sind, gibt es Baugruppen, die nur für bestimmte Einsatzzwecke erforderlich sind. Beispiele dafür sind:

- **Ausgabemodule** dienen dem Anschluss von Anzeigegeräten (z.B. LCD).

- **Digitale Schnittstellenmodule**; Über Ports können Schnittstellen für die Verbindung mit anderen Geräten aufgebaut werden. Die Ansteuerung erfolgt durch ein Programm der CPU zur Umsetzung des jeweiligen Schnittstellen-Protokolls. Um die CPU von dieser Aufgabe zu entlasten, werden Interface-Module für verschiedene Protokolle eingesetzt. Dazu gehören u.a. I^2C, SPI und USB (siehe Kapitel 9.1).

- **Kommunikationsschnittstellen** umfassen drahtgebundene Schnittstellen. z.B. für Ethernet, und drahtlose Funkverbindungen, wie Bluetooth oder WLAN. Die zusätzliche Elektronik für die Pegelwandlung bei den drahtgebundenen Netzwerken und für die HF-Modulation bei den drahtlosen Schnittstellen sind dabei im Normalfall nicht im MC enthalten und erfordern eine Zusatzhardware.

- **Koprozessoren** erweitern den Befehlssatz der CPU um zusätzliche Befehle, die z.B. zur Unterstützung kryptographischer Operationen benötigt werden.

7.4.2. Aufgabenspezifische Auswahl eines Mikrocontrollers

Die Auswahl des jeweiligen Mikrocontrollers hängt natürlich vom gewünschten Einsatzzweck ab. Um das passende Modell zu wählen, sind mehrere Punkte zu beachten. Dazu gehören:

- Wie erfolgt die Stromversorgung?
- Wie viele analoge und digitale Schnittstellen werden benötigt?
- Sind AD/DA-Wandler erforderlich? Welche Parameter müssen diese Wandler besitzen?

Die Auswahl des Controllers erfordert die Festlegung auf eine Mikrocontrollerfamilie, um daraus den konkreten Mikrocontrollers auszuwählen. Ist eine höhere Rechenleistung erforderlich, so sind 32-Bit Architekturen mit höheren Taktraten zu bevorzugen. Höhere Rechenleistung ist mit höherem Energieverbrauch verbunden, dies ist gegeneinander abzuwägen. Alternativ bietet sich die Übertragung der Daten vom Sensorsystem auf externe Rechner zur weiteren Verarbeitung an. Das kann auch ein Smartphone sein.

Darüber hinaus sind Verfügbarkeit und Kosten von Entwicklungssoftware zu beachten. Assembler sind für alle Prozessoren verfügbar und werden für zeitkritische Anwendungen genutzt. Ansonsten erfolgt die Programmierung üblicherweise in einer Hochsprache. Für C und meist auch C++ gibt es für fast alle Mikrocontroller einen passenden und meist kostenlosen Compiler. Genauer auf den Prozessor zugeschnittene Compiler mit höherer Optimierung werden von einigen Herstellern kostenpflichtig angeboten, meist integriert in eine grafische Entwicklungsumgebung (IDE). Insofern andere Sprachen genutzt werden sollen, ist die Verfügbarkeit eines Compilers oder Interpreters für den jeweiligen MC zu prüfen.

Ist ein Entwickler bereits mit einer Familie eines Herstellers vertraut, so findet er dort meist einen passenden Controller. Ist dies nicht der Fall, so lassen sich bestehende Programme meist mit geringem bis mittleren Aufwand auf eine andere Controllerserie portieren und dort weiter nutzen.

Familienübergreifend lassen sich MCs anhand der Verarbeitungsbreite in die Klassen 8-, 16-, 32-Bit und neuerdings, wenn auch eher selten, 64-Bit einteilen. Wir geben an dieser Stelle nur einen groben Überblick mit Hinblick auf die Anwendung in der Sensorik. Für weitere Details verweisen wir auf die Literatur [RW21].

8-Bit Mikrocontroller Obwohl scheinbar technisch überholt, werden auch heute 8-Bit Mikrocontroller verwendet. Diese Controller haben eine geringe Rechenleistung und meist auch wenig Speicher. Für viele Mess- und Steueraufgaben ist die Leistung dennoch ausreichend. So werden 8-Bit Controller z.B. als ADC-Koprozessoren eingesetzt.

Zu den bekanntesten Mikrocontrollern gehören die AVR-Serien des Herstellers Atmel. Abgesehen von der Serie AVR32[11] sind alle AVR MCs einfach aufgebaute RISC-Controller mit 8-Bit Verarbeitungsbreite und einer Taktfrequenz bis zu 32 MHz, eingebettet in Gehäuse mit 6 bis 100 Anschlüssen. Es sind Module für analoge Signalverarbeitung verfügbar, darunter Wandler mit bis zu 12 Bit Auflösung. Die Programmierung erfolgt in C, Basic oder Assembler.

Einsteigerpakete für die Mikrocontrollerentwicklung nutzen häufig Controller der Serien **ATmega** und **ATXmega**[12]. Ein bekanntes und sehr erfolgreiches 8-Bit-MC-System ist Arduino. Bei Arduino handelt es sich um eine quelloffene Kombination von Entwicklungssoftware und Hardware, die von verschiedenen Herstellern angeboten wird. Als Controller für die einfachen Modelle kommt die ATmega-Serie zum Einsatz. Leistungsfähigere Modelle basieren auf dem 32-Bit ARM Cortex-M3 Chip SAM3X8E Kern (siehe ARM-Architektur unter 32-Bit). Aufgrund des geringen Preises erfreut sich Arduino Uno (Abb. 7.33) mit dem ATmega328 einer sehr großen Beliebtheit und ermöglicht den kostengünstigen Einstieg in die Entwicklung von Sensorik-Anwendungen auf Mikrocontrollern [Box13, KKV15].

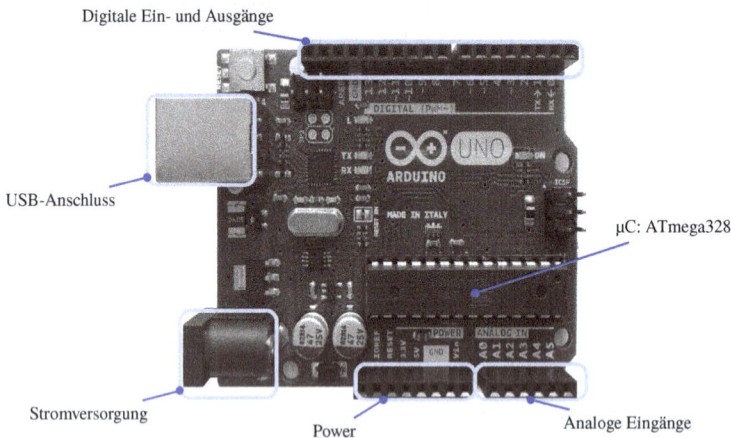

Abb. 7.33.: Arduino Uno Board

8-Bit Controller bieten sich für weniger rechenintensive Sensorapplikation im batteriegestützten Langzeitbetrieb an. Mit den integrierten analogen Komponenten ermöglichen sie zudem

---

[11] Die Serie AVR32 des Herstellers Atmel ist eine 32-Bit-MC-Serie mit Harvard-Architektur und zusätzlichem digitalem Signalprozessor, SIMD-Fähigkeit und Ethernet-Schnittstellen, getaktet bis 66 MHz. Sie ist damit der 8-Bit AVR Serie überlegen, allerdings bei höherem Preis und Energieverbrauch. ADC und DAC Module sind ebenfalls enthalten, was Sensorik-Anwendungen ermöglicht.

[12] Die Serie ATXmega umfasst zusätzliche Peripheriemodule. Dazu gehören DACs, welche eine Digital/Analog Wandlung ohne Pulsweitenmodulation ermöglichen.

einen platzsparenden Aufbau und können z.B. als Koprozessor zur AD-Vorverarbeitung mit anderen Rechnern gekoppelt werden.

16-Bit Mikrocontroller Für anspruchsvollere Aufgaben ist die Verarbeitungsbreite von 8-Bit Mikrocontrollern nicht ausreichend. Die nächste Stufe sind Controller mit 16 Bit Verarbeitungsbreite. Die Stromaufnahme bei den 16-Bit Controllern ist zwar etwas höher, dennoch gering genug für den Langzeitbatteriebetrieb. 16-Bit Controller sind ein guter Kompromiss zwischen Rechenleistung und Stromaufnahme.

Eine 16-Bit Mikrocontrollerfamilie ist die Serie **MSP430** von Texas Instruments. Es steht ein umfangreiches Sortiment von Typen mit unterschiedlicher Ausstattung an anlogen und digitalen Modulen und Schnittstellen zur Verfügung, inzwischen mehr als 500 Derivate. Die Taktfrequenz liegt im Bereich von 8 bis 25 MHz. Abb. 7.34 zeigt einen der kleinsten Vertreter, den F2013. Dieser Controller im ca. 5 mm^2 großen TSSOP14-Gehäuse besitzt 2 Ports mit 10 Anschlüssen, einen 16-Bit ADC, mehrere Timer und bis zu 2 kB Speicher. Damit lassen sich bereits einfache Sensorschaltungen realisieren.

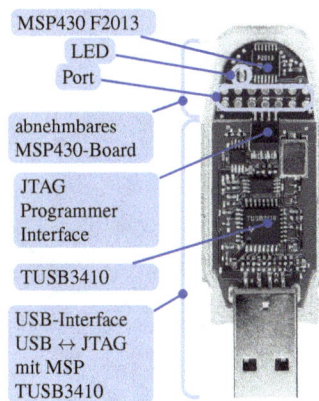

Abb. 7.34.: USB Entwicklungssystem eZ430-F2013 mit MSP430 F2013 und USB-JTAG Programmer Interface TUSB3410 (Bildquelle: TI)

Alle MSP430-Controller zeichnen sich insbesondere durch ihren geringen Energieverbrauch aus. Die Komponenten innerhalb des Mikrocontrollers lassen sich gezielt abschalten oder die Taktfrequenz auf einen für den jeweiligen Einsatzzweck ausreichenden Wert reduzieren.

Der Einsatz bietet sich für batteriebetriebene Geräte zur Verarbeitung analoger und digitaler Sensorwerte im Langzeitbetrieb an. Die Grenzen werden durch die Rechenleistung und Verarbeitungsbreite gesteckt. Für viele Anwendungen ist der 16-Bit Wertebereich ausreichend. Höhere Genauigkeiten, z.B. das Verarbeiten von Werten eines 24-Bit ADC[13], erfordern eine Zerlegung der Werte. Für die Messwertaufnahme und -weitergabe ist die MSP430 Familie gut geeignet.

---

[13] In einigen Derivaten der MSP430-Serie werden 24-Bit SigmaDelta-ADCs eingebaut, z.B. dem MSP430I2020.

32- und 64-Bit Mikrocontroller Die Leistungsfähigkeit von 32-Bit Mikrocontrollersystemen ist an der Funktionalität von Smartphones erkennbar. 32-Bit Controller werden inzwischen auch mit mehreren Prozessorkernen angeboten und die Taktfrequenz erreicht den GHz Bereich. Damit sind anspruchsvolle Aufgaben umsetzbar, z.B. die Auswertung von Bilddaten einer CCD-Kamera. Aktuelle Smartphones integrieren bereits 64-Bit Mikrocontroller. Der Langzeitbetrieb ohne externe Stromversorgung ist bei diesen Controllern derzeit jedoch nicht möglich.

Ein Beispiel für 32-Bit-MC-System ist der Raspberry Pi. Ähnlich dem Arduino vereint der Raspberry Pi einen Controller nebst Zusatzkomponenten in standardisierter Bauform auf einer Platine. Als Controller kombiniert der BCM2835 der Firma Broadcom eine CPU und einen Grafikprozessor (GPU), welcher die Ausgabe in HD-Auflösungen bis 1080p60 erlaubt, besitzt aber keine analogen Komponenten. Die enthaltene CPU ARM1176JZFS ist ein ARMv6-Kern aus der ARM11-Familie[14] Der Controller läuft mit einer Taktfrequenz von 700 MHz (Raspberry PI bis Modell B+). Neuere Generationen arbeiten mit BCM2836 (Cortex-A7 Kern der Serie ARMv7) oder BCM2837 (Cortex-A53, 64 Bit ARMv8-A) Controllern und Frequenzen bis zu 1,2 GHz.

Abb. 7.35.: Raspberry Pi Modell B+

Die Controller stechen durch hohe Leistung, Speicherausstattung und der integrierten GPU hervor. Als Speicher für Programme und Daten werden SD-Karten angebunden, die heute in Größen von mehren Gigabyte verfügbar sind. Im Gegensatz zu den zuvor genannten Mikrocontrollern wird ein ARM-System meist mit einem Linux Betriebssystem betrieben, dessen Möglichkeiten der Interaktion mit dem Nutzer, z.B. in Form einer Desktop-Oberfläche, oder

---

[14] Bei der ARM-Architektur (Advanced RISC Machines) handelt es sich um 32-Bit RISC Prozessorarchitektur. Sie wird von der Firma Limited weiter entwickelt und kann von Halbleiterherstellern lizenziert und in eigene Produkte eingebettet werden. Bekannt sind die Familien ARM7 bis ARM11 und für Mikrocontroller Cortex M.

der parallelen Ausführung mehrerer Programme (Multitasking) für die Messwertverarbeitung und Anzeige genutzt werden können. Die hohe Leistung bedingt die höhere Energieaufnahme von 0,5–4 W, was im Vergleich zu einem Laptop immer noch gering ist. Ein batteriegestützter Langzeitbetrieb ist damit allerdings nicht möglich.

Der Einsatz eines 32-Bit-Systems wie des Raspberry Pi eignet sich dort, wo eine Stromversorgung verfügbar ist und höhere Rechenleistung und Speicherkapazität zur lokalen Verarbeitung der Messwerte erforderlich sind, z.B. um anschließend das Ergebnis sofort grafisch auf einem angeschlossenen LCD oder per HDMI-Schnittstelle auf einem Monitor bzw. Fernsehgerät auszugeben. Abb. 7.35 zeigt das Raspberry PI Modell B+. Vorhanden sind mehrere USB2-Schnittstellen, ein RJ45-Ethernet-Anschluss und ein digitaler GPIO Port (General Purpose I/O) mit 21 Anschlüssen.

Werden analoge Schnittstellen benötigt, so sind externe Wandler erforderlich. Interessant ist auch hier die Verbindung zum Arduino Mikrocontroller, welcher als Coprozessor für diese Aufgaben eingesetzt werden kann. Die Verwendung von Funkschnittstellen ist über USB-WLAN oder -Bluetooth Adapter leicht möglich.

7.4.3. Batteriebetrieb und energieeffiziente Betriebsweisen

Moderne Mikrocontroller sind für energieeffiziente Arbeit ausgelegt. Um Energie zu sparen, erlauben sie, interne Peripheriemodule per Software abzuschalten, wenn diese nicht benötigt werden. Weiterhin verwenden sie verschiedene Taktfrequenzen, z.B. 32 768 Hz als Uhrentakt und 8 MHz für die aktiven Phasen. Die genannten Funktionen sind insbesondere für batteriebetriebene Anwendungen wie Sensorfunkknoten (siehe Punkt 9.5), Handmessgeräte und am Körper tragbare Geräte von Bedeutung.

Die wichtigste Maßnahme zur Reduktion des Energiebedarfs ist deshalb die Deaktivierung der nicht benötigten Komponenten des Mikrocontrollers. Außerdem muss das ablaufende Messprogramm so gestaltet sein, dass es keine unnötigen Aufgaben durchführt. Dazu zählt auch die Gestaltung des Messprogramms in Verbindung mit dem Aufbau des Messsystems. Wenn z.B. die Änderung einer Eingangsgröße ein definiertes Eingangssignal erzeugt, kann dieses als Auslöser für einen Interrupt dienen. Die CPU des MC wird so lange deaktiviert, bis sie durch den Interrupt aufgeweckt wird. Man spricht in diesem Fall von einem Ereignis-gesteuerten Programm. Beide Maßnahmen, Deaktivierung von Komponenten und energieeffizienter Messablauf, werden durch die Software bestimmt [Loe16].

Auch wenn kein verwertbares Interruptsignal vorliegt, bestimmt die Software die Energieaufnahme. Wir betrachten ein batteriebetriebenes Messgerät zur Messung von Luftfeuchte und Raumtemperatur. Beide Größen ändern sich vergleichsweise langsam und sollen aller 5 min gemessen und gespeichert werden. Um eine lange Batteriestandzeit zu erreichen, werden der Sensor, die Sensorelektronik und der Mikrocontroller die meiste Zeit t_{sleep} im power-down Mode betrieben und nur zum Zwecke der Messung für ein ganz kurze Zeit t_{activ} (Größenordnung ms) in den Arbeitsmodus geschaltet. D.h., die CPU wird nicht in eine Warteschleife versetzt (sog. Polling), sondern alle nicht benötigten Teile des MC inkl. der CPU werden für den inaktiven Zeitraum in einem power-down Mode betrieben, bis sie von einem Timerinterrupt geweckt werden. Im Arbeitsmodus läuft der MC mit hoher Taktfrequenz und alle notwendigen peripheren Module sind aktiviert. Die Zeit für den Arbeitsmodus muss so bemessen sein, dass alle Aktivitäten (Aktivieren der analogen Peripherie, Stabilisierung der Sensorausgangsgröße, A/D-Wandlung, Transport und Abspeichern der Daten) sicher ausgeführt werden können.

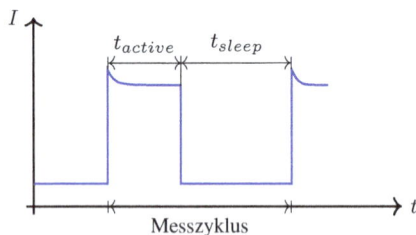

Abb. 7.36.: Zur Stromaufnahme von Mikrocontrollersystemen

Die Abb. 7.36 zeigt schematisch die zeitabhängige Stromaufnahme für den skizzierten MC-Betrieb. Die mittlere Stromaufnahme in einem Messzyklus beträgt danach

$$\overline{I} = \frac{t_{activ} \cdot I_{activ} + t_{sleep} \cdot I_{sleep}}{t_{activ} + t_{sleep}}.$$

Die Batterielebensdauer kann man unter Berücksichtigung der Entladecharakteristik grob schätzen und erhält

$$t_{Bat}[\mathrm{h}] = \frac{Kapazität[\mathrm{mA\,h}]}{\overline{I}[\mathrm{mA}]}.$$

Die Entladekurve einer Batterie ist allerdings nicht linear (vgl. Kapitel 7.2.1 ab Seite 156).

Ein häufiger Wechsel zwischen den Zuständen und damit verbundenen ein häufiges kurzzeitiges Aufwecken einzelner Module kann wiederum zu einer höheren Stromaufnahme führen, da das Anlaufen des Prozessors mehr Energie als dessen Regelbetrieb erfordert. Das wird durch die Spitze zu Beginn von t_{activ} in Abb. 7.36 verdeutlicht. Ein Umschalten der Phasen kann bei sehr kurzen t_{activ} und kurzen t_{sleep} energetisch ungünstiger sein, als ein kontinuierlich laufender Prozessor. Der passende Modus ist deshalb abhängig von der Messaufgabe und dem Controller zu wählen [Sch14].

Für sog. Ultra-Low-Power Controller wird gefordert, dass sie unter Nutzung der power-down-Modi eine definierte Aufgabe (Benchmark) mit einer CR2032-Batterie (225 mA h) mindestens 4 Jahre erfüllen.

7.5. Analog-Front-End – hochintegrierte Sensor-ICs

Für verschiedene Sensortypen sind hochintegrierte Auswerteschaltungen als Einchip-Lösungen, sog. Analog-Front-Ends (AFE) entwickelt worden. Diese umfassen die gesamte notwendige Analogschaltung, sowie je nach Ausstattung und Bedarf, einen hochauflösenden ADC, einen DAC und einen Controller mit digitaler Schnittstelle. Mit solchen Lösungen wird ein wesentlicher Teil der Entwicklungsarbeit für Schaltungen zum Halbleiterhersteller verlagert, wodurch die Geräteentwickler entlastet werden.

Ein Vorteil dieser Mixed-Signal-Schaltungen ist es, dass die gesamte Schaltung mit der Präzision der modernen Halbleitertechnologie gefertigt und abgeglichen wird. Das reduziert den Aufwand bei Anwendung der so unterstützten Sensoren erheblich. Der Anwender kann auf eine praktisch fertige Analogschaltung zurückgreifen und kann sich auf den sorgfältigen Anschluss der Sensoren an das AFE, dessen Spannungsversorgung und digitale Abfrage konzentrieren.

Ein Nachteil dieses Lösungsweges ist, dass die Flexibilität gegenüber einer Entwicklung mit weniger hoch integrierten Bauelementen eingeschränkt ist. So ist man z.B. auf bestimmte Verstärkungs- bzw. Wandlungsfaktoren festgelegt und kann manchmal aus Sicht des Sensors notwendige Versorgungsspannungen nicht verwenden.

7.5.1. Ausgewählte Analog-Front-Ends

AFE mit analogem Signalausgang und digitalen Steuereingängen oder seriellem digitalem Signalausgang bzw. Busfähigkeit, mit intern umschaltbarem Wandlungsfaktoren und teils mit mehreren Kanälen werden in wachsendem Umfang von verschiedenen Halbleiterherstellern angeboten. Beispielsweise stehen von der Firma Texas Instruments AFE für folgende Aufgaben zur Verfügung:

- für resistive Temperatur- und Drucksensoren die LMP90100-Familie mit SPI-Bus,

- für potentiometrische und pH-Sensoren der LMP91200 mit Analogausgang,

- für amperometrische Sensoren der LMP91000, Potentiostat mit Analogausgang,

- für induktive Abstandssensoren die LDC1000-Familie mit SPI-Bus (ADC-Auflösung 16 bzw. 24 Bit),

- für photometrische Sensoren die ADPD10x-Familie mit 14-Bit-ADC und LED-Treiber

- für Pulsoximeter[15] der AFE4490 mit SPI-Bus (ADC-Auflösung 22 Bit).

Der Leistungsumfang eines speziellen AFE wird an den jeweils enthaltenen elektronischen Komponenten deutlich. Nachfolgend betrachten wir drei Beispiele und beziehen uns dabei stets auf die entsprechenden Datenblätter und Herstellerinformationen.

---

[15] Pulsoximeter werden genutzt, um den Puls und die Sauerstoffsättigung des Blutes nichtinvasiv zu messen. Dazu wird ein Finger oder Ohrläppchen mit Licht zweier Frequenzen durchstrahlt. Aus der Zeitabhängigkeit der Absorption wird der Puls und aus der unterschiedlichen Dämpfung der beiden Frequenzen die Sauerstoffsättigung ermittelt.

7.5.1.1. LMP90100 – ein AFE für Temperatur- und Drucksensoren

Die physikalischen Zustandsgrößen Temperatur und Druck beeinflussen zahllose Prozesse; sie werden deshalb sehr häufig gemessenen, oft geregelt oder zur Korrektur der Messwerte anderer Größen verwendet.

Für die Ansteuerung und Auswertung resistiver Temperatur- bzw. Drucksensoren sind AFE wie der LMP90100 entwickelt worden. Dieser Schaltkreis umfasst u.a.

- mehrere Differenz- und Single-Ended-Eingänge mit Eingangsmultiplexer,
- einen rauscharmen programmierbaren Verstärker,
- einen 24-Bit Low-Power-Sigma-Delta ADC,
- zwei einstellbare Konstantstromquellen sowie
- eine SPI-Schnittstelle.

Dieser AFE erlaubt die Vermessung mehrerer resistiver Sensoren in 4-Leiter-Schaltung, so dass der Einfluss von Leitungs- und Kontaktwiderständen eliminiert werden kann, wie in Kapitel 7.1.2.2 beschrieben.

7.5.1.2. LMP91200 – ein AFE für potentiometrische Messungen

Der Schaltkreis LMP91200 umfasst zwei direktgekoppelte Verstärker und keine digitalen Komponenten. Ein Verstärker mit hochohmigen Eingang arbeitet als Impedanzwandler. Er ist für die Erfassung kleiner Spannungen, wie sie bei pH-Sensoren oder anderen potentiometrischen Sensoren auftreten, ausgelegt. Der zweite Verstärker kann eine Abschirmung auf definiertem Potential halten [LMP16]. Der Schaltkreis arbeitet mit einer Betriebsspannung im Bereich 1,8–6 V und kann beispielsweise als Analogschaltung in einem digital anzeigenden pH-Meter eingesetzt werden.

7.5.1.3. LMP91002 – ein AFE für potentiostatische Messungen

Der Schaltkreis LMP91002 beinhaltet eine komplette Mikropower-Potentiostatenschaltung und arbeitet mit einer Betriebsspannung im Bereich von 2,7–3,6 V [LMP15]. Er kann einen Strom bis $750\,\mu A$ durch die Messzelle treiben, was für amperometrische Biosensoren ausreicht. Die Polarisationsspannung wird durch Teilung aus der Versorgungsspannung oder einer Referenzspannung abgeleitet und ist nur in 3 Stufen wählbar, was die Anwendbarkeit für amperometrische Biosensoren einschränkt. Der Messbereich (Vollausschlag) des I/U-Wandlers ist in 7 Stufen zwischen $5\,\mu A$ und $750\,\mu A$ umschaltbar. Die Umschaltung erfolgt digital über einen I^2C-Bus.

7.5.2. ADuCM3xx – „Precision Analog Microcontroller" mit verschiedenen Interfaces

Unter der Bezeichnung „Precision Analog Microcontroller" bietet die Firma Analog Devices eine Reihe von Schaltkreisen an, die einen ARM Cortex M3 oder ARM Cortex M33 Mikrocontrollerkern mit Analog Front End für verschiedene Anwendungsbereiche kombinieren (siehe Tabelle 7.2).In Weiterentwicklungen dieser Schaltkreise Neben ADC unterschiedlicher Auflösung und DAC beinhalten diese Schaltkreise weitere, auf die Zielanwendung zugeschnittene Analogkomponenten, wie programmierbare Verstärker, Multiplexer und eine Referenzspannungsquelle. In unserem Zusammenhang ist der ADuCM355 von besonderem Interesse, denn hier ist das Analoginterface speziell für elektrochemische Messungen ausgelegt.

Tabelle 7.2.: Precision Analog Microcontroller ADuCM3xx – Kurzbeschreibung der AFE-Komponenten

Typ	Zielanwendung	ADC-Auflösung	DAC-Auflösung
ADuCM320	optische Netzwerke	14 Bit	12 Bit
ADuCM350	Low Power Meter	16 Bit	12 Bit
ADuCM355	Chemische Sensoren	16 Bit	12 Bit
ADuCM360 & 361	Präzisionssensorsysteme	24 Bit	12 Bit
ADuCM410	optische Netzwerke	16 Bit	12 Bit

Potentiostaten-Modul „EmStat Pico"   Auf Basis des ADuCM355 haben die Firmen Analog Devices und Palmsense ein miniaturisiertes Potentiostaten-Modul mit der Bezeichnung „EmStat Pico" entwickelt (siehe Abb. 7.37). Das Modul besitzt zwei Potentiostaten-Kanäle und ist für verschiedene elektrochemische Messverfahren vorprogrammiert. Das kompakte SMD-Modul misst 18 x 30 x 2,6 mm und wird für die automatische Bestückung und Verarbeitung gegurtet geliefert. Die Schaltung umfasst nach [SHC21] neben dem ADuCM355 folgende weitere Schaltkreise

- einen InstrumentenVerstärker (AD8606),
- einen LDO-Regler (ADP166) sowie
- einen I^2C-Temperatur-Sensor (ADT7420).

Für die Produktion größerer Gerätestückzahlen wird der ADuCM355, wie im EmStat Pico vorprogrammiert, als „EmStat Pico core" angeboten.

Die digitale Kommunikation zwischen dem EmStat Pico und einem steuernden Gerät erfolgt über eine serielle Schnittstelle (UART). Für die Kommunikation auf Schaltkreisebene sind auch eine SPI- und eine I^2C-Schnittstelle vorhanden. Weitere Daten und Einzelheiten können dem Datenblatt [EmS23] und der Beschreibung [ONC22] entnommen werden.

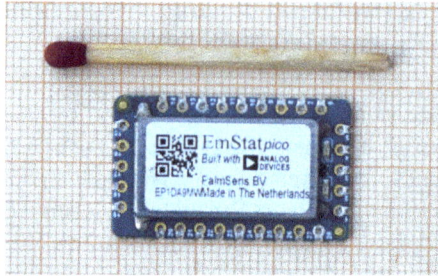

Abb. 7.37.: Potentiostaten-Modul „EmStat pico"

7.6. Sensoren mit integrierter Elektronik

Aufbauend auf den Analog-Front-End-IC liegt der Gedanke nahe, Sensorelemente auf Silizium-Basis zusammen mit der Primärelektronik und weiteren Komponenten zur Signalverarbeitung direkt auf einem Chip zu integrieren. Dieses Vorgehen garantiert die kürzest mögliche, am besten angepasste und damit störsichere Verbindung zwischen Sensorelement und Primärelektronik. Solche integrierten Sensoren bezeichnet man auch als **intelligente Sensoren** (smart sensor).

Mit derartig hochspezialisierten Lösungen wird ein weiterer Teil der Entwicklungsarbeit zum Halbleiterhersteller verlagert und der Endanwender wird entlastet. Solche, auf bestimmte Endanwendungen hin entwickelte, Sensoren lohnen sich insbesondere dort, wo Sensoren bestimmter Typen rein auf Siliziumbasis hergestellt und massenhaft angewendet werden, wie beispielsweise MEMS-Beschleunigungs- und Drehratesensoren in der Automobiltechnik.

Als Beispiele von Sensoren, die komplett mit der notwendigen Auswerteschaltung und Busanschluss integriert am Markt verfügbar sind, nennen wir hier

- den BMI160, das ist ein 6-achsiger MEMS-Sensor mit je drei orthogonalen Beschleunigungs- und Drehrateachsen und SPI- bzw. I^2C-Bus (umschaltbar) von Bosch Sensortec,

- den MCP9804, das ist ein digitaler Temperatursensor mit I^2C-Bus und einer Auflösung von $\pm 0{,}25\,°C$ von Microchip sowie

- den TMP006, das ist ein IR-Thermopile-Temperatur-Sensor für IR-Anwendungen mit I^2C-Bus von Texas Instruments.

Eine andere Lösung besteht darin, den Messwert auf ein Pulsweite-moduliertes Digitalsignal abzubilden. Dieser Weg wird bei dem digitalen Temperatursensor SMT172 gegangen, der dank des PWM-Ausgangs nur 3 Anschlüsse (Masse, Betriebsspannung und PWM-Ausgang) besitzt [Dat17].

Integrierte Sensoren werden in einem IC-Gehäuse geliefert und müssen auf einer Leiterplatte montiert werden. Sie benötigen eine geeignete Stromversorgung, meist $3\,V$ bis $5\,V$ bei einem Strom von einigen $100\,\mu A$ bis etwa $1\,mA$, und natürlich einen übergeordneten Mikrocontroller oder Rechner, der die Steuerung des Messprozesses und die Auswertung der Messdaten übernimmt.

Schließlich sei erwähnt, dass in solche integrierten Sensoren auch Komponenten zum Test und Selbsttest integriert sind.

8. Informationsgewinnung aus Sensorsignalen

Mit Sensoren oder Sensorsystemen wollen wir **Nutzinformationen** über unsere Umwelt, über einen Prozess, ein System, über Lebewesen oder sogar über uns selbst gewinnen. Den Begriff Information verwenden wir in diesem Zusammenhang folgendermaßen:

Definition 8.1 (Information)

Unter Information verstehen wir eine an Signale gebundene Nachricht, also den „Signalinhalt". Diese Nachricht ist bei passiven Sensoren einem Sensorparameter und bei aktiven Sensoren einem Signalparameter im Messprozess aufgeprägt worden.

Voraussetzung für die Gewinnung der gesuchten Informationen, also des „Signalinhalts", aus dem elektrischen Abbild einer nichtelektrische Messgröße ist, dass der physikalische Zusammenhang zwischen Sensorsignal und Messgröße bekannt ist und als physikalisches oder mathematisches Modell vorliegt.

Messtechnische Aufgaben, die mit Sensoren und Sensorsystemen gelöst werden, sind von ganz unterschiedlicher Komplexität. Die Spanne der Aufgaben reicht von

- der Messung und Anzeige der Werte einer einzelnen Größe, die mit einem Einzelsensor gemessen wird, wie beispielsweise die Temperatur, bis zur

- Erfassung, Fusion und Verrechnung von Messdaten vieler Sensoren zur Überwachung großer Räume, komplexer Zusammenhänge oder zur Regelung technischer Prozesse.

Die Hard- und Software zur Analyse der Sensorsignale wird der jeweiligen Messaufgabe angepasst und ist von unterschiedlicher Struktur und Komplexität.

Die Informationsgewinnung schließt einfache analoge und digitale Verfahren, Verfahren zur Datenfusion und Methoden der künstlichen Intelligenz ein.

Bei Einzelsensoren ist die Gewinnung der gesuchten Information aus einem oder mehreren elektrischen Signalparametern meist übersichtlich. Allgemein kann die Information im vorverarbeiteten Analogsignal codiert sein als

- charakteristische Spannung (Momentanwert, Minimalwert, Maximalwert bzw. Spitzenwert oder Effektivwert),
- Zeitverlauf (Kurvenform, Anstiegs- bzw. Abfallzeit von Impulsen, Reaktionszeit)
- Frequenz, Frequenzänderung oder im Frequenzspektrum.

https://doi.org/10.1515/9783110772739-008

Es ist zu beachten, dass ein Messsignal mehrere Messgrößen beinhalten kann, wie zum Beispiel die Amplitude, die Frequenz und Phasenlage einer Schwingung.

Bei einem Sensorsystem mit Testsignalquelle ist das Messsignal mit dem Referenzsignal in Beziehung zu setzen. Die gesuchte Information kann enthalten sein in

- dem Amplitudenverhältnis von Mess- und Referenzsignal,
- einer Phasenverschiebung zwischen Mess- und Referenzsignal oder
- einer Signallaufzeit.

Die höchsten Ansprüche an die Signalauswertung stellen Multisensorsysteme. Hier werden verschiedene Methoden der Mustererkennung und des maschinellen Lernens eingesetzt.

In diesem Kapitel setzen wir voraus, dass die Sensorausgangssignale vorverarbeitet sind und als analoge Spannungssignale oder schon in digitalisierter Form vorliegen, so dass sie mit analogen bzw. digitalen elektronischen Verfahren oder mit numerischen Methoden weiter verarbeitet werden können. Dabei greifen wir auf die Ausführungen in Kapitel 3.3 (Seite 20ff) zurück. Die Filterung von Analogsignalen besprechen wir hier nicht; wir verweisen dazu auf die Literatur (z.B. [TSG12]).

8.1. Analoge elektronische Verfahren

Historisch gesehen kamen analoge Verfahren zur Signalverarbeitung, speziell auch zur Sensorsignalverarbeitung, lange vor den digitalen Verfahren zum Einsatz.

Mit analogen Verfahren der Signalverarbeitung wird eine Manipulation an physikalischen Eigenschaften eines analogen Signals vorgenommen. Zu den klassischen analogen Signalverarbeitungsverfahren zählen

- die **Verstärkung** von Gleich- und Wechselspannungen,
- die **Filterung** der Signale bezüglich Frequenz, Amplitude oder Zeit,
- die **Gleichrichtung** von Wechselspannungen,
- sowie die **Erzeugung** analoger Signale.

Diese klassischen Signaloperationen wurden mit Verfügbarkeit und Einsatz von Operationsverstärkern qualitativ verbessert und um zahlreiche lineare und nichtlineare analoge Operationen, die wir Kapitel 7.1.1 zusammen gestellt hatten, erweitert.

8.1.1. Anzeige und Registrierung analoger Größen

Für die Anzeige und Registrierung analoger Werte und Signale existieren eine Reihe verschiedener Verfahren, von denen einige ältere durch die Digitaltechnik verdrängt worden sind. Die Wahl von Anzeige- bzw. Registriermethoden richtet sich u.a. nach dem Verwendungszweck der entsprechenden Messergebnisse sowie nach Umfeld und Zielstellung der Messung.

Akustische Signalisierung   Akustische Signale werden bevorzugt als Warnsignale eingesetzt, wenn kritische Messwerte erreicht oder überschritten werden können. Dabei besteht die Möglichkeit, in der Art des Tones (Tonfolge oder Dauerton, Tonhöhe) den Grad der Annäherung an verschiedene Grenzwerte gleichzeitig zu signalisieren. Dieses Verfahren ist bei Einparkhilfen in PKWs weit verbreitet und gut bekannt.

Anzeige analoger Messwerte   Die klassischen Anzeigegeräte für analoge Messwerte sind Zeigerinstrumente. Dabei wird die Skala des Instruments nach einer Kalibrierung so beschriftet, dass die Messgröße (Temperatur, Druck, usw.) direkt abgelesen werden kann. An einem Zeigerinstrument können infolge der Parallaxe[1] zufällige Ablesefehler entstehen. Heute werden Zeigerinstrumente oft durch eine Digitalanzeige oder eine Grafikanzeige ersetzt.

Aufzeichnung analoger Messwerte   Früher nutzte man für die Aufzeichnung langsam veränderlicher analoger Messwerte mechanische Schreiber als y-t-Schreiber (Darstellung des Messwertes über der Zeit) oder als x-y-Schreiber (Darstellung eines abhängigen Messwertes als Funktion eines zweiten, unabhängigen Messwertes). Die Auswertungen solcher Aufzeichnungen erfolgten manuell und waren mühselig.

Oszilloskope (Oszillographen) erlauben die Registrierung langsam und schnell veränderlicher analoger Signalverläufe als Kurvenzug, dessen Anzeige und Vermessung mit rein elektronischen Mitteln. Sie erlauben so, Signale in Echtzeit zu beurteilen und bestimmte Eigenschaften, wie Kurvenform, Übersteuerung u.a, direkt zu erkennen. Zur Beobachtung analoger Signalverläufe sind Oszilloskope das Anzeigeinstrument der Wahl. Im Gegensatz zu mechanischen Schreibern arbeiten sie trägheitslos. Moderne Oszilloskope verfügen meist über mehrere Kanäle, digitale Schnittstellen sowie zahlreiche Zusatzfunktionen.

Rechnergestützte Verfahren   Die Erfassung, Speicherung, Darstellung und Auswertung analoger Signale auf einem Rechner ist sicherlich das universellste Verfahren. Voraussetzung ist das Vorhandensein von analog messenden Geräten mit einer Digitalschnittstelle, wie beispielsweise Datenlogger, Oszilloskop usw., sowie geeigneter Software.

8.1.2. Charakteristische Analogwerte

Charakteristische und aussagekräftige Analogwerte eines Messsignals sind jene Werte, die ein Abbild der jeweiligen Messgröße darstellen.

---

[1] Hier: Ableseabweichung, die sich durch falschen (schrägen) Einblickwinkel auf die Skala ergibt. Durch senkrechten Einblick bzw. eine Spiegelskala lässt sich die Parallaxe vermeiden.

Momentanwert Für **langsam veränderliche Messgrößen**, wie beispielsweise die Außentemperatur oder den Luftdruck, ist der Momentanwert eine aussagekräftige Messgröße und kann direkt visuell angezeigt werden. Dafür eignen sich Zeigerinstrumente und Digitalanzeigen gleichermaßen.

Bei **schnell veränderlichen Messgrößen** ist der Momentanwert an einer Ziffernanzeige nicht ablesbar und mit einem Zeigerinstrument aus Gründen der Trägheit gar nicht darstellbar. Hier kann die Registrierung mit einem Oszilloskop oder mit einem entsprechend ausgerüsteten Rechner erfolgen.

Maximal- und Minimalwert Zur Überwachung eines Analogsignals bezüglich des Über- oder Unterschreitens von Maximal- und Minimalwerten eignet sich ein analoger Komparator, wie wir in Abb. 7.29 auf Seite 164 dargestellt haben. Dazu wird eine dem zu überwachenden Grenzwert entsprechende Schwellenspannung an der mit X bezeichneten Stelle eingekoppelt, die natürlich im Aussteuerbereich des Komparators liegen muss. Ein Kippen des Komparatorausgangs signalisiert dann das Überschreiten der Schwelle bzw. das Verlassen eines erlaubten Bereiches.

Spitzenwert – Mittelwert – Effektivwert Das auszuwertende Analogsignal sei eine reine Wechselspannung. Diese Wechselspannung kann durch ihren Spitzenwert oder einen Mittelwert charakterisiert werden.

Da sich Störungen auf den Spitzenwert stark auswirken, ist einem Mittelwert der Vorzug zu geben. Für eine reine Wechselspannung ist das arithmetische Mittel null (vgl. Gleichung 3.4 auf Seite 28). Als aussagekräftigen, charakteristischen Spannungswert benutzt man deshalb einen quadratischen Mittelwert, den **Effektivwert** U_{eff}. Der Effektivwert einer Wechselspannung erzeugt an einem ohmschen Widerstand die gleiche Wärmeleistung, wie eine gleich große Gleichspannung; er hat daher große praktische Bedeutung.

Der Effektivwert U_{eff} einer Spannung $u(t)$ ist der quadratische Mittelwert über eine Periode mit der Periodendauer T

$$U_{eff} = \sqrt{\frac{1}{T} \int\limits_{t_0}^{t_0+T} u^2(t) dt} \tag{8.1}$$

Die Ermittlung des Effektivwertes kann als reine Hardwarelösung realisiert werden. Dafür stehen spezielle integrierte Schaltkreise zur Verfügung, sog. true RMS-to-DC-Converter, wie der AD736 von Analog Devices. Solche IC beinhalten Verstärkerkomponenten, einen Vollweggleichrichter und eine „rms-Section ", die in Verbindung mit einem externen Integrationskondensator den Mittelwert bildet [AD7] .

8.2. Digitale Verfahren

Historisch gesehen, entwickelten sich digitale und rechnergestützte Verfahren der Signalverarbeitung rasant, seitdem geeignete Digitalschaltkreise und Rechner zur Verfügung stehen, also etwa seit Ende der siebziger Jahre des letzten Jahrhunderts. Wegen ihrer zahlreichen Vorteile verdrängen digitale und rechnergestützte Verfahren die analogen Verfahren, wo es technisch möglich ist.

Voraussetzung für die digitale Verarbeitung eines Sensorsignals ist, dass das Signal in digitaler Form, also als Folge von Binärwerten $Y = (y_0, y_1, y_2, \dots)$ mit $y_i \in \{0, 1\}$, vorliegt. Das heißt, es sind immer diskrete Werte zu verarbeiten, die äquidistant sein sollen.

Grundlage der digitalen Verarbeitungstechniken sind einerseits Digitalschaltungen und andererseits Verfahren der numerischen Mathematik und Informatik.

Konzepte der Digitaltechnik sowie kombinatorische Schaltungen, wie Multiplexer, Codierer, Addierer, ALU usw., und sequentielle Schaltungen, wie Flip-Flops, Zähler und Teiler, Register usw., haben wir in [RW21] dargestellt; wir verzichten deshalb an dieser Stelle auf deren Behandlung.

In diesem Kapitel stellen wir kurzgefasst eine kleine Auswahl numerischer Verfahren vor, die bei der Messwertverarbeitung, insbesondere auf Mikrocontrollern, häufig angewandt werden. Ausführlichere Darstellungen dieser Verfahren und Beweise findet man in der entsprechenden Literatur zur numerischen Mathematik, z.B. in [Bar14].

8.2.1. Mittelwerte

Bedingt durch Sensoreigenschaften, Fremdeinflüsse und Rauschen streuen die vom Analog-Digital-Converter generierten digitalen Rohwerte der Messsignale immer. Zur Verbesserung der Signalqualität wird häufig die Glättung der Messwertfolge eingesetzt. Unter Glättung versteht man die Beseitigung der zufälligen Schwankungen in einer Zeitreihe. Ein erster Schritt ist die Mittelwertbildung.

Arithmetischer Mittelwert Zum Ausgleich von normalverteilten Messwertstreuungen wird der arithmetische Mittelwert verwendet (Gleichung 3.4 Seite 28)

$$\overline{x} = \frac{1}{n} \sum_{i=1}^{n} x_i.$$

Der arithmetische Mittelwert entspricht dem Gleichanteil der Messgröße. Er hat keinen immanenten Zeitbezug. Deshalb müssen die Werte x_i, über die gemittelt wird, entweder zeitlich

so dicht beieinander liegen, dass sie für den Gesamtablauf als quasi gleichzeitig gelten können (zum Beispiel n schnell aufeinander folgende ADC-Werte) oder es muss der Zeitbereich
angegeben werden, für den der Mittelwert gilt (Beispiel Tagesmitteltemperatur).

Gleitender Mittelwert   Zur Dämpfung höherer Frequenzanteile in einem Signal und auch zur
Rauschunterdrückung nutzt man in der Analogtechnik Tiefpassschaltungen; ein einfaches digitales Verfahren mit ähnlicher Wirkung ist der gleitende Mittelwert.

Wir nehmen zunächst an, dass die zu filternde Messreihe $x_1, \ldots, x_n$ schon komplett vorhanden
und in einem Speicherbereich abgelegt ist. Zur Bildung der gleitenden Mittelwerte wird ein
Fenster der Breite $-k \ldots k$ definiert, über die Werte der vorhandenen Messreihe gelegt und
Schritt für Schritt über die Messwerte geschoben. Für jeden Schritt t wird ein neuer Mittelwert
$\overline{x_t}$ nach folgender Vorschrift gebildet

$$\overline{x_t} = \frac{1}{2k+1} \sum_{i=-k}^{k} x_{t+i} \qquad \text{mit} \qquad t = k+1 \ldots n-k. \tag{8.2}$$

Man kann die Filterfunktion des gleitenden Mittelwertes dadurch modifizieren und den Einfluss
vom Zentralwert entfernt liegender Messwerte dämpfen, indem die einzelnen Summanden mit
einem Gewicht w versehen werden

$$\overline{x_t} = \frac{1}{2k+1} \sum_{i=-k}^{k} w_{t+i} \cdot x_{t+i} \qquad \text{mit} \qquad t = k+1 \ldots n-k. \tag{8.3}$$

In beiden Fällen entsteht eine neue Folge gefilterter Messwerte $\overline{x_t} = \{\overline{x_{k+1}}, \ldots, \overline{x_{n-k}}\}$, die
allerdings um $2k$ Werte kürzer ist, als die Ausgangsfolge.

Wenn der gleitende Mittelwert für gerade anfallende Messwerte, also in Echtzeit, gebildet werden soll, läuft nach Gleichung 8.2 der gerade gebildete Mittelwert den aktuellen Messwerten
um k Werte hinterher; die Ausgabewerte des Filters erscheinen um $k \cdot \Delta t$ verzögert, wenn Δt
das Abtastintervall ist.

Quadratischer Mittelwert – Effektivwert   Für die numerische Berechnung des Effektivwertes
einer Spannung $u(t)$ ist anstelle der Integration über eine Periode des Quadrates des Analogsignals (Gleichung 8.1 auf Seite 182) die Summe über n äquidistante Abtastwerte mit dem
Abstand τ im Intervall $t \ldots t + T$ zu bilden. Man erhält

$$U_{eff} = \sqrt{\frac{1}{n} \sum_{i=1}^{n} u^2(t_i)} \qquad \text{mit} \qquad n = \frac{T}{\tau}, \text{ ganzzahlig.} \tag{8.4}$$

Dabei muss n hinreichend groß gewählt werden.

8.2.2. Numerische Integration und Differentiation

Aus physikalischer Sicht können Integration und Differentiation den Zusammenhang zwischen verschiedenen Messgrößen herstellen. So ergibt sich durch Integration eines Stromes über die Zeit die geflossene Ladung. Wie wir in Kapitel 4.2.2 gesehen haben, wird der Zusammenhang zwischen Beschleunigung, Geschwindigkeit und zurück gelegtem Weg über Integration bzw. Differentiation über die bzw. nach der Zeit vermittelt.

Aus der Mathematik ist bekannt, dass ein bestimmtes Integral der Fläche unter einer Kurve entspricht, und dass ein Differentialquotient den Anstieg einer Kurve in einem Punkt repräsentiert. Das müssen auch die numerischen Verfahren leisten.

Numerische Integration Mit einer numerischen Integration wird die Fläche unter einer von äquidistanten Stützstellen aufgespannten Kurve ermittelt. Dafür sind verschiedene Verfahren bekannt, die sich dadurch unterscheiden, wie sie den durch die Stützstellen vorgegebenen Kurvenverlauf approximieren.

Zur Veranschaulichung greifen wir auf Abb. 7.24, Seite 154, zurück und wählen als Signal den dort gegebenen Zeitverlauf; die Abtastwerte der Analog-Digital-Wandlung sind jetzt die Stützstellen für die Integration, der Abstand der Abtastwerte sei τ (siehe Abb. 8.1)

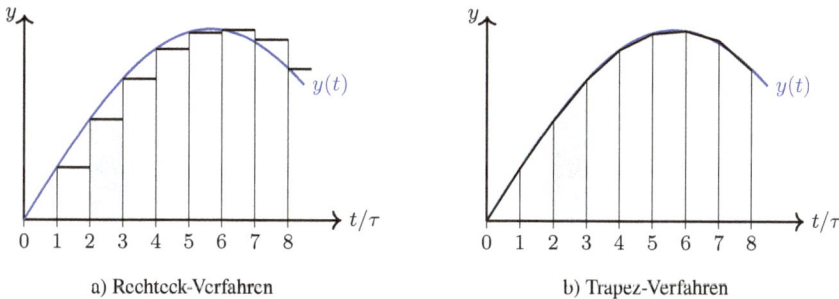

a) Rechteck-Verfahren   b) Trapez-Verfahren

Abb. 8.1.: Zur numerischen Integration

Rechteckverfahren: Im einfachsten Fall approximieren wir entsprechend Abb. 8.1a des zu bestimmende Integral durch Summation über rechteckige Teilflächen. Die Rechtecke werden jeweils gebildet durch den linksseitigen Abtastwert y_i multipliziert mit der Breite des Abtastintervalls τ. Man erhält $F_i = y_i \cdot \tau$ für die i-te Teilfläche und für die Gesamtfläche

$$F_{Re} = \sum_{i=1}^{n} y_i \cdot \tau. \tag{8.5}$$

An der farbig hinterlegten Teilfläche ist erkennbar, dass Fehler dieses Verfahrens mit der Steilheit des Anstieges (Abfalls) des Signals größer werden sowie dass bei steigender Flanke die Fläche zu klein und bei fallender Flanke zu groß bestimmt wird.

Trapezverfahren: Zur Verringerung des Fehlers approximieren wir nun entsprechend Abb. 8.1b das zu bestimmende Integral durch Summation über trapezförmige Teilflächen. Die Trapezflächen werden jeweils berechnet aus zwei benachbarten Abtastwerten y_i und y_{i+1} multipliziert mit der Breite des Abtastintervalls τ. Man erhält für die eine Teilfläche

$$F_{i,i+1} = \frac{y_i + y_{i+1}}{2} \cdot \tau$$

und für die Gesamtfläche

$$F_{Trap} = \sum_{i=1}^{n-1} \left(\frac{y_i + y_{i+1}}{2} \cdot \tau \right) = \tau \left(\frac{y_1 + y_n}{2} + \sum_{i=2}^{n-1} y_i \right), \quad i : \text{gerade.} \tag{8.6}$$

Der Fehler dieses Verfahrens ist für die gleichen Ausgangsdaten deutlich geringer als beim Rechteckverfahren, wie man aus Abb. 8.1 erkennt. Wie groß der Fehler tatsächlich ist, hängt vom realen Signalverlauf ab.

Für beide Verfahren können die Fehler mit kleinerem Abtastintervall (kleinerem τ) verringert werden.

Alle weiteren numerischen Integrationsverfahren erfordern ausnahmslos einen höheren Rechenaufwand. Wir verweisen bezüglich dieser Verfahren auf die Literatur, z.B. [Bar14].

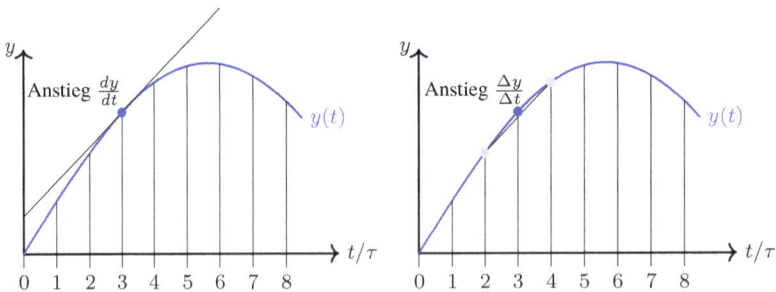

Abb. 8.2.: Numerischen Differentiation: Näherung über Verwendung eines zentralen Differenzenquotienten

Numerische Differentiation   Bei der numerischen Differentiation wird der Differentialquotient $\frac{dy}{dt}$ durch einen Differenzenquotienten $\frac{\Delta y}{\Delta t}$ ersetzt. Mit äquidistanten Abtastwerten y_i, deren Abstand wieder τ betragen soll, ergibt sich für den Punkt y_n folgender Anstieg (Abb. 8.2)

$$\frac{\Delta y_n}{\Delta t} = \frac{y_{n+1} - y_{n-1}}{2\tau}. \tag{8.7}$$

Statistische Streuungen aufeinanderfolgender Abtastwerte (Rauschen) können sich hier stark bemerkbar machen; Ausreißer können den errechneten Anstieg komplett verfälschen. In Gleichung 8.7 kann man diese Abweichungen durch eine unscharfe asymptotische Schranke $\mathcal{O}(\tau^2)$ formal berücksichtigen. Praktisch ist meist eine Glättung der Kurve und eine Eliminierung der Ausreißer notwendig.

8.2.3. Berechnung des Messwertes

Zur Berechnung des Messwertes der gesuchten, nichtelektrischen Messgröße aus den gemessenen elektrischen Werten wird ein Modell benötigt, welches in Form einer analytischen Kennlinie oder einer Tabelle den Zusammenhang herstellt.

Analytische Kennlinie In der Praxis ist das zugrunde liegende Modell oft nur näherungsweise bekannt und es existiert zunächst keine analytisch beschriebene Kennlinie. Statt dessen sind Messpunkte in Form von Messwertpaaren (x_i, y_i) bekannt, aus denen eine adäquate Kennlinie ermittelt werden muss.

Dabei sind zwei Fälle zu unterscheiden [KE08] [Sch92]:

- Es sind nur **wenige Messwertpaare** bekannt: In diesem Fall kann die Konstruktion einer analytischen Kennlinie durch Interpolation mit Polynomen erfolgen, so dass die Kennlinie exakt durch alle Messpunkte geht. Da bei n Messpunkten ein Polynome vom Grad $n - 1$ erforderlich ist, ist das Verfahren nur für kleine n handhabbar. Polynome höherer Ordnung neigen zu Welligkeit und erlauben in welligen Bereichen keine eindeutig umkehrbare Zuordnung der Messwertpaare (x_i, y_i). Wenn ein Ausgleichspolynom 3. Ordnung die Messwertpaare nicht ausreichend genau wiedergibt, wird die Nutzung von Spline-Funktionen, insbesondere kubischer Splines, empfohlen (siehe dazu [Sch92]).

- Es stehen **viele Messwertpaare** zur Verfügung: In diesem Fall sucht man möglichst einfache Funktionen, die die Messpunktmenge bei Minimierung der Fehlerquadratc möglichst gut nachbilden (siehe dazu [Sch92]) .

Ist eine analytische Kennlinienbeschreibung bekannt, müssen meist noch Fremdeinflüsse (Temperatur, Druck u.a.) oder Abweichungen einzelner Sensorexemplare bzw. der Messelektronik mit Korrekturfaktoren (Temperatur-, Offset- und Anstiegskorrektur) berücksichtigt werden.

Tabellarischer Zusammenhang (Lookup Table) Für manche Sensortypen wird die Zuordnung zwischen nichtelektrischer Messgröße und elektrischer Abbildgröße von Normungsinstituten oder von Herstellern tabelliert bereitgestellt. Das trifft zum Beispiel zu für den Zusammenhang zwischen der Temperatur und

- der Thermospannungen von Thermoelementen (tabellierte Schrittweite 0,1 K [Ome13]) sowie

- dem Widerstand als Funktion der Temperatur für Thermistoren (z.B. WM103C, tabellierte Schrittweite $5\,°C$ [WM1]).

Der gesuchte Messwert wird durch Aufsuchen eines geeigneten Wertes in der gegebenen Tabelle und Interpolation gewonnen. Der interessierende Bereich der Lookup Table (LUT) wird im Speicher des Rechners hinterlegt. Man sucht den nächst niedrigen Wert in der Tabelle und interpoliert linear zwischen diesem und dem nächst höheren Wert.

8.2.4. Kreuzkorrelation und Autokorrelation

Oft besteht zwischen zwei Größen x, y kein direkter funktionaler Zusammenhang $y = f(x)$ bzw. $x = g(y)$; trotzdem kann ein statistischer Zusammenhang, eine **Korrelation**, vorliegen und mathematisch gefunden und ausgewertet werden.

Ein Maß für die Korrelation zweier Messwertfolgen mit äquidistanten Abtastwerten ist die **empirische Kovarianz**, die für eine Stichprobe folgendermaßen definiert ist

$$s_{xy}^2 = \frac{1}{N-1} \sum_{i=1}^{N} (x_i - \overline{x})(y_i - \overline{y}). \tag{8.8}$$

In Gleichung 8.8 sind $\overline{x}$ und $\overline{y}$ die arithmetischen Mittel der Abtastwerte (siehe Gleichung 3.4 auf Seite 28). Die absoluten Werte der Kovarianz s_{xy}^2 hängen von den absoluten Werten der x_i und y_i ab und sind daher schlecht zu vergleichen. Man führt deshalb als normierte Größe den empirischen Korrelationskoeffizienten ρ_{xy} ein, dessen Werte im Bereich $-1 \cdots +1$ liegen können. Der empirische Korrelationskoeffizient ist definiert als

$$\rho_{xy} = \frac{s_{xy}^2}{\sqrt{(s_{xx}^2 s_{yy}^2)}}, \tag{8.9}$$

wobei für s_{xx}^2 und s_{yy}^2 gilt

$$s_{xx}^2 = \frac{1}{N-1} \sum_{i=1}^{N} (x_i - \overline{x})^2 \qquad s_{yy}^2 = \frac{1}{N-1} \sum_{i=1}^{N} (y_i - \overline{y})^2. \tag{8.10}$$

Durch Vergleich mit Gleichung 3.5 Seite 28 erkennt man, dass s_{xx}^2 und s_{yy}^2 die Quadrate der empirischen Standardabweichung sind; man nennt s_{xx}^2 und s_{yy}^2 auch empirische Varianz.

Der Wert des Korrelationskoeffizient beschreibt die Stärke des Zusammenhanges, also der Korrelation; bei Werten nahe 0 besteht kein Zusammenhang und bei $\rho_{xy} > 0.8$ ein starker Zusammenhang.

Kreuzkorrelation Wie wir in Kapitel 6.2.2 (Seite 127) erläutert haben, nutzt die Korrelationsmesstechnik den statistischen Zusammenhang zwischen zwei Messsignalen $S_1(t)$ und $S_2(t)$, also deren Korrelation, um daraus eine Messgröße, wie Abstand oder Geschwindigkeit, abzuleiten. In diesem Fall liefert das Maximum der Kreuzkorrelationsfunktion der Messsignale $S_1(t)$ und $S_2(t)$ eine Zeitdifferenz, aus welcher Abstand oder Geschwindigkeit berechnet werden können. Wir gehen von Abb. 6.18 auf Seite 128 aus und überlegen, welche Schritte der Reihe nach zu tun sind, um die statistische Ähnlichkeit auf dem skizzierten Weg zu ermitteln.

Die beiden analogen Messsignale $S_1(t)$ und $S_2(t)$ werden jeweils mit gleicher Abtastrate abgetastet und digitalisiert, so dass sie dann als digitale Folge $S_1 = (s_{11}, s_{12}, s_{13} \dots)$ und $S_2 = (s_{21}, s_{22}, s_{23} \dots)$ mit äquidistantem Zeitabstand τ vorliegen; beide Folgen seien in einem Speicher abgelegt. Wir nehmen an, dass bei einem Zeitversatz von $k\tau$ sich die beiden Signale ähnlich sind. Ziel ist es nun, k und damit den Zeitversatz $k\tau$ zu bestimmen.

Dazu wird eines der beiden Signale relativ zum anderen um $k\tau$ $(k = 0, 1, 2 \dots)$ schrittweise zeitverzögert, und für jeden Verzögerungsschritt wird die empirische Kovarianz respektive der entsprechende Korrelationskoeffizient berechnet. Die Kovarianzen für die verschiedenen Zeitverschiebungen $k\tau$ bilden die Kreuzkorrelationsfunktion (KKF). Wenn die KKF ein Maximum besitzt und der Korrelationskoeffizient hinreichend groß ist, dann ist der zugehörige Index k der gesuchte Wert.

Die Abb. 8.3 veranschaulicht das skizzierte Vorgehen an Hand der Signale S_1 und S_2 mit beispielhaften, äquidistanten Abtastwerten. Dabei werden die Abtastwerte von S_2 schrittweise um $k = 1, 2, \dots$ verschoben und man erkennt ein ausgeprägtes Maximum des Korrelationskoeffizienten für $k = 3$, also nach einer Verschiebung um 3 Zeitschritte.

Signal	Folge der Abtastwerte für S_1 und S_2 $\longrightarrow i$										Korrelationskoeffizient
S_1	2	1	3	8	15	7	3	4	2	1	
S_2	1	5	2	0	0	0	0	0	0	0	$\longrightarrow$ -0.38
$k=1$, S_2 geshifted um 1τ	0	1	5	2	0	0	0	0	0	0	$\longrightarrow$ -0.08
$k=2$, S_2 geshifted um 2τ	0	0	1	5	2	0	0	0	0	0	$\longrightarrow$ 0.57
$k=3$, S_2 geshifted um 3τ	0	0	0	1	5	2	0	0	0	0	$\longrightarrow$ 0.95
$k=4$, S_2 geshifted um 4τ	0	0	0	0	1	5	2	0	0	0	$\longrightarrow$ 0.30
$k=5$, S_2 geshifted um 5τ	0	0	0	0	0	1	5	2	0	0	$\longrightarrow$ -0.11
$k=6$, S_2 geshifted um 6τ	0	0	0	0	0	0	1	5	2	0	$\longrightarrow$ -0.15

Abb. 8.3.: Schema und Zahlenbeispiel zur Kreuzkorrelation

Autokorrelation Die Autokorrelation entspricht dem eben skizzierten Verfahren, jedoch wird ein periodisches Signal mit sich selbst überlagert. Damit gelingt es, schwache verrauschte periodische Signale wirkungsvoll vom Rauschen zu befreien, da das Signal periodisch überlagert wird, während das Rauschen in jeder Periode zufällige Werte annimmt.

8.2.5. Programmpakete zur Messdatenanalyse

Die computergestützte Auswertung von Sensormessdaten erfordert immer ähnliche Auswertealgorithmen. Es sind deshalb von kommerziellen Anbietern von Sensortechnik und Messtechnik Programmpakete zur Messdatenanalyse geschaffen worden, die über vielfältige Funktionen verfügen und für spezielle Messaufgaben konfigurierbar sind.

Zwei Beispiele solcher Programmpakete sind **VEE Pro**[2] von KEYSIGHT Technologies und **LabVIEW** von National Instruments. LabVIEW bietet beispielsweise folgende Möglichkeiten [Mül16]:

- Verfahren zur Kurvenanpassung (Glättung, Interpolation, Approximation, Hüllkurven)
- Differentiation von Signalen
- Integration nach verschiedenen Verfahren
- Signaloperationen, wie Filterung, Bildung von Mittelwerten und anderen gewichteten Werten
- Signalanalyse mittels Korrelationsverfahren, Fast Fourier Transformation (FFT) u.a.

8.3. Signalverarbeitung: analog vs. digital - eine Gegenüberstellung

In fast allen Gebieten der Signalverarbeitung, so auch in der Sensorsignalverarbeitung, verdrängen moderne digitale Verfahren die analogen Verfahren[3]. Was sind die Gründe?

In der Analogtechnik werden Signale auf unendlich viele Spannungswerte in einem vorgegebenen Spannungsbereich zwischen U_{min} und U_{max} abgebildet. Das erfordert, dass der Arbeitspunktes etwa in der Mitte dieses Arbeitsbereiches zwischen U_{min} und U_{max} liegt, was mit einem höheren Ruhestrombedarf erkauft wird und oft einen Abgleich erfordert. Die präzise Funktion einer Analogschaltung kann durch Toleranzen der Bauelemente, sowie deren Temperaturdrift und Alterung beeinträchtigt werden. Die genannten Einflüsse sowie das Rauschen beeinflussen die Qualität eines Analogsignals negativ.

Die eben genannten Einflüsse spielen bei digitaler Verarbeitung keine oder eine untergeordnete Rolle. Ein weiterer Vorteil von Digitalschaltungen besteht darin, dass eine höhere Integrationsdichte der Schaltungskomponenten auf den Silizium-Wafern erreichbar ist als mit Analogschaltungen. Das bedeutet Kostenvorteile.

---

[2] VEE steht für für Visual Engineering Environment
[3] Ausnahmen bestehen bei sehr hohen Frequenzen und Antialiasingfiltern vor einem ADC.

Tabelle 8.1.: Signaloperationen in Analog- und Digitaltechnik

Analogtechnik	beide	Digitaltechnik
Verstärkung		Zählung
Dämpfung		De- /Inkrementierung
Gleichrichtung		Kodierung
analoge Operationen		numerische Operationen
Modulation/Demodulation		Speicherung
	Signalerzeugung	
	Signalfilterung	
	A/D- / D/A-Wandlung	

In der Sensorik haben wir in der Regel analoge nichtelektrische Messgrößen vorliegen, die von einem Sensor auf analoge elektrische Größen abgebildet werden. Wie wir in Kapitel 7.1 gesehen haben, erfolgt die Signalvorverarbeitung der oft sehr kleinen Sensorsignale bis zum Eingang des Analog-Digital-Wandlers analog. Die analoge Signalvorverarbeitung kann je nach Sensor Verarbeitungsschritte, wie Verstärkung, I/U-Wandlung, Filterung u.a., erfordern. Manche analogen Verarbeitungsschritte verändern das ursprüngliche Signal irreversibel und können nicht rückgängig gemacht werden.

Nach der Digitalisierung ist es möglich, die Digitalsignale zumindest temporär zu speichern und Verarbeitungsschritte mit gespeicherten Daten durchführen, so dass digitale Originalwerte nicht verändert werden. Das ist für Optimierungsaufgaben sehr hilfreich. Bei Verarbeitung in Echtzeit werden durch digitale Operationen, wie z.B. den gleitenden Mittelwert oder andere Digitalfilter, die ursprünglichen Daten laufend durch korrigierte Daten ersetzt; auch hier gehen die ursprünglichen Daten verloren und können nicht rekonstruiert werden.

Da manche der hier in Betracht zu ziehenden Signalverarbeitungsschritte, wie die Verstärkung kleinster Spannungen, nur mit analog arbeitenden Komponenten zu lösen sind, während andere, insbesondere komplexe Schritte, bevorzugt auf digitalem Wege und rechnergestützt erfolgen, haben wir eine Auswahl wichtiger Signalverarbeitungsformen in Tabelle 8.1 gegenüber gestellt.

Schließlich sei nochmal erwähnt, dass moderne anwendungsspezifische Schaltkreise, wie Analog-Front-End-IC (siehe Kapitel 7.5), oder integrierte Sensoren (siehe Kapitel 7.6), große Teile der notwendigen analogen Signalverarbeitung übernehmen, so dass der Anwender weitgehend von Fragen der Analogtechnik entlastet wird.

8.4. Sensordatenfusion

8.4.1. Was ist Sensordatenfusion?

Zum Verständnis der Datenfusion gehen wir am Besten von unseren Sinneseindrücken und unserer sinnlichen Wahrnehmung der Umwelt aus. Mit unseren Sinnesorganen erfassen wir optische, mechanische (speziell auch akustische), thermische und chemische Reize und schließen aus der Koinzidenz solcher Reize und unserer Erfahrung auf bestimmte Ereignisse in unserer Umwelt. Wenn es beispielsweise brennt, riechen wir Rauch, hören es knistern, sehen Flammen, spüren Wärme usw.

Die Sensordatenfusion kann man als technische Nachbildung des skizzierten Erkennens der Umwelt verstehen.

> **Definition 8.2 (Sensordatenfusion)**
>
> Als **Sensordatenfusion** bezeichnet man die Zusammenführung der Ausgabewerte verschiedener Sensoren eines Mehrsensorsystems, um Schlussfolgerungen zu ermöglichen, die ein einzelner Sensor nicht zulässt.

Beispiele solcher Mehrsensorsysteme haben wir in Kapitel 6.2.3 kennen gelernt. Je nach Aufgabenstellung und den im Mehrsensorsystem enthaltenen Sensoren kann die Sensordatenfusion verschiedenen Zielen dienen. Solche Ziele können sein

- ein höherer Erkenntnisgewinn, als ihn einzelne Sensoren ermöglichen,
- die Beseitigung von Mehrdeutigkeiten,
- die Verbesserung der Genauigkeit,
- eine höhere Zuverlässigkeit u.a.

Damit Sensordaten fusioniert werden können, müssen sie Bedingungen erfüllen, wie:

- logische **Zusammengehörigkeit** (gleiche Messstelle, gleiches Messobjekt),
- **Gleichzeitigkeit**, die Daten müssen zu einem Zeitpunkt (synchron) anfallen bzw. zu einer Probe gehören (Material- oder Blutuntersuchung),
- **Unterschiedlichkeit**, die Daten dürfen nicht von identischen Sensoren, die ein und denselben Zustand beobachten, stammen.

Alle zu einem Zeitpunkt im Sensorsystem anfallenden Messdaten bilden ein n-Tupel und charakterisieren den vermessenen Umweltbereich zum Messzeitpunkt.

Mehrsensorsysteme, wie wir sie in Kapitel 6.2.3 und in der Abbildung auf Seite 127 skizziert haben, implizieren eine Fusion der Sensordaten. Je nach Aufgabenbereich, Komplexität und erforderlicher Arbeitsgeschwindigkeit werden unterschiedliche Verfahren, Algorithmen und Filter angewendet. Wir geben dazu drei Beispiele:

- Materialuntersuchungen, beispielsweise von Bauwerken, erfolgen oft mit verschiedenen Messverfahren. Die verschiedenen Messverfahren ergeben komplementäre Informationen, die in getrennten Messdatensätzen abgelegt sind. Die Fusion solcher Messdatensätze zu einem aussagekräftigeren Fusionsdatensatz kann offline erfolgen, wobei verschiedene numerische Verfahren Anwendung finden können.

- Fahrerassistenzsysteme oder autonome Roboter nutzen zur Navigation, Umwelterkennung und für vorausschauende Kollisionswarnungen Ultraschall-Sensoren, Beschleunigungs- und Drehratesensoren, Kameras und weitere Sensoren. Bei solchen Anwendungen muss die Fusion der Sensordaten online und sehr schnell erfolgen. Nach Literaturangaben [Kla03] werden hier Kalman-Filter untersucht und bevorzugt eingesetzt.

- Eine elektronische Nase wiederum umfasst nur chemische Sensoren (und eventuell einen Temperatursensor); zur Fusionierung und Auswertung solcher Sensordaten werden bevorzugt künstliche neuronale Netze angewandt.

8.4.2. Elektronische Nase und Datenfusion mittels künstlichem neuronalem Netz (KNN)

Wir skizzieren nachfolgend die Messdatenauswertung am Beispiel eines Gassensorarrays, einer elektronische Nase. Dabei legen wir ein Modellsystem mit solchen resistiven Gassensoren zugrunde, wie wir sie in Kapitel 5.3 (Seite 99) beschrieben haben, und nutzen zur Sensordatenfusion ein künstliches neuronales Netz .

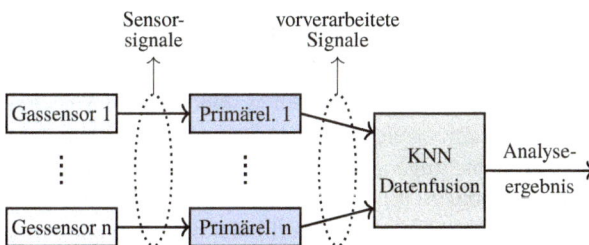

Abb. 8.4.: Datenfusion am Beispiel einer elektronischen Nase

In Abb. 8.4 sind die Funktionsblöcke der elektronischen Nase schematisch dargestellt. Die Gassensoren 1 bis n bilden das Sensorarray. Sie befinden sich in der zu vermessenden Atmosphäre und zwar in so enger Nachbarschaft, dass alle Sensoren die gleiche Gaszusammensetzung erfassen. Die Gassensoren haben eine voneinander verschiedene, gasspezifische Sensitivität und Empfindlichkeit, reagieren aber nicht selektiv. Die gasspezifische Widerstandsänderung jedes Gassensors wird über eine eigene Primärelektronik in ein Spannungssignal umgesetzt, anschließend digitalisiert und dann einem künstlichem neuronalen Netz als Eingangswert übergeben. Zu einem Zeitpunkt charakterisieren die n Spannungen bzw. die entsprechenden Digitalwerte die Zusammensetzung des Gases im Messvolumen.

8.4.2.1. Visualisierung vieldimensionaler, zusammengehöriger Messwerte

Die Visualisierung der Messwerte unabhängig und **vor** der Fusionierung der Daten ist sinnvoll, damit man während der Entwicklung eines solchen Sensorsystems einzelne Komponenten separat testen und bewerten kann. Während des Routinebetriebes hat man außerdem eine Übersicht über die Rohdaten.

Die Messwerte der einzelnen Sensoren des Sensorsystems bilden jeweils eine Zeitreihe, die man parallel als $U(t)$-Diagramme auf einem Display darstellen kann. Diese Art der Darstellung ist wenig übersichtlich und mit zunehmender Anzahl der Sensoren verringert sich die Aussagekraft.

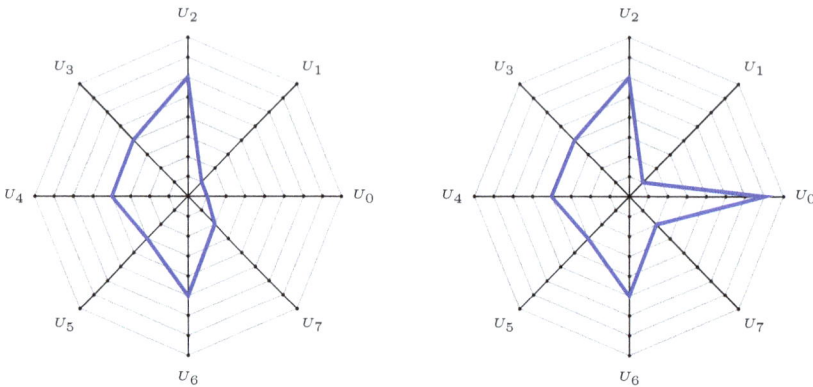

Abb. 8.5.: Radarplots für Gassensorarray mit 8 resistiven Gassensoren

Eine aussagekräftigere Visualisierung des Systemzustandes für n Sensoren kann man mittels **Radarplot** (Spiderweb Diagram) erreichen. Beim Radarplot ist jedem der n Sensoren eine radial nach außen gerichtete Achse zugeordnet, wobei die Winkel zwischen benachbarten Achsen jeweils $\frac{360°}{n}$ betragen. Auf jeder Achse trägt man den momentanen Widerstands- bzw. Spannungswert des zugeordneten Sensors auf und verbindet die Endpunkte miteinander. Auf diese Weise erhält man zu jedem Zeitpunkt ein n-Eck als Muster und kann dessen zeitliche Veränderung leicht beobachten.

Die Abb. 8.5 zeigt zwei Beispiel-Radarplots für ein Gassensorarray mit 8 Sensoren und zwei verschiedene Gaszusammensetzungen. Im rechten Plot ist gegenüber dem linken Plot nur die nullte Komponente, also U_0, verändert. Es hat sich bewährt, während des Messens in kurzen Zeitabständen von einigen Sekunden bis Minuten den Radarplot zu aktualisieren und zur Darstellung des Zeitverlaufs mehrere zeitlich aufeinanderfolgende Radarplots nebeneinander darzustellen.

8.4.2.2. Künstliche neuronale Netze – Vorbild, Modell und Struktur

Wir geben nachfolgend einige einführende Informationen zu künstlichen neuronalen Netzen (KNN), so dass deren sensortechnische Anwendung am Beispiel verstanden werden kann. Für weitere Informationen verweisen wir auf spezielle Literatur zu KNN, wie [Roj93].

Biologisches Vorbild Künstliche neuronale Netze haben ein biologisches Vorbild, das Nervensystem von Tieren bzw. des Menschen. Unser Nervensystem besteht aus Nervenzellen, den sog. Neuronen, die untereinander hochgradig vernetzt sind und unterschiedliche Aufgaben wahrnehmen. Wir verfügen über eine riesige Zahl solcher Neuronen[4]. Eingangsseitig sind die Neuronen über eine Vielzahl sog. Dendriten mit anderen Neuronen oder mit Sinneszellen (Rezeptoren), verbunden und nehmen über die Dentriten und zwischengeschaltete Synapsen[5] Signale auf. Ausgangsseitig gibt es pro Neuron höchstens einen Ausgang, ein sog. Axon. Das Axon leitet das „Verarbeitungsergebnis" der Eingabewerte an andere Nervenzellen bzw. an Effektoren, die den neuronalen Impuls in eine physiologische Aktivität umsetzen, weiter. Die Signalübertragung in lebenden Organismen erfolgt auf elektrolytisch-elektrochemischem Wege; Ladungsträger sind Ionen.

Modelldarstellung eines KNN Abgeleitet vom natürlichen Vorbild besteht ein künstliches neuronales Netz aus künstlichen Neuronen, die die Knoten im Netz bilden. Zwischen den künstlichen Neuronen existieren gewichtete, gerichtete Verbindungen, die Kanten. Eine Anzahl von Knoten haben Eingänge aus der Umwelt, in unserem Falle eine Verbindung zu den Gassensoren; sie bilden die Eingabeschicht (Input layer). Andere Knoten erzeugen ein Ergebnis, in unserem Falle Konzentrationswerte; sie bilden die Ausgabeschicht (Output layer). Dazwischen gibt es Knoten, deren Eingang nur mit Ausgängen anderer Knoten und deren Ausgänge nur zu Eingängen nachfolgender Knoten verbunden sind; sie bilden eine verborgene Schicht (Hidden layer). In einfachen Netzen kann die verborgene Schicht fehlen, es kann jedoch auch mehr als eine verborgene Schicht vorhanden sein. Die Abb. 8.6 zeigt ein KNN als gerichteter Graph mit Knoten und gerichteten Kanten, der Eingabeschicht, der Ausgabeschicht und einer Hidden layer. Innerhalb des Netzes können auch Rückführungen vorhanden sein, auf die wir hier nicht eingehen. Damit solch ein Netz eine bestimmte Aufgabe erfüllen kann, muss es trainiert werden und lernen. Das Trainieren geschieht, indem zahlreiche innere Parameter iterativ ermittelt und angepasst werden (siehe unten).

Im Fall unserer elektronischen Nase nehmen die Neuronen der Eingabeschicht die vorverarbeiteten, digitalisierten Sensorwerte als Eingabe auf, während die Ausgabeschicht nach erfolgreichem Training Konzentrationswerte der trainierten Gaskomponenten liefert.

Wie ein KNN für die Bearbeitung einer konkreten Aufgabe beschaffen sein soll (Anzahl der Schichten, der Knoten, eventuell Rückführungen), ist nicht leicht zu beantworten und muss gegebenenfalls heuristisch ermittelt werden (trial and error).

---

[4] Nach Messungen von Suzana Herculanow-Houzel, die 2009 publiziert wurden, beträgt die Zahl ca. $86 \cdot 10^9$ beim Menschen.

[5] Synapsen heißen die Kontaktstellenstellen zwischen Nervenenden und anderen Zellen.

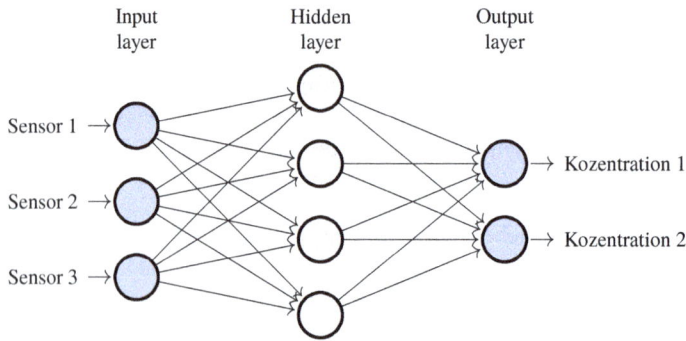

Abb. 8.6.: Verknüpfungen in einem Netzwerk mit drei Schichten

8.4.2.3. Künstliche Neuronen

Die Knoten im KNN sind künstliche Neuronen. Ein künstliches Neuron hat, in Analogie zu seinem natürliches Vorbild, n Eingänge und einen Ausgang. Die Eingänge besitzen eine veränderbare Gewichtung und die Ausgabe wird über eine Aktivierungsfunktion erzeugt (Abb. 8.7a).

Durch iterative Veränderung der Kantengewichte und eines Parameters der Aktivierungsfunktion jedes Neurons, kann das KNN der zu lösenden Aufgabe angepasst werden; man nennt diesen iterativen Prozess das Trainieren bzw. Lernen des Netzes.

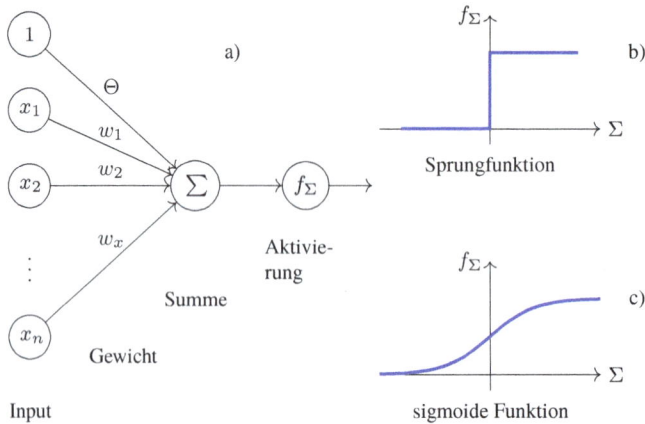

Abb. 8.7.: Künstliches Neuron und zwei mögliche Aktivierungsfunktionen

Aktivierungsfunktionen Im einfachsten Fall ist die Aktivierungsfunktion eine Sprungfunktion entsprechend Abb. 8.7b und Gleichung 8.11

$$f(x) = \begin{cases} 0 & \text{für } x \le 0 \\ 1 & \text{für } x > 0 \end{cases}. \tag{8.11}$$

Solche Neuronen sind unter dem Namen McCulloch-Pitts-Neuron bekannt; sie erlauben es, in einfachen Netzen digitale Funktionen zu simulieren.

Lernalgorithmen für komplexe Netze erfordern, dass die Aktivierungsfunktion differenzierbar ist. Eine geeignete differenzierbare Aktivierungsfunktion ist die in Abb. 8.7c dargestellte sigmoide oder logistische Funktion, die durch Gleichung 8.12 beschrieben wird

$$f_{sig}(x) = \frac{1}{1 + e^{-x}}. \tag{8.12}$$

Eine weitere mögliche differenzierbare Aktivierungsfunktion ist die Tangens Hyperbolicus Funktion nach Gleichung 8.13

$$f_{tanh}(x) = \frac{e^x - e^{-x}}{e^x + e^{-x}}. \tag{8.13}$$

Der maximale Ausgabewert der logistischen Anregungsfunktion nach Gleichung 8.12 ist eins; deshalb werden zweckmäßig alle Werte auf den Bereich $0 \ldots 1$ abgebildet.

Berechnung des Ausgangswertes eines Neurons Wir betrachten das j-te künstliche Neuron (Abb. 8.7a). Der i-te Eingang dieses Neurons hat die Gewichtung w_{ij}. Dieser Wert wird an die entsprechende Kante geschrieben. Das Ansprechverhalten (Schwellwert) der Aktivierungsfunktion wird mit einem vom Sensorsignal unabhängigem Wert (Bias) Θ_j eingestellt, der ebenfalls veränderbar ist.

Das Neuron generiert aus seinen Eingabewerten x_i nun den Ausgabewert o_j nach folgendem Schema:

- Gewichtung aller Eingabewerte mit den Kantengewichten $x_i \cdot w_{ij}$,

- Summation der gewichteten Eingabewerte $\sum_{i=1}^{n} x_i w_{ij}$,

- Berechnung des Ausgabewertes o_j mittels Aktivierungsfunktion aus der Summe der gewichteten Eingabewerte und dem Bias-Wert,

  - bei Verwendung der logistischen Funktion ergibt sich

$$o_j = \left(1 + e^{-(\Theta_j + \sum_{i=1}^{n} x_i w_{ij})}\right)^{-1}. \tag{8.14}$$

8.4.2.4. Training und überwachter Lernvorgang im KNN

Wenn beim Training eines KNN die Eingabewerte und die dazu erwarteten Ausgabewerte bekannt sind, spricht man vom überwachten Lernen. Trainieren des KNN bedeutet dann, die Gewichte der Kanten w_{ij} und die Bias-Werte Θ_j der Aktivierungsfunktion für jedes Neuron iterativ so zu bestimmen, dass der Fehler, den das Netz bei einem gegebenen Trainingsdatensatz macht, minimal wird (Optimierungskriterium). Als Fehler wird dabei der euklidische Abstand zwischen den bekannten Eingabewerten und den dazu ermittelten Ausgabewerten verstanden und während des Lernens wird das globale Minimum der Fehlerkurve gesucht (Gradientenabstiegsverfahren).

Sind die Eingabewerte und die dazu erwarteten Ausgabewerte bekannt, dann gliedert sich der Lernprozess nach [Zel94] in folgende fünf Schritte

- Präsentation des Eingabemusters durch Aktivierung der Eingabeneuronen,
- vorwärts Propagieren der Eingabe und Erzeugung einer Ausgabe zur aktuellen Eingabe,
- Vergleich von realer und erwünschter Ausgabe und Ermittlung eines Fehlervektors,
- rückwärts Propagieren des Fehlervektors von der Ausgabe- zur Eingabeschicht, Ermitteln von Änderungen der Verbindungsgewichte um den Fehlervektor zu verringern und
- Änderung der Gewichte aller Neuronen um die vorher berechneten Werte.

Man nennt diesen Lernalgorithmus **Back-Propagation-Algorithmus**. Lernvorgänge in KNN und Lernalgorithmen sind in der Literatur ausführlich beschrieben [Zel94], [RW11].

Die rekursive Berechnung der Änderung der Kantengewichte $\Delta_p w_{ij}$ mittels Back-Propagation-Algorithmus führt mit p als Musterindex und j als Neuronindex auf die Back-Propagation-Regel [Zel94]

$$\Delta_p w_{ij} = \eta o_{pj} \delta_{pj};$$ (8.15)

dabei sind

- η der Lernfaktor,
- o_{pj} die Ausgabe von Neuron j bei Muster p,
- δ_{pj} die Fehlersignale.

Die Fehlersignale δ_{pj} hängen von der Aktivierungsfunktion ab. Bei Verwendung der logistischen Funktion erhält man nach [Zel94] folgende Terme

$$\delta_{pj} = \begin{cases} o_{pj}(1 - o_{pj})(t_{pj}) & \text{falls j Ausgabeneuron ist} \\ o_{pj}(1 - o_{pj}) \sum_k \delta_{pk} w_{jk} & \text{falls j verdecktes Neuron ist} \end{cases}$$ (8.16)

mit der Lerneingabe t_{pj} (teaching input).

Die iterativ bestimmten, also „gelernten" Kantengewichte und Schwellwerte beinhalten, verteilt über das gesamte Netz, das im KNN gespeicherte Wissen für die Trainingsdaten.

8.4.2.5. Zusammenwirken von Gassensorarray und KNN

Für das Gassensorarray wird ein dreischichtiges vorwärts gerichtetes Netz verwendet; die Neuronen haben eine sigmoide Anregungsfunktion. Während der Lernphase des KNN sind die Zusammensetzungen der Trainingsgase bekannt. Die Eingabewerte für das KNN sind die elektronisch vorverarbeiteten Ausgabewerte des Sensorarrays, die auch als Radarplot angezeigt werden. Aufgabe ist es nun, die Gewichte der Kanten sowie die Bias-Werte des vorwärts gerichteten Netzes so zu bestimmen, dass die Ausgabedaten des KNN die Gaszusammensetzung bestmöglich wiedergeben. Nach dem Lernvorgang soll das Netz auch für Konzentrationen, die nicht als Lernmuster vorlagen, im Sinne einer Interpolation richtige Ausgaben finden. Das überwachte Lernen nutzt den Back-Propagation-Algorithmus.

Während der Messung taucht das Gassensorarray in das zu vermessende Gas ein oder das Messgas strömt über das Array.

Um Trainingsdatensätze für das KNN zu gewinnen, wird das Gassensorarray nacheinander mit verschiedenen bekannten Gasmischungen beaufschlagt, deren Zusammensetzung z.B. mittels Massenspektrometrie genau bestimmt wird. Das jeweilige Testgas wird an inneren Oberflächen der Messanordnung adsorbiert. Deshalb ist es erforderlich, nach jeder Veränderung des Testgases das Messsystem zu spülen und eventuell auszuheizen, um Adsorbatschichten von inneren Oberflächen, die für die nächste Messung eine Kontamination darstellen, sicher zu entfernen. Die Experimente zur Ermittlung der Trainingsdatensätze sind deshalb langwierig und zeitaufwendig.

Ein umfangreicher Bestand an Trainingsdaten, der die zu analysierenden Gaskomponenten und Gaszusammensetzungen engmaschig abdeckt, ist eine Grundvoraussetzung für den Einsatz eines KNN zur Gasanalyse. Die Bereitstellung solcher Trainingsdaten ist ein wesentlicher Kostenfaktor des Gesamtsystems.

Elektronische Nasen werden in verschiedensten Bereichen eingesetzt bzw. ihr Einsatz wird erprobt. Beispiele sind die Atemgasanalyse oder der Nachweis von Schadstoffen in der Luft. Im praktischen Einsatz erweisen sich solche Systeme als außerordentlich empfindlich; sie können beim Eindringen nicht trainierter Gaskomponenten, z.B. durch ein Leck im System, ihren Dienst versagen.

9. Sensornetze

Sensornetze entstehen, wenn zur Erfassung unterschiedlichster physikalischer oder chemischer Messwerte in der Umwelt oder in technischen Systemen, wie z.B. in Produktionsanlagen, in Gebäuden oder in Kraftfahrzeugen Sensoren für die jeweils interessierenden Größen zusammengeschaltet und die Messwerte an zentraler Stelle visualisiert, gespeichert oder weiter verwendet werden.

Entsprechend findet man im medizinischen und sportmedizinischen Bereich Sensornetzwerke. Sie entstehen, wenn von Patienten oder Testpersonen bestimmte Vitalparameter sensortechnisch erfasst und zur Überwachung an eine Zentrale übermittelt werden. Es ist unmittelbar einleuchtend, dass in den verschiedenen Anwendungsbereichen unterschiedliche Anforderungen an die jeweiligen Sensornetze zu stellen sind.

Früher genutzte analoge Verfahren zur Signalübertragung sind heute durch digitale Übertragungstechniken weitgehend abgelöst; wir betrachten deshalb ausschließlich digitale Techniken. Die Vernetzung kann drahtgebunden oder drahtlos erfolgen. Beide Varianten erfordern in jedem Fall geeignete Hardware (Rechentechnik) und ein Protokoll, also eine verbindliche Festlegung, wie Daten im Netzwerk darzustellen und zu übermitteln sind (Software).

Damit Geräte unterschiedlicher Hersteller zusammenarbeiten können, ist die Normung der Systeme unerlässlich. Der Normung unterliegen dabei praktisch alle technischen Parameter wie z.B.

- Signalleitungen in drahtgebundenen Netzen (inklusive Verbindungstechnik und Steckerbelegung), deren Art und Nutzung
- Signale, deren Pegelbereiche und Bedeutung
- Frequenzbereiche und Modulations- oder Kodierungsverfahren
- sowie das Protokoll (Struktur von Befehlen, Kennung oder Adresse der Teilnehmer, Länge von Datenworten, Kennung von Messgrößen, Kennung von Messwerten, Zeitmarken usw.).

Zur Umsetzung der Normung teilt man eine Netzwerkübertragung zwischen den Teilnehmern, oder genauer gesagt, zwischen den Programmen (Software) auf den einzelnen Knoten (Hardware) in mehrere Schichten auf. Grundlage ist das ISO/OSI-Referenzmodell.

ISO/OSI-Referenzmodell   Das OSI-Schichtenmodell (engl. *Open Systems Interconnection Model*) ist ein Standard der International Telecommunication Union (ITU) und der *International Organization for Standardization* (ISO) für die Datenübertragung in Netzwerken. Heute wird es oft als OSI-Referenzmodell bezeichnet.

Das Modell beschreibt die Aufgaben und die Anordnung von Protokollen zur Netzwerkkommunikation in Form eines Stackmodells mit 7 Schichten, von denen in der Praxis Schicht 1 bis 4 und 7 verwendet werden. Die unterste Schicht beschreibt die Übertragung auf der Hardwareebene, die oberste Schicht ist der Andockpunkt für die jeweilige Applikation. Dazwischen

https://doi.org/10.1515/9783110772739-009

liegende Schichten dienen der Sicherung der Übertagung, dem Finden eines Weges in einem Netzwerk und dem Aufbau von logischen Verbindungskanälen [TW12].

| 7. Anwendungsschicht |
| 6. Darstellungsschicht |
| 5. Kommunikationsschicht |
| 4. Transportschicht |
| 3. Vermittlungsschicht |
| 2. Sicherungsschicht |
| 1. Bitübertragungsschicht |

Abb. 9.1.: OSI-Modell

Sensornetzwerk   In einem Sensornetzwerk werden einzelne Rechner oder Kleinstrechner, die in Verbindung mit Sensoren als **Sensorknoten** bezeichnet werden, miteinander bzw. mit Erfassungs-, Auswertungs- und Steuerungssystemen verbunden. Die Struktur eines Knotens zeigt Abb. 9.2. Ein Knoten umfasst ein oder mehrere Sensoren, die mit einem Rechner verbunden sind. Üblicherweise kommt hier ein Mikrocontroller oder eine SPS (speicherprogrammierbare Steuerung) zum Einsatz. Es kann sich aber auch um einen größeren Rechner handeln, z.B. einen Industrie-PC zur Steuerung eines Industrieroboters. Der Rechner wird über ein Verbindungsmodul, je nach Anwendung, mit weiteren Sensoren oder Sensorknoten verbunden.

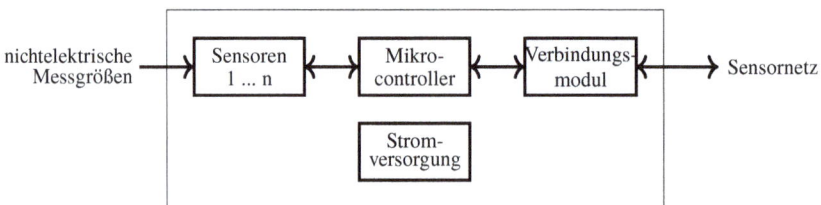

Abb. 9.2.: Sensorknoten

Die Wahl des konkreten Verbindungsmoduls hängt vom Einsatzbereich, der gewünschten Verbindungsform, der Topologie des Netzes und ggf. weiteren Vorgaben ab, zu denen z.B. die Festlegung auf ein bestimmtes Protokoll gehört. Bei einigen, modular aufgebauten Sensorsystemen können die Module ausgetauscht werden und z.B. eine drahtgebundene Schnittstelle durch ein Funkmodul ersetzt oder ergänzt werden.

Für die Wahl der Netzwerkstruktur müssen folgende Punkte betrachtet werden

- zentraler oder dezentraler Aufbau und Verwaltung
- Verwendung eines Masterknoten oder verteiltes System
- Art der Sensorknoten
- Anzahl der Sensorknoten
- dauerhafte oder temporäre Verbindungen.

Bei einer dezentralen Struktur ist die Frage der Organisation und Konfiguration der beteiligten Knoten von Interesse. Insbesondere in drahtlosen Sensornetzen ist gewünscht, dass sich ein Knoten beim Einschalten selbst für das Netzwerk konfiguriert, mit den anderen Knoten verbindet und ggf. von einem Steuersystem im Netzwerk weitere Anweisungen erhält (SON: *Self Organized Networks*).

Neben den Fragen der Struktur sind für den Einsatz in Sensornetzen folgende allgemeine Anforderungen an die verwendete Verbindungstechnologie gegeben:

- Zuverlässigkeit,
- Erweiterbarkeit,
- (geringer) Installationsaufwand
- und (geringer) Wartungsaufwand.

Die praktisch eingesetzten Netzwerke unterscheiden sich in der Ausprägung einzelner Aspekte. So ist z.B. eine Funkverbindung sehr einfach zu installieren. Bei der Zuverlässigkeit liegt der Vorteil auf Seiten der drahtgebundenen Vernetzung. Der Anwender muss zwischen den verschiedenen Aspekten abwägen. Im folgenden werden wir dazu einige Eigenschaften der grundlegenden Verbindungstechnologien erläutern.

Eine grundlegende Entscheidung ist die Frage, ob die Verbindung drahtgebunden oder drahtlos erfolgen soll.

9.1. Drahtgebundene Netzwerke - Feldbusse

Drahtgebundene Netze bieten sich für langlebige Sensornetze an. Sie erfordern etwas mehr Aufwand für die Verbindung der einzelnen Komponenten. Dafür sind die Netzwerkmodule (Abb. 9.3) meist schon im Mikrocontroller integriert. Es wird keine oder nur wenig Zusatzhardware, z.B. zur Pegelwandlung, benötigt. Einige drahtgebundene Netzwerke ermöglichen die Stromversorgung der Knoten über die Netzwerkleitung, z.B. der Profibus auf Basis von Ethernet mit POE-Erweiterung (*Power-over-Ethernet*).

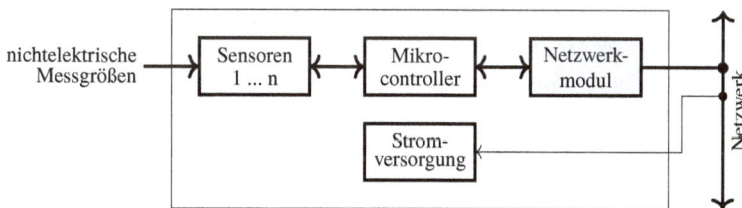

Abb. 9.3.: Sensor-Netzwerkknoten

Um im Sensornetz eine Messstelle anzusprechen, diese zu konfigurieren und Messwerte von dieser abzurufen, müssen

- Adressinformationen,
- Steuerinformationen und natürlich
- Daten

übertragen werden. Prinzipiell kann die Übermittlung dieser Digitalsignale mit einer parallelen Verdrahtung (Parallelbus) oder über einen Feldbus (siehe unten) erfolgen.

Dabei ist eine parallele Verdrahtung wegen der Anzahl von notwendigen Leitungen sehr aufwendig. Als Beispiel für einen parallelen Bus betrachten wir den **HP-Interface-Bus**[1]. Dieser Bus nutzt insgesamt 24 parallele Leitungen mit 8 Datenleitungen, 8 Steuerleitungen sowie 8 Masseleitungen. An den Bus können maximal 16 Teilnehmer über spezielle, geschirmte Verbindungskabel mit einem Bus-spezifischem Steckverbinder angeschlossen werden und die gesamte Leitungslänge darf nicht größer als 32 m sein. Dieses Beispiel zeigt, dass für Sensornetze mit vielen Sensoren die Parallelverdrahtung zu aufwendig wäre und nicht geeignet ist.

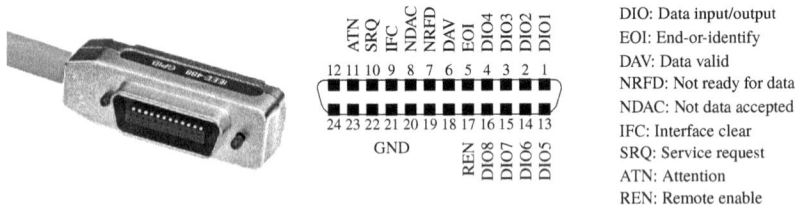

DIO: Data input/output
EOI: End-or-identify
DAV: Data valid
NRFD: Not ready for data
NDAC: Not data accepted
IFC: Interface clear
SRQ: Service request
ATN: Attention
REN: Remote enable

Abb. 9.4.: IEEE488 Stecker und Belegung

Die Ablösung der Parallelverdrahtung von Digitalsignalen begann Ende der 80er Jahre durch die Einführung sog. Feldbusse, deren Entwicklung zuerst in Deutschland und Frankreich vorangetrieben wurde [HMS16].

Definition 9.1 (Feldbus)

Ein Feldbus ist ein Bussystem, welches Sensoren und Aktoren zum Zwecke der Kommunikation mit einem Steuergerät verbindet.

Von vielen Geräteherstellern wurden gleichzeitig verschiedene Lösungen für serielle Netzwerke entwickelt, die sich in der Art und Anzahl der Leitungen (Ein- oder Mehrdrahtleitung, Koaxialleitung), in den Signalpegeln und der Art der übertragenen Signale, in der Übertragungsleistung sowie in den Protokollen unterscheiden.

Seit dem Jahr 2000 sind Feldbusse in der Norm IEC 61158 standardisiert, wobei viele der vorhandenen Lösungen in den Standard übernommen wurden. Durch die wachsende Popularität von Computernetzwerken auf Basis der Ethernet-Technologie war es naheliegend, die Aufgaben der Feldbusse auch auf Ethernet-Netzwerke zu übertragen. Dadurch können vorhandene Ethernetverbindungen und -geräte für Sensornetze verwendet werden. An Ethernet für Feldbusse werden meist höhere Anforderungen gestellt, insbesondere die Echtzeitfähigkeit, welche die zeitlich synchrone Übertragung der Datenpakete (Frames) sicherstellt. Dies wird als zweite Generation der Feldbustechnologien bezeichnet und ist auch unter dem Begriff Echtzeit-Ethernet in der Literatur zu finden [SW08].

Obwohl in „Feldbus" der Begriff „Bus" enthalten ist, unterstützen aktuelle Feldbustechnologien auch andere Topologien, z.B. die sternförmige Verbindung oder die Verbindung in einer Baumstruktur.

---

[1] Der HP-Interface-Bus (HP-IB) wurde in den späten 1960-er Jahren von der Firma Hewlett-Packard entwickelt und später als **IEEE488** bzw. **IEC625** genormt. Abgekürzt wird er auch als IEC-Bus bezeichnet.

9.1.1. I^{2}C-Bus

Zu den seriellen Bussen zählt der Inter-Integrated Circuit Bus, kurz I^{2}C-Bus (gesprochen „I-Quadrat-C"). Ursprünglich wurde der Bus in den 80er Jahren von Philips Semiconductors für die Verbindung von Komponenten der Unterhaltungselektronik entwickelt. Heute kommt er in vielen Computerkomponenten zum Einsatz, vom PC bis zu eingebetteten Systemen. Für die kollisionsfreie Kommunikation mit anderen I^{2}C Komponenten werden eindeutige Adressen benötigt, welche von NXP-Semiconductor[2] bezogen werden können.

Die Kommunikation auf dem bidirektionalen Bus erfolgt über eine Takt- (*SCL: serial clock*) und eine Datenleitung (*SDA: serial data*), deren Pegel sich auf eine gemeinsame Masse beziehen. Die Busteilnehmer besitzen Open-Drain- bzw. Open-Kollektor-Ausgänge, die auf dem Bus mit Pull-Up-Widerständen gegen die Betriebsspannung V_{DD} geschaltet werden. Eine Spannung $< 0,3 \cdot V_{DD}$ entspricht dem Low-Pegel, $> 0,7 \cdot V_{DD}$ dem High-Pegel.

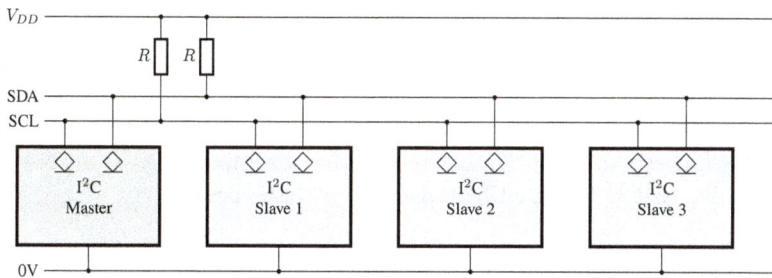

Abb. 9.5.: Bussystem I^{2}C

Auf dem Bus ist die bidirektionale Kommunikation mit Busgeschwindigkeiten von

- 100 kbit/s im Standard-Mode,
- über 400 kbit/s im Fast-Mode,
- bis zu 1 Mbit/s im Fast-Mode Plus (FM+)
- und 3,4 Mbit/s im High-Speed Mode

möglich. Darüber hinaus existiert ein unidirektionaler Ultra Fast-Mode mit einer Datenrate von bis zu 5 Mbit/s.

Der Bus ist Multi-Master fähig. Üblicherweise handelt es sich bei einem Master um einen Mikrocontroller, welcher mit der angeschlossenen Peripherie über den Bus kommuniziert. Wenn mehrere Controller den gleichen Bus bedienen oder über den Bus miteinander kommunizieren, arbeitet ein Controller als Master und der andere als Slave. Vom jeweils aktuellen Master wird das Taktsignal generiert. Eine Bus-Arbitration Prozedur sorgt bei gleichzeitigem Aktivieren von zwei Master-Geräten für das Erkennen und Behandeln der Kollision. Damit eignet sich der Bus auch für die Zusammenschaltung mehrerer aktiver Baugruppen, wie z.B. den Aufbau eines Controllernetzwerkes mit mehreren Controllern. Die Datenübertragung, Handshake

---

[2] NXP; *Next eXPerience* entstand durch Ausgliederung der Halbleitersparte aus Philips Semiconductors.

und Bus Arbitration werden von NXP auf den Ebenen 1 und 2 des OSI-Modells spezifiziert [NXP14].

Die Kommunikation basiert auf einem einfachen Schema. Abgesehen von Steuersignalen werden die Informationen in Form von 8-Bit-Blöcken (Oktetts) übertragen. Ein Oktett beinhaltet Adressen oder Daten. Dazu erhält jedes Gerät vom Hersteller eine eindeutige Adresse der Länge 7 Bit bzw. bei neueren Geräten 10 Bit. Meist umfasst die Adresse nur das Präfix, die letzten drei Bits können vom Anwender durch Steuerleitungen am I^2C-Controller konfiguriert werden, was die Nutzung von mehreren gleichartigen Geräten am Bus erlaubt. Gibt es nur einen Controller als Master, werden heute auch *Chip Select* (CS) bzw. *Chip Enable* (CE) Leitungen genutzt, über die der Controller gezielt einen I^2C-Slave aktiviert.

Zu Beginn der Übertragung erzeugt der Master ein Startsignal mit SCL=1 und fallender Flanke auf SDA. Anschließend legt er die Adresse auf den Bus (siehe Abb. 9.6). Zu jedem Bit wird vom Master ein Taktimpuls erzeugt. Das Bit auf SDA ist gültig, wenn SCL=1 ist. In dieser Phase darf sich SDA nicht ändern, abgesehen von den Steuersignalen. Nach der 7-Bit-Adresse wird im ersten Block das R/W-Bit übertragen, welches die anschließende Kommunikationsrichtung, Lesen oder Schreiben zum Slave festlegt. Nach jedem Oktett wird als 9. Bit ein Bestätigungssignal vom jeweiligen Empfänger gesendet. Wenn der Master etwas an einen Slave sendet, werden die ersten 8 Bit vom Master auf SDA gelegt, das 9. Bit vom Slave. Der Empfang war erfolgreich, wenn SDA=0 ist. Dies wird als ACK für *acknowledge* bezeichnet, SDA=1 als NACK für *not acknowledged*. Bei NACK wird die Übertragung vom Master beendet .

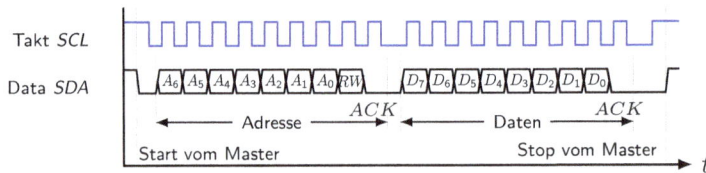

Abb. 9.6.: Zeitdiagramm für den I^2C-Bus

Nach der Adresse folgt üblicherweise die Nummer des internen Registers, welches gelesen oder beschrieben werden soll, gefolgt von den Daten in einem oder mehreren Blöcken. Den Abschluss bildet das vom Master generierte Stop-Signal (SCL=1 mit steigender Flanke auf SDA). Es gibt einige Ausnahmen und Verfahren zur Beschleunigung für fortlaufendes Senden sowie zur Taktverlängerung, welche hier nicht erläutert werden [NXP14].

Für den I^2C-Bus ist ein umfassendes Sortiment an Komponenten verfügbar. Viele Mikrocontroller besitzen ein I^2C-Interface und Hardwareunterstützung zur Busansteuerung. AFE und integrierte Sensoren (siehe Kapitel 7.5 und 7.6) besitzen häufig ein I^2C-Interface. Zusätzlich gibt es Bus- und Protokollumsetzer, die eine Kommunikation zwischen I^2C-Komponenten und Komponenten an anderen Bussen, z.B. dem SPI-Bus ermöglichen.

Der I^2C-Bus wird nicht für die Datenübertragung über größere Entfernungen genutzt. Übliche Verbindungen liegen im Bereich von unter einem Meter. Ein Grund dafür ist die Störanfälligkeit des Busses bei längeren Leitungen, weshalb man ihn meist nur innerhalb eines geschirmten Gerätes verwendet.

9.1.2. SPI-Bus

Mit *Serial Peripheral Interface* (SPI) werden eine Schnittstelle und ein Master-Slave-Bussystem beschrieben, die sich zur Verbindung über kurze Distanzen mit hohem Durchsatz eignen. Obwohl nicht als offizieller Standard verabschiedet, hat sich diese von Motorola entwickelte Technik als Industriestandard durchgesetzt. Die Beschreibung umfasst Schicht 1 und 2 des OSI-Referenzmodells.

Im Gegensatz zum I^{2}C-Bus ist bei SPI ein fester Master vorgesehen, der über *Chip Select* oder *Slave Select* Leitungen den jeweils adressierten Client auswählt. Die Datenübertragung erfolgt bidirektional vom Master zum Slave (*Master Out Slave In* - MOSI) und vom Clienten zum Master (*Master In Slave Out* / MISO). Abb. 9.7 zeigt den Busaufbau mit der vom Master ausgehenden sternförmigen Ansteuerung der Slave Select Leitungen. Alternativ können die Slaves seriell hintereinander geschaltet werden (Daisy-Chain). Andere Varianten beschränken sich auf drei Anschlüsse und nutzen eine bidirektionale Datenleitung (3-wire SPI).

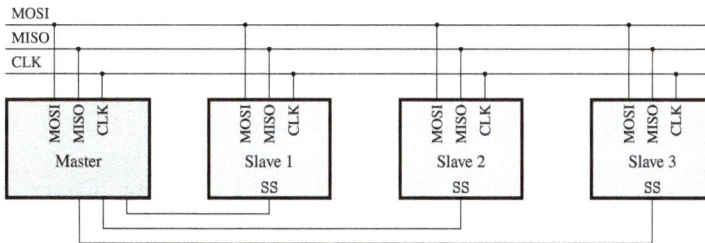

Abb. 9.7.: SPI-Bussystem: Bus mit 3 Datenleitungen und sternförmiger Slave-Select Ansteuerung

Die Synchronisation erfolgt über eine Taktleitung. Der Takt wird vom Master generiert. Es gibt vier verschiedene Modi, welche den Zeitpunkt zur Übernahme und zum Senden eines Datenwertes in Abhängigkeit vom Taktsignal festlegen. Diese werden durch die *Clock Phase* (CPHA) und die Clock Polarity (CPOL) gesteuert. Abb. 9.8 zeigt eine Datenübertragung für CPHA=0. Bei CPHA=1 werden die Daten an der Endflanke des Taktes übernommen.

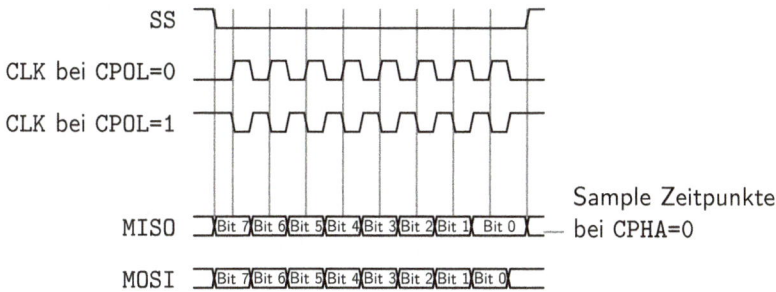

Abb. 9.8.: Zeitdiagramm für den SPI-Bus

Die Parallel-Seriell-Wandlung erfolgt durch Schieberegister zwischen parallelem Controllerbus und seriellem SPI-Bus entsprechend Abb. 9.9. Die Register im Master und im aktiven Client sind über MOSI- und MISO-Leitung zu einem unidirektionalen Ring verbunden. Um Daten vom Slave zu lesen (MISO), müssen somit auch Daten zum Slave übertragen werden (MOSI).

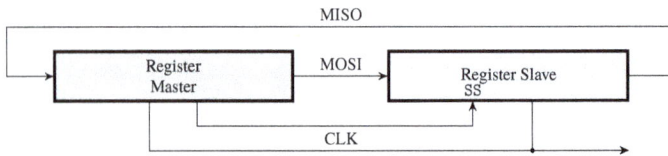

Abb. 9.9.: SPI-Bussystem: Aufbau über Schieberegister

Aufgrund des einfachen Protokollaufbaus kann das SPI-Interface auch ohne spezielle Hardware von den meisten Mikrocontrollern über vorhandene Ports realisiert und das Protokoll durch Software umgesetzt werden. Der relativ lockere Standard erlaubt Abweichungen von der 8 Bit Wortlänge. So existieren AD-Wandler mit SPI-Anschluss, die mit einer Übertragung einen 16-Bit Wert zum Controller übermitteln.

9.1.3. CAN-Bus

CAN ist die Abkürzung von Controller Area Network und wurde von Bosch in den 80er Jahren entwickelt. CAN umfasst mehrere Protokolle und verschiedene Schichten des ISO/OSI-Referenzmodells.

Der CAN-Bus als Teil von CAN spezifiziert die Übertragung von Daten auf der physikalischen Schicht 1 und der Sicherungsschicht 2. Er ist von der ISO unter der Norm 11898 standardisiert. Seine Anwendung liegt aufgrund seiner hohen Störsicherheit und Zuverlässigkeit hauptsächlich in der Kommunikation von Steuergeräten in der Fahrzeug- und Flugzeugtechnik und bei zeitkritischen Anwendungen mit Sensorsystemen in der Industrieautomatisierung [LO11].

Die Übertragung auf dem CAN-Bus erfolgt über zwei verdrillte Kupferleitungen (*twisted pair*) oder über Glasfaserverbindungen. Bei Kupferleitungen werden Differenzsignale gegenüber einer gemeinsamen Masse auf den beiden Adern übertragen. Bei Unterbrechung einer Ader kann der Signalpegel auf der verbleibenden Ader gegenüber Masse bestimmt werden, womit sowohl der Ausfall detektiert, als auch die Kommunikation eingeschränkt fortgeführt werden kann.

Als Unternorm 2 und 3 der ISO-Norm 11898 wurden eine Highspeed- und eine Lowspeed-Variante des CAN-Busses standardisiert. Bei einer Datenrate von 50 kbit/s kann die Leitungslänge bis zu 1500 m betragen, bei 1 Mbit/s bis zu 40 m bei einer Obergrenze von 128 Busteilnehmern. Die Topologie ist üblicherweise eine lineare Verbindung mit Abschlusswiderständen an den Busenden (siehe Abb. 9.10). Sie kann in Ausnahmefällen auch sternförmig erfolgen, wobei die Busterminierung etwas aufwendiger ist.

Auf dem Bus sind die Teilnehmer gleichberechtigt. Die Nachrichten werden paketweise (Frames) übertragen und können unterschiedlich priorisiert sein. Der Bus arbeitet nach dem Prinzip *Carrier Sense Multiple Access with Collision Resolution*. Ein sendewilliger Teilnehmer greift auf

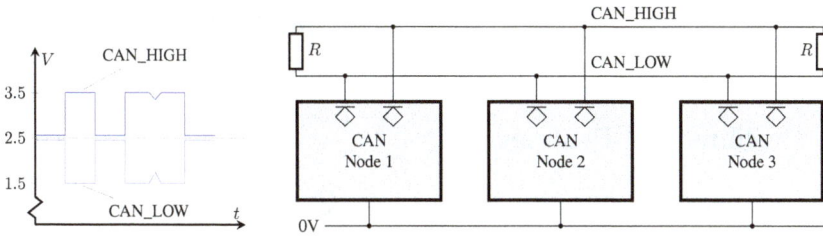

Abb. 9.10.: CAN-Bus: Pegel bei elektrischer Verbindung

den Bus zu, falls dieser frei ist. Greifen gleichzeitig mehrere Teilnehmer auf den Bus zu, entsteht eine Kollision, welche erkannt und durch eine in der Norm spezifizierten Arbitrierung behandelt wird. Dabei „gewinnt" der Sender, dessen Nachricht die höhere Priorität hat und kann seine Information vorrangig übertragen. Eine bereits laufende Übertragung wird jedoch nicht unterbrochen.

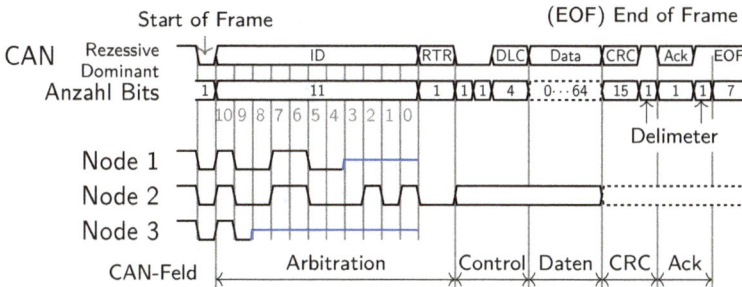

Abb. 9.11.: CAN-Base Frameaufbau und Ablauf der Bus-Arbitrierung

Abb. 9.11 zeigt den Aufbau des Frames und einen Beispielablauf für die Arbitrierung mit drei Knoten. In diesem Fall gewinnt Knoten 2. Die anderen Knoten scheiden bei Bit 3 und Bit 8 der ID aus, da sie zu diesen Zeitpunkten versuchen, den Bus auf den rezessiven Pegel zu legen, während Knoten 2 den dominanten Pegel einstellt.

Der Standard ISO 11898 definiert zwei Frameformate, das Base Frame Format (CAN 2.0A) und das Extended Frame Format (CAN 2.0 B). Das Extended Format erweitert das Frame um zusätzliche 18 Bits für den Identifier (ID) der Nachricht. Die ID spezifiziert den Inhalt der Nachricht und kodiert auch gleichzeitig die Priorität. Neben der ID umfasst ein Frame die Begrenzer, Steuerbits, die eigentlichen Daten und den Bereich zur Fehlerbehandlung mit CRC-Prüfung und Ack-Bestätigung. Die Daten können eine Größe von 0 bis zu 64 Bit haben. Zur Vermeidung von Synchronisationsproblemen werden zu lange 0-Bit- oder 1-Bit-Folgen durch zusätzliche, gestopfte Bits vermieden[3]. Dadurch beträgt die maximale Framelänge mit maximaler Anzahl gestopften Bits 140 Bit. Inzwischen existiert mit CAN FD (CAN with Flexible Data Rate) eine

---

[3] Wenn 5 gleichartige Bits in Folge auftreten, wird ein invertiertes Bit eingefügt. Dieses Verfahren wird als Bit Stuffing bezeichnet.

von Bosch entwickelte Erweiterung, welche u.a. eine Vergrößerung des Datenfelds auf bis zu 64 Byte erlaubt [Gmb].

9.1.4. Profibus und Profinet

Profibus Der Profibus ist als Feldbus international unter der Norm IEC 61158 und IEC 61784 standardisiert. Aus dem im Jahre 1993 beschriebenen *Fieldbus Message Specification Standard* (FMS) wurden **Profibus PA** für Prozessautomatisierung (*Prozess Automation*) und **Profibus DP** für Dezentrale Peripherie (*Decentralized Peripheral*) abgeleitet. Insbesondere der letztere Standard ist für die Anbindung von Sensoren und Aktoren vorgesehen [Fel11].

Ähnlich dem CAN-Bus wird ein zwei-Draht-Bus genutzt, allerdings nach dem Standard RS-485 für serielle Schnittstellen mit differentieller Übertragung. Profibus bietet Datenraten bis zu 12 Mbit/s bei Entfernungen bis zu einem Kilometer. Mit der Norm IEC 61158-2 (FBP-MBP: *Field Bus Protokoll, Manchester Bus Powered*) existiert eine Erweiterung, bei der Stromversorgung für Profibus PA über das Buskabel bei Entfernungen bis ca. zwei Kilometer erfolgen kann. Alternativ können die Daten optisch mit Lichtwellenleitern über mehrere Kilometer übertragen werden. Neben dem Übertragungsmedium in Ebene 1 des OSI-Referenzmodells spezifiziert Profibus auch den Datenrahmen in der Sicherungsschicht 2 und die Protokolltypen in der Anwendungsschicht (Abb. 9.12).

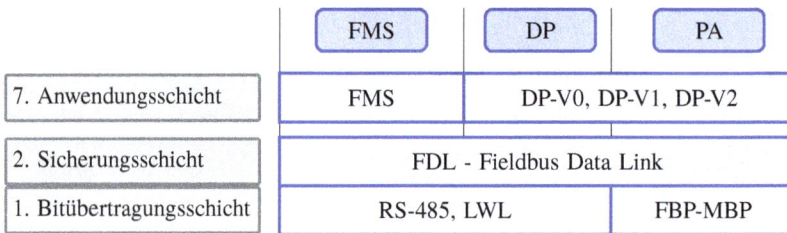

	FMS	DP	PA
7. Anwendungsschicht	FMS	DP-V0, DP-V1, DP-V2	
2. Sicherungsschicht	FDL - Fieldbus Data Link		
1. Bitübertragungsschicht	RS-485, LWL		FBP-MBP

Abb. 9.12.: Profibus OSI-Modell

Heute wird der Profibus als einer der wichtigsten Standards in der Prozessautomatisierung und der Fertigungsindustrie eingesetzt. Die Systemstruktur besteht aus Master und Slaves. Master sind aktive Stationen. Sie steuern die Kommunikation. Slaves sind passiv und reagieren auf Anforderungen seitens der Master. Zur Adressierung besitzen alle Geräte eine eindeutige Adresse aus einem 7-Bit Adressraum, bei dem drei Adressen vordefiniert sind. Somit verbleiben 125 Adressen für Master und Slaves. Der erforderliche Aufwand zur Umsetzung des Protokolls seitens der Slaves ist relativ gering.

Das gegenüber dem FMS erweiterte DP Protokoll spezifiziert drei Ebenen:

- Profibus DP-V0: zyklischer Datenaustausch
- Profibus DP-V1: azyklischer Datenaustausch und asynchrone Benachrichtigung (Interrupts)
- Profibus DP-V2: isochroner Datenaustausch

Die Master werden in drei Klassen eingeteilt. Ein Master der Klasse 1 kontrolliert einen Profibus DP. Es kann mehrere Master geben, aber ein Slave ist immer genau einem Klasse 1 Master zugeordnet. Die Klasse 2 Master dienen der Konfiguration und Überwachung von Profibus DP Bereichen. Klasse 3 Master liefern eine Referenzzeit an die Slaves (DP-V2 isochron). Das DP-Protokoll beschreibt einen zyklischen Datenaustausch (DP-V0), gesteuert durch den Klasse 1 Master. Die Zyklusszeit ist abhängig von der Anzahl der Slaves, der Datenmenge pro Zyklus und der Bitrate. Bei 12 Mbit/s, 10 Slaves und 100 Byte Daten liegt die Zeit bei etwa 1 ms.

Profinet   Mit zunehmender Vernetzung auf Basis des Ethernet-Standards wird das Profinet-konzept für höhere Übertragungsgeschwindigkeiten eingesetzt. Profinet zählt zu den *Industrial Ethernet Standards*. Industrial Ethernet ist eine Erweiterung des in fast allen Computer-netzen eingesetzten Ethernet-Standards für industrielle Anforderungen. Hardwareseitig spiegelt sich das durch bessere Schirmung für höhere Störsicherheit und stecksichere, meist staub- und feuchtigkeitsgeschützte Steckverbindungen wider. Dazu kommen Protokollanforderungen, z.B. für die Echtzeitübertragung, welche den isochronen Datenaustausch mit einer Zyklusszeit von derzeit ca. 100 µs erlauben. Profinet ist zwar kein Profibus über Ethernet, basiert aber auf den Entwicklungen aus dem Profibus-Umfeld. Bestehende Profibus-Strukturen können über ein transparente Interfaces (Proxy in Abb. 9.13) mit Profinet verbunden werden.

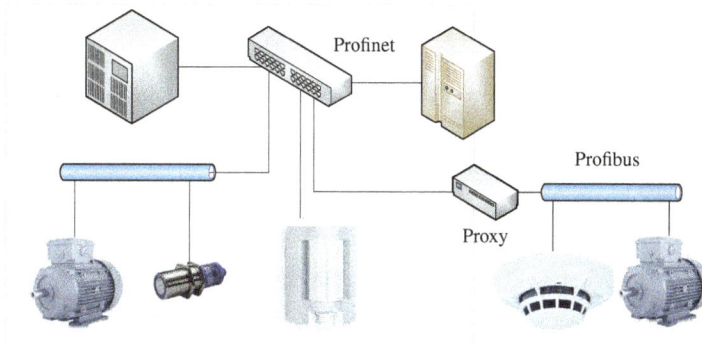

Abb. 9.13.: Profinet; Struktur und Kopplung mit Profibus

Profinet wird von der Organisation Profibus & Profinet International als offener Standard für Industrial Ethernet entwickelt. Seine Hauptanwendung ist, wie bei Profibus DP, die Anbindung externer Sensoren und Aktoren an zentrale Steuerkomponenten. Entsprechend definiert Profi-bus die Geräteklassen IO-Controller und IO-Device. Über die IO-Devices werden die Sensoren angesprochen [Pop10].

Der Datenaustausch basiert bei Profinet auf dem Ethernet-Standard, welcher die Netzwerküber-tragung auf den beiden unteren Ebenen des OSI-Referenzmodells spezifiziert, aus dem Vermitt-lungsprotokoll und den Transportprotokollen TCP oder UDP (Abb. 9.14).

Profinet stellt Anforderungen an die verwendeten Komponenten, welche dazu in Klassen CC-A bis CC-C eingeordnet und zertifiziert werden. Derzeit hat die Klasse CC-C die höchsten

Realtime Transport   Sonstiger Transport

7. Anwendungsschicht	Applikation
4. Transportschicht	Realtime Transport	TCP / UDP
3. Vermittlungsschicht		IP
2. Sicherungsschicht	Ethernet
1. Bitübertragungsschicht	

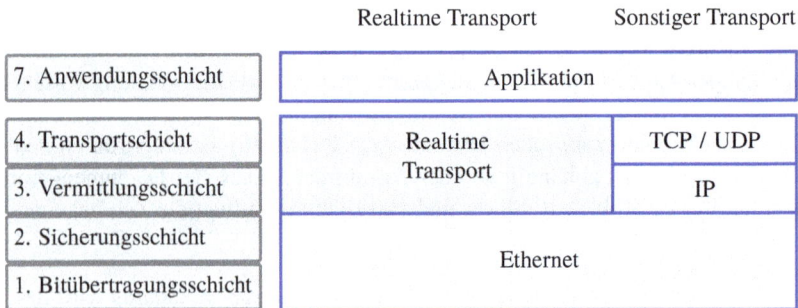

Abb. 9.14.: Profinet OSI-Modell

Anforderungen und erlaubt z.B. den isochronen Datenaustausch mit Zykluszeiten unter 1 ms (Isochronous Real-Time).

Weitergehende Informationen zu Profibus und Profinet lassen sich auf der Internetseite der PROFIBUS Nutzerorganisation e.V. abrufen[4].

9.1.5. KNX-Bus

KNX Bus ist ein offener Standard für die gewerbliche und häusliche Gebäudeautomation. Die KNX-Association, bestehend aus namhaften europäischen Herstellern elektronischer Komponenten für Gebäudeautomatisierung, entwickelte diesen Standard für die intelligente Vernetzung und Steuerung von Gebäudetechnik wie Beleuchtung, Heizung, Klimaanlage, Jalousien, Sicherheitssystemen, Energiemanagement, Audio/Video und vieles mehr [HH21]. Der Standard ist eine Erweiterung des EIB-Feldbusses[5] entsprechend der europäischen Norm EN 50090 und wurde auch in der internationalen Norm ISO/IEC 14543-3 übernommen [EN5]. KNX wird häufig als Konnex-Bus bezeichnet, nach der früheren Bezeichnung des Konsortiums als „Konnex Association". Neben KNX ist KNX/EIB eine geläufige Bezeichnung.

Der KNX Bus besteht aus mehreren Geräten, die meist über eine gemeinsame Zweidrahtleitung (Busleitung) miteinander verbunden sind. Über diese Leitung erfolgt sowohl die Niederspannungsversorgung der Geräte, als auch die Telegramm-Übertragung der Daten. Jedes Gerät hat dazu eine eindeutige Adresse und kann Befehle senden und empfangen. Die Geräte können Sensoren, z.B. für Temperatur, Licht, Bewegung oder Aktoren, z.B. Lichtschalter, Heizungsventile, Jalousienmotoren sein. Die Busleitungen und die Abzweigungen können parallel zur Elektroinstallation geführt werden, wie es sich z.B. für Aktoren anbietet, aber auch getrennt verlegt werden. So werden Sensoren meist über die 39 V Busleitung versorgt. Leistungsaktoren benutzen dafür die separate Versorgung.

---

[4] `http://www.profibus.com`
[5] EIB: Europäischer Installationsbus, siehe EN 50090 [EN5]

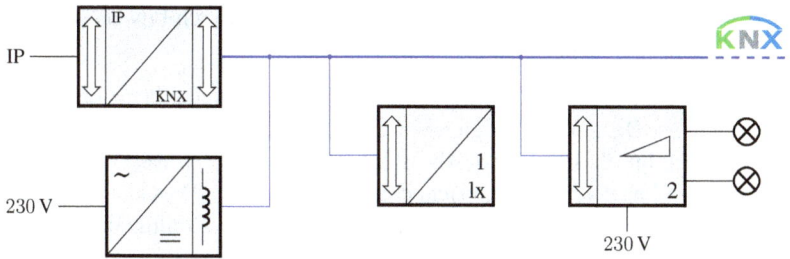

Abb. 9.15.: Beispiel für KNX-Gebäudeautomatisierung

Abb. 9.16[6] zeigt einen beispielhaften Aufbau einer KNX-Installation mit einem Gateway zu einem IP-Netz, in dem z.B. ein Rechner mit einer Automatisierungssoftware läuft. Neben der Spannungsversorgung des Busses sind ein Helligkeitssensor und ein Dimmaktor mit zwei analogen Ausgängen dargestellt welcher z.B. spannungsgesteuert die Helligkeit der Lampen einstelen könnte.

Für ein KNX-Bussystems wird der Begriff „Linie" für eine physische Verbindungsleitung oder Busader verwendet, die verschiedene KNX-Geräte miteinander verbindet. Jede Linie wird mit einer eigenen physikalischen Linien-Adresse versehen, um die Kommunikation zwischen den Geräten, die eine eigene Geräte-Adressen haben, zu ermöglichen. So kann über eine Linie beispielsweise die Steuerung der Raumfunktion in einem Teil eines Gebäude realisiert werden. Entsprechend der maximalen Anzahl von Geräten unterstützt KNX 64 oder in der neueren Version bis zu 256 Geräte pro Linie, wobei ein Mischbetrieb erlaubt ist.

Die Kommunikation auf dem KNX Bus basiert auf standardisierten Telegrammen. Ein Telegramm besteht aus der Quell- und Zieladresse, dem Befehl und optionalen Daten. Die Geräte auf dem Bus empfangen alle Telegramme, werten aber nur diejenigen aus, die an ihre Adresse gerichtet sind. Auf der Schicht 1 des ISO/OSI Referenzmodells wird häufig das Protokoll TP-1 mit 9600 Baud Übertragungsrate verwendet. Für eine direkte Übertragung über das Stromnetz steht Powerline bzw. Powernet zur Verfügung.

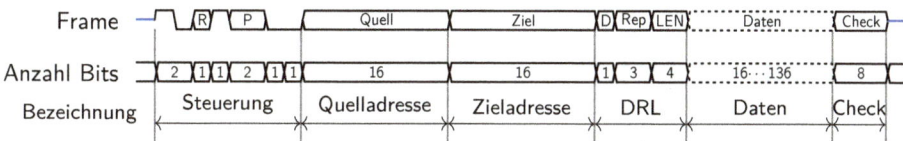

Abb. 9.16.: KNX Telegramm-Format

Die Abb. 9.16 zeigt das Telegramm-Format der Übertragung in KNX. Die Übertragung selbst besteht aus einem Steuerbyte, der Quelladresse, der Zieladresse, gefolgt von einem Flag D, welches angibt, ob es sich um eine einzelne oder eine Gruppenadresse handelt. Danach folgt ein 3-Bit Routing Counter und die Länge der Nutzinformation in Byte. Diese Länge wird mit 4 Bit und einem Offset von 2 kodiert. Somit können 2 bis 17 Byte an Daten übertragen werden.

---

[6] Symbole nach https://hager.de/spicker

Im Anschluss folgen die Daten und eine Prüfsumme, welche durch bitweises XOR über alle vorhergehenden Bytes berechnet wird.

Das Steuerbyte regelt die Priorität der Telegramme auf dem Bus und gibt an, ob diese Nachricht eine Wiederholung ist. Da Teilnehmer gleichzeitig senden können, müssen Kollisionen behandelt werden. Das erfolgt ähnlich zum CAN-Bus (siehe Abb. 9.11). Der Teilnehmer, welcher zuerst den rezessiven Pegel verwendet, bricht die Übertragung ab. Dies kann bei unterschiedlicher Priorität bereits im Kontrollbyte erfolgen, spätestens tritt der Konflikt bei der Quelladresse auf.

Die Abkürzung TP-1 steht für Twisted-Pair Protokoll, welches auf die Nutzung der verdrillten Zweidrahtleitung beruht[7]. Weitere geläufige Medien, die für KNX-Installationen genutzt werden, sind:

- **KNX RF (Radio Frequency):** Hierbei handelt es sich um die drahtlose Funkvariante von KNX, die die Kommunikation über Funkwellen ermöglicht. KNX RF eignet sich besonders für die Nachrüstung von Gebäuden oder für Anwendungen, bei denen eine Verkabelung schwierig oder nicht möglich ist.

- **KNX IP:** Mit KNX IP wird die Kommunikation über das Internet Protocol (IP) ermöglicht. Es erlaubt die Steuerung und Überwachung von KNX-Geräten über IP-Netzwerke. Dies ist besonders nützlich für Fernsteuerung oder Integration mit anderen Systemen wie Smartphones, Tablets oder PCs.

- **KNX PL (Power Line):** Bei KNX PL wird die bestehende Stromleitung im Gebäude genutzt, um die Kommunikation zwischen den KNX-Geräten zu ermöglichen. Dies kann eine praktische Lösung sein, um ohne zusätzliche Verkabelung KNX-Geräte zu integrieren.

Diese verschiedenen Medien bieten Flexibilität und passten sich verschiedenen Anforderungen und Installationsszenarien an. Der KNX Bus ist somit flexibel und erweiterbar. Über entsprechende Gateways ist auch der Übergang zu anderen Systemen, z.B. Modbus, Dali[8], Profinet oder IP-Protokollen wie WLAN und auch Bluetooth möglich. Es gibt eine große Zahl von Software-Tools zur Konfiguration und Überwachung des KNX Bus.

9.2. Drahtlose Netzwerke

Für mobile Geräte sind kabelgebundene Anschlüsse oftmals hinderlich. Das trifft auch für den Einsatz von Sensoren im mobilen Umfeld zu, z.B. bei der Verbindung eines Smartphones mit

---

[7] Häufig wird eine grünes, als KNX-Busleitung benanntes Niederspannungs-Verlegekabel mit vier Adern und einer Kabellänge von bis zu ca. 350 m, bezogen auf den Abstand zu Spannungsversorgung, genutzt. Dabei werden nur die rote und schwarze Ader für Versorgungsspannung, Daten und Masse benötigt. Die gelbe und weiße Ader können für zusätzliche Niederspannungsversorgung genutzt werden.

[8] DALI: *Digital Addressable Lighting Interface* ist nach Norm IEC-EN-62386 ein internationales Standardprotokoll für dimmbare elektronische Vorschaltgeräte verschiedener Hersteller und dient der Ansteuerung von Leuchtgeräten.

externen Geräten, wie am Körper getragene Sensoren oder bei der Übertragung von Daten mobiler Geräte, wie dem Kamerabild einer Flugdrohne. Drahtlose Technologien helfen auch bei der Anbindung schwer zugänglicher Umgebungen oder innerhalb von Bereichen, in denen eine Kabelanbindung störend ist, z.B. bei starken magnetischen Feldern. Für die drahtlose Verbindung bietet sich die Übertragung per Licht (z.B. Infrarotfernbedienung) oder per Funk an.

Für die Datenübertragung mittels Licht im Infrarot-Spektrum gibt es seit 1983 die von der IrDA (Infrared Data Association) unter dem gleichen Namen benannten Standards [KB04]. Im Gegensatz zur kabelgebundenen Übertragung (siehe LWL in Kapitel 6.1.2.1) verliert Licht für die drahtlose Übertragung jedoch an Bedeutung und wird durch Funktechnologien verdrängt. Obwohl die Funkübertragung prinzipbedingt störanfällig ist und eine zuverlässige Übertragung durch aufwendige Kodierungsverfahren zur Kollisions- und Fehlerbehandlung sichergestellt werden muss, stellt dies aufgrund der Verbesserungen in der Mikroelektronik keine wirkliche Hürde dar.

In diesem Abschnitt betrachten wir Funktechniken, welche für die Anbindung von Sensoren genutzt werden. Diese drahtlosen Sensornetzwerke werden als *Wireless Sensor Networks* (WSN) bezeichnet. Die Teilnehmer sind die Sensorfunkknoten, deren Netzwerkmodul ein Funkmodul ist (Abb. 9.17).

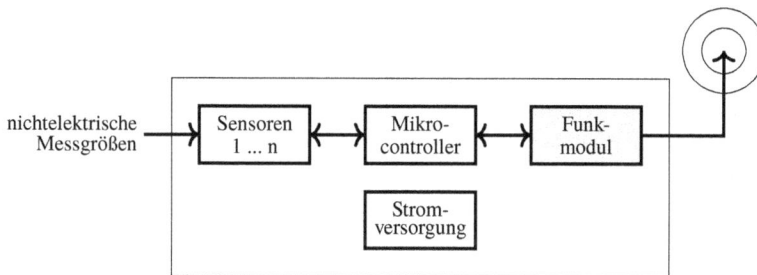

Abb. 9.17.: Sensorfunkknoten

Aufgrund der Störanfälligkeit mobiler Übertragung sind erhöhte Sicherheitsanforderungen notwendig, zu denen die Absicherung des Kanals mittels Authentifizierung, Integritätsprüfung und Verschlüsselung gehören. Dies ist eine Aufgabe der verwendeten Funktechnologie und der zugehörigen Übertragungsprotokolle. Neben proprietären Lösungen gibt es für diesen Zweck standardisierte Verfahren, welche die drahtlose Kopplung von Geräten und die Funkübertragung in einem der frei verwendbaren Frequenzbereiche ermöglichen.

Im Projekt 802 des *Institute of Electrical and Electronics Engineers*, kurz IEEE 802, werden seit 1980 Normen für die digitale Vernetzung in den Ebenen 1 und 2 des ISO/OSI-Referenzmodells festgelegt. Dazu gehören auch die drahtlosen Techniken. Hier ein kleiner Auszug der Normen, die derzeit für Sensornetze interessant sind:

- 802.11: Wireless LAN (WLAN), Wi-Fi
- 802.15.1: Bluetooth
- 802.15.3,4: Wireless Personal Area Networks (WPAN), ZigBee
- 802.15.6: Wireless Body Area Network (WBAN)

Darüber hinaus werden im Kurzstreckenbereich NFC-Funktechniken[9] verwendet, für die es derzeit noch keine einheitliche Norm gibt. Für längere Übertragungsstrecken kann das Mobilfunknetz genutzt werden.

9.2.1. Anforderungen für drahtlose Sensornetzwerke

Frequenzbereiche   Voraussetzung für den Einsatz von Funktechniken ist die Verfügbarkeit frei verwendbarer Frequenzbereiche innerhalb des elektromagnetischen Spektrums. Zu den „freien" Bändern für die Datenübertragung zählen die ISM-Frequenzbereiche, welche sich in verschiedenen Bändern des Funkfrequenzbereiches befinden. Eine Übersicht zur Gliederung des elektromagnetischen Spektrums und eine Aufstellung der ISM-Frequenzbereiche befindet sich im Anhang A.8.

ISM steht für „*Industrial Scientific and Medical*". Die zugehörigen Frequenzbänder waren ursprünglich Hochfrequenzgeräten vorbehalten, z.B. für Mikrowellenherde im Haushalt. Da diese Frequenzen aufgrund der unvermeidbaren Störstrahlung für verlässliche Funkübertragung nicht vergeben werden können, lag es nahe, diese für Datenübertragung im Kurzstreckenbereich einzusetzen. Hierzu werden die ISM-Bereiche in Typ A und B unterteilt. Die Frequenzbereiche vom Typ B dürfen anmeldungs- und gebührenfrei für Sensornetzwerke genutzt werden. Den Bereichen wurden Primär- und Sekundäranwendungen zugeordnet, zu denen z.B. auch Radaranlagen oder Amateurfunkdienste gehören. Die Primär- und Sekundäranwender dürfen nicht gestört werden. Umgekehrt muss der Anwender mit Störungen durch Andere rechnen und diese hinnehmen [Bun13]. Durch Verwendung fehlerkorrigierender Protokolle, durch räumliche Begrenzung und den Einsatz von Antennen mit Richtcharakteristik lassen sich trotzdem stabile Funkverbindungen für Sensornetze herstellen. Für höhere Zuverlässigkeit können Techniken mit eigener zugeteilter Frequenz, z.B. die im europäischen Raum relativ gut ausgebauten und stabilen Mobilfunknetze verwendet werden, was allerdings mit höheren laufenden Kosten verbunden ist.

Für den Einsatz von Funknetzen sind neben der Verfügbarkeit von Frequenzbereichen weitere Anforderungen für die Auswahl der verwendeten Funktechniken und Protokolle zu beachten. Dabei spielen die Eigenschaften und die Ausbreitung elektromagnetischer Wellen eine entscheidende Rolle.

Reichweite   In höheren Frequenzbereichen, z.B. im häufig genutzten $2,4\,$GHz Band, wird die Ausbreitung der Wellen stärker gedämpft, als in niedrigeren Bereichen. Dafür ist die nutzbare Bandbreite höher. Die Bandbreite spielt allerdings für viele Sensorik-Anwendungen nur eine untergeordnete Rolle, da die erforderlichen Datenraten meist gering sind. Für den erfolgreichen Empfang des Signals sind die Sendeleistung und die Empfindlichkeit des Empfängers entscheidend. Im Idealfall befinden sich keine Hindernisse zwischen Sender und Empfänger, wischen den Kommunikationspartnern besteht eine Sichtverbindung. Dieses Konzept bezeichnet man

---

[9] NFC: *Near Field Communication*; Nahfeldkommunikation zum Datenaustausch über kurze Strecken mittels Funktechnologien ggf. unter Nutzung induktiver Energieversorgung.

als *line-of-sight*. Dann kann die im Vakuum erreichbare Entfernung bei Verwendung einer un-gerichteten Antenne (isotropischer Strahler[10]) nach Gleichung 9.1 abgeschätzt werden [Bea13]

$$R = \frac{\lambda}{4\pi} \sqrt{\frac{P_{tx}}{P_{rx}}} \tag{9.1}$$

Dabei ist λ die Wellenlänge, P_{tx} die Leistung des Senders (t für Transmitter) und P_{rx} die Empfangsleistung (r für Receiver). Im freien ISM-Bereich 2,4 GHz (λ ca. 0,125 m) beträgt die erlaubte Sendeleistung 100 mW EIRP. Bei einer typischen Empfängerempfindlichkeit von 1 pW lässt sich eine Entfernung von ca. 100 m überbrücken.

Die Empfindlichkeit eines Empfängers lässt sich nur schwer verbessern. Somit kann die Entfer-nung nur durch Erhöhung der Sendeleistung erweitert werden. Das führt aber zu einer höheren Energieaufnahme. Außerdem ist die maximale Sendeleistung in allen ISM-Bändern durch ge-setzliche Vorgaben begrenzt (siehe Anhang A.8.1).

Antennen   Zur Erhöhung der Reichweite können Antennen mit Richtwirkung verwendet wer-den. Ein Beispiel ist die relativ einfach aufgebaute Yagi-Uda-Antenne (kurz Yagi-Antenne) in Abb. 9.18, welche im Rundfunk-Bereich verwendet wird und für das 2,4 GHz Band mit relativ kleinen Ausmaßen aufgebaut werden kann.

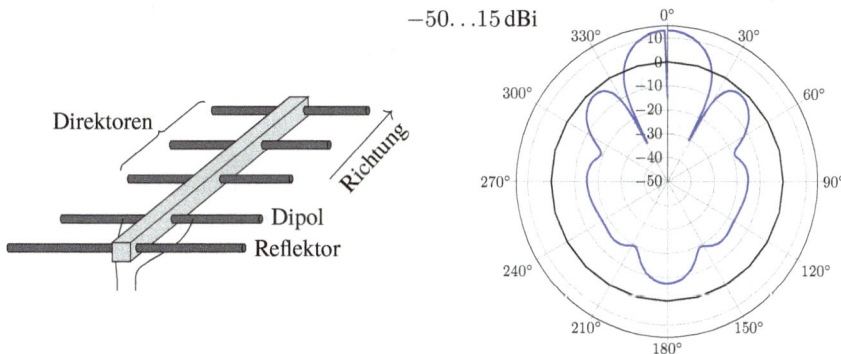

Abb. 9.18.: Yagi-Uda-Antenne mit Reflektor, horizontales Antennendiagramm

Abhängig von der Antenne und deren Ausrichtung zwischen Sender und Empfänger erhält man einen Antennengewinn (*antenna gain*). Der Gewinn ist das Verhältnis der in einer Richtung ab-gegebenen Strahlungsleistungsdichte, verglichen mit einer verlustlosen Antenne, deren Anten-nengewinn mit 0 dB definiert ist. Diese Vergleichsantenne ist meist ein isotropischer, also ein ungerichteter Strahler. Der Gewinn der Antenne A zu einem isotropischen Strahler I wird in dBi $= 10\log_{10}(A/I)$ angegeben. Die Reichweite berechnet sich zu:

$$R = \frac{\lambda}{4\pi} \cdot 10^{\frac{g_1 + g_2 + p_{tx} - p_{rx}}{20}}, \tag{9.2}$$

---

[10] Ein isotropischer Strahler oder Kugelstrahler ist ein idealisiertes Modell einer Punktquelle, von der aus in alle Rich-tungen gleichmäßig gesendet wird. Dieses Modell dient als Bezug für reale Antennen.

mit g_1, g_2 als Antennengewinn in dBi und p die jeweilige Leistung in dBm[11] [KR13, Bea13]. In Abb. 9.18 beträgt der Gewinn bis zu 15 dBi in Hauptrichtung. Mit anderen Antennenformen sind höhere Gewinne erzielbar. Dazu zählen die Parabolantennen, die u.a. zum Empfang von Satelliten oder für längere Richtfunkstrecken genutzt werden. Bei Wahl und Dimensionierung der Antenne muss beachtet werden, dass im öffentlichen Raum an keinem Punkt eine zu hohe elektrische Feldstärke auftritt, also im 2,4 GHz-Band keine Leistung oberhalb 100 mW EIRP.

Neben diesen externen drahtgebundenen Antennen können bereits bei der Herstellung von Leiterplatten Antennen als zweidimensionale Struktur aufgebracht werden, sog. **PCB-Antennen**. Das spart Fertigungskosten, reduziert allerdings auch die Effizienz. Antennen können auch in Chipgehäuse, meist aus Keramik bestehend, auf einer äußerst kompakten Fläche integriert werden. Diese sog. **Chip-Antennen** werden wie Bauelemente einer Schaltung behandelt.

In der Praxis sind weitere Faktoren zu beachten, wie z.B. gegenseitige Störung oder fremde Störer, Hindernisse im Signalpfad und Signalreflexionen an Wänden, die zu einer Signalauslöschung führen können. Ein hinreichend guter Empfang hängt somit neben den Antennen auch stark von der Umgebung ab.

9.2.2. Wireless LAN, Wi-Fi

Die wohl bekannteste Art der Funkdatenübertragung ist Wi-Fi nach der Norm IEEE 802.11, auch als Wireless LAN oder kurz WLAN bezeichnet. Dabei umfasst IEEE 802.11 eine ganze Familie von Normen für WLAN. Diese Normen werden durch einen angehängten Buchstaben spezifiziert und ergänzen oder ersetzen sich gegenseitig [III12].

Für WLAN können international derzeit zwei Frequenzbänder im ISM-Bereich genutzt werden, das 2,4 GHz und das 5 GHz Band. Diese Bänder sind in Kanäle unterteilt. Die Kanäle werden durchnummeriert. Für den 2,4 GHz Bereich stehen die Kanäle 1 bis 14 und im 5 GHz Bereich die Kanäle 36 bis 165 zur Verfügung. Die Bandbreite für die einzelnen Kanäle ist abhängig von der gewählten Modulationsart. Alle derzeit genutzten Standards (802.11g, 802.11n, 802.11ac) verwenden Spreizspektrumverfahren (engl. *spread spectrum*). Dabei werden die Daten für die Übertragung auf einen größeren, einen gespreizten Frequenzbereich moduliert. Die benötigt Energie wird auf den Frequenzbereich verteilt. Dadurch wird bei gleicher Datenrate weniger Energie pro Frequenz benötigt und die Störung aufgrund der Sendeleistung reduziert. Allerdings erfolgt die Spreizung kanalüberlappend, was bedeutet, dass nur ein Teilbereich der Kanäle wirklich störungsfrei genutzt werden kann, wenn sich mehrere Sender untereinander in Reichweite befinden. Für die einzelnen Kanäle gibt es länderspezifische Vorgaben und Einschränkungen, was die Verwendbarkeit des Kanals und die maximale Sendeleitung betrifft. So ist in Europa im 2,4 GHz-Band die Sendeleistung auf 100 mW beschränkt und der Kanal 14 darf nicht verwendet werden.

Der Vorteil von WLAN ist die enorm hohe Datenrate. Im ungestörten Betrieb ist nach der IEEE 802.11ac Norm theoretisch eine Bruttodatenrate über 6 Gbit/s möglich. Dafür sind ein

---

[11] dBm beschreibt die Leistung im Verhältnis zu 1 mW; dBm $= 10 \log \frac{\text{Leistung}}{1\,\text{mW}}$.

hoher Protokollaufwand und entsprechende Verarbeitungsmechanismen in Hard- und Software erforderlich. Die Nettodatenrate liegt bei ca. 3 Gbit/s.

Ein Nachteil ist die relativ hohe Stromaufnahme aufgrund der Sendeleistung und der Verarbeitung. Die Sendeleistung lässt sich auf das erforderlich Minimum zur Kommunikation mit dem betreffenden Empfänger reduzieren. Allerdings ist diese Leistungsaufnahme bei der Übertragung über kleinere Distanzen mit geringer Datenrate immer noch höher, als bei anderen Funktechnologien.

Im Umfeld der Sensorik bietet sich die WLAN-Übertragung nur an, wenn die Energieversorgung kein Problem darstellt und höhere Datenraten oder Kommunikation mit mehreren Teilnehmern erforderlich ist. Im Batteriebetrieb ist WLAN nicht für den Dauerbetrieb geeignet.

Betriebsmodus Für WLAN unterscheidet man zwei wesentliche Betriebsarten. Im häufig angewendeten **Infrastruktur-Modus** erfolgt die Koordination des Netzes über zentrale Knoten, die als Access Points (AP) oder WLAN-Router bezeichnet werden. Die Zuordnung von Clienten zu den AP erfolgt über eine SSID (*Service Set Identifier*), welche den Namen des Funknetzes vorgibt. Mehrere APs können den gleichen Namen bedienen (ESS für *Extended Service Set* mit zugehöriger ESSID), der Client wählt sich dann den AP mit der besten Empfangsfeldstärke für die gewünschte SSID. Die aktuelle Funkzelle wird über die *Basic Service Set Identification* (BSSID) bestimmt. Abb. 9.19 links zeigt einen ESS-Bereich mit zwei APs, welche die gleiche SSID anbieten. Die verbundenen Laptops wechseln bei Verlust der Verbindung zum nächsten AP, welcher die SSID bedient.

Die APs bestimmen die Einstellungen des Netzes. Dazu gehören die Funkkanaleinstellungen und die Verschlüsselung. Die APs sind auch für die Weiterleitung vom drahtlosen zum drahtgebundenen Netz zuständig.

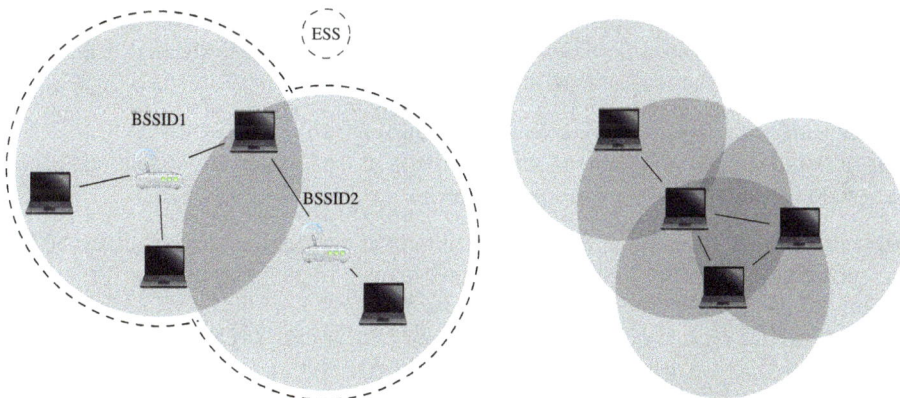

Abb. 9.19.: WLAN: Infrastruktur und Ad-Hoc Modus

Im **Ad-Hoc-Modus** gibt es keine zentralen Knoten für die Netzorganisation. WLAN-Geräte, die auf die gleiche SSID eingestellt sind, verbinden sich direkt untereinander, vorausgesetzt sie befinden sich in direkter Funkreichweite und haben die gleichen Einstellungen zur Sicherung der Übertragung (Verschlüsselung).

Der Standard sieht für den **Ad-Hoc-Modus** keine Weiterleitung der Datenpakete in der Ebene 2 des ISO-Modells vor, so dass nur unmittelbare Nachbarn miteinander kommunizieren können. Durch Routing-Erweiterung der Funk-Knoten können aber die Pakete anhand der IP-Adresse auf Ebene 3 mittels des IP-Protokolls geroutet werden. Dadurch ist der Aufbau eines größeren Funknetzwerkes möglich, bei dem auch ein Übergang in das Internet möglich ist. Die Struktur kann variabel bleiben, die Wahl der Verbindungswege erfolgt durch das Routing-Protokoll auf den Knoten[12]. Auf diese Art bildet sich ein vermaschtes Netz (*Mesh-Network*). Ein Beispiel für ein räumlich ausgedehnte Mesh-Netze in Deutschland ist die Freifunk-Initiative[13]. In einigen Freifunk-Routern, die meist im Außenbereich aufgestellt werden, sind Temperatursensoren enthalten und können von jedem Teilnehmer abgefragt werden. Auf diese Weise erhält man ein Sensornetz für Temperaturdaten.

9.2.3. Bluetooth

Die Bluetooth-Technologie wird für Datenübertragung über kurze Entfernungen im 2,4 GHz ISM-Bereich genutzt. Bluetooth wurde unter der IEEE 802.15.1 standardisiert und unterliegt ständigen Erweiterungen. Diese über IEEE 802.15.1 hinausgehenden Erweiterungen werden durch einem Verbund namhafter Elektronikhersteller, die *Bluetooth Special Interest Group*, als Industriestandards unter entsprechenden Versionsnummern in Verbindung mit angehängten Kürzeln verabschiedet [IEE05].

Bluetooth verwendet ein Frequenzsprungverfahren, bei dem die Daten auf einen Träger mit der Breite von 1 bzw. 2 MHz moduliert werden, der üblicherweise 1600 mal pro Sekunde im Bereich von 2,402 GHz bis 2,480 GHz wechselt. Einzelne gestörte Frequenzen verursachen somit keinen Verbindungsausfall, allerdings sinkt die erreichbare Datenrate. Störquellen sind WLAN-Verbindungen und andere Funkübertragungen im 2,4 GHz ISM-Band, z.B. drahtlose Tastaturen und Mäuse, aber auch Mikrowellenherde.

Die Reichweite einer Bluetooth-Verbindung ist abhängig von der verwendeten Sendeleistung. Die Geräte werden in drei Klassen eingeteilt: 100 mW, 2,5 mW und 1 mW und erreichen damit Weiten zwischen 100 m und wenigen Zentimetern.

Die Datenrate hängt von der eingesetzten Bluetooth-Version ab. Der 2005 als IEEE 802.15.1-2005 ratifizierter Bluetooth 1.2 Standard erlaubt Datenübertragungsraten bis zu 721 kbit/s. Mit Bluetooth 2.0 und EDR (*Enhanced Data Rate*) wurden die Datenraten bis zu 2,1 Mbit/s gesteigert. Bluetooth 3.0 ergänzt den Standard um einen HS-Modus (*High Speed*) mit Datenraten bis zu 24 Mbit/s. Dabei wird allerdings auf den WLAN 802.11 Standard zum Aufbau eines Datenkanals zurückgegriffen.

---

[12] Ein Beispiel für ein Routing-Protokoll im Mesh-Netz ist B.A.T.M.A.N. (*Better Approach To Mobile Adhoc Networking*)

[13] Siehe https://freifunk.net

Der aktuell eingesetzte Standard ist Bluetooth 4.0, dessen Energiesparfunktionen für Anwendung in der Sensorik besonders interessant sind. Darauf gehen wir in einem späteren Abschnitt auf Seite 222 genauer ein. Nachfolgende Erweiterungen bieten ebenfalls für die Sensorik interessante Funktionen:

- Mit Bluetooth 4.1 wird die Software insbesondere zur Verbesserung der Anwenderfreundlichkeit und der Interoperabilität mit anderen Funktechnologien, wie WLAN und dem Mobilfunkstandard LTE erweitert.

- Bluetooth 4.2: Als Internet der Dinge (IoT, *Internet of Things*) werden Technologien für vernetzte Geräte bezeichnet, die nicht vordergründig als Computer angesehen werden, z.B. in Haushaltsgeräte und Kleidungsstücke eingebettete Minicomputer. Der Zweck ist die Unterstützung der Nutzer beim Umgang mit diesen Geräten. In Bluetooth 4.2 werden Erweiterungen zur Unterstützung von IoT in den Standard aufgenommen, z.B. zusätzliche Energiesparmaßnahmen und die bessere Einbindung in IPv6[14]-Netzwerke.

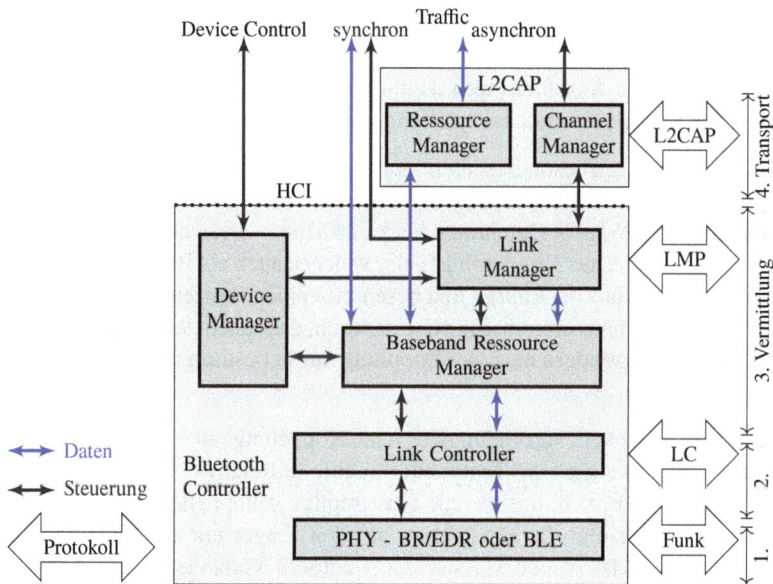

Abb. 9.20.: Bluetooth-Controller, Daten- und Steuerfluss, OSI-Modell-Ebene

Die Abb. 9.20 zeigt die Komponenten, den Daten- und Steuerfluss und die beteiligten Protokolle eines Bluetooth-Controllers[15]. Der Controller stellt die notwendige Funktionalität für den Aufbau und die Steuerung der Funkverbindung zur Verfügung. Das *Host to Controller Interface* (HCI) stellt die Verbindung zwischen dem Controller und der Software des Systems dar. Das System kann eine synchrone Datenübertagung über diese Schnittstelle realisieren, was für Echtzeitanwendungen von Interesse sein kann.

---

[14] IPv6: Das IP-Protokoll Version 6 ist der designierte Nachfolger des derzeit noch aktuellen IPv4-Protokolls. IPv6 wird zunehmend in allen Netzwerken mit Internetanbindung unterstützt.

[15] Quelle: Bluetooth Core System Architecure `https://developer.bluetooth.org`

Betriebsmodus Für die Datenübertragung müssen die Kommunikationspartner miteinander verbunden werden. Diesen Vorgang bezeichnet man als **Pairing**. Abhängig vom Bluetooth-Sicherheitsmodus werden Schlüssel für die wechselseitige Authentifizierung benötigt, die beim Pairing der Geräte vereinbart werden. Zum Schutz können beim Pairing PINs von den zu verbindenden Geräten erfragt werden, welche die wechselseitige Authentizität sicherstellen sollen. Sind die Geräte einmal verbunden (*bonding*), werden für nachfolgende Verbindungen die vereinbarten Schlüssel verwendet. So kann der erneute Verbindungsaufbau schnell und ohne Nutzerinteraktion erfolgen.

Für den Betrieb einer Bluetooth-Verbindung greifen die Kommunikationspartner auf eines der standardisierten **Profile** zurück. Die Profile spezifizieren die Anwendungsschnittstelle, die API, auf denen die Anwendungen aufbauen. Profile legen somit fest, welche Protokolle für den geregelten Datenaustausch umgesetzt werden müssen. Zu den am PC häufig eingesetzten Profilen zählt HID (*Human Interface Device*) für die Koppelung von Eingabegeräten an einen Computer.

Bluetooth 4.0 und Bluetooth Low Energy (BLE)

Viele Bluetooth-Geräte laufen im Batteriebetrieb. Schon zu Beginn der Entwicklung ca. 1994 wurde auf geringe Stromaufnahme geachtet. Allerdings haben sich die Anforderungen deutlich verschärft, so dass zusätzliche Maßnahmen zur Reduktion des Energieverbrauchs ergriffen werden mussten.

Für Sensorik-Anwendungen besonders interessant ist Bluetooth 4.0 und die nachfolgenden Standards. Bluetooth 4.0 ist abwärtskompatibel und unterstützt High-Speed-Verbindungen, wobei durch Kombination mit WLAN Datenraten bis zu 24 Mbit/s erreicht werden. In Bluetooth 4.0 flossen die Entwicklungen aus Bluetooth LE ein, welches auch als Bluetooth Smart bezeichnet wird [Gup16]. LE steht für *Low Energy* und beschreibt einen Betriebsmodus für besonders geringe Energieaufnahme. Dies erreicht man u.a. dadurch, dass auch der Master einer Verbindung nicht dauerhaft aktiv ist, sondern nach der Kopplung nur in bestimmten Zeitabständen aktiviert wird.

Dabei gibt es die Möglichkeit, verbindungslos ohne Koppelung nur in eine Richtung zu senden, z.B. ein Thermometer, welches die Temperatur an alle in Reichweite befindlichen Empfänger übermittelt (Broadcast). Eine bidirektionale Übertragung gekoppelter Geräte ist natürlich weiterhin möglich. Dabei erfolgt die Modulation auf den Träger mit einer konstanten Rate von 1 Mbit/s. Bluetooth LE ist zu den klassischen Bluetooth Versionen nicht kompatibel. Viele Bluetooth-Module implementieren aber einen Dual-Stack, welcher die Kommunikation in beiden Welten erlaubt.

Eine weitere Abstraktionsebene schafft das Schicht 4 *Logical Link Control and Adaptation Protocol* (L2CAP). Dieses erlaubt die asynchrone paketweise Datenübertragung, Datenmultiplexing und die Paket-Segmentierung und -Reassemblierung und entspricht damit der Schicht 4 im OSI-Referenzmodell. Darauf setzen die Profile für Applikationen auf.

Abb. 9.21 zeigt ein Beispiel für einen Bluetooth-Stack mit Dual-Stack-Controller. Auf der Transportschicht L2CAP bauen verschiedene Profile auf. Das *Radio Frequency Communication* Protokoll RFCOMM simuliert in den klassischen Bluetooth-Varianten ein serielles Kabel,

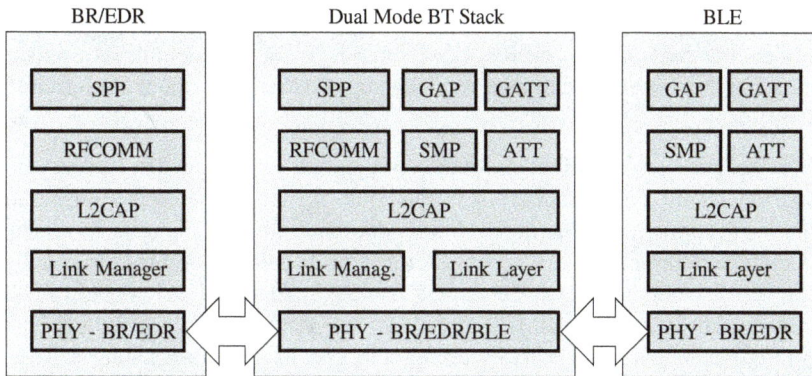

Abb. 9.21.: Bluetooth-Stack für BT classic Versionen kleiner BT 4.0 (links), Bluetooth Low
Energy (rechts) und Dual Mode Geräte (Mitte)

ähnlich einer RS-232 Verbindung und ermöglicht z.B. die Übertragung mit dem *Serial Port Profile* (SPP).

Für Bluetooth-LE wird das GAP Profile (*Generic Access Profile*) für die Zugriffsregelung und das GATT Profil (*Generic Attribute*) für die energiesparende Übertragung kleiner Datenmengen eingesetzt. Diese Profile bauen auf dem Low Energy Security Manager Protocol (SMP) und dem Low Energy Attribute Protocol (ATT) auf. GATT ist ein generisches Profil, auf dem eine Reihe anwendungsspezifischer Profile aufsetzen. Das macht GATT für Sensorik-Anwendungen interessant, da das Profil die energieeffiziente Nutzung bestehender Protokolle mit eigenen Erweiterungen ermöglicht. Zur herstellerübergreifenden Verwendung werden die Protokolle unter der GATT-Spezifikation verabschiedet und veröffentlicht[16]. Ein Beispiel für ein GATT-Profil ist das Health Thermometer Profile, welches für die Übermittlung von Temperaturdaten entwickelt wurde.

9.2.4. Mobilfunk

Als Mobilfunkdienste werden Funkdienste mit einer meist festen Basisstation und mobilen Funkteilnehmern bezeichnet. Neben den Diensten für Polizei, Rettungswesen sind es heute überwiegend GSM[17]-Netze und deren Nachfolgestandards, kurz Mobilfunknetze oder Handy-Netze. Diese Netze werden von den Mobilfunkprovidern betrieben und ihre Nutzung erfordert eine Gebühr, die zunehmend günstiger wird. Da der Preis nach übertragener Datengröße berechnet wird und viele Anwendungen der Sensorik ein geringes Datenaufkommen haben, werden Mobilfunkdienste auch für Sensornetze zunehmend interessant. Außerdem ist die Abdeckung für das Mobilfunknetz in Deutschland fast flächendeckend gegeben. Damit können z.B. Sensoren für Umweltüberwachung auch in Räumen mit schwach ausgebauter Infrastruktur in größere Netze eingebunden werden.

---

[16] https://developer.bluetooth.org/gatt/
[17] GSM: *Global System for Mobile Communications*

Ursprünglich für Telefonie entwickelt, sind die heutigen Mobilfunknetze der 2. bis 4. Generation mit den Standards EDGE, GPRS, UMTS und LTE Datennetze mit paketweiser Datenübertragung. Hierbei werden Datenraten von $14{,}4\,\mathrm{kbit/s}$ (CSD[18]) bis theoretisch $1\,\mathrm{Gbit/s}$ (LTE advanced) erreicht.

Für die Verwendung von Mobilfunkdiensten benötigt man einen Provider, welcher die technische Infrastruktur stellt. Diese besteht aus vielen Funkzellen mit jeweils einer Basisstation. Die Zellen sind so angeordnet, dass damit eine flächendeckende unterbrechungsfreie Verbindung zu mobilen Geräten ermöglicht wird. Ein Sensorknoten mit Mobilfunk-Anbindung benötigt neben dem Funkmodul (aktuell angeboten werden GSM-/GPRS-/EDGE-/UMTS- oder LTE-Module) und der Antenne zusätzliche ein SIM-Modul, meist in Form einer SIM-Karte, welches die Authentifizierung gegenüber dem Provider ermöglicht und für die Abrechnung erforderlich ist [Boy12].

9.2.5. Long Range Wide Area Network - LoraWAN

LoRaWAN (Long Range Wide Area Network) ist ein drahtloses Telekommunikationsprotokoll, das speziell für Anwendungsszenarien entwickelt wurde, bei denen eine große Reichweite, niedriger Energieverbrauch und eine hohe Anzahl an gleichzeitig verbundenen Geräten erforderlich sind. Es basiert auf einer speziellen Modulationstechnik für LoRa-Übertragung (Long Range), die eine besonders robuste und energieeffiziente Funkübertragung ermöglicht. Zu den wesentlichen Merkmalen zählen:

- Große Reichweite: LoRaWAN kann Daten über Entfernungen von bis zu 15 Kilometern in ländlichen Gebieten und bis zu einigen Kilometern in städtischen Umgebungen übertragen.

- Niedriger Energieverbrauch: Geräte, die auf Aktivierung warten, verbrauchen im Ruhemodus etwa $100\,\mathrm{nA}$ und die Sendeeinheit im Betrieb typischerweise $10\,\mathrm{mA}$. Ohne weitere Verbraucher ermöglicht das einen Betrieb von mehreren Jahren mit Batterie.

- Netzwerkinfrastruktur: LoRaWAN-Netze bestehen aus Endgeräten (Sensoren und Aktoren), Gateways, Netzwerkservern und Diensten. Die Endgeräte kommunizieren mit Gateways, die die Daten aus dem Funknetz über das IP-Datennetz (Internet) an zentrale Netzwerkserver weiterleiten (Abb. 9.22). Gateways sind in vielen Ballungsräumen und zunehmend auch im ländlichen Raum verfügbar, so dass darüber Sensorknoten großflächig, ohne zusätzlichen Aufwand für die Kommunikationsinfrastruktur verteilt werden könne.

- Skalierbarkeit: LoRaWAN kann eine aufgrund des großen Adressraumes eine sehr große Anzahl von Geräten gleichzeitig unterstützen.

---

[18] Circuit Switched Data, ein System zur digitalen Übertragung von Daten über ein leitungsvermitteltes Netzwerk, vergleichbar dem analogen Telefonnetz.

Die Möglichkeit des Betriebs mit Batterie, die bestehende Infrastruktur mit Gateways zu IP-Netze u.v.m. macht LoRaWAN ideal für Sensorik- und IoT-Anwendungen [RBL+20]. LoRa-WAN deckt somit die Lücke zwischen LAN-Kurzstreckennetzwerken wie WLAN und Weitverkehrsnetzen wie Mobilfunk oder Satellitenkommunikation ab.

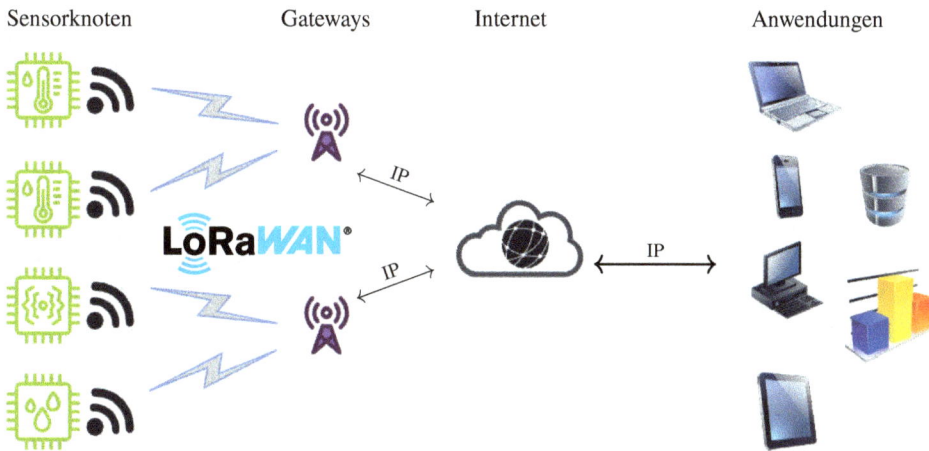

Abb. 9.22.: LoRaWAN Netzwerkstruktur

LoRaWAN sendet im ISM-Kanalbereich, in Europa meist im Bereich 868–870 MHz. Dieser Bereich ist in Subbänder aufgeteilt. Die Daten werden in Europa mit 51 Byte pro Paket übertragen. LoRaWAN nutzt zehn Kanäle, 8 mit einer Mehrfachdatenrate von $250\,\frac{bit}{s}$ bis $5{,}5\,\frac{kbit}{s}$ haben, ein Kanal mit hoher Datenrate von $11\,\frac{kbit}{s}$ und einen FSK-Kanal[19] mit einer Rate von $50\,\frac{kbit}{s}$. Die niedrige Datenrate wird dabei einen relativ großen Frequenzbereich verteilt, was die Robustheit gegenüber Störungen bei gleichzeitig relativ hoher Reichweite ermöglicht. Dazu wird eine Chirp-Spread-Spectrum Modulation[20] genutzt. Je nach Geländetopografie und Bebauung sind Reichweiten bis zu 15 km im ländlichen Raum und einigen Kilometern in Stadtgebieten möglich.

Typische Anwendungsbereiche von LoRaWAN sind derzeit Smart Agriculture, Straßenbeleuchtung, Parkraummanagement, Abfallentsorgung und viele Anwendungsfelder im Bereich Smart Cities, Landwirtschaft und Industrie 4.0.

9.3. Spezielle Sensornetzwerke

Neben den genannten und vor allem im Computerumfeld häufig eingesetzten Funktechniken gibt es weitere z.T. proprietäre Übertragungstechniken zum Aufbau von Sensornetzwerken,

---

[19] FSK (Frequency Shift Keying Channel) ist eine Modulationstechnik, bei der die Daten in einem vorgegebenen Frequenzbereich durch Änderungen der Frequenz übertragen werden.
[20] Siehe dazu Wireless Personal Area Network nach Standard IEEE 802.15.4a [IEE07].

insbesondere im Bereich der Funknetzwerke. Ziel ist die Optimierung hinsichtlich spezieller Anforderungen, zu denen der geringe Stromverbrauch, einfache und selbständige Vernetzung (Mesh-Netzwerke), konfigurationsloser Betrieb, faire Aufteilung der verfügbaren Datenrate auf mehrere Knoten uvm. gehören. Diese arbeiten häufig in den ISM-Bändern 868 MHz und 2,4 GHz.

Werden die frei nutzbaren ISM Frequenzbänder verwendet, so können im Prinzip beliebige Protokolle eingesetzt werden. Das kann sich durch Beeinflussung anderer Protokolle in diesen Frequenzbereichen störend bemerkbar machen. Umgekehrt können natürlich andere Funktechniken das Sensornetz beeinflussen, z.B. ein aktiver WLAN-Knoten in einem Sensornetz, welches im 2,4 GHz Bereich betrieben wird. Bestimmte Anforderungen für Funkübertragung sind auch in den „freien" Frequenzbändern einzuhalten. Dazu gehört z.B. die Vermeidung von Störungen der primären Nutzer eines Frequenzbandes, wie z.B. Radarsysteme oder Funkamateurdienste. Meist reicht dazu aber schon die Reduzierung der Sendeleistung, was im Hinblick auf die Energieeinsparung prinzipiell erforderlich ist, sowie die Verwendung von Antennen mit Richtfunkcharakteristik.

Die Reduzierung des Stromverbrauchs kann durch verschiedene Maßnahmen erreicht werden. Dazu gehört die Reduzierung der Informationen, die bei den genanten Protokollen übertragen werden, die aber bei Sensornetzen nicht erforderlich sind. Das sind z.B. Informationen zur Steuerung des Netzes. Eine weitere Maßnahme ist die zeitliche Aufteilung des Kanal zwischen den Teilnehmern. Sender bzw. Empfänger werden nur für den zugewiesenen Zeitschlitz aktiviert. Den Rest der Zeit werden die Sendemodule deaktiviert. Die bisher genannten Protokolle bieten derartige Funktionen nicht bzw. sie werden erst in nachfolgende Standards eingebaut (z.B. Bluetooth 4.2).

Für drahtlose Sensornetzwerke mit geringem Energieverbrauch haben sich verschiedene Industriestandard wie ZigBee, Z-Wave, MiWi, HomeMatic und EnOcean etabliert. Wir besprechen davon ZigBee als bekanntestes Beispiel.

ZigBee, Mesh-Techniken   ZigBee baut auf Schicht 1 und 2 des IEEE 802.15.4-Standards für *Wireless Personal Area Networks* (WPAN) auf (siehe Abb. 9.23). Der Industriestandard wird seit 2002 durch einen Herstellerverbund, die ZigBee-Allianz, entwickelt. Aktuell ist Version 2007, auch bekannt unter dem Namen ZigBee PRO.

ZigBee ist für eine Datenrate von 250 kbit/s bei einer Reichweite von 10 bis 20 m ausgelegt. Der Standard sieht die Weiterleitung von Datenpaketen vor. Im ZigBee-Netz werden dazu ZigBee-Router eingesetzt, die auch als FFD bezeichnet werden (*Full Function Device*). Router verbinden sich mit den benachbarten Routern und leiten die Datenpakete anhand der Adresse weiter. Ausgehend von einem speziellen Knoten, dem Koordinator, wird durch schrittweise Hinzunahme weiterer Router ein Netz aufgebaut, bei dem sich alle Geräte untereinander erreichen können, entweder entlang eines im Netz abgebildeten logischen Pfades oder auf dem kürzesten Weg, wie in einem Mesh-Netzwerk (vgl. Ad-Hoc-Modus auf Seite 219f). An jedem Router, der selbst auch Endpunkt einer Verbindung sein kann, können weitere Geräte ohne Routingfunktion (RFD: *reduced function devices*) angebunden und adressiert werden. Ein Steuergerät braucht nur die Verbindung zu einem Router und kann von dort auf alle Endgeräte im Netz zugreifen und z.B. Sensordaten erfragen [GK15].

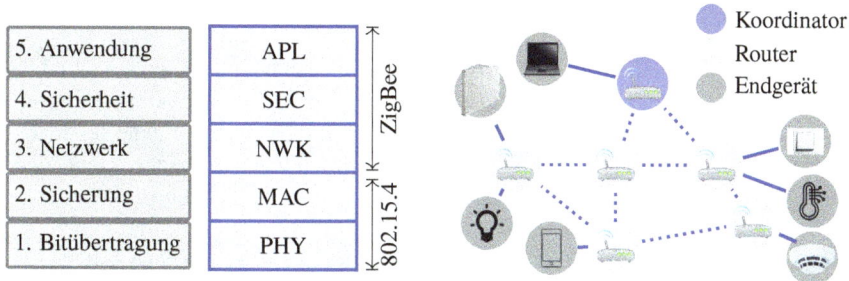

Abb. 9.23.: ZigBee: Protokollstapel, Mesh-Netzwerk

Auf den Endgeräten können bis zu 240 Anwendungen adressiert werden. Die Adresse 0 dient dabei dem Management und stellt das ZDO (*ZigBee Device Object*) bereit. Die Knoten erhalten vom Hersteller eine eindeutige 64-Bit Adresse. Der Koordinator vergibt zusätzlich innerhalb eines Netzes verkürzte 16-Bit Adressen. Die Adressierung erfolgt entweder direkt durch Angabe der Knoten- und Endgeräte-Adresse oder indirekt durch die Kurzadresse mit Hilfe des Koordinators [MS12].

Für die Interoperabilität der ZigBee Komponenten stehen ZDO-Merkmale aus einem Bereich öffentlicher Profile der *ZigBee Certified Platform* (ZCP) zur Verfügung. Darüber hinaus gibt es private Profile für die herstellerspezifische Kommunikation. Theoretisch sind ZigBee-Komponenten beliebig vernetzbar. Jedoch gibt es derzeit für gleiche Anwendungen verschiedene Profile. Im Gegensatz zu Bluetooth LE ist mit ZigBee eine herstellerunabhängige Vernetzung von Komponenten problematisch. Außerdem ist der Funkbereich zu beachten, da sich die genutzten ISM-Frequenzen regional unterscheiden. In Deutschland wird ZigBee im 868 MHz Band betrieben und ist nicht kompatibel zu amerikanischen Komponenten, die im 915 MHz Band arbeiten. Alternativ kann international das 2,4 GHz Band verwendet werden. Damit verliert man aber gegenüber dem 868 MHz Band den Vorteil der höheren Reichweite.

Zur Leistungsreduzierung werden bei ZigBee inaktive Komponenten entweder in den Bereitschafts- oder in den Power-Down-Modus versetzt. Bei aktiviertem Funkmodul liegt die Stromaufnahme bei ca. 15 mA und im Bereitschaftsmodus unter 0,5 mA.

9.4. Synchronisation

Eine Herausforderung für Sensornetze ist die zeitliche Synchronisation der einzelnen Teilnehmer. Dies spielt insbesondere dann eine Rolle, wenn zu einem Zeitpunkt Messwerte von räumlich weit auseinander liegenden Sensoren erfasst und miteinander kombiniert werden sollen, wie z.B. bei seismischen Sensoren zur Erdbebendetektion oder bei Wetterstationen.

Eine Variante zur nachträglichen Messwertsynchronisation von mehreren Sensorknoten besteht in der Aufzeichnung von Sensorwerten in Verbindung mit einem Zeitstempel. Das bedingt natürlich, dass die Uhren der jeweiligen Sensorknoten die gleiche Zeit verwenden. Hierfür bietet sich die koordinierte Weltzeit (UTC) an.

Der Mikrocontroller auf einem Sensorknoten (Abb. 9.2) besitzt meist einen vom Taktgenerator gesteuerten Zähler, der mit der Startzeit die Berechnung der UTC-Zeit erlaubt. Allerdings muss dazu die Startzeit bekannt sein. Zur Bestimmung der Startzeit kann ein externes RTC-Modul mit Batteriepufferung an den Controller angebunden werden (siehe Kapitel Kapitel 7.4.1). Dies ist sinnvoll, wenn es keine höheren Anforderungen an die Genauigkeit der Zeitbestimmung gibt. Zusätzlich kann es auch noch Abweichungen beim Zähler im Controller geben, wenn der Taktgenerator den vorgesehenen Takt nicht hinreichend stabil liefert. Je nach Anwendung kann dabei bereits eine Zeitdifferenz im Millisekundenbereich zu groß sein, z.B. bei der Erfassung von Daten innerhalb einer Industrieanlage. Deshalb ist es meist sinnvoll, die Systemzeit der Sensorknoten per Funk oder über ein kabelgebundenes Netzwerk zu synchronisieren. Dafür gibt es mehrere Möglichkeiten, von denen drei gebräuchliche in Abb. 9.24 dargestellt sind.

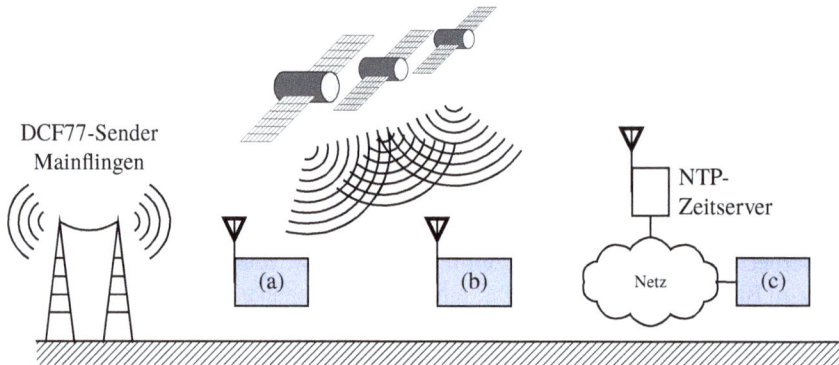

Abb. 9.24.: Zeitsynchronisation; Der Sensorknoten erhält die Zeit über (a) eigenes DCF77-Funkmodul, (b) Satellitenempfänger oder (c) Netzwerk-Zeitserver

DCF77 Empfänger   In vielen Teilen Europas kann auf der Frequenz 77,5 kHz das Signal des Zeitzeichensenders DCF77[21] empfangen werden, welcher sich in Mainflingen, in der Nähe von Frankfurt am Main, befindet. Dieser Sender strahlt kontinuierlich ein Zeitsignal aus, das die gesetzliche Zeit für Deutschland vorgibt. Quelle sind mehrere synchronisierte, äußerst genaue Atomuhren. Die Genauigkeit der Quelle kann mit einer geschätzten Abweichung von weniger als einer Sekunde in 30 Millionen Jahren bemessen werden [PHB04]. Die Empfangseinheit kann so klein aufgebaut werden, dass sie z.B. auch innerhalb einer Armbanduhr integriert werden kann. Da aufgrund der niedrigen Frequenz der Empfang auch in geschlossenen Räumen oder in Gebieten ohne direkte Sichtverbindung zu Nachbarknoten möglich ist, bietet sich diese

---

[21] DCF77 steht als Funkrufzeichen für einen Langwellensender (C) in Deutschland (D) nahe Frankfurt (F) mit einer Frequenz von 77 kHz.

Synchronisationsmethode für den Betrieb von autarken Sensorknoten ohne Funk-oder Kabel-verbindung an.

Die Zeitinformation wird durch Absenken der Amplitude digital auf das Trägersignal kodiert. Dazu wird zu den Sekundenzeitpunkten 0 bis 58 die Sendestärke abgesenkt. Die ausbleibende Absenkung lässt den Beginn der nächsten Minute bestimmen. Die Absenkung dauert entweder 0, 1 oder 0,2 s wodurch sich ein Bit kodieren lässt. Pro Minute stehen 58 Bit zur Verfügung, die u.a. Datum und Zeit als binär kodierte Dezimalzahlen (BCD) enthalten. Ein Empfänger im Sensorknoten muss das Zeitsignal somit mindestens über eine Minute auswerten, um die Zeit zu bestimmen und die eigene Systemzeit auf das Zeitsignal zu setzen. Anschließend kann sich der Empfänger am Sekundentakt ausrichten. Je nach Aufwand kann im Empfänger die Zeit mit einer Genauigkeit von 100 ms bis 100 μs bestimmt werden. Die Stromaufnahme des Empfängers liegt dabei im unteren Milliamperebereich. Außerdem muss der Empfänger nicht dauerhaft aktiv sein.

Satellitennavigation Sensorknoten mit Modulen zur satellitengestützten Positionsbestimmung können die Zeit aus den Satellitensignalen bestimmen. In Europa stehen die Satellitensignale GPS, GLONASS und Galileo zur Verfügung. Zur Positionsbestimmung besitzen die Satelliten genaue Uhren und senden deren Zeit. Dabei werden auch Abweichungen aufgrund relativisti-scher Effekte in die Berechnung einbezogen [Ash03]. Die Empfänger bestimmen ihre Position bei bekannter Satellitenposition aus den Zeitdifferenzen beim Empfang der Signale von meh-reren Satelliten. Damit kann der Empfänger seine genaue Zeit mit Bezug zur Satellitenzeit bestimmen. Die Satelliten übertragen zusätzlich die Differenz ihrer Zeit zur Weltzeit UTC, so dass der Empfänger die lokale Zeit ermitteln und die Systemuhr darauf einstellen kann.

Beim GPS-System liegt die Abweichung selbst bei Störung durch Reflexion und Überlagerung derzeit bei 1 μs. Damit ist eine noch wesentlich höhere Genauigkeit gegenüber dem DCF77-Empfängern möglich. Allerdings erfordert der Empfang „freie Sicht" auf die Satelliten. Emp-fang und Verarbeitung der Satellitensignale benötigt auch wesentlich mehr Energie [PS96].

Zeitsignale im Netzwerk, NTP Für die Synchronisation in kabelgebundenen Systemen ei-genen sich synchrone Busse und Protokolle, wie z.B. Profibus oder Profinet mit isochronem Datenaustausch und einer zentralen Zeitquelle. Hier ist die systeminterne Synchronisation ba-sierend auf dem Profibus-Taktsignal mit einer Differenz unter 1 ms möglich.

In anderen Netzwerken kann die Synchronisation über das *Network Time Protocol-Protokoll* (NTP) erfolgen. NTP und die vereinfachte Version Simple NTP (SNTP) übertragen die Zeit-information, ausgehend von einem Zeitserver (siehe Abb. 9.24c). Der Server wird aus einer genauen Quelle gespeist, z.B. entsprechend Abb. 9.24a oder 9.24b. Das Zeitsignal wird vom NTP-Server und gegebenenfalls mehreren Zwischenstationen im Netzwerk an die einzelnen Knoten übermittelt. Diese Zeitinformation kann von den Knoten regelmäßig erfragt und in die Systemuhr übernommen werden.

Alternativ kann ein NTP-Prozess auf dem Mikrocontroller dauerhaft laufen und die Abwei-chungen der Systemuhr und die Schwankungen bei der Übertragung des Zeitsignals (Jitter) auswerten. Die Systemzeit wird daran angepasst und lokale Abweichungen können ausgleichen werden. Somit erhält man ein relativ stabiles Zeitsignal mit Genauigkeiten unter 10 ms, vorausgesetzt die Zeitquelle des NTP-Servers ist hinreichend genau. Allerdings verlangt der NTP-Prozess einen Controller mit einem Multitasking-Betriebssystem, da ja neben der Zeitmessung auch die Messwertbestimmung durch einen weiteren Prozess auf dem Controller erfolgen muss. Das ist mit einer höheren Energieaufnahme verbunden.

NTP kann auch in kabellosen Datennetzen genutzt werden, z.B. über WLAN. Hier ist die Abweichung bzw. der Jitter-Faktor höher und damit die Genauigkeit etwas geringer. NTP-Synchronisation mit einer Abweichung unter 100 ms ist aber auch in kabellosen Datennetzen möglich.

9.5. Stromversorgung von Sensorfunkknoten

Ein spezielles Problem in einem drahtlosen Netzwerk ist die Energieversorgung von Sensorfunkknoten. Als einfachster Weg bietet sich die Versorgung des Sensorfunkknotens über eine Batterie an. Jedoch stellt jede Batterie eine erschöpfliche Energiequelle dar, deren Lebensdauer, selbst wenn kein Strom entnommen wird, durch die Selbstentladung begrenzt ist. Trotzdem kann eine Lithiumbatterie ausreichen, um einen Sensorfunkknoten mit geringem Strombedarf und optimierten Betriebsbedingungen 10 Jahre zu versorgen.

Um eine so lange Lebensdauer der Batterie zu ermöglichen, muss die Energieaufnahme der Schaltung so klein, wie irgend möglich, gemacht werden. Das gelingt, indem man einmal low-power-Schaltungen einsetzt und zum anderen das Arbeitsregime optimiert. Letzteres haben wir in Kapitel 7.4.3 skizziert. Eine geringe mittlere Leistungsaufnahme erreicht man dadurch, dass ein solcher Funkknoten über längere Zeiträume, z.B. in der Größenordnung Stunden, in einem power-down Mode betrieben wird, wobei die Stromaufnahme in der Größenordnung von z.B. nur 0,1 µA liegt. Die Stromaufnahme beim Messen und Senden der Daten kann demgegenüber einige mA betragen; sie wird aber nur kurzzeitig, z.B. wenige Sekunden, abgerufen.

Neben der Nutzung einer Batterie hat sich die Energieversorgung aus der Umwelt des Sensorknotens mittels des sog. energy harvesting als weiterer Lösungsweg etabliert. Im Vergleich zur Batterie haben Mikrogeneratoren ohne bewegte Teile theoretisch eine unbegrenzte Lebensdauer und es entstehen keine Wartungs- und Entsorgungskosten. Je nach Umwelt und äußeren Bedingungen, unter denen der Sensorfunkknoten arbeitet, kommen prinzipiell verschiedene Energiequellen in Betracht; einige Beispiele sind in Tabelle 9.1 aufgelistet. Die Abbildung 9.25 zeigt die wesentlichen Komponenten eines autarken Funksensors. Zur Stromversorgung des Systems dienen hier folgende Komponenten:

- ein Energiewandler,
- ein Energiemanager und
- ein Energiespeicher.

Tabelle 9.1.: Beispiele zur autarken Energieversorgung

Energieform	phys. Wandlereffekt	Energiewandler
Strahlungsenergie		
Sonnenlicht	Ladungstrennung an pn-Übergang	Solarzelle
mechanische Energie		
Rotation	Induktion	Rotationsgenerator
Vibration	piezoelektrischer Effekt	piezoelektr. Generator
thermische Energie		
Abwärme	thermoelektrischer Effekt	Thermogenerator

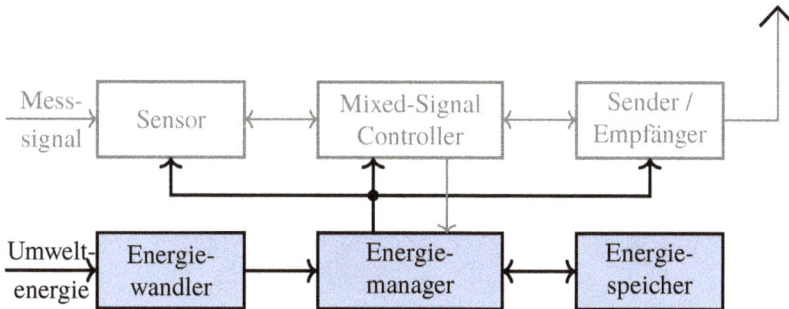

Abb. 9.25.: Sensorfunkknoten mit Energiegewinnung aus der Umwelt (Schema)

Da der Umwelt möglicherweise nicht immer ausreichend Energie entnommen werden kann, ist ein wartungsfreier Energiespeicher (Goldcap) vorgesehen. Die Funktionsgruppe Energiemanager wird vom Mikrocontroller gesteuert und entnimmt den zum Betrieb des Funkknotens notwendigen Strom wahlweise dem Energiespeicher oder direkt dem Energiewandler und sorgt für die Nachladung des Energiespeichers.

10. Sensoren in der Anwendung

In den vorangegangenen Kapiteln haben wir unterschiedliche Sensorkonzepte nach Effekten und Wirkprinzipien geordnet besprochen. In diesem Kapitel wollen wir an einigen Beispielen zeigen, wie verschiedene Sensoren für ausgewählte Aufgaben in der Praxis eingesetzt werden. Für den praktischen Einsatz werden Sensorelemente oft zusammen mit einer angepassten Primärelektronik und eventuell weiteren Elektronikkomponenten als Modul gekapselt oder direkt in einem Gerät oder Instrument verbaut. Das eigentliche Sensorelement oder -system ist dann nicht mehr erkennbar. Ausnahmen davon bilden z.B. verschiedene elektrochemische Sensoren wie Glaselektrode oder Einweg-Biosensoren für die Blutzucker- oder Laktatmessung (Abb.: 10.1).

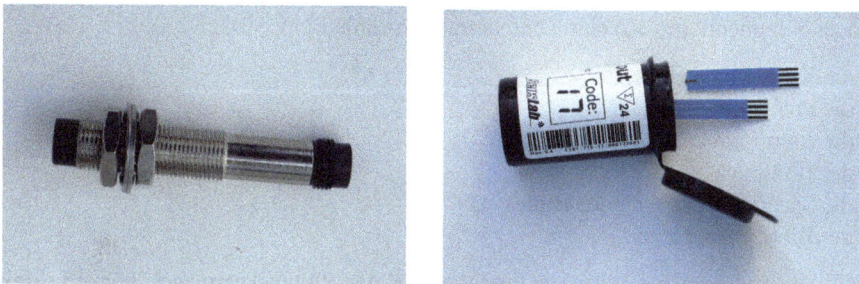

Abb. 10.1.: Anwendungsbereite Sensoren
links: Abstandssensor mit Primärelektronik in robustem Gehäuse (Gewindestab),
rechts: Biosensoren ohne Elektronik und ohne Kapselung

Die Einsatzszenarien von Sensoren sind sehr verschieden; sie reichen von am Körper getragenen oder sogar implantierten Sensoren bis hin zu Sensoren, die an bzw. in Raumfahrzeugen verwendet werden. Aus dieser riesigen Breite möglicher Anwendungen wählen wir vier Anwendungsfelder an Objekten, mit denen man im täglichen Leben häufig zu tun hat und skizzieren einige Einsatzbeispiele aus folgenden Bereichen:

- Sensoren, die am Körper getragen bzw. benutzt werden,

- Sensoren im Smartphone bzw. mit Nutzung eines Smartphone,

- Sensoren in Fahrzeugen und

- Sensoren in Gebäuden.

Es ist klar, dass die technischen Eigenschaften der Sensoren, wie Messspanne, Auflösung, Genauigkeit, Betriebsspannung, Schnittstelle, aber auch Lebensdauer, Baugröße, Gewicht, Montagearten, Energiebedarf und natürlich der Preis dem jeweiligen Einsatzzweck entsprechen müssen. Wir werden auf diese sehr anwendungsspezifischen Fragen hier nicht eingehen.

https://doi.org/10.1515/9783110772739-010

10.1. Sensoren am Körper

Sensoren, die direkt am Körper eingesetzt bzw. getragen werden, dienen einer Zustandsüberwachung des Trägers. Welche Parameter dabei erfasst und gemessen werden hängt von der Personengruppe und den Zielstellungen ab, die bei Patienten unter medizinischer Beobachtung, bei hilfsbedürftigen Personen oder bei Sportlern im Training sehr verschieden sind.

Am Körper getragene Sensoren können auch der instrumentellen Unterstützung oder dem partiellen Ersatz einer Körperfunktion dienen.

10.1.1. Sensoren für Vitalparameter

Vitalwerte sind physiologische Parameter, die es gestatten, den Gesundheitszustand eines Patienten aber auch den Trainingszustand eines (Leistungs-) Sportlers zu beurteilen und Veränderungen zu dokumentieren. Zu den Vitalparametern zählen

- die Körpertemperatur,
- die Pulsfrequenz,
- die Atemfrequenz,
- der Blutdruck,
- die Sauerstoffsättigung des Blutes[1] und
- der Blutzuckerspiegel.

Einige Vitalwerte, wie die Körpertemperatur oder der Blutzuckerspiegel, können direkt mit dafür ausgelegten Sensoren gemessen werden. Bei der Messung anderer Vitalwerte sind Sensoren Teil eines komplexeren Systems. Wir skizzieren das am Beispiel der Pulsoximetrie und betrachten anschließend die kontinuierliche Blutzuckermessung.

Bestimmung von Pulsfrequenz und Sauerstoffsättigung Ein sensorgestütztes Verfahren zur parallelen Bestimmung von Pulsfrequenz und Sauerstoffsättigung im Blut ist die **Pulsoximetrie**. Die Pulsoximetrie fußt auf folgenden Sachverhalten, die aus der aus der Physiologie des Menschen bekannt sind [BLS20]:

- die periodische Kontraktion des Herzens erzeugt eine Druckwelle arteriellen Blutes, die Pulswelle, welche sich entlang der Arterien bis zu den feinsten Gefäßen ausbreitet, wobei sich die Arterien periodisch weiten und zusammenziehen;

- Hämoglobin (roter Blutfarbstoff) transportiert den Sauerstoff im Blut und tritt je nach Beladung mit Sauerstoff in zwei Färbungen auf, nämlich als

  – Oxyhämoglobin, dieses ist hellrot und trägt mehrere Sauerstoffmoleküle, sowie als
  – Desoxyhämoglobin, dieses trägt keine Sauerstoffmoleküle und ist dunkelrot.

---

[1] Unter der Sauerstoffsättigung versteht man den prozentualen Anteil des Hämoglobins, welches im arteriellen Blut mit Sauerstoff beladen ist.

Als Folge der unterschiedlichen Färbung von Oxyhämoglobin und Desoxyhämoglobin haben arterielles und venöses Blut unterschiedliche Absorptionsspektren und sind damit über ihre spektrale Lichtabsorption unterscheidbar.

Die pulsoximetrische Messung wird photometrisch in Transmission oder in Reflexion durchgeführt. Die Messung in Transmission erfolgt an durchstrahlbarem Gewebe wie einer Fingerbeere oder einem Ohrläppchen. In diesen Geweben sorgt ein Geflecht feiner Blutgefäße für gute Durchblutung. Die oben genannten physiologischen Sachverhalte werden dabei wie folgt genutzt:

- Die Pulswelle erzeugt im Rhythmus der Pulsfrequenz periodisch Volumenänderungen der arteriellen Blutgefäße und damit der Blutmenge im Messvolumen. Nach dem Lambert-Beerschen Gesetz (siehe Gleichung 6.6 auf Seite 120) folgt daraus, dass bei Durchstrahlung die Intensität des Lichtes periodisch schwankt. Diese Intensitätsschwankung wird mit einem optischen Sensorelement in ein elektrisches Signal umgesetzt und elektronisch ausgewertet.

- Die Unterscheidung der vom arteriellen Blut verursachten Schwankungen vom Untergrund, welchen wesentlich das venöse Blut verursacht, erfolgt indem im Wechsel bei zwei verschiedenen Wellenlängen, nämlich einmal im roten Bereich bei 650 nm und einmal im nahen Infrarot bei 900 nm gemessen wird.

Aus Abb. 6.4 auf Seite 113 lässt sich der prinzipielle Aufbau einer Messanordnung für die Pulsoximetrie ableiten. Solch eine Anordnung umfasst je eine LED für den roten und eine für den infraroten Bereich sowie einen Fotoempfänger, der für beide Bereiche genutzt werden kann. Während der Messung resultiert aus der von der Pulswelle verursachten Änderung der Menge arteriellen Blutes eine periodische Änderungen der Intensität des transmittierten roten Lichtes $(\frac{I(t)}{I_0})_{rot}$, die auf ein Wechselsignal abgebildet wird. Für das konstant zurückfließende venöse Blut ergibt der Quotient $(\frac{I(t)}{I_0})_{IR}$ ein Gleichsignal.

Aus dem periodischen Verlauf der Absorption des arteriellen Blutes erhält man die Pulsfrequenz, während aus der unterschiedlichen Absorption bei den beiden Wellenlängen die Sauerstoffsättigung mittels Spektralphotometrie ermittelt wird. Die Abbildung 10.2 zeigt ein kommerzielles Pulsoximeter und dessen Display im Betrieb mit den Anzeigen von Sauerstoffsättigung, Pulsfrequenz und Pulswelle (unten).

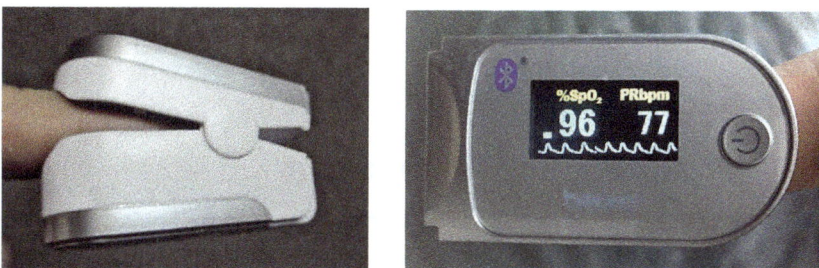

Abb. 10.2.: Kommerzielles Pulsoximeter, links: beim Messen, rechts: Messwertanzeige

Bei einer Messung in Reflexion z.B. am Handgelenk werden anstelle der Quotienten $\frac{I(t)}{I_0}$ die Quotienten für das rückgestreute Licht $\frac{I_0 - I(t)}{I_0}$ für beide Wellenlängen ausgewertet.

Kontinuierliche Glucosemessung   Neben Einweg-Glucosesensoren, die für jede Messung der Glucosekonzentration eine geringe Menge Blut erfordern (siehe Kapitel 5.4), haben sich kontinuierlich messende Glucosemesssysteme, sog. CGM[2]-Systeme, etabliert. Bei diesen Systemen wird ein Sensor im Unterhautfettgewebe platziert, der in kurzen Zeitabständen den Glucosewert in der interstitiellen Flüssigkeit amperometrisch misst. Die zugehörige miniaturisierte Elektronik versorgt den Sensor, steuert den Messablauf und speichert die Messwerte. Diese können mit einem externen Lesegerät oder einem Smartphone abgefragt werden. Solche Systeme erlauben die Dynamik des Glucosestoffwechsels zu beurteilen [TKSD19].

Body-Area-Netzwerk   Die Messdaten von am Körper getragenen sensorgestützten Messsystemen können über ein Body-Area-Netzwerk gemeinsam erfasst und zusammengeführt werden. Body-Area-Netzwerke arbeiten drahtlos und sind in IEEE 802.15.6 standardisiert. Sie ermöglichen in Verbindung mit einem Funknetz längerer Reichweite die telemetrische Überwachung des Gesundheitszustandes oder ein Fitness-Tracking des Trägers.

10.1.2. Sensoren für Fitness und Sport oder für Notfälle

In Gestalt von Smartwatches, Notfall-Armbändern oder Fitness-Trackern sind komplexe Geräte am Markt, die am Handgelenk getragen werden und verschiedene Sensoren samt der notwendigen Elektronik zur Überwachung bestimmter Lebenssituationen beinhalten. Solche Geräte verfügen je nach Verwendungszweck beispielsweise über Beschleunigungs- und Drehratesensoren, Drucksensoren und optoelektronische Komponenten für die pulsoximetrische Messung in Reflexion.
Beschleunigungs- und Drehratesensoren erlauben eine dreidimensionale Überwachung des Bewegungszustandes des Trägers. Die entsprechenden Messdaten können je nach eingesetzter Software z.B. in einem Schrittzähler ausgewertet werden. Sie können aber auch in einem Notfallarmband bei hilfsbedürftigen Personen einen Sturz detektieren (Sturzsensor), um im Bedarfsfall eine Hilfsmaßnahme einzuleiten.
Die Fusion der verschiedenen Sensordaten solcher Geräte erlaubt es, mittels geeigneter Modelle und entsprechender Software u.a. Schlafzyklen zu beobachten oder Bewegungsprofile, Höhenprofile und andere komplexe Aussagen abzuleiten.

10.1.3. Unterstützung einer Körperfunktion

Die wohl bekannteste Anwendungen von Sensoren zur Unterstützung einer Körperfunktion sind Hörgeräte für Hörgeschädigte. Als Sensor zur Wandlung der akustischen Signale in elektrische

---

[2] Continuous Glucose Monitoring

Signale dient dabei stets ein Mikrofon. Für schwerer Hörgeschädigte sind seit vielen Jahren auch Cochlea-Implantate im Einsatz, die zur Wandlung des Schalls in elektrische Signale ebenfalls ein Mikrofon verwenden.

Schließlich sei vermerkt, dass auch an Retina-Implantaten für Erblindete gearbeitet wird. Diese Implantate umfassen mikroskopisch kleine Fotodioden, die bei Belichtung den Sehnerv des Träger elektrisch stimulieren.

Eine wichtige Forderung für am Körper getragenen bzw. implantierten Sensoren ist, dass die mit Körpergewebe in Kontakt kommenden Sensorteile, also z.B. ein Gehäuse, nicht in unerwünschter Weise mit dem umgebenden Körpergewebe wechselwirken.

10.2. Sensoren und Smartphones

Im Zusammenhang mit Smartphones treffen wir Sensoren in zwei Konstellationen an, nämlich

- als interne Sensoren, die die Funktionalität des Smartphones extrem erweitern und

- als externe Sensoren, wobei das Smartphone zur Aufnahme, Speicherung, Präsentation und Auswertung von Messdaten genutzt werden kann.

Interne und externe Sensoren erlauben es, ein Smartphone auch für bestimmte Messungen zu nutzen. Dabei ist zu beachten, dass die Genauigkeit und Aussagekraft solcher Messungen außer von der Genauigkeit der verbauten Sensoren und Referenzen natürlich auch von der verwendeten App, von zusätzlichen Hilfsmitteln und von der Handhabung durch den Nutzer abhängen.

10.2.1. Smartphone-interne Sensoren und Nutzungsbeispiele

Die ersten Mobiltelefone wie das DynaTAC 8000X von Motorola und andere Vorläufer heutiger Handys oder Smartphones, besaßen abgesehen vom Mikrofon zur Sprachaufnahme und von Eingabetasten für die Rufnummer keine Sensoren. Die Integration weiterer Sensoren in Handys begann Ende der 1990er Jahre. Zu den ersten integrierten Sensoren gehörten Lagesensoren, Näherungssensoren und Bildsensoren geringer Pixelzahl. Letztere ermöglichten die Anwendung als Digitalkamera. Dank der Verfügbarkeit mikroelektronischer Sensoren werden Smartphones inzwischen mit zahlreichen Sensoren ausgestattet, die in Verbindung mit geeigneten Programmen (Apps) viele über die Kommunikation hinausgehende Funktionen ermöglichen.

Für die Abwicklung der Sprachkommunikation besitzt ein Smartphone folgende Sensoren

- einen Fingerabdrucksensor als Zugangsschlüssel zum Smartphone,
- ein Mikrofon zur Spracheingabe (siehe Seite 109),
- einen Touchscreen für alphanumerische Eingaben (siehe Seite 49) sowie
- wenige mechanische Tasten.

Für weitergehende Anwendungen sind beispielsweise folgende Sensoren integriert

- Bildsensoren für Kameraanwendungen,
- 3-achsiger Beschleunigungssensor zur Erkennung von Lage und Bewegung des Gerätes,
- 3-achsiger Drehratesensor für die Erfassung von Drehbewegungen,
- 3-achsiger Magnetfeldsensor (Magnetometer),
- Drucksensor zur Bestimmung des Luftdruckes,
- Umgebungslichtsensor zur Anpassung der Displayhelligkeit.

Ein technologisch interessanter Weg besteht darin, in Smartphones austauschbare Sensormodule zu verwenden, um die Geräte leicht reparieren bzw. aufrüsten zu können (Abb. 10.3).

Abb. 10.3.: Wechselbare Sensormodule aus der Smartphone-Familie „SHIFTphone"
links: Fingerprint-Sensor, rechts: Kameramodul (Bilder: SHIFT GmbH)

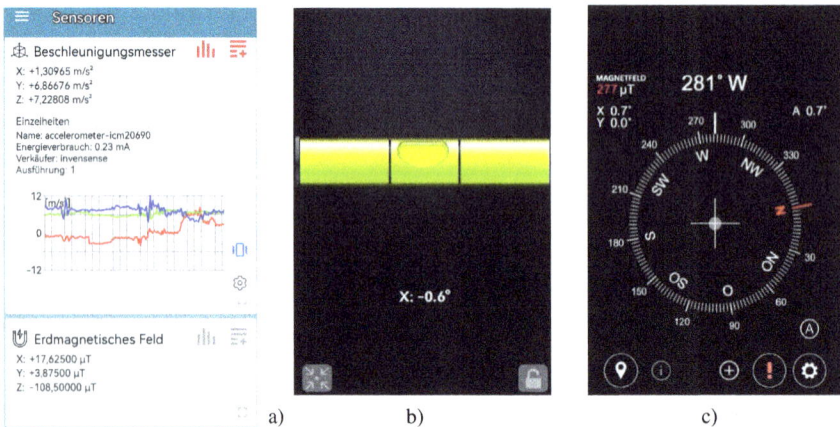

Abb. 10.4.: Screenshots von Apps Smartphone-interner Sensoren (Android-Smartphone)
a) Rohdaten von Beschleunigungs- und Magnetfeldsensor (Werkzeugkasten-App)
b) Screenshot der Wasserwaage-App, c) Screenshot der Kompass-App

Die aktuellen Werte interner Sensoren können mit einer entsprechenden Software ausgelesen und dargestellt werden. Dafür stehen z.B. für iPhone und Android-Geräte die App „phyphox[3]" und für Android-Geräte die App „Sensoren-Werkzeugkasten"[4] zur Verfügung.
Abb. 10.4 a) zeigt beispielhaft einen Zeitverlauf von Messwerten, der mit der App „Sensoren-Werkzeugkasten" aufgenommen und dargestellt wurde.

Die internen Sensoren helfen, die Bedienung zu erleichtern und sie erhöhen den Nutzwert des Smartphones. So steuert der Beschleunigungssensor intern das selbsttätige Drehen der Anzeige auf dem Display, wenn dies durch Lageänderung des Gerätes zweckmäßig ist. Zusätzlich erlaubt die Auswertung des Beschleunigungssensor mit einer speziellen App die Verwendung des Handys als **Wasserwaage** (Abb. 10.4 b).

Der Magnetfeldsensor misst des magnetische Erdfeld. Die Daten können mit einer entsprechenden App ausgewertet und grafisch dargestellt werden, so dass man eine elektronische Kompassfunktion erhält (Abb. 10.4 c).

Ermittlung der Pulsfrequenz Smartphones verfügen für Blitzlichtaufnahmen mit der eingebauten Kamera über eine weiße LED. Eine interessante Anwendung von LED und Bildsensor besteht nun darin, diese beiden Komponenten in Verbindung mit einer entsprechenden App zur Ermittlung der Pulsfrequenz zu verwenden. Dazu wird die Fingerbeere direkt auf die Kameralinse gelegt, die LED eingeschaltet und die Intensität des reflektierten Lichtes ausgewertet. Daraus wird analog zur Pulsoximetrie (siehe Seite 234) die Pulswelle ermittelt und die Pulsfrequenz berechnet. Abb. 10.5 zeigt den Screenshot solch einer Messung.

Abb. 10.5.: Pulswelle und Pulsfrequenz auf Smartphone-Display

Kolorimetrische Messungen Die Kamera im Smartphone ermöglicht neben der Messung der Lichtintensität, wie eben beschrieben, auch quantitative Farbvergleiche, die man für Messzwecke nutzen kann, beispielsweise zur Konzentrationsbestimmung mittels Kolorimetrie.
Die Kolorimetrie ist ein chemisches Analyseverfahren, bei dem die Konzentration einer bekannten Substanz in einer Flüssigkeit durch die Veränderung der Farbe eines zugegebenen

---

[3] https://phyphox.org/de/home-de/
[4] https://play.google.com/store/apps/details?id=com.exatools.sensors

Farbindikators bestimmt wird. Die Konzentration ergibt sich herkömmlich durch Vergleich der veränderten Farbe des Farbindikators mit einer Farbtafel. Die Vorgehensweise zur Bestimmung der Konzentration verschiedener Substanzen, wie z.B. von Glucose und weiteren biochemischen Verbindungen, mittels Smartphone-Kamera und einer App für Kolorimetrie ist in [AMAB21] beschrieben. Solch ein Verfahren bildet auch die Basis zur Auswertung kommerzieller in vitro Testkits zur individuellen Anwendung im Gesundheitsbereich, beispielsweise zur Urinanalyse mittels entsprechender Teststreifen. Der notwendige Zeitablauf der Messung wird durch definiert eingebaute Pausen im Dialog der App vorgegeben. Die Abb. 10.6 zeigt als Beispiel einen exponierten Urin-Teststreifen mit der zugehörigen Farbreferenztafel sowie einen Screenshot, der Ergebnisse mehrerer paralleler Messungen umfasst.

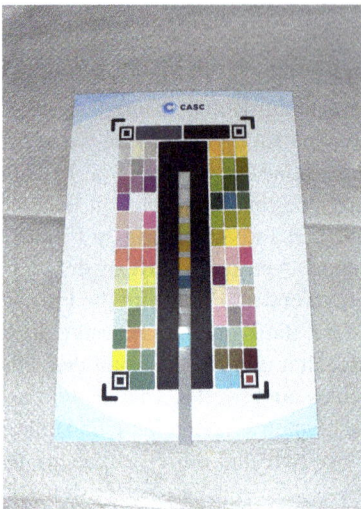

a) oben: Teststreifen auf Farbreferenzkarte

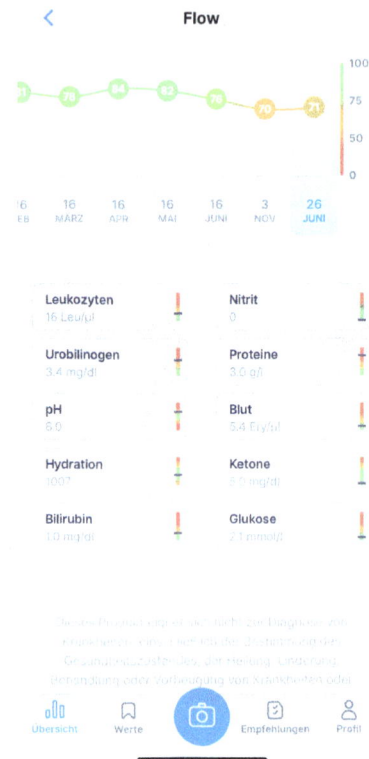

b) rechts: CASC-App-Screenshot mit Ergebnis

Abb. 10.6.: Teststreifen für kolorimetrischen Urin:
Farberfassung mittels Smartphone-Kamera, Auswertung mit CASC-App
(Bildquelle: Mobile Healthcare Solutions GmbH, Hamburg)

Nachweis ionisierender Strahlung mittels Smartphone-Kamera Jedes Pixel eines CMOS-Kamera-Chips ist im Prinzip ein mikroskopisch kleiner Festkörperdetektor. Deshalb reagiert die CMOS-Kamera eines Smartphones auch auf Röntgen- und Gamma-Strahlung. Um diesen Effekt selektiv zu nutzen, muss der CMOS-Bildsensor vom sichtbaren Licht, für welches er eigentlich geschaffen ist, abgeschirmt werden. Dazu wird die Kameralinse lichtdicht abgedeckt oder das ganze Smartphone in schwarzes Papier eingehüllt. Danach wird der Kamerabereich für eine bestimmte Zeit direkt der Röntgen- oder Gamma-Strahlung ausgesetzt und das Belichtungsergebnis nach der Exposition ausgewertet. Eine alternative Möglichkeit besteht darin, vor der Kameralinse einen Szintillator anzuordnen und zusätzlich die von der Strahlung erzeugten Lichtblitze zu erfassen. Zur Durchführung solcher Experimente wurden spezielle Apps wie die „Radioactivity Counter App" entwickelt.

Das Smartphone und der CMOS-Kamera-Chip sind für solche Strahlungsmessungen natürlich ursprünglich nicht ausgelegt, woraus sich verschiedene Unzulänglichkeiten ergeben. So ist es nachteilig, dass das Ergebnis stark richtungsabhängig und die strahlungsempfindliche Fläche des Kamerachips recht klein ist.

Untersuchungen zu dieser Problematik werden seit etwa 2012 durchgeführt seitdem Smartphones mit empfindlichen Kamerachips ausgestattet werden. Als neueres Beispiel solcher Untersuchungen verweisen wir auf [Je21]. In dieser Arbeit wurden ein iPhone 6s und als Gamma-Strahlenquelle Zäsium 137 (^{137}Cs) verwendet.

10.2.2. Smartphone-externe Sensoren und deren Abfrage

Dank der verschiedenen Schnittstellen, die Smartphones besitzen, eignen sie sich mittels einer entsprechenden App zur Ansteuerung und zum Auslesen externer Sensorenapplikationen. Dazu müssen die externen Geräte ebenfalls über eine entsprechende Schnittstelle verfügen. Bevorzugt werden dabei drahtlose Schnittstellen wie Bluetooth, WLAN oder NFC[5].

Inzwischen gibt es zahlreiche Sensorenapplikationen und handliche sensorgestützte Messgeräte, die mit Bluetooth, WLAN oder NFC ausgestattet sind und auf solch einem Kanal die Kommunikation mit einem Smartphone ermöglichen. Die Verwendung einer auf die jeweilige Sensorenapplikationen bzw. die Messgeräte zugeschnittenen App macht diese Geräte Smartphone-kompatibel. Auf diese Weise entstehen unter Nutzung eines Smartphones und diversen anderen Komponenten verschiedene „Smart Systems". Das belegen Einzeldarstellungen und Review-Artikel [LHS17], [Re23], [Ge23].

Die kabelgebundene USB-Schnittstelle schränkt die Mobilität eines Smartphones erheblich ein und kommt selten zum Einsatz. Schon ältere Handys mit USB-Anschluss erlaubten über einen entsprechenden Adapter Messwerte verschiedener Sensoren zu erfassen [RR09]. Bei bestimmten ortsfesten Anwendungen kann ein USB-Anschluss auch vorteilhaft sein. So können bestimmte sensorgestützte Lehrmittel von Phywe, die „Cobra SMARTsense"-Sensoren, wahlweise über den USB-Anschluss oder über Bluetooth mit dem Smartphone verbunden werden [ano24].

Technische Anwendungen Bei manchen sensorgestützten Messgeräten wird gänzlich auf eine eigene Anzeige und Eingabemöglichkeiten verzichtet. Solche Geräte arbeiten statt dessen mit

---

[5] Near Field Communication

Abb. 10.7.: App-Sensor (Feuchteindikator BM31WP) mit Android-Smartphone
links: Anzeige der Sensorauswahl, rechts: Messwertanzeige für BM31WP

Bluetooth. Das Auslesen der Messwerte, zum Teil auch die Steuerung der Messung erfolgt mittels eines Smartphones und einer geeigneten App. Solche Lösungen, die ein Hersteller „App-Sensoren" nennt, existieren für verschiedene Messgrößen, wie die Temperatur, die Luftfeuchte, den Schallpegel u.a. (siehe Abb. 10.7).

Medizinische Anwendungen   Zur häuslichen (Selbst-)Überwachung bestimmter Vitalparameter dienen sensorgestützte, digital anzeigende Messgeräte wie Fieberthermometer, Blutdruckmessgeräte oder Pulsoximeter. Viele dieser Geräte, wie auch das Pulsoximeter in Abb. 10.2, sind mittlerweile mit Bluetooth ausgestattet. Dies ermöglicht in Verbindung mit einer geeigneten Software, die jeweiligen Messdaten auf ein Smartphone zu übertragen, mit Zeitstempel zu speichern und später auszuwerten.

10.3. Mobile Anwendungen – Sensoren in Fahrzeugen

Parallel zur Entwicklung der Sensortechnik begann man, Sensoren speziell für Erfordernisse von Kraftfahrzeugen herzustellen und Kraftfahrzeuge zunehmend mit Sensoren auszustatten. Im KFZ erfassen Sensoren diverse Motor- und Fahrzeugzustände und helfen, steigende Anforderungen an Fahrzeugfunktionen zu erfüllen. Längst sind PKWs mit Sensoren für Temperatur, Druck, Drehzahl, Beschleunigung, Drehrate, Abstand, Luft- und Abgasgüte vollgestopft, die einzeln oder in ein Sensorsystemen eingebunden verschiedensten Zwecken dienen, wie man [Rei16] entnehmen kann. So dienen Sensoren bzw. Sensorsysteme im Kraftfahrzeug beispielsweise

- der Überwachung und Steuerung des Antriebssystem (Drehmomentsensor, Klopfsensor, Lambda-Sonde u.a.),

- der Verbesserung der Fahrstabilität (Erfassung von Bewegungsgrößen für ABS, ESP),

- der Erhöhung der Sicherheit (Airbag-Sensor, Reifendrucksensoren, Ultraschalldistanz- messung u.a.),

- der Umwelterkundung (Ultraschall-Abstandswarnsysteme, Kameras, LiDAR),

- der Erhöhung des Komforts (Regensensor, Sitzbelegung u.a.) oder

- der Kontrolle von Betriebsmitteln (Füllstandssensoren für Treibstoff, Öl, Wasser).

Während das Antriebssystem eines Elektrofahrzeugs die für Verbrennungsmotoren typischen Sensoren (Klopfsensor, Lambda-Sonde) nicht benötigt, sind die Anforderungen an Sensoren für die Fahrsicherheit und andere Belange gleich. Darüber hinaus erfordern Entwicklungen zum autonomen Fahren neue Sensorkonzepte, die der Umwelterkundung und der Fahrsicherheit dienen wie z.B. LiDAR (siehe Seite 118).

Sensoren in Kraftfahrzeugen sind genau für ihre speziellen Aufgabe optimiert und oft in ein Modul integriert. Sie arbeiten mit genormten elektrischen Werten und Datenformaten, verfügen über genormte Schnittstellen und sind über einen lokalen Bus, beispielsweise einen CAN-Bus, vernetzt oder drahtlos mit dem System verbunden. Das System wird beim Hersteller auf das Fahrzeug abgestimmt, installiert und in der Regel nicht erweitert.

Wie Sensoren für KFZ-Anwendungen an ihre spezielle Aufgabe angepasst sind, skizzieren wir nachfolgend am Beispiel von direkt messenden Reifendrucksensoren und von Ultraschalldistanzsensoren.

Direkt messende Reifendrucksensoren Die Ermittlung des Reifendrucks[6] kann mit indirekten Methoden oder mit direkt messenden Drucksensoren, sog. Reifendrucksensoren, erfolgen. Um den Innendruck eines Reifens während der Fahrt direkt messen zu können, muss sich der Drucksensor innerhalb des Reifens befinden. Das bedeutet, dass die Druckwerte nur mit einem drahtlosen Verfahren ausgelesen werden können und dass solch ein Modul eine Stromversorgung enthalten muss.

Abb. 10.8 zeigt einen Reifendrucksensor. Das Modul bildet mit dem Ventilstutzen eine Baueinheit und umfasst neben dem eigentlichen Drucksensor nebst notwendigen Elektronikkomponenten, eine Batterie und einen HF-Sender (434 MHz) zur Datenübertragung. Alle elektronischen Komponenten einschließlich Batterie sind eingegossen. Die Batterie kann nicht gewechselt werden und muss eine hinreichend lange Lebensdauer von bis zu 10 Jahren besitzen.

Druck und Temperatur im Reifen sind über die Zustandsgleichung der Gase gekoppelt, es gilt Gleichung 10.1

$$\frac{p \cdot V}{T} = const. \tag{10.1}$$

---

[6] Die Erfassung des Reifendrucks ist bei Neuwagen seit dem 1.11.2014 gesetzlich vorgeschrieben.

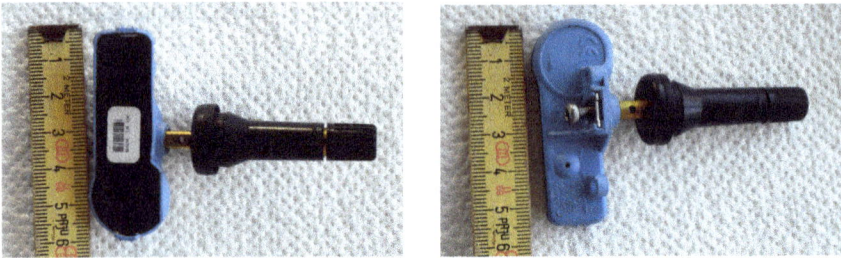

Abb. 10.8.: Reifendruck-Kontrollsystem

Damit erfassen moderne Reifendrucksensoren auch die Temperatur des Reifens.

Ultraschalldistanzsensoren als Einparkhilfe   Zur Distanzmessung beim Einparken werden im vorderen und hinteren Stoßfänger bis zu 6 Ultraschalldistanzsensoren integriert. Ein solcher Sensor misst Distanzen von ca. 0,25–4 m. Die Verwendung mehrerer Sensoren erlaubt durch Triangulation die Bestimmung von Abständen und Winkeln zu Hindernissen im überwachten Raum. Beispielhafte Betriebsparameter solcher Sensoren sind [Rei16]

- Resonanzfrequenz ca. 43,5 kHz
- Anregung mit Rechteckschwingungen von ca. 300 µs
- Abklingdauer ca. 900 µs

Für das Senden und das Empfangen der reflektierten Ultraschallsignale dient der gleiche Ultraschallschwinger. Während der Abklingdauer ist kein Empfang möglich.

10.4. Stationäre Sensoranwendungen

Als wichtiges stationäres Anwendungsfeld für Sensoren greifen wir die Anwendung in Wohngebäuden heraus. In modernen Wohngebäuden finden zahlreiche verschiedenartige Sensoren für ganz unterschiedliche Aufgaben Verwendung. Die Sensoren liefern Informationen über die Umgebung und den Zustand des Hauses und verbessern die Sicherheit wie auch den Komfort für die Bewohner. Einige Sensoren dienen auch einfachen Verbrauchsmessungen. In Tabelle 10.1 sind einige Beispiele solcher Sensoranwendungen zusammengestellt.

Das Messprinzip sowie das Konzept der in Tabelle 10.1 genannten Sensoren wurde jeweils in vorangegangenen Kapiteln dargestellt. Besonderheiten von Sensoren für die Anwendung in Wohngebäuden sind einmal die Anpassung an die erforderlichen Messwertbereiche und zum anderen die Gehäusegestaltung. Beim Gehäuse steht hier meist nicht die Baugröße, sondern vielmehr die einfache, oft auch nachträgliche Montage im Vordergrund.

Tabelle 10.1.: Sensoren in Wohngebäuden (Auswahl)

Haustechnische Zielstellung	Messaufgabe	Geeignete Sensorarten
Schutz vor Rauchvergiftung	Nachweis von Rauch bzw. Kohlenmonoxid	Rauchgas- und Kohlenmonoxidsensoren
Schutz vor Wasserschäden	Erkennen von Wasserlecks	Leckagesensor (Leitfähigkeitsmessung)
Überwachung von Räumen und Außenbereichen z.B. als Teil eines Alarmsystem	Erkennung von Personen	Bewegungssensoren Kameras
Tür- und Fenstersicherung	Erkennung des Zustandes offen / geschlossen	Endlagenschalter
Tür- oder Torsteuerung	Erkennung der Annäherung von Personen	Näherungssensor Endlagenschalter
Lichtsteuerung im Innen- und Außenbereich	Messung der Helligkeit, Erkennung der Annäherung von Personen	Helligkeitssensor Näherungssensor
Regelung der Raumtemperatur	Messung von Innen- und Außentemperatur	Temperatursensoren
Regelung der Warmwasser-temperatur	Messung der Wasser-temperatur	Temperatursensoren
Ermittlung des Verbrauchs von Wasser bzw. Gas	Messung eines Massestromes	Durchflussmengen-sensoren

Vernetzung: Die einzelnen Messstellen können über ein Bussystem vernetzt sein, welches alle Sensorzustände an einen zentralen Steuerrechner leitet. Für die Gebäudetechnik und Automation wurden an die Erfordernisse angepasste, spezielle Feldbussysteme entwickelt. Ein solches Bussystem ist der KNX-Bus, den wir in Kapitel 9.1.5 auf Seite 212 beschrieben haben.

Vom Steuerrechner können auch über das Bussystem angeschlossene Aktoren angesteuert werden. Man spricht dann von Gebäudeautomation. Für Gebäude, die solche komplexen Sensor-Aktor-Systeme nutzen, hat sich der Begriff „smart home" eingebürgert.

Stromversorgung: Mit Sensortechnik überwachte bzw. gesicherte Gebäuden sind in der Regel an das Wechselstromnetz angeschlossen, so dass eine Stromversorgung über das Stromnetz möglich wäre. Trotzdem erfolgt die elektrische Versorgung vieler Sensormessstellen mit Batterien, um den Verkabelungsaufwand zu sparen. Die Schaltung und die Betriebsweise der entsprechenden Sensormessgeräte müssen deshalb für batterieschonenden Betrieb ausgelegt sein, so dass ein Batteriesatz z.B. eine Betriebsdauer von 10 Jahren ermöglicht.

A. Anhang

A.1. Abkürzungsverzeichnis

Abkürzungen auf technischen Gebieten sind häufig englischen Ursprungs. In folgender Tabelle sind deshalb die englischen und die deutschen Bedeutungen verwendeter Abkürzungen erfasst.

Tabelle A.1.: Abkürzungsverzeichnis

Abk.	Englisch	Deutsch
ABS	Anti-lock Braking System, Anti-skid Braking System	Antiblockiersystem
ADC	Analog-Digital-Converter	Analog-Digital-Wandler
AMR	Anisotrope Magneto Resistive Effect	anisotroper magnetoresistiver Effekt
AOW	Surface Acoustic Wave	Akustische Oberflächenwelle
AP	Access Point	drahtloser Zugangspunkt; Basisstation
API	Application Programming Interface	Schnittstelle zur Anwendungsprogrammierung
BCD	Binary Coded Decimal	binär kodierte Dezimalzahl
BSS	Basic Service Set	Menge von grundlegenden Parametern eines drahtlosen Netzwerkes
BSSID	Basic Service Set Identification	eindeutige Bezeichnung für ein BSS
CAN	Controller Area Network	CAN Feldbus
CCD	Charge-Coupled Device	ladungsgekoppeltes Bauteil
CRC	Cyclic Redundancy Check	zyklische Redundanzprüfung
DAC	Digital-Analog-Converter	Digital-Analog-Wandler
DMS	strain gauge	Dehnmessstreifen
EDGE	Enhanced Data Rates for GSM Evolution	Erhöhung der Datenübertragungsrate in GSM-Netz
ESP	Electronic Stability Control	Elektronisches Stabilitäts-Programm bzw. Fahrdynamikregelung
ESS	Extended Service Set	erweiterter SSID-Bereich
FFT	Fast Fourier Transformation	schnelle Fourier Transformation
FSO	Full Scale Output	Vollausschlag
GMR	Giant Magneto Resistance	Riesenmagnetowiderstand
GPRS	General Packet Radio Service	Allgemeiner paketorientierter Dienst zur Datenübertragung in GSM-Netz

Fortsetzung auf der nächsten Seite

https://doi.org/10.1515/9783110772739-011

Abkürzungsverzeichnis – Fortsetzung

Abk.	Englisch	Deutsch
GSM	Global System for Mobile Communications	Standard für digitales Mobilfunknetz
IRQ	Interrupt Request	Interrupt bzw. Unterbrechungsanforderung
ISM	Industrial Scientific and Medical	Bereich für Hochfrequenz-Geräte in Industrie, Wissenschaft und Medizin
ISO	International Organization for Standardization	Internationale Organisation für Normung
ISR	Interrupt Service Routine	Interruptserviceroutine
KNN	Artificial neural network	Künstliches neuronales Netz
LED	Light-Emitting Diode	Leuchtdiode
LOS	Line Of Sight	in direkter Sichtweite
LSB	Least Significant Bit	niederwertigstes Bit
LTE	Long Term Evolution	Standard der vierten Mobilfunkgeneration
LUT	Lookup Table	Kennwerttabelle mit Mess- und Abbildgröße
LVDT	Linear Variable Differential Transformer	Differentialtransformator
LWL	optical fiber	Lichtwellenleiter
MEMS	Micro-Electro-Mechanical System	Mikro-Elektromechanisches System
MIS	Metal Insulator Semiconductor	Metall-Isolator-Halbleiter-Struktur
MOS	Metal-Oxide-Semiconductor	Metall-Oxid-Halbleiter
MOS-FET	Metal Oxide Semiconductor Fieldeffect Transistor	Metalloxydschicht-Feldeffekttransistor
NDIR	NonDispersive Infrared Sensor	nicht-dispersive IR-Gassensoren
NFC	Near Field Communication	Nahfeldkommunikation
NTC	Negative Temperature Coefficient	negativer Temperaturkoeffizient
NTP	Network Time Protocol	Netzwerk-Zeit-Protokoll
OSI	Open Systems Interconnection model	Referenzmodell für Netzwerkprotokolle
QCM	Quarz Crystal Micro-balance	Quarz-Mikrowaage
RMS	Root Mean Square	Effektivwert
RTC	Real Time Clock	Echtzeituhr
SAW	Surface Acoustic Wave	Akustische Oberflächenwelle
SIG	Special Interest Group	Spezielle Interessengruppe, z.B. Bluetooth-SIG
SON	Self Organized Network	selbst organisiertes Netzwerk
SSID	Service Set Identifier	SSID; frei wählbarer Name des WLAN-Netzes
TDC	Time-to-Digital Converter	Zeitintervallmessgerät mit Digitalausgabe

Fortsetzung auf der nächsten Seite

Abkürzungsverzeichnis – Fortsetzung

Abk.	Englisch	.	Deutsch
TMR	Tunnel Magneto Resistance		Tunnelmagnetwiderstand
UMTS	Universal Mobile Telecommunications System		Standard der dritten Mobilfunkgeneration
UTC	Coordinated Universal Time		koordinierte Weltzeit
WSN	Wireless Sensor Network		drahtloses Sensornetzwerk
YSZ	Yttria-stabilized zirconia		Yttrium stabilisiertes Zirkondioxid

A.2. Häufig verwendete Formelzeichen

Für die Formelzeichen nutzen wir weitgehend die Symbolik nach DIN 1313:1998-12 [DIN09], denn eine einheitliche Symbolik verbessert die Wiedererkennung einer Größe. Griechische Buchstaben sind in einer eigenen Tabelle erfasst. Naturkonstanten werden hier dick dargestellt und sind in Tabelle A.4 Seite 257 mit ihrem genauen Wert angegeben.

Tabelle A.2.: Häufig verwendete Formelzeichen

Symbol	Bedeutung	Einheit
A	Fläche	m^2
$\vec{a}$	Beschleunigung	$\frac{\mathrm{m}}{\mathrm{s}^2}$
a_{Ox}, a_{Red}	Ionenaktivität	—
$\vec{B}$	magnetische Induktion	$\frac{\mathrm{V\,s}}{\mathrm{m}^2}$
C	Kapazität	F
c	**Lichtgeschwindigkeit**	$\frac{\mathrm{m}}{\mathrm{s}}$
c_i	Analytkonzentration	$\frac{\mathrm{mol}}{\mathrm{L}}$, $\frac{\mathrm{g}}{\mathrm{L}}$, u.a.
c_{Schall}	Schallgeschwindigkeit	$\frac{\mathrm{m}}{\mathrm{s}}$
D	Diffusionskonstante	$\frac{\mathrm{m}^2}{\mathrm{s}}$
d	Abstand	m
$\vec{E}$	elektrische Feldstärke	$\frac{\mathrm{V}}{\mathrm{m}}$
E, E^0	Elektrodenpotential chem. Sensoren	V
e, e^-, e^+	**Elementarladung** (allg., negativ, positiv)	A s
$\vec{F}$	Kraft	N
F	Faradaykonstante	$\frac{\mathrm{C}}{\mathrm{mol}}$
f	Frequenz	Hz
f_0	Resonanzfrequenz	Hz
G	Leitwert	S
$\vec{H}$	magnetische Feldstärke	$\frac{\mathrm{A}}{\mathrm{m}}$
h	**Plancksches Wirkungsquantum**	J s
I	elektrische Stromstärke	A
$i(t)$	Momentanwert der elektrischen Stromstärke	A
$I(x)$	ortsabhängige Lichtintensität	$\frac{\mathrm{W}}{\mathrm{m}^2}$

Fortsetzung auf der nächsten Seite

Häufig verwendete Formelzeichen – Fortsetzung

Symbol	Bedeutung	Einheit
k	**Boltzmann-Konstante**	$\frac{\mathrm{J}}{\mathrm{K}}$
L	Induktivität	H
l	Länge	m
M	Gegeninduktivität	$\frac{\mathrm{V\,s}}{\mathrm{A}}$, H
$\vec{M}$	Drehmoment	N m
m	Masse	kg
N	Windungszahl	—
n^+, n^-	Ladungsträgerdichte	cm^{-3}
$n_{1,2}$	Brechungsindex	—
P	Leistung	W
$\overline{P}$	Mittelwert der Leistung	W
p	Druck	$\frac{\mathrm{N}}{\mathrm{m}^2}$
Q	Ladung	A s
q	Probeladung	A s
R	ohmscher Widerstand	Ω
r	Abstand	m
$\vec{s}$	Weg	m
s	empirische Standardabweichung	
s^*	Variationskoeffizient	
T	absolute Temperatur	K
T	Periodendauer	s
t	Zeit	s
U	elektrische Spannung	V
U_{eff}	Effektivwert der elektrischen Spannung	V
U_{LSB}	Spannungsquantum bei ADC und DAC	V
$\widehat{U}$	Amplitude bei Wechselspannung	V
$u(t)$	Momentanwert der elektrischen Spannung	V
V	Verstärkung	—
V_D	Differenzverstärkung	—

Fortsetzung auf der nächsten Seite

Häufig verwendete Formelzeichen – Fortsetzung

Symbol	Bedeutung	Einheit
V_G	Gleichtaktverstärkung	—
v	Geschwindigkeit	$\frac{\text{m}}{\text{s}}$
W	Arbeit, Energie	J, W s, N m
X	nichtelektrische Messgröße, allgemein	
X_{q_i}	nichtelektrische Einflussgröße (Störgröße)	
Y	elektrische Messgröße (Abbildgröße), allgemein	
$\underline{Z}$	komplexer Widerstand, Impedanz	Ω

Tabelle A.3.: Häufig verwendete Formelzeichen – Griechische Buchstaben

Symbol	Bedeutung	Einheit
α	Drehwinkel	°
ϵ_0	**elektrische Feldkonstante**	$\frac{\text{A s}}{\text{V m}}$
ϵ_r	relative Dielektrizitätszahl	—
λ	Wellenlänge	m
μ^+, μ^-	Ladungsträger-Beweglichkeit	$\frac{\text{m}^2}{\text{V s}}$
μ	Erwartungswert	
μ_0	**magnetische Feldkonstante**	$\frac{\text{N}}{\text{A}^2}$
μ_r	relative Permeabilität	—
ν	Frequenz des Lichtes	Hz
ρ	spezifischer elektrischer Widerstand	$\Omega\,\text{m}$
σ	spezifische elektrische Leitfähigkeit	$\frac{1}{\Omega\,\text{m}}$
ϑ	Temperatur (Celsius-Skala)	°C
τ	Zeitkonstante	s
ϕ	elektrisches Potential	V
φ	Winkel, Phasenwinkel	°
ω	Kreisfrequenz	s^{-1}

A.3. Angabe physikalischer Größen

In der Physik und in der Technik benutzt man zur eindeutigen Beschreibung aller messbaren Sachverhalte, Eigenschaften und Zustände physikalische Größen. Die Angabe einer beliebigen physikalischen Größe erfolgt stets in Form eines Produktes aus einer Zahl, der Maßzahl und einer Einheit, der Maßeinheit:

$$\text{Größe} = \text{Maßzahl} \cdot \text{Maßeinheit}.$$

Sei A das Symbol einer beliebigen physikalischen Größe (Länge, Masse, Zeit usw.), dann schreibt man mit {A} als Maßzahl und [A] als Maßeinheit für die Größe A:

$$A = \{A\} \cdot [A].$$

Zum Beispiel schreibt man für die Länge l einer Strecke:

$$l = 14{,}5\,\text{m}$$

Dabei charakterisiert die Maßeinheit ausschließlich die Qualität der physikalischen Größe, während die Maßzahl für die Quantität dieser Größe steht. In diesem Sinne gibt die Maßeinheit an, welche Größenart gemessen wurde. So gehört z.B. zu einer Messung des elektrischen Stromes stets die Maßeinheit [A] (Ampere).

SI – das Internationale Einheitensystem [BP89] Physikalische Größen, die die Basis eines Größensystems bilden, nennt man **Basisgrößen**. Basisgrößen sind so festgelegt, dass sie sich nicht durch andere Basisgrößen ausdrücken lassen. Die Festlegung der Basisgrößen kann prinzipiell nach verschiedenen Gesichtspunkten erfolgen; sie ist nicht willkürfrei. So war im Jahre 1960 die Einführung des Internationalen Einheitensystems (SI, von franz. *Le Système International d'unités*) für Physik und Technik ein wichtiger Schritt für die internationale Vereinheitlichung.

Das Internationale Einheitensystem benutzt zur Beschreibung aller messbaren physikalischen und technischen Sachverhalte sieben Basisgrößen, nämlich drei für das Gebiet der Mechanik (Länge, Masse, Zeit) und je eine weitere zusätzliche für die Gebiete Wärmelehre (Temperatur), Elektrizitätslehre (elektrische Stromstärke) und Optik (Lichtstärke). Eine weitere Basisgröße betrifft die Beschreibung der Stoffmenge bzw. den Massenumsatz bei chemischen Reaktionen. In Tabelle A.4 sind die Basisgrößen mit Formelzeichen und Maßeinheiten zusammengestellt.

Tabelle A.4.: Basisgrößen und Einheiten

Basisgröße	Symbol	Dimension	Einheit
Länge	$l, r, s, \ldots$	**L**	m (Meter)
Zeit	t	**T**	s (Sekunde)
Masse	m	**M**	kg (Kilogramm)
elektrische Stromstärke	I, i	**I**	A (Ampere)
thermodynamische Temperatur	T	Θ	K (Kelvin)
Stoffmenge	n	**N**	mol (Mol)
Lichtstärke	I_ν	**J**	cd (Kandela)

Alle weiteren Größen (Fläche, Volumen, elektrische Spannung usw.) werden aus den Basisgrößen abgeleitet, sie heißen **abgeleitete Größen**. Eine abgeleitete Größe errechnet man als Potenzprodukt aus den Basisgrößen. Die Dimension der abgeleiteten Größe ergibt sich ebenfalls als Potenzprodukt der Basisgrößen; sie errechnet sich als

$$\mathbf{L}^\alpha \cdot \mathbf{T}^\beta \cdot \mathbf{M}^\gamma \cdot \mathbf{I}^\delta \cdot \Theta^\epsilon \cdot \mathbf{N}^\zeta \cdot \mathbf{J}^\eta.$$

Die Exponenten können positiv, negativ oder 0 sein, wie die folgenden Beispiele zeigen. Für die rein geometrischen Größen Länge, Fläche und Volumen gelten die Dimensionen:

$$\text{Länge: } \mathbf{L}, \qquad \text{Fläche: } \mathbf{L}^2 \qquad \text{und} \qquad \text{Volumen: } \mathbf{L}^3.$$

Die elektrischen Größen elektrische Ladung, elektrische Stromdichte und elektrische Spannung haben die folgenden Dimensionen:

$$\text{Ladung: } \mathbf{I} \cdot \mathbf{T}, \qquad \text{Stromdichte: } \mathbf{I} \cdot \mathbf{L}^{-2} \qquad \text{und} \qquad \text{Spannung: } \mathbf{M} \cdot \mathbf{L}^2 \cdot \mathbf{T}^{-3} \cdot \mathbf{I}^{-1}.$$

Die Dimension gilt unabhängig von den gewählten Einheiten.

In der Elektrizitätslehre, der Elektrotechnik und der Elektronik werden neben den Basisgrößen häufig die folgenden abgeleiteten Größen genutzt:

- elektrische Ladung Q,
- elektrische Spannung U,
- elektrischer Widerstand R,
- elektrische Kapazität C,
- Induktivität L.

Der Sachverhalt, dass die elektrische Spannung eine abgeleitete Größe ist, führt zuweilen zu einer gewissen Verwunderung.

Dimensionslose Größen In manchen Fällen errechnet sich eine neue Größe aus dem Verhältnis gleichartiger gegebener Größen. Dann kürzen sich die Maßeinheiten der Größen und man erhält anstelle einer neuen Einheit nur die dimensionslose Größe „1". So ist z.B. das Verhältnis von Ausgangsspannung U_a und Eingangsspannung U_e eines Verstärkers, also dessen Spannungsverstärkung,

$$V_u = \frac{U_a}{U_e}$$

eine dimensionslose Größe.

Skalare und vektorielle Größen Skalare Größen sind durch **eine** Maßzahl und die Maßeinheit der Größe vollständig bestimmt. Als Beispiele seien die Zeit, die Masse, die Ladung, die Energie und die Temperatur genannt.
Vektorielle Größen[1] sind durch einen Betrag und eine Richtung im Raum gekennzeichnet. Als Beispiele für vektorielle Größen seinen Kräfte, die Beschleunigung und die Geschwindigkeit sowie Feldgrößen, wie die elektrische oder die magnetische Feldstärke, genannt. Vektorielle Größen kann man in ihre Komponenten zerlegen und erhält z.B. mit kartesischen Koordinaten je eine Komponente für die x-, die y- und die z-Richtung, von denen einzelne Komponenten natürlich 0 sein können. Alle Komponenten haben die gleiche Maßeinheit und jede einzelne die ihr entsprechende Maßzahl.

Tabelle A.5.: Vorsätze, verkleinernd			**Tabelle A.6.:** Vorsätze, vergrößernd		
Vorsatz	Symbol	Faktor	Vorsatz	Symbol	Faktor
Dezi	d	10^{-1}	Deka	da	10^{1}
Zenti	c	10^{-2}	Hekto	h	10^{2}
Milli	m	10^{-3}	Kilo	k	10^{3}
Mikro	μ	10^{-6}	Mega	M	10^{6}
Nano	n	10^{-9}	Giga	G	10^{9}
Piko	p	10^{-12}	Tera	T	10^{12}
Femto	f	10^{-15}	Peta	P	10^{15}
Atto	a	10^{-18}	Exa	E	10^{18}
Zepto	z	10^{-21}	Zetta	Z	10^{21}
Yokto	y	10^{-24}	Yotta	Y	10^{24}

---

[1] Wir betrachten hier ausschließlich 3-dimensionale Vektoren der klassischen Physik.

SI-Vorsätze Häufig ergeben Rechnungen oder Messungen sehr große oder sehr kleine Maßzahlen. Dann ist es vorteilhaft, die SI-Vorsätze zu benutzen (Tabelle A.5 und A.6). SI-Vorsätze sind verkleinernde oder vergrößernde Vorfaktoren, die Potenzen zur Basis 10 mit der Einheit verknüpfen und das Lesen und Rechnen mit solchen Werten vereinfachen. Aus dem Alltagsgebrauch geläufige SI-Vorsätze sind z.B. $1\,\mathbf{k}\mathrm{m} = 10^3\,\mathrm{m}$ oder $1\,\mathbf{c}\mathrm{m} = 10^{-2}\,\mathrm{m}$.

Zur Dimension und einigen Folgerungen In jeder physikalischen Gleichung muss sich links und rechts des Gleichheitszeichens die gleiche Dimension ergeben. Daraus folgt, dass man nur gleichartige Größen, d.h. Größen gleicher Dimension, addieren oder subtrahieren darf. Man kann diese notwendige Gleichheit auch nutzen, um bestimmte Fehler in längeren Rechnungen zu erkennen (Dimensionskontrolle).

A.4. Naturkonstanten

Physikalische Konstanten oder Naturkonstanten sind experimentell ermittelte Werte; sie können nicht aus Theorien hergeleitet werden. Die exakte Bestimmung der Naturkonstanten setzt höchste Genauigkeit bei der experimentellen Darstellung der im Internationalen Einheitensystem (SI) definierten physikalischen Einheiten voraus. Experimente zur verbesserten Bestimmung einer Naturkonstanten sind extrem aufwendig; sie werden zumeist an nationalen metrologischen Instituten vorbereitet und ausgeführt, in Deutschland z.B. an der **Physikalisch-Technischen Bundesanstalt** (PTB).

Tabelle A.7.: Naturkonstanten (Auswahl)

Konstante	Formelzeichen und Wert
Lichtgeschwindigkeit (Vakuum)	$c_0 = 299\,792{,}458 \cdot 10^3 \frac{\text{m}}{\text{s}}$
elektrische Feldkonstante	$\epsilon_0 = 8{,}854\,187\,817\,62\ldots \cdot 10^{-12} \frac{\text{F}}{\text{m}}$
magnetische Feldkonstante	$\mu_0 = 1{,}256\,637\,061\,44\ldots \cdot 10^{-6} \frac{\text{H}}{\text{m}}$
Plancksches Wirkungsquantum	$h = 6{,}626\,068\,96 \cdot 10^{-34}\,\text{J s}$
elektrische Elementarladung	$e = 1{,}602\,176\,565 \cdot 10^{-19}\,\text{C}$
Avogadro-Konstante	$N_A = 6{,}022\,141\,79 \cdot 10^{23}\,\frac{1}{\text{mol}}$
Boltzmann-Konstante	$k = 1{,}380\,650\,4 \cdot 10^{-23}\,\frac{\text{J}}{\text{K}}$
Faraday-Konstante	$F = N_A \cdot e = 96\,485{,}3365\,\frac{\text{C}}{\text{mol}}$
Elektronruhemasse	$m_e = 9{,}109\,382\,15 \cdot 10^{-31}\,\text{kg}$
Masse des Protons	$m_p = 1{,}672\,621\,637 \cdot 10^{-27}\,\text{kg}$
Masse des Neutrons	$m_n = 1{,}674\,927\,211 \cdot 10^{-27}\,\text{kg}$

Die Werte der physikalischen Konstanten werden vom **National Institute of Standards and Technology** der USA auf dessen englischsprachiger Webseite jeweils auf dem neuesten Stand bereitgestellt (*CODATA Internationally recommended values of the Fundamental Physical Constants*) [COD13].

In Deutschland werden diese Daten und alle hier geltenden gesetzlichen Einheiten von der **Physikalisch-Technischen Bundesanstalt** in deutscher Sprache bereit gestellt. Diese Daten sind im Internet auf der Webseite der PTB abrufbar [PTB16].

A.5. Normung und Standardisierungsorganisationen

In allen Bereichen der Technik spielen Normen eine herausragende Rolle. Die Normung ist Voraussetzung dafür, dass technische Produkte verschiedener Hersteller planbar zusammen arbeiten.

In der Elektrotechnik und Elektronik erfolgt die Normung in nationalen und in internationalen Institutionen, von denen wir nachfolgend die wichtigsten nennen:

Nationale Organisationen

- **DIN**, Deutsches Institut für Normung
- **IEEE**, Institute of Electrical and Electronic Engeneers

Internationale Organisationen

- **IEC**, International Elelectrotechnical Commission
- **ISO**, International Standardization Organization
- **CCITT**, Comité Consultatif International Téléphonique et Télégraphique

A.6. Begriffe der Messtechnik – DIN 1319

In der Norm DIN 1319 sind allgemeine und grundlegende Begriffe und Sachverhalte der Messtechnik definiert. Diese Norm erschien erstmals 1942 und umfasst nach mehreren Überarbeitungen heute folgende vier Teile

- Teil 1 **Grundbegriffe** ([DIN95])

- Teil 2 **Messmittel** ([DIN05])

- Teil 3 **Auswertung von Messungen einer einzelnen Messgröße, Messunsicherheit** ([DIN96])

- Teil 4 **Auswertung von Messungen, Messunsicherheit** ([DIN99]).

Wir geben nachfolgend für eine Auswahl der in unserem Zusammenhang wichtigen Begriffe die Definition entsprechend DIN 1319 Teil 1 in kurzer Form wieder.

1. Grundbegriffe

- **Messgröße:** Physikalische Größe, der die Messung gilt

- **Messobjekt:** Träger der Messgröße

- **Wahrer Wert** einer Messgröße: Wert der Messgröße als Ziel der Auswertungen von Messungen der Messgröße

- **Richtiger Wert**: Bekannter Wert für Vergleichszwecke, dessen Abweichung vom wahren Wert für den Vergleichszweck als vernachlässigbar betrachtet wird

2. Messungen

- **Messung** (Messen einer Messgröße): Ausführen von geplanten Tätigkeiten zum quantitativen Vergleich der Messgröße mit einer Einheit

- **Dynamische Messung**: Messung, wobei die Messgröße entweder zeitlich veränderlich ist oder sich ihr Wert, abhängig vom gewählten Messprinzip, wesentlich aus zeitlichen Änderungen anderer Größen ergibt

- **Statische Messung**: Messung, wobei eine zeitlich unveränderliche Messgröße nach einem Messprinzip gemessen wird, das nicht auf der zeitlichen Änderung anderer Größen beruht

- **Zählen**: Ermitteln des Wertes der Messgröße als Anzahl der Elemente einer Menge (Zählgröße)

- **Prüfung**: Feststellen, in wie weit ein Prüfobjekt eine Forderung erfüllt

- **Klassierung**: Zuordnen der Elemente einer Menge zu festgelegten Klassen von Merkmalswerten

- **Messprinzip**: Physikalische Grundlage der Messung

- **Messmethode**: Spezielle, vom Messprinzip unabhängige Art des Vorgehens bei der Messung

- **Messverfahren**: Praktische Anwendung eines Messprinzips und einer Messmethode

- **Einflussgröße**: Größe, die nicht Gegenstand der Messung ist, jedoch die Messgröße oder die Ausgabe beeinflusst

- **Messsignal**: Größe in einem Messgerät oder einer Messeinrichtung, die der Messgröße eindeutig zugeordnet ist

- **Wiederholbedingungen**: Bedingungen, unter denen wiederholt einzelne Messwerte für dieselbe, spezielle Messgröße unabhängig voneinander so gewonnen werden, dass die systematische Messabweichung für jeden Messwert gleich bleibt

- **Erweiterte Vergleichsbedingungen**: Bedingungen unter denen eine Gesamtheit unabhängiger Messergebnisse für dieselbe, spezielle Messgröße so gewonnen wird, dass durch Vergleich Unterschiede der systematischen Messabweichung erkennbar werden

3. Ergebnisse von Messungen

- **Ausgabe**: Durch ein Messgerät oder eine Messeinrichtung bereitgestellte und in einer vorgesehenen Form ausgegebene Information über den Wert einer Messgröße

- **Messwert**: Wert, der zur Messgröße gehört und der Ausgabe eines Messgerätes oder einer Messeinrichtung eindeutig zugeordnet ist

- **Erwartungswert**: Wert, der zur Messgröße gehört und dem sich das arithmetische Mittel der Messgröße mit steigender Zahl der Messwerte nähert, die aus Einzelmessungen unter denselben Bedingungen gewonnen werden können

- **Messergebnis**: Aus Messungen gewonnener Schätzwert für den wahren Wert einer Messgröße

- **Messabweichung**: Abweichung eines aus Messungen gewonnenen und der Messgröße zugeordneten Wertes vom wahren Wert, man unterscheidet zufällige und systematische Messabweichungen

- **Messunsicherheit**: Kennwert, der aus Messungen gewonnen wird und zusammen mit dem Messergebnis zur Kennzeichnung eines Wertebereiches für den wahren Wert der Messgröße dient; man unterscheidet weiter die relative Messunsicherheit, die Wiederholstandardabweichung und die Vergleichsstandardabweichung

- **Vollständiges Messergebnis**: Messergebnis mit quantitativen Angaben zur Genauigkeit

$$x = M \pm u,$$

dabei sind x das vollständige Messergebnis, M der Messwert und u die Messunsicherheit

4. Messgeräte

- **Messgerät**: Gerät, das allein oder in Verbindung mit anderen Einrichtungen für die Messung einer Messgröße vorgesehen ist

- **Messeinrichtung (measuring system)**: Gesamtheit aller Messgeräte und zusätzlicher Einrichtungen zur Erzielung eines Messergebnisses

- **Messgrößenaufnehmer bzw. Sensor**: Teil eines Messgerätes oder einer Messeinrichtung, der auf die Messgröße unmittelbar anspricht (1. Element in der Messkette)

- **Messkette**: Folge von Elementen eines Messgerätes oder einer Messeinrichtung, die den Weg des Messsignals von der Aufnahme der Messgröße bis zur Bereitstellung der Ausgabe bildet

- **Eingangsgröße** eines Messgerätes: Größe, die am Eingang eines Messgerätes oder einer Messkette wirkungsmäßig erfasst werden soll

- **Ausgangsgröße** eines Messgerätes: Größe, die am Ausgang eines Messgerätes, einer Messeinrichtung oder einer Messkette als Antwort auf die erfasste Eingangsgröße vorliegt

- **Kalibrierung**: Ermitteln des Zusammenhanges zwischen Messwert oder Erwartungswert der Ausgangsgröße und dem zugehörigen wahren oder richtigem Wert, der als Eingangsgröße vorliegenden Messgröße, für eine betrachtete Messeinrichtung bei vorgegebenen Bedingungen

- **Justierung**: Einstellen oder Abgleichen eines Messgerätes, um systematische Abweichungen so weit zu beseitigen, wie es für die vorgesehene Anwendung erforderlich ist

5. Merkmale von Messgeräten

- **Messbereich**: Bereich derjenigen Werte der Messgröße, für den gefordert ist, dass die Messabweichungen eines Messgerätes innerhalb festgelegter Grenzen bleiben

- **Übertragungsverhalten** eines Messgerätes: Beziehungen zwischen den Werten der Eingangsgröße und den zugehörigen Werten der Ausgangsgröße eines Messgerätes unter Bedingungen, die Rückwirkungen des Messgerätes ausschließen

- **Ansprechschwelle**: kleinste Änderung des Wertes der Eingangsgröße, die zu einer erkennbaren Änderung des Wertes der Ausgangsgröße eines Messgerätes führt

- **Empfindlichkeit**: Änderung des Wertes der Ausgangsgröße eines Messgerätes, bezogen auf die verursachende Änderung des Wertes der Eingangsgröße

- **Auflösung**: Angabe zur quantitativen Erfassung des Merkmals eines Messgerätes zur Unterscheidung von nahe beieinander liegenden Messwerten

- **Hysterese**: Merkmal eines Messgerätes, das darin besteht, dass der zu ein und demselben Wert der Eingangsgröße sich ergebende Wert der Ausgangsgröße von der vorausgegangenen Aufeinanderfolge der Werte der Eingangsgröße abhängt

- **Rückwirkung** eines Messgerätes: Einfluss eines Messgerätes bei seiner Anwendung, der bewirkt, dass sich die vom Messgerät zu erfassende Größe von derjenigen Größe unterscheidet, die am Eingang des Messgerätes tatsächlich vorliegt

- **Messgerätedrift**: langsame zeitliche Änderung des Wertes eines messtechnischen Merkmals eines Messgerätes

- **Einstelldauer**: Zeitspanne zwischen dem Zeitpunkt einer sprunghaften Änderung des Wertes der Eingangsgröße eines Messgerätes und dem Zeitpunkt, ab dem der Wert der Ausgangsgröße dauernd innerhalb vorgegebener Grenzen bleibt

- **Messabweichungen** eines Messgerätes: derjenige Beitrag zur Messabweichung, der durch ein Messgerät verursacht wird

- **Prüfung** eines Messgerätes: feststellen, in wie weit ein Messgerät eine Forderung erfüllt

A.7. Schwingungen und Wellen – eine kurze Zusammenstellung

Schwingungen und Wellen sind für die Sensorik essentiell. Wir fassen hier einige allgemeine Gesichtspunkte kurz zusammen und verweisen für grundlegende Erklärungen auf entsprechende Lehrbücher der Physik, wie z.B. [LO08].

Schwingungen Eine Schwingung ist eine zeitlich periodische Zustandsänderung eines Systems, welches einen Gleichgewichtszustand (Ruhelage) besitzt. Schwingungen treten auf, wenn ein solches System aus seinem Gleichgewicht ausgelenkt wird und rückstellende Kräfte wirken, die das System ins Gleichgewicht zurück zu bringen suchen. Schwingungen können u.a. in elektrischen Systemen (Schwingkreis) und in mechanischen Systemen (Pendel, Federschwinger) auftreten. Während einer Schwingung wird zwischen den beteiligten Systemzuständen periodisch Energie ausgetauscht.

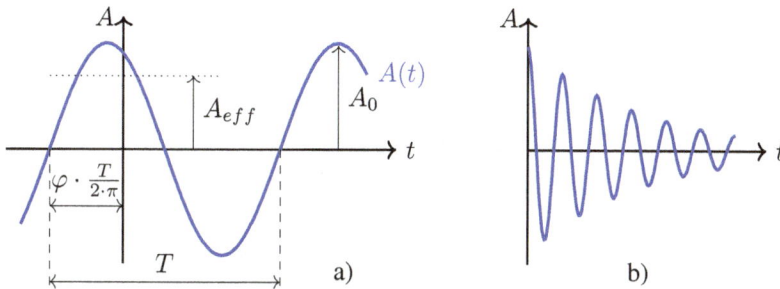

Abb. A.1.: Ungedämpfte (a) und gedämpfte (b) harmonische Schwingung

Nach dem Erscheinungsbild einer Schwingung differenziert man zwischen harmonischen sinus- bzw. cosinusförmigen und nichtharmonischen Schwingungen, z.B. in Rechteck, Dreieck- oder Sägezahnform. Für eine harmonische Schwingung, wie in Abb. A.1a dargestellt, gilt

$$A(t) = A_0 \sin(\omega t + \varphi), \tag{A.1}$$

wobei $A(t)$ der Momentanwert, A_0 die Amplitude, ω die Kreisfrequenz, φ der Nullphasenwinkel und t die Zeit sind. Zwischen der Periodendauer T, der Frequenz f und der Kreisfrequenz ω bestehen folgende Zusammenhänge

$$f = \frac{1}{T} \quad \text{und} \quad \omega = 2 \cdot \pi \cdot f. \tag{A.2}$$

Bei harmonischen Schwingungen verschwindet der arithmetische Mittelwert über eine Periode. Deshalb wird bei Betrachtung der Leistung der Effektivwert A_{eff} genutzt; für diesen gilt bei harmonischen Schwingungen

$$A_{eff} = \sqrt{2} \cdot A_0. \tag{A.3}$$

Man unterscheidet weiter zwischen gedämpften und ungedämpften Schwingungen; bei gedämpften Schwingungen nimmt die Amplitude A_0 mit der Zeit t ab. Die Dämpfung kann oft mit
einer e-Funktion und einem Dämpfungsfaktor δ beschrieben werden; für eine cosinusförmige
Schwingung (Abb. A.1b) ergibt sich dann

$$A(t) = A_0 \cdot e^{\delta t} \cos(\omega t + \varphi). \tag{A.4}$$

Zur dauernden Erhaltung der Schwingungen muss die dem System durch Dämpfung verloren gehende Energie periodisch ersetzt werden. Davon machen alle Oszillatorschaltungen Gebrauch.

Von der Schwingung zur Welle   Unter bestimmten Umständen können Schwingungen von einem Oszillator auf ein geeignetes Ausbreitungsmedium übertragen werden und sich in diesem
Medium als Welle fortpflanzen. Zur Übertragung von Schwingungen auf ein Ausbreitungsmedium verwendet man Instrumente, wie

- Antennen für elektromagnetische Schwingungen,
- Strahler, wie LED, LASER oder allgemein Lichtquellen, für Licht und
- Lautsprecher, oder allgemeiner Aktoren, für akustische Schwingungen.

Wellen   Unter einer Welle versteht man in der Physik eine sich räumlich ausbreitende Schwingung. Der Momentanwert der schwingenden Objekte, das können Teilchen oder Felder sein, ist
damit sowohl zeitabhängig als auch ortsabhängig; er ist als Funktion $A(\vec{r}, t)$ zu beschreiben.
Eine Welle transportiert in Richtung ihrer Ausbreitung $\vec{r}$ immer Energie, aber keine Masse.

Je nach Anregung können Wellen als ebene Welle, als Zylinderwelle oder als Kugelwelle auftreten. Bei sensortechnischen Anwendungen kann man meist von ebenen Wellen ausgehen.

Eine Welle ist, außer durch Amplitude und Frequenz, zusätzlich durch ihren Wellenvektor
$\vec{k} = (k_x, k_y, k_z)$ und ihre Ausbreitungs- oder Phasengeschwindigkeit c zu charakterisieren.
Eine ebene Welle, die sich in Richtung $\vec{r}$ ausbreitet, kann man mit dem Wellenvektor $\vec{k}$ folgendermaßen beschreiben

$$A(\vec{r}, t) = A_0 \cdot e^{j(\vec{k} \cdot \vec{r} - \omega \cdot t))}. \tag{A.5}$$

Für den Betrag des Wellenvektors $|\vec{k}|$ gilt

$$|\vec{k}| = \frac{\omega}{c} = \frac{2\pi}{\lambda}. \tag{A.6}$$

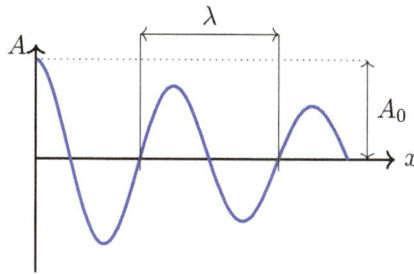

Abb. A.2.: Gedämpfte harmonische Welle

Die Abb. A.2 zeigt eine gedämpfte Welle, die sich in x−Richtung ausbreitet. Die Dämpfung δ_w ist mit einem Faktor $e^{-\delta_w x}$ zusätzlich zu berücksichtigen. Zwischen Ausbreitungsgeschwindigkeit c und Wellenlänge λ besteht der Zusammenhang

$$c = \lambda \cdot f. \tag{A.7}$$

Die Ausbreitungsgeschwindigkeit c hängt von der Art der Welle und vom Ausbreitungsmedium ab. Die größtmögliche Ausbreitungsgeschwindigkeit ist die Vakuumlichtgeschwindigkeit c_0; sie beträgt annähernd $c_0 = 300\,000\,\frac{\text{km}}{\text{s}}$.

Abhängig von den schwingenden Größen können sich Wellen als Longitudinalwelle (Schwingung in Ausbreitungsrichtung, z.B. Druckschwankung im Luftschall) oder als Transversalwelle (Schwingung senkrecht zur Ausbreitungsrichtung, z.B. Vektoren $\vec{E}, \vec{H}$ in elektromagnetischen Wellen) ausbreiten.

Während der Ausbreitung einer Welle können typische Wellenphänomene, wie Absorption, Reflexion, Brechung, Beugung und Interferenz auftreten. Transversalwellen (elektromagnetische Wellen, Licht) sind zusätzlich polarisierbar.

Die genannten Phänomene sind als Messeffekt sensortechnisch nutzbar, wenn der Messeffekt auf einer Wechselwirkung von Wellen beruht. Das ist beispielsweise bei optischen Sensoren (Kapitel 4.3) und bei Ultraschallsensoren (Kapitel 6.1.1) der Fall.

Auch Funknetze (Kapitel 9.2) verwenden elektromagnetische Wellen unterschiedlichster Wellenlänge zur Datenübertragung in Luft und Vakuum. Bei Funkapplikationen ist zu bedenken, dass mit wachsender Dichte des Ausbreitungsmediums und mit zunehmender Frequenz die Dämpfung der elektromagnetischen Wellen steigt.

A.8. Das elektromagnetische Spektrum

Das Frequenzspektrum elektromagnetischer Wellen (siehe Abb. A.3) erstreckt sich über viele Größenordnungen und reicht von den Frequenzen technischer Wechselströme ($\leq 10^2$ Hz) über das sichtbare Licht bis zur Röntgen- und Gamma-Strahlung (10^{19}–10^{22} Hz). Je nach Frequenzbereich sind Erzeugung und Anwendungen elektromagnetischer Wellen sehr verschieden. Die Nachweismöglichkeiten hängen von den Wechselwirkungen der Wellen mit Leitungsanordnungen (Antennen) bzw. mit Atomen oder Molekülen in Festkörpern, Flüssigkeiten oder Gasen ab.

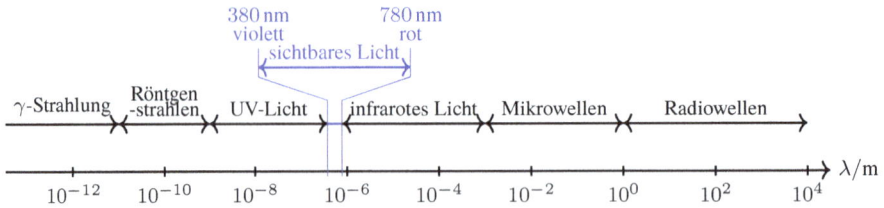

Abb. A.3.: Das elektromagnetische Spektrum – Übersicht aus [RW21]

A.8.1. Funktechnisch genutzte Frequenzen

Das funktechnisch genutzte Frequenzspektrum elektromagnetischer Wellen ist in verschiedene Bereiche unterteilt, die als Frequenzbänder bezeichnet werden. Historisch bedingt gibt es verschiedene Bezeichnungen für gleiche Frequenzbänder oder für sich überlappende Bänder. Aktuell sollte aber nur noch die durch den Bereich Radio Regulations der ITU[2] und der IEEE festgelegte Aufteilung genutzt werden, welche das Frequenzspektrum mit steigender Frequenz in logarithmisch ansteigende Bandbereiche aufteilt. Die Angabe des Bandes erfolgt üblicherweise durch Angabe einer Frequenz in dem Bandbereich [Int12].

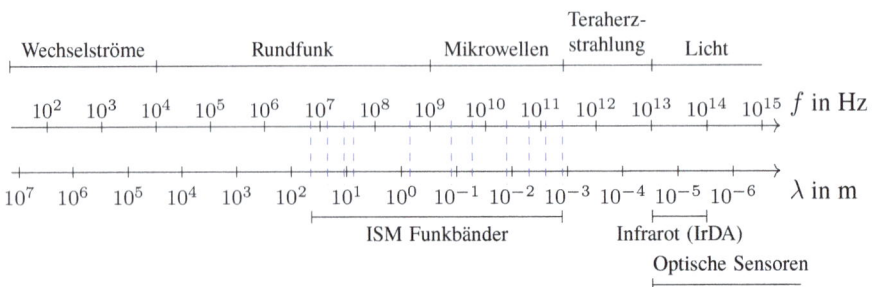

Abb. A.4.: Elektromgnetisches Spektrum - Sensorbereiche, ISM und IrDA-Frequenzen für drahtlose Übertragung von Sensorsignalen

---

[2] International Telecommunication Union; Sonderkommission der UNO, u.a. zur Regulierung der Nutzung von Frequenzen

Innerhalb der Bandbereiche werden Anwendungen und Nutzern (militärisch oder zivil) Frequenzen zugeteilt. In Deutschland ist der Bereich Telekommunikation der Bundesnetzagentur[3] für die Zuteilung verantwortlich. Auf Basis der Frequenzverordnung (§53 TKG) erfolgt die nationale Frequenzzuweisungen an Funkdienste [Bun16]. Für die Nutzung sind Vorgaben einzuhalten, zu denen Strahlungsleistung bzw. magnetischen Feldstärke, Frequenzbelegungsdauer uvm. gehört.

Die Beschränkung der maximalen zulässigen magnetischen Feldstärke liegt bereichsabhängig zwischen 42 bis 72 $\frac{dB\,\mu A}{m}$, gemessen in 10 m Entfernung. Die maximale Sendeleistung liegt je nach Anwendung zwischen 50 nW bis 50 mW ERP bzw. für Frequenzen zwischen 2,4 GHz bis 256 GHz von 10 mW und 10 W EIRP.

Induktive Funkanwendungen in den Bereichen zwischen 9 kHz und 27,283 MHz werden hauptsächlich genutzt für KFZ-Wegfahrsperren, Diebstahlsicherungen, Metallsuchgeräte, Verkehrskontrollsysteme, Erkennungssysteme für Personen, Tiere und Waren und zur Übertragung von Sprachsignalen über kurze Entfernungen.

ISM Frequenzbereiche Auszug der in Deutschland verfügbaren Bänder (ISM und Allgemeinzuteilung) und deren Vorzugsbelegung [Bun13]:

---

[3] http://www.bundesnetzagentur.de

Bereich	Typ	Leistung und Verwendung
9–10 kHz		SRD bis 10 mW ERP
6,765–6,975 MHz	A	SRD bis 10 mW ERP
13,553–13,567 MHz	B	SRD für Funketiketten (RFID, Smart Tags) bis 10 mW ERP
26,957–27,283 MHz	B	SRD für drahtlose Mäuse und Tastaturen, Fernsteuerungen, Audioübertragung (Walkie Talkies) bis 10 mW ERP
40,66–40,7 MHz	B	SRD für Fernsteuerungen und Audioübertragung (Funkmikrofone und Walkie Talkies) bis 10 mW ERP
433,05–434,79 MHz	A	SRD für drahtlose Mäuse und Tastaturen, Fernsteuerungen, Audioübertragung (Kopfhörer), und Wetterstationen, KFZ-Wegfahrsperren und -Komfortschlüssel bis 10 mW ERP
ca. 868,0 - 869,65 MHz		diverse Anwendungen von 10 mW bis 500 mW ERP
869,7–870 MHz		3 Kanäle für analoge drahtlose Kopfhörer bis 5 mW ERP
2,4–2,4835 GHz	B	WLAN (IEEE 802.11b/g/n) und Bluetooth, drahtlose Mäuse und Tastaturen, Audio-/Videoübertragung bis 100 mW EIRP; Mikrowellenherde
5,725–5,875 GHz	B	WLAN (IEEE 802.11a/h/n) von 25 mW bis 1 W EIRP
24–24,25 GHz	B	Radarmelder (Bewegungsmelder, PKW-Nahbereichsradar) bis 100 mW EIRP
61–61,5 GHz	A	bis 100 mW EIRP
122–123 GHz	A	bis 100 mW EIRP
244–246 GHz	A	bis 100 mW EIRP

Erläuterung:

- SRD: Short Range Devices

- ERP: effektive Strahlungsleistung

- EIRP: äquivalente isotrope Strahlungsleistung (*equivalent isotropically radiated power*), bezieht sich auf eine spezielle Antenne in Form eines Kugelstrahlers (Isotropstrahler, siehe Kapitel 9.2.1)

Darüber hinaus existieren weitere allgemein zugeteilte, hier aber nicht genannte Bereiche für Alarmfunkanlagen, Feuermeldesysteme, Audio-Kurzstreckenübertragung, Grubenfunk, Babyfones, ortsfeste Informationsverteilsysteme uvm. Zu beachten ist, dass die Freigaben befristet erteilt werden, üblicherweise bis zu 10 Jahren.

Die funktechnisch genutzten elektromagnetischen Wellen entstehen, indem in einer Oszillatorschaltung erzeugte Schwingungen über eine Antenne abgestrahlt werden. Eine Antenne ist ein offenes oder geschlossenes Leitungsstück oder Leitungssystem, welches gleichermaßen dem Senden und dem Empfang elektromagnetischer Wellen in einem bestimmten Frequenzbereich dienen kann.

A.8.2. Licht und kurzwelligere Strahlung

Licht und die kurzwelligere Röntgen- bzw. Gammastrahlung lassen sich je nach der Art der Messung als Welle aber auch als Teilchen beschreiben (Welle-Teilchen-Dualismus), es sind sog. Quantenobjekte. Diese Quantenobjekte besitzen keine Ruhemasse und heißen Photonen. Ihre Energie E_{Ph} beträgt

$$E_{Ph} = h \cdot \nu; \tag{A.8}$$

dabei bedeuten

- h das Plancksche Wirkungsquantum und
- ν die Frequenz.

Licht Licht entsteht durch strahlende Übergänge angeregter Atome in ihren Grundzustand. Für sichtbares Licht liegt die Energie der Photonen im Bereich von 1,6–3,3 eV. Für den messtechnischen Nachweis dient einer der photoelektrischen Effekte (Kapitel 4.3.2.2).

Ionisierende elektromagnetische Strahlung Röntgen- und Gammastrahlung ist kurzwelliger und energiereicher als Licht. Diese Formen elektromagnetischer Strahlung betrachten wir nachfolgend in Anhang A.9.

A.9. Ionisierende Strahlung

Zur ionisierenden Strahlung zählen

- Röntgen- und Gamma-Strahlen, beides sind elektromagnetische Wellen,
- Alpha- und Beta-Strahlen, das sind Strahlen geladener Teilchen, sowie
- weitere Teilchenstrahlen (Neutronen- und Ionenstrahlen), diese betrachten wir hier nicht.

Ionisierende Strahlung besitzt pro Strahlungsquant bzw. pro Teilchen so viel Energie, dass sie Atome und Moleküle eines Gases ionisieren bzw. im Halbleiter Ladungsträgerpaare generieren kann.

Der Mensch besitzt für ionisierende Strahlung kein Sinnesorgan. Jedoch reagieren lebende Zellen und lebendes Gewebe auf diese Strahlung mit Strahlenschäden. Lebende Zellen und Gewebe müssen deshalb vor ionisierender Strahlung geschützt werden.

A.9.1. Röntgenstrahlung

Röntgenstrahlung entsteht bei der Abbremsung schneller Elektronen an einem Target, beispielsweise an der Anode einer Röntgenröhre oder am Target eines Elektronenbeschleunigers. Man unterscheidet Röntgenbremsstrahlung und charakteristische Röntgenstrahlung. Die Bremsstrahlung besitzt ein kontinuierliches Spektrum, wobei die höchste Energie der Photonen der Elektronenenergie entspricht, d.h., es gilt

$$U_B \cdot e = h \cdot \nu_{max}. \tag{A.9}$$

- U_B Beschleunigungsspannung,
- e Elementarladung,
- h Plancksches Wirkungsquantum,
- ν_{max} höchste Frequenz der Bremsstrahlung.

Die charakteristische Strahlung zeichnet sich durch diskrete scharfe Linien aus, deren Energie vom Anodenmaterial abhängt. Der Energiebereich von Röntgenquanten beginnt bei ca. 10 keV (weiche Strahlung, mit Röntgenröhren erzeugt) und reicht über 25 MeV (harte Strahlung, mit Linearbeschleunigern erzeugt) bis zu noch höheren Werten.

A.9.2. Kernstrahlung

Alpha-, Beta- und Gammastrahlung sind Begleiterscheinungen radioaktiver Zerfallsprozesse. Die Strahlungen werden jeweils aus dem Kern instabiler Atome bei deren Zerfall emittiert. Sie werden auch gemeinsam mit dem Begriff radioaktive Strahlung beschrieben.

Alpha-Strahlen Ein Alpha-Teilchen ist ein Heliumkern, d.h., es besteht aus zwei Protonen und zwei Neutronen und trägt zwei positive Elementarladungen $_2^4\text{He}(\alpha)$. Im Ergebnis der Emission eines Alpha-Teilchens verringern sich die Ordnungszahl des Kerns um 2 und die Nukleonenzahl (Massezahl) um 4, es entsteht ein anderes Element.

Alphastrahler sind z.B. Uran 238 (^{238}U), Thorium 232 (^{232}Th) und Radon 222 (^{222}Ra). Alphateilchen haben eine diskrete Energie, die zwischen 4–9 MeV liegt. Die Alpha-Umwandlung ist auf schwere Nukleide (Kernladungszahl $Z > 70$) beschränkt.

Beta-Strahlen Ein Beta-Teilchen ist ein energiereiches Elektron, welches ein instabiler Atomkern beim Betazerfall emittiert. Dabei wandelt sich das strahlende Element in ein neues Element mit einer um 1 höheren Ordnungszahl um. Beispiele für Betastrahler sind Kohlenstoff 14 (^{14}C) und Wismut 210 (^{210}Bi).

Gammastrahlen Gammastrahlen sind elektromagnetische Wellen, die bei einem Kernzerfall entstehen, wenn ein Atomkern nach einem Alpha- oder Beta-Zerfall aus einem angeregten Zustand in den Grundzustand übergeht. Die Photonenenergie liegt zwischen 0,1–100 MeV, das entspricht einer Wellenlänge im Bereich 10^{-11}–10^{-14} m bzw. einer Frequenz im Bereich 10^{19}–10^{22} Hz. Als Beispiele für Gammastrahler seien Kobalt 60 (^{60}Co) und Zäsium 137 (^{137}Cs) genannt.

A.9.3. Nachweis ionisierender Strahlung

Ionisierende Strahlung wird über ihre Wechselwirkung mit anderen Stoffen nachgewiesen und gemessen. Dazu nutzt man die folgenden Erscheinungen und darauf fußende Detektoren

- Temperaturerhöhung in Absorbern (Thermodetektoren),
- Schwärzung photographischer Emulsionen (Filmdosimeter),
- Erzeugung freier Ladungsträgerpaare (Ionisationsdetektoren, Halbleiterdetektoren),
- Anregung lumineszierender Stoffe (Szintillationsdetektoren, Lumineszenzdetektoren).

Messwertaufnehmer zum Nachweis ionisierender Strahlung nennt man aus historischen Gründen Detektor. Eine Auswahl von Detektoren, die elektrische Methoden zur Messung solcher Strahlung nutzen, ist in Kapitel 4.5 beschrieben.

Literaturverzeichnis

[AD5]   *LVDT Signal Conditioner AD598, Datenblatt.* Analog Devices

[AD7]   *True RMS-to-DC Converter AD736, Datenblatt*

[AMAB21] ALAWSI, Taif; MATTIA, Gabriele P.; AL-BAWI, Zainab ; BERALDI, Roberto: Smartphone-Based Colorimetric Sensor Application for Measuring Biochemical Material Concentration. In: *Sensing and Bio-Sensing Research* Volume 32 (2021)

[And05]   ANDREEVA, Ekaterina: *Fertigung und Erprobung eines Mikro-Wirbelstromsensors zur Abstandsmessung.* Univ.Hannover, Diss., 2005

[ano24]   ANONYM: *Cobra SMARTsense.* https://www.phywe.de/sensoren-software/cobra-smartsense/, 2024

[App]   *Application Notes for GMR Sensors*

[Ard05]   ARDENNE, Manfred von: *Effekte der Physik und ihre Anwendungen.* Frankfurt am Main : Deutsch-Verlag, 2005

[Ash03]   ASHBY, Neil: Relativity in the Global Positioning System. In: *Living Reviews in Relativity* 6 (2003). http://dx.doi.org/10.12942/lrr-2003-1. – DOI 10.12942/lrr–2003–1

[AST15]   *ASTREE Electronic Tongue.* 2015

[Bal90]   BALZEROWSKI, Claus: *Ein Beitrag zur Nutzung amorpher ferromagnetischer Werkstoffe in Sensorsystemen.* Halle, MLU, Diss., 1990

[Bar14]   BARTSCH, Hans-Jochen: *Taschenbuch mathematischer Formeln für Ingenieure und Naturwissenschaftler.* 23. München : Fachbuchverl. Leipzig im Carl-Hanser-Verl., 2014

[Bau12]   BAUCH, Andreas: Zeitmessung in der PTB. Bd.122, Heft 1 (2012), S. 23–36

[BBKS05] BERGMANN, Ludwig; BLÜGEL, Stefan; KASSING, Rainer ; SCHAEFER, Clemens: *Lehrbuch der Experimentalphysik Bd. 6, Festkörper.* Berlin [u.a.] : de Gruyter, 2005

[Bea13]   BEANAIR GMBH: BeanAir WSN Deployment guideline. (2013), Oktober, Nr. RF_AN_007 V1.2

[Ber04]   BERNHARD, Frank (Hrsg.): *Technische Temperaturmessung - physikalische und meßtechnische Grundlagen, Sensoren und Meßverfahren, Meßfehler und Kalibrierung, Handbuch für Forschung und Entwicklung,.* Berlin; Heidelberg; New York; Barcelona; Budapest; Hongkong; London; Mailand; Paris; Tokio : Springer, 2004

https://doi.org/10.1515/9783110772739-012

[BLS20]   BRANDES, Ralf (Hrsg.); LANG, Florian (Hrsg.) ; SCHMIDT, Robert F. (Hrsg.): *Physiologie des Menschen: mit Pathophysiologie*. 32. Auflage. Berlin : Springer, 2020 (Lehrbuch)

[BMA10]   *Digital, Triaxial Acceleration Sensor BMA 180, Datenblatt*. 2010

[Box13]   BOXALL, John: *Arduino-Workshops eine praktische Einführung mit 65 Projekten*. Heidelberg : dpunkt-Verl., 2013

[Boy12]   BOYSEN, G.: *Mobilfunk - Datenübertragung in der Industrie*. Phoenix Contact, 2012

[BP89]   BENDER, Dietrich; PIPPIG, Ernst-Egon: *Einheiten, Masssysteme, SI*. Berlin : Akad.-Verl., 1989

[Bri86]   BRIXY, Heinz: Combined Thermocouple Noise Thermometry / Zentralbibliothek d. Kernforschungsanlage. Jülich, 1986 (Jül 2051). – Forschungsbericht

[Bun13]   BUNDESNETZAGENTUR: *Funkanwendungen auf den ISM-Bändern*. 2013

[Bun16]   BUNDESNETZAGENTUR: *Frequenzplan gemäß § 54 TKG über die Aufteilung des Frequenzbereichs von 0 kHz bis 3000 GHz auf die Frequenznutzungen sowie über die Festlegungen für diese Frequenznutzungen*. April 2016

[Bus15]   BUSCH-STOCKFISCH, Mechthild (Hrsg.): *Praxishandbuch Sensorik kompakt in der Produktentwicklung und Qualitätssicherung*. Hamburg : Behr, 2015

[Cam10]   CAMMANN, K. (Hrsg.): *Instrumentelle Analytische Chemie: Verfahren, Anwendungen und Qualitätssicherung*. 1. Aufl., Nachdr. Heidelberg : Spektrum Akademischer Verlag, 2010

[Car]   CARUSO, Michael J.: *Applications of Magnetoresistive Sensors in Navigations Systems, Firmenschrift*. Honeywell

[CG96]   CAMMANN, Karl; GALSTER, Helmuth: *Das Arbeiten mit ionenselektiven Elektroden - eine Einführung für Praktiker*. Berlin [u.a.] : Springer, 1996

[COD13]   CODATA: *CODATA Internationally Recommended Values of the Fundamental Physical Constants*. 2013

[Dat17]   ANGST+PFISTER AG (Hrsg.): *Datenblatt SMT172*. 2017

[Deg12]   DEGNER, Martin: *LED – Spektroskopie für Sensoranwendungen : am Beispiel der in-situ Abgasdetektion für Verbrennungsmaschinen*. Berlin : mbv, 2012

[Deh15]   HOTTINGER BALDWIN (Hrsg.): *Dehnungsmessstreifen für Hersteller von Messgrößenaufnehmern (Firmenschrift)*. 2015

[Dem89]   DEMISCH, Ullrich: *Kapazitiver Feuchtesensor, Patentschrift EP0403994 A1*. 1989

[DIN87]   *DIN 43751 Teil 1 digitale Messgeräte, allgemeine Festlegungen über Begriffe, Prüfungen und Datenblattangaben*. 1987

[DIN91] *DIN EN 60051-2: Direkt wirkende anzeigende elektrische Meßgeräte und ihr Zubehör; Meßgeräte mit Skalenanzeige.* 1991

[DIN92] *DIN 1333 Zahlenangaben.* 1992

[DIN93] *DIN EN 27888 Bestimmung der elektrischen Leitfähigkeit.* 1993

[DIN95] *DIN 1319 Grundlagen der Meßtechnik Teil 1: Begriffe.* 1995

[DIN96] *DIN 1319 Grundlagen der Meßtechnik Teil 3: Auswertung von Messungen einer einzelnen Meßgröße, Messunsiecherheit.* 1996

[DIN99] *DIN 1319 Grundlagen der Meßtechnik Teil 4: Auswertung von Messungen, Messunsiecherheit.* 1999

[DIN05] *DIN 1319 Grundlagen der Meßtechnik Teil 2: Begriffe für Messmittel.* 2005

[DIN09] *Formelzeichen, Formelsatz, mathematische Zeichen und Begriffe: Normen.* Berlin; Wien; Zürich : Beuth, 2009

[DIN14] *DIN EN ISO 7022 Wasserbeschaffenheit, Bestimmung der Trübung.* 2014

[DIN15] *DIN EN 54-7:2015-07 Brandmeldeanlagen - Teil 7: Rauchmelder - punktförmige Melder nach dem Streulicht-, Durchlicht- oder Ionisationsprinzip.* 2015

[EmS23] PALMSENS BV (Hrsg.): *EmStat Pico Data Sheet (Rev. 2023).* 2023

[EN5] *DIN EN 50090 Elektrische Systemtechnik für Heim und Gebäude (ESHG)*

[Fel11] FELSER, Max: *PROFIBUS Manual: A Collection of Information Explaining PROFIBUS Networks.* Berlin : epubli, 2011

[Fer11] FERT, Albert: *Giant Magnetoresistance.* 2011

[Fig13] FIGARO: *Figaro Gassensoren.* 2013

[För55] FÖRSTER, Friedrich: Ein Verfahren zur Messung von magnetischen Gleichfeldern und Gleichfelddifferenzen und seine Anwendung in der Metallforschung und Technik. (1955), Nr. 46, S. 358–370

[Fre08] FREY, Jochen: *Entwurf und Untersuchung von hochauflösenden 3D-Bildsensoren in CMOS-Technologie.* Göttingen : Sierke, 2008 (Reihe Elektrotechnik 3)

[FS82] FEUSTEL, Ortwin; SCHMIDT, Wolfgang: *Sensorhalbleiter und Schutzelemente.* Würzburg : Vogel, 1982

[Gal90] GALSTER, Helmuth: *pH-Messung: Grundlagen, Methoden, Anwendungen, Geräte.* Weinheim : VCH, 1990

[Gär14] GÄRTNER, Armin: *Medizinproduktesicherheit: Bd. 2., elektrische Sicherheit in der Medizintechnik.* Köln : TÜV Media, 2014

[Ge23]   GEBALLA-KOUKOULA, A.; ET.AL.: Best Practices and Current Implementation of Emerging Smartphonebased (Bio)Sensors - Part 2: Development, Validation, and Social Impact. In: *Trends in Analytical Chemistry* 161 (2023)

[Gev00]   GEVATTER, Hans-Jürgen: *Automatisierungstechnik. Teil: 1. Meß- und Sensortechnik.* Berlin : Springer-Verlag, 2000

[GK15]   GESSLER, Ralf; KRAUSE, Thomas: *Wireless-Netzwerke für den Nahbereich Eingebettete Funksysteme: Vergleich von standardisierten und proprietären Verfahren.* Wiesbaden : Springer Vieweg, 2015

[GM14]   GROSS, Rudolf; MARX, Achim: *Festkörperphysik.* Berlin [u.a.] : De Gruyter, 2014

[Gmb]   GMBH, Robert B.: *CAN-FD-Spezifikation V1.0*

[Gra65]   GRAVE, Hans F.: *Elektrische Messung nichtelektrischer Grössen.* Frankfurt am Main : Akadem. Verl.-Ges., 1965

[Gru93]   GRUPEN, Claus: *Teilchendetektoren.* Mannheim : BI-Wissenschaftsverlag, 1993

[Gru12]   GRUENDLER, P.: *Chemische Sensoren: eine Einführung für Naturwissenschaftler und Ingenieure.* Berlin Heidelberg : Springer, 2012

[Gup16]   GUPTA, Naresh: *Inside Bluetooth Low Energy.* [S.l.] : Artech House Publishers, 2016

[Hai]   HAIDER, Christian: *Electrodes in Potentiometry.* Metrohm (Firmenschrift)

[Hal94]   HALL, Elizabeth A. H.: *Biosensoren.* Berlin [u.a.] : Springer-Verlag, 1994

[Har57]   HARTMANN, Werner: *Kernphysikalische Meßgeräte.* Berlin : Akademie-Verl, 1957

[Hau17]   HAUBNER, Nadia: *Erkennung von Interaktion über digitalen Tischsystemen mit einer Tiefenkamera.* Frankfurt am Main, J.W.Goethe Universität, Diss., 2017

[HBM10]   HBM-PUBLIKATION (Hrsg.): *Piezoelektrische Kraftaufnehmer.* 2010

[Hec75]   HECK, Carl: *Magnetische Werkstoffe und ihre technische Anwendung.* 2. Aufl. Heidelberg : Hüthig, 1975

[Heu91]   HEUBERGER, Anton: *Mikromechanik : Mikrofertigung mit Methoden der Halbleitertechnologie.* Berlin [u.a.] : Springer, 1991

[Hey84]   HEYWANG, Walter: *Amorphe und polykristalline Halbleiter.* Berlin; New York : Springer-Verlag, 1984

[Hey93]   HEYWANG, Walter: *Sensorik.* Berlin; Heidelberg; New York; London; Paris; Tokyo; Hong Kong; Barcelona; Budapest : Springer, 1993

[HGI91]   HULANICKI, Adam; GLAB, Stanislaw ; INGMANN, Folke: Chemical Sensors Definitions and Classifications. In: *Pure & Appl. Chem.* Vol. 63, No. 9 (1991), S. 1247–1250

[HH95]   HALL, Elizabeth A. H.; HUMMEL, Gisela: *Biosensoren: mit 24 Tabellen.* Berlin
            [u.a.] : Springer, 1995

[HH21]   HANSEMANN, Thomas; HÜBNER, Christof: *Gebäudeautomation: Kommunikations-
            systeme mit EIB/KNX, LON und BACnet.* 4., neu bearbeitete Auflage. München :
            Hanser, 2021

[Hin88]   HINKEN, Johann: *Supraleiter-Elektronik : Grundlagen ; Anwendungen in d. Mikro-
            wellentechnik.* Berlin [u.a.] : Springer, 1988

[HLW97]   HART, Hans; LOTZE, Werner ; WOSCHNI, Eugen-Georg: *Meßgenauigkeit.* München,
            Wien : Oldenbourg, 1997

[HMS16]   HMS INDUSTRIAL NETWORKS GMBH: *Feldbusse.* http://www.feldbusse.de, 2016

[Hona]   *Analog Position Sensors 634SS2, Datenblatt.* Honeywell

[Honb]   *Halleffect Sensing and Application, Honeywell-Firmenschrift*

[HR14]   HANS-ROLF TRÄNKLER (Hrsg.); REINDL, Leo (Hrsg.): *Sensortechnik : Handbuch
            für Praxis und Wissenschaft.* Berlin : Springer-Verlag, 2014

[HS14]   HESSE, Stefan; SCHNELL, Gerhard: *Sensoren für die Prozess- und Fabrikautomati-
            on.* Wiesbaden : Springer Vieweg, 2014

[Hu06]   HODGKINSON, Jane; U.A.: *NMT Gas Sensor Roadmap.* The Council of Gas Detec-
            tion and Environmental Monitoring, 2006

[IEE05]   IEEE Standard for Information Technology – Local and Metropolitan Area Net-
            works – Specific Requirements – Part 15.1a: Wireless Medium Access Control
            (MAC) and Physical Layer (PHY) Specifications for Wireless Personal Area Net-
            works (WPAN). In: *IEEE Std 802.15.1-2005 (Revision of IEEE Std 802.15.1-2002)*
            (2005), Juni, S. 1–700. http://dx.doi.org/10.1109/IEEESTD.2005.96290.
            – DOI 10.1109/IEEESTD.2005.96290

[IEE07]   *IEEE Standard for Information Technology– Local and Metropolitan Area
            Networks– Specific Requirements– Part 15.4: Wireless Medium Access Control
            (MAC) and Physical Layer (PHY) Specifications for Low-Rate Wireless Personal
            Area Networks (WPANs): Amendment 1: Add Alternate PHYs*

[III12]   INTERNATIONAL ORGANIZATION FOR STANDARDIZATION; INTERNATIONAL ELECTRO-
            TECHNICAL COMMISSION ; INSTITUTE OF ELECTRICAL AND ELECTRONICS ENGINEERS:
            *Information Technology Telecommunications and Information Exchange between
            Systems– Local and Metropolitan Area Networks– Specific Requirements. Part 11,
            Part 11,.* Geneva; New York : ISO : IEC ; Institute of Electrical and Electronics
            Engineers, 2012

[Ine15]   *Inertial Measuring Unit BMI160, Data Sheet.* 2015

[Ins15]   INSTRUMENTS, Texas: *Inductance-to-Digital Converter LDC1000, Datenblatt.* 2015

[Int12]   INTERNATIONAL TELECOMMUNICATION UNION: Radio Regulations. (2012)

[Jan92]   JANOCHA, Hartmut (Hrsg.): *Aktoren, Grundlagen und Anwendungen*. Berlin u.a. :
           Springer, 1992

[Jan13]   JANOCHA, Hartmut: *Unkonventionelle Aktoren: eine Einführung*. 2. ergänzte und
           aktualisierte Auflage. München : Oldenbourg Verlag, 2013

[Je21]   JOHARY, Yehia H.; ET.AL.: The Suitability of Smartphone Camera Sensors for De-
           tecting Radiation. In: *Scientific Reports* 11 (2021)

[Jon12]   JONES, Michael: *Accurate Sensing with an External Pn-Junction, Linear Technolo-
           gy Application Note 137*. 2012

[Kal10]   KALIBIERDIENST, DakkS-DKD-Deutscher (Hrsg.): *Richtlinie DKD-R 5-1: Kali-
           brierungvon Widerstandsthermometern*. 2010

[KB04]   KNUTSON, Charles D.; BROWN, Jeffrey M.: *IrDA Principles and Protocols: [Un-
           derstanding and Managing Infrared Data Exchange]*. Salem, Utah : MCL Press,
           2004 (The IrDA Library 1)

[KE08]   KIENCKE, Uwe; EGER, Ralf: *Messtechnik : Systemtheorie für Elektrotechniker*. Ber-
           lin, Heidelberg : Springer, 2008

[Kel98]   KELLER, Wolfgang: Meßunsicherheit, ein wichtiges Element der Qualitätssiche-
           rung. In: *PTB-Mitteilungen* 108 (1998), S. 377–382

[Kem06]   KEMMER, Josef: *Halbleiter-Strahlungsdetektoren und Verfahren zur Herstellung
           derselben*. Oberschleissheim, 2006

[Ker08]   KERSTIN LÄNGE, BASTIAN E. RAPP, MICHAEL RAPP: Surface Acoustic Wafe Biosen-
           sors: A Review. In: *Analytical and bioanalytical chemistry* (2008), S. 1509–1519

[KHD22]   KÖNIG, Franz; HOLZMANNHOFER, Johannes ; DOBROZEMSKY, Georg: *Messtechnik
           und Instrumentierung in der Nuklearmedizin: eine Einführung*. 5., überarbeitete
           Auflage. Wien : facultas, 2022

[KKV15]   KARVINEN, Kimmo.; KARVINEN, Tero. ; VALTOKARI, Ville.: *Sensoren - messen und
           experimentieren mit Arduino und Raspberry Pi*. Heidelberg : dpunkt, 2015

[Kla03]   KLAUS, Ferdinand: *Einführung in Techniken und Methoden der Multisensor-
           Datenfusion*. Uni Siegen, Diss., 2003

[Kol10]   KOLLENBERG, Wolfgang: *Technische Keramik Grundlagen, Werkstoffe, Verfahrens-
           technik*. Vulkan-Verl., 2010

[KR13]   KRISCHKE, Alois; ROTHAMMEL, Karl: *Rothammels Antennenbuch: mit 1607 Abbil-
           dungen und 268 Tabellen*. 13., aktualis. u. erw. Aufl. Baunatal : DARC-Verl, 2013
           (DARC-Buchreihe Antennentechnik)

[Kri21]   KRIEGER, Hanno: *Strahlungsmessung und Dosimetrie*. 3., erweiterte und aktua-
           lisierte Auflage. Wiesbaden [Heidelberg] : Springer Spektrum, 2021 (Lehrbuch).
           http://dx.doi.org/10.1007/978-3-658-33389-8. http://dx.doi.org/
           10.1007/978-3-658-33389-8

[Kur88]   KURZ, Günter: *Oszillatoren*. 1. Aufl. Berlin : Verlag Technik, 1988 (Reihe informationselektronik)

[KW16]   KOLANOSKI, Hermann; WERMES, Norbert: *Teilchendetektoren: Grundlagen und Anwendungen*. Berlin Heidelberg : Springer Spektrum, 2016. http://dx.doi.org/10.1007/978-3-662-45350-6. http://dx.doi.org/10.1007/978-3-662-45350-6

[LHS17]   LEIKANGER, T.; HÄKKINEN, J. ; SCHUSS, C.: Interfacing External Sensors with Android Smartphones through near Field Communication. In: *Measurement Science and Technology* 28 (2017), Nr. 2. http://dx.doi.org/10.1088/1361-6501/aa57da. – DOI 10.1088/1361–6501/aa57da

[LMP15]   TEXAS INSTRUMENTS (Hrsg.): *LMP91002 - Configurable AFE for Low Power Sensing Applications*. 2015

[LMP16]   TEXAS INSTRUMENTS (Hrsg.): *LMP91200 - Integrated AFE for Low-Power pH Sensing Applications*. 2016

[LO08]   LÜDERS, Klaus; OPPEN, Gebhard von: *Lehrbuch der Experimentalphysik. 1: Mechanik, Akustik, Wärme: [43 Tabellen] / Autoren: Klaus Lüders; Gebhard von Oppen*. 12., völlig neu bearb. Aufl. Berlin : de Gruyter, 2008

[LO11]   LAWRENZ, Wolfhard (Hrsg.); OBERMÖLLER, Nils (Hrsg.): *CAN: Controller Area Network ; Grundlagen, Design, Anwendungen, Testtechnik*. 5., neu bearb. Aufl. Berlin : VDE-Verl, 2011

[Loe16]   LOE, Øivind: Manage the IoT on an Energy Budget / Silicon Labs. 2016. – Forschungsbericht

[LSW09]   LERCH, Reinhard; SESSLER, Gerhard ; WOLF, Dietrich: *Technische Akustik,*. Berlin [u.a.] : Springer, 2009

[Mag14]   SENSITC (Hrsg.): *Magnetic Field Sensor GF708, Preliminary Data Sheet*. 2014

[Mat94]   MATTHESS, Georg: *Die Beschaffenheit des Grundwassers*. Berlin [u.a.] : Borntraeger, 1994

[Mäu09]   MÄUSELEIN, Sascha: *Untersuchungen an Silizium-Verformungskörpern für die Anwendung in der Präzisions-Kraftmess- und Wägetechnik*. Ilmenau, TU, Diss., 2009

[maX17]   INC, Microchip T. (Hrsg.): *maXTouch 144-Node Touchscreen Controller*. 2017

[Mei75]   MEILING, Wolfgang: *Kernphysikalische Elektronik*. Berlin : Akademie-Verlag, 1975

[Mer80]   MERZ, Ludwig: *Grundkurs der Messtechnik, Teil 2. Das elektrische Messen nichtelektrischer Grössen*. München : Oldenbourg, 1980

[Mey11]   MEYER, Martin: *Signalverarbeitung: Analoge und digitale Signale, Systeme und Filter*. Wiesbaden : Vieweg + Teubner, 2011

[MMP05]   MENZ, Wolfgang; MOHR, Jürgen ; PAUL, Oliver: *Mikrosystemtechnik für Ingenieure.*
          3. Aufl. Weinheim : Wiley-VCH, 2005

[MS12]   MEINEL, Christoph; SACK, Harald: *Internetworking: technische Grundlagen und
          Anwendungen.* Berlin : Springer, 2012 (X.media.press)

[Müh98]   MÜHLENCOERT, Thomas: *Auswahl von elektronischen Artikelsicherungssystemen
          (EAS) auf Basis artikelgenauer Warenwirtschaftssysteme.* Frankfurt a. Main : Dt.
          Fachverl., 1998

[Mül04]   MÜLLER, Ralf: *Optische pH-Messung unter Einsatz immobilisierter Styrylacridin-
          Farbstoffe.* Magdeburg, OVGU, Diss., 2004

[Mül16]   MÜLLER, Walter: *Messdaten-Analyse mit LabVIEW.* Würzburg : Vogel Business
          Media, 2016

[Ngu14]   NGUYEN-HUU, Kim-Dung: *Technischer Vergleich dreier elektronischer Nasen und
          ihre Anwendung in Diagnostik und Monitoring.* München, Diss., 2014

[Nor80]   *DIN IEC 60381: Analoge Signale für Regel- und Steueranlagen, Teil 2 analoge
          Gleichspannungssignale.* 1980

[Nor85]   *DIN IEC 60381: Analoge Signale für Regel- und Steueranlagen, Teil 1 analoge
          Gleichstromsignale.* 1985

[NXP14]   NXPSEMICONDUCTORS: *I2C-bus   Specification   and   User   Manual.*
          http://www.nxp.com/documents/user_manual/UM10204.pdf, 2014

[Oeh91]   OEHME, Friedrich: *Chemische Sensoren : Funktion, Bauformen, Anwendungen.*
          Braunschweig : Vieweg, 1991

[Ome13]   OMEGA-MESSTECHNIK: *Thermoelement-Referenztabellen nach ITS-90.* 2013

[ONC22]   PALMSENS BV (Hrsg.):   *ON-CHIP SYSTEM FOR ELECTROCHEMICAL
          (BIO)SENSORS.* 2022

[PHB04]   PIESTER, Dirk; HENZEL, Peter ; BAUCH, Andreas: Zeit- und Normalfrequenzverbrei-
          tung mit DCF77. 2004 (114 Nr. 4). – Forschungsbericht

[Pop10]   POPP, Manfred: *Das PROFINET IO-Buch: Grundlagen und Tipps für den erfolg-
          reichen Einsatz.* 2., neu bearb. Aufl. Berlin : VDE-Verl, 2010

[PS96]   PARKINSON, Bradford W.; SPILKER, James J.: *The Global Positioning System: Theo-
          ry and Applications.* Washington, DC : American Institute of Aeronautics and As-
          tronautics, 1996 (Progress in Astronautics and Aeronautics v. 163-164)

[PT109]   *DIN EN 60751, industrielle Platin-Widerstandsthermometer und Platin-
          Temperatursensoren (IEC 60751:2008); deutsche Fassung.* 2009

[PTB16]   PTB: *Die gesetzlichen Einheiten in Deutschland.* 2016

[Rai06]   RAITH, Wilhelm (Hrsg.): *Lehrbuch der Experimentalphysik 2, Bd. 2. Elektroma-
          gnetismus.* 9. Aufl. Berlin : de Gruyter, 2006

[RBL+20] RAGNOLI, Mattia; BARILE, Gianluca; LEONI, Alfiero; FERRI, Giuseppe ; STORNELLI,
          Vincenzo: An Autonomous Low-Power LoRa-Based Flood-Monitoring System.
          In: *Journal of Low Power Electronics and Applications* 10 (2020), Mai. `http:`
          `//dx.doi.org/10.3390/jlpea10020015`. – DOI 10.3390/jlpea10020015

[Re23]   ROSS, G.M.S.; ET.AL.: Best Practices and Current Implementation of Emerging
          Smartphonebased (Bio)Sensors, Part 1: Data Handling and Ethics. In: *Trends in
          Analytical Chemistry* 158 (2023)

[Rei12]   REIF, Konrad (Hrsg.): *Sensoren im Kraftfahrzeug.* [S.l.] : Morgan Kaufmann, 2012

[Rei16]   REIF, Konrad (Hrsg.): *Sensoren im Kraftfahrzeug.* 3. Auflage. Wiesbaden
          : Springer Vieweg, 2016 (Bosch Fachinformation Automobil). `http://dx.`
          `doi.org/10.1007/978-3-658-11211-0`. `http://dx.doi.org/10.1007/`
          `978-3-658-11211-0`

[Roj93]   ROJAS, Raúl: *Theorie der neuronalen Netze : eine systematische Einführung.* Berlin
          u.a. : Springer-Verlag, 1993

[Ros78]   ROST, Manfred: *Untersuchung an Rasierklingenschneiden (interner Forschungsbe-
          richt, Feintechnik Eisfeld).* 1978

[Rös10]   RÖSLER, Lutz: *Hard- und Softwareentwicklungen zur Untersuchung der Prothesen-
          dynamik einer implantatgestützten Unterkieferprothese, Diplomarbeit, MLU.* 2010

[Ros23]   ROST, Manfred: *Elektrochemie und Elektronik: Zwei Wissensgebiete in Wechselsei-
          tiger Abhängigkeit.* 1st ed. Boston : De Gruyter Oldenbourg, 2023

[RR09]   RABE, J.; ROST, M.: A Sensor Interface for Mobile Phones. Nürnberg, 2009, S.
          421–425

[RW11]   REY, Günter D.; WENDER, Karl F.: *Neuronale Netze : eine Einführung in die Grund-
          lagen, Anwendungen und Datenauswertung.* Bern : Huber, 2011

[RW13]   ROST, Manfred; WEFEL, Sandro: *Elektronik für Informatiker: von den Grundlagen
          bis zur Mikrocontroller-Applikation.* München : Oldenbourg, 2013

[RW16]   ROST, M.; WEFEL, S.: *Sensorik für Informatiker: Erfassung und rechnergestützte
          Verarbeitung nichtelektrischer Messgrössen.* Berlin ; Boston : De Gruyter Olden-
          bourg, 2016 (De Gruyter Studium)

[RW21]   ROST, Manfred; WEFEL, Sandro: *Elektronik für Informatiker: von den Grundlagen
          bis zur Mikrocontroller-Applikation.* 2. Auflage. Berlin München Boston : De
          Gruyter Oldenbourg, 2021 (De Gruyter Studium)

[SB81]   STOLZ, Werner; BERNHARDT, Reinhold: *Dosimetrie ionisierender Strahlung.* Berlin
          : Akademie-Verlag, 1981

[Sch42]   SCHINTLMEISTER, Josef: *Die Elektronenröhre als physikalisches Meßgerät.* Wien :
          Springer, 1942

[Sch92]   SCHRÜFER, Elmar: *Signalverarbeitung: numerische Verarbeitung digitaler Signale ; mit 35 Tabellen*. 2., durchges. Aufl. München Wien : Hanser, 1992 (Studienbücher der technischen Wissenschaften)

[Sch07]   SCHMIDT, Wolf-Dieter: *Sensorschaltungstechnik*. Würzburg : Vogel, 2007

[Sch14]   SCHAUER, Stefan: Demystifying Ultra-Low-Power Benchmarks for Microcontrollers. 2014. – Forschungsbericht

[Sci]   SCIENTIFIC, Thermo: *Conductivity Measurement in High Purity Water*

[Sen09]   *Application note: AMR freepitch Sensoren für Winkel- und Längenmessungen*. Sensitec GmbH, 2009

[SHC21]   STRATMANN, Lutz; HEERY, Brendan ; COFFEY, Brian: *EmStat Pico: Embedded Electrochemistry with a Miniaturized, Software-Enabled, Potentiostat System on Module. 2021*. 2021

[Smi]   SMITH, Matt: *Measuring Temperatures on Computer Chips with Speed and Acuracy, Analog Dialogue 33-4*. Analog Devices

[SS86]   SCHMIDT, Bernd; SCHUBERT, Dietrich: *Siliciumsensoren*. Berlin : Akademie-Verl., 1986

[Sta94]   STAAB, Joachim: *Industrielle Gasanalyse*. München, Wien : Oldenbourg, 1994

[Sto85]   STOLZ, Werner: *Messung ionisierender Strahlung: Grundlagen und Methoden*. De Gruyter, 1985. http://dx.doi.org/10.1515/9783112622308. http://dx.doi.org/10.1515/9783112622308

[Sto05a] STOECKER, Horst: *Taschenbuch der Physik: Formeln, Tabellen, Übersichten*. Frankfurt am Main : Deutsch-Verlag, 2005

[Sto05b] STOLZ, Werner: *Radioaktivität: Grundlagen, Messung, Anwendungen*. 5., überarb. und erw. Aufl. Wiesbaden : Teubner, 2005 (Lehrbuch Physik)

[SW08]   SCHNELL, Gerhard (Hrsg.); WIEDEMANN, Bernhard (Hrsg.): *Bussysteme in der Automatisierungs- und Prozesstechnik: Grundlagen, Systeme und Trends der industriellen Kommunikation*. 7., überarb. und erw. Aufl. Wiesbaden : Vieweg + Teubner, 2008 (Praxis)

[TG79]   TICHÝ, Jan; GAUTSCHI, Gustav: *Piezoelektrische Messtechnik : physikal. Grundlagen, Kraft-, Druck- u. Beschleunigungsaufnehmer, Verstärker*. Berlin [u.a.] : Springer, 1979

[TKSD19] THOMAS, Andreas; KOLASSA, Ralf; SENGBUSCH, Simone von ; DANNE, Thomas: *CGM interpretieren: Grundlagen, Technologie, Charakteristik und Konsequenzen des kontinuierlichen Glukosemonitorings (CGM)*. 2. überarbeitete Auflage. Mainz : Kirchheim-Verlag + Co GmbH, 2019

[TSG12]   TIETZE, Ulrich; SCHENK, Christoph ; GAMM, Eberhard: *Halbleiter-Schaltungstechnik*. 14. Berlin : Springer Berlin, 2012

[TW12]   TANENBAUM, Andrew S.; WETHERALL, David J.: *Computernetzwerke*. 5., aktuali-
          sierte Aufl. München : Pearson, Higher Education, 2012

[Ulm10]   ULMANN, Bernd: *Analogrechner: Wunderwerke der Technik - Grundlagen, Ge-
          schichte und Anwendung*. München : Oldenbourg Verlag, 2010

[Völ14]   VÖLZ, Horst: *Maßstäbe für die Zeit : Versuch einer Umrechnung*. Aachen : Shaker,
          2014

[WM1]   *Datenblatt Thermistor WM103C*

[WV08]   WEINZIERL, Stefan (Hrsg.); VERBAND DEUTSCHER TONMEISTER (Hrsg.): *Handbuch
          der Audiotechnik*. Berlin : Springer, 2008

[Zel94]   ZELL, Andreas: *Simulation neuronaler Netze*. Addison-Wesley, 1994

[Zha03]   ZHANG, Z.: *Untersuchung und Charakterisierung von PMD (Photomischdetektor)-
          Strukturen und ihren Grundschaltungen*. Siegen, Universität Siegen, Diss., 2003

Stichwortverzeichnis

https://doi.org/10.1515/9783110772739-013